信息技术基础教程

主　编　杨国宾　蔡　杰

副主编　张　英　林　波　毕晓彬
赵　震　李　聪　霍艳丽
胥家瑞　王　冲　张春迎
刘一波　于　欣　杨　霞
王　媛

北京理工大学出版社
BEIJING INSTITUTE OF TECHNOLOGY PRESS

图书在版编目(CIP)数据

信息技术基础教程 / 杨国宾，蔡杰主编．-- 北京：北京理工大学出版社，2023.7

ISBN 978-7-5763-2556-0

Ⅰ．①信… Ⅱ．①杨… ②蔡… Ⅲ．①电子计算机-教材 Ⅳ．①TP3

中国国家版本馆 CIP 数据核字(2023)第 125716 号

责任编辑：钟　博　　文案编辑：钟　博
责任校对：周瑞红　　责任印制：施胜娟

出版发行 / 北京理工大学出版社有限责任公司
社　　址 / 北京市丰台区四合庄路 6 号
邮　　编 / 100070
电　　话 / (010) 68914026 (教材售后服务热线)
　　　　　(010) 68944437 (课件资源服务热线)
网　　址 / http://www.bitpress.com.cn

版 印 次 / 2023 年 7 月第 1 版第 1 次印刷
印　　刷 / 河北盛世彩捷印刷有限公司
开　　本 / 787 mm×1092 mm　1/16
印　　张 / 21
字　　数 / 490 千字
定　　价 / 58.00 元

前　言

当前，信息技术发展迅猛，在传统计算机技术的基础上，出现了以云计算、物联网、大数据为代表的新一代信息技术，不断激发传统产业的发展活力，同时也催生了大量新兴产业的出现，数字经济呈现持续快速的增长态势。

党的二十大报告指出，构建新一代信息技术、人工智能等一批新的增长引擎。这为我国新一代信息技术产业发展指明了方向。新一代信息技术高速发展，将为我国加快推进制造强国、网络强国和数字中国建设提供坚实有力的支撑，成为推动我国经济高质量发展的新动能。因此，掌握计算机信息技术已成为大学生必备的基本能力。

“信息技术基础”是高等职业院校学生必修的一门公共基础课程，通过学习，读者能够系统地掌握并熟练地使用计算机，了解信息技术的最新发展及应用，培养信息化思维，从而满足信息化社会对大学生基本素质的要求。

本书编者长期工作在教学一线，具有丰富的教学及实践经验，对高等职业院校学生的基本情况、认知特点和学习规律有较深入的了解。在编写本书的过程中，编者开展了广泛的调研，进行了细致的素材收集和甄选，使本书具有如下鲜明的特色。

（1）本书引入了任务驱动、案例驱动的机制。为了突出实用性，精选代表相关行业实际技能的案例，模拟实际工作环境，力求使读者从理论到实践轻松过渡。

（2）编写思路突破传统，教程与实训合二为一。各部分案例任务均设计为任务描述、任务目的、知识点介绍、操作步骤、知识进阶、实战演练等环节，既突出知识点又给出了详尽的操作步骤，非常适合初学者使用。知识进阶部分提供了一些高级技巧，可以满足更高层次的需求。

（3）兼顾考级。本书兼顾最新版全国计算机等级考试和其他计算机应用证书考试的内容要求，对提高过级率有所帮助。

（4）本书增加了信息技术在社会生产生活的中典型应用介绍，拓宽了读者对于信息技术应用的认知视野，增强了读者的学习兴趣。

本书共分为 11 个学习项目，主要内容包括计算机入门基础、操作系统基础、计算机网络应用、文字处理软件 Word 2016、电子表格处理软件 Excel 2016、演示文稿制作软件 PowerPoint 2016、云计算技术基础及应用、物联网基础及应用、大数据基础及应用、人工智能基础及应用、信息技术在社会生产生活中的应用等。

本书适合作为高等院校“信息技术基础”课程的教材，也适合不同层次的办公文员、各类社会培训学员、大中专院校师生参考使用，同时可作为广大计算机使用者学习和备考的参考书。

由于信息技术的发展日新月异以及编者的水平和编写时间有限，书中难免存在疏漏之处，敬请读者批评指正。

编　者

2023 年 5 月

目　　录

项目一　计算机入门基础 ······ 1

1.1　计算机的发展和展望 ······ 1

1.2　计算机的组成 ······ 4

1.3　信息编码 ······ 13

1.4　计算机安全 ······ 19

【课后习题】 ······ 29

项目二　操作系统基础 ······ 31

2.1　操作系统概述 ······ 31

2.2　认识 Windows 10 操作系统 ······ 36

2.3　文件及文件夹的管理 ······ 46

2.4　常用附件的使用 ······ 55

【课后习题】 ······ 58

项目三　计算机网络应用 ······ 60

3.1　计算机网络基础 ······ 60

3.2　计算机网络通信 ······ 64

3.3　网络安全 ······ 69

3.4　基本网络应用 ······ 72

【课后习题】 ······ 76

项目四　文字处理软件 Word 2016 ······ 77

4.1　Word 2016 基础 ······ 77

4.2　求职简历的设计、编辑及排版 ······ 102

4.3　电子读物的设计、编辑及排版 ······ 115

4.4　毕业论文的编辑及排版 ······ 130

【课后习题】 ······ 148

项目五　电子表格处理软件 Excel 2016 ······ 149

5.1　Excel 2016 基础 ······ 149

5.2　企业工资表的创建及修改 ······ 156

5.3　利用 Excel 2016 的计算功能解决实际问题 ······ 166

5.4　员工工资表的数据处理及统计分析 …… 197
【课后习题】 …… 208

项目六　演示文稿制作软件 PowerPoint 2016 …… 210

6.1　PowerPoint 2016 基础 …… 210
【课后练习】 …… 226
6.2　学生社团活动汇报演示文稿的制作 …… 226
【课后练习】 …… 236
6.3　学生社团活动汇报演示文稿的美化 …… 236
【课后习题】 …… 249

项目七　云计算技术基础及应用 …… 250

7.1　云计算简介 …… 250
7.2　开源云计算平台 …… 254
7.3　国内外云服务厂商 …… 255
7.4　我国云计算技术发展的现状及前景 …… 256
【课后习题】 …… 257

项目八　物联网基础及应用 …… 258

8.1　物联网的起源与发展 …… 258
8.2　物联网的体系架构 …… 263
8.3　物联网的关键技术 …… 265
8.4　物联网的应用 …… 272
8.5　物联网的发展前景 …… 278
【课后习题】 …… 278

项目九　大数据基础及应用 …… 279

9.1　了解大数据 …… 279
9.2　大数据的应用 …… 282
9.3　数据挖掘的具体方法 …… 285
9.4　未来的挑战 …… 290
【课后习题】 …… 290

项目十　人工智能基础及应用 …… 291

10.1　人工智能的概念 …… 291
10.2　人工智能的发展历程 …… 291
10.3　人工智能分类 …… 292
10.4　人工智能的特点 …… 294
10.5　人工智能知识体系 …… 294

10.6　人工智能的应用领域 …… 297
10.7　人工智能的未来 …… 299
【课后习题】 …… 300

项目十一　信息技术在社会生产生活中的应用 …… 301

11.1　信息技术在化工行业的应用 …… 301
11.2　信息技术在建筑工程方面的应用 …… 308
11.3　信息技术在智能交通方面的应用 …… 317
11.4　信息技术在智能家居方面的应用 …… 318
11.5　信息技术在智能机器人方面的应用 …… 321
【课后习题】 …… 324

参考文献 …… 325

项目一

计算机入门基础

1.1　计算机的发展和展望

世界上第一台电子计算机于1946年2月在美国宾夕法尼亚大学诞生，被取名为ENIAC（埃尼阿克），即Electronic Numerical Interna1 And Calculator的缩写。电子计算机的产生和迅速发展是当代科学技术最伟大的成就之一。自1946年美国研制的第一台电子计算机ENIAC诞生以来，在半个世纪的时间里，计算机的发展取得了令人瞩目的成就。

计算机的发展阶段通常以构成计算机的电子器件来划分。计算机至今已经历了四代，目前正在向第五代发展。每一个发展阶段都是技术上的一次新的突破，也都是性能上的一次质的飞跃。

一、第一代：电子管计算机（1946—1957年）

ENIAC是一台电子数字积分计算机，如图1－1所示。ENIAC体积庞大，共用了18 000多个电子管、1 500个继电器，重达30吨，占地170平方米，每小时耗电140千瓦，计算速度为每秒5 000次加法运算。尽管ENIAC的功能远不如今天人们所使用的的计算机，但它作为计算机大家族的始祖，开辟了人类科学技术领域的先河，使信息处理技术进入了一个崭新的时代。其主要特征如下。

图1－1　世界上第一台电子计算机ENIAC

（1）使用电子管元件作为器件，体积庞大，耗电量高，可靠性差，维护困难。

（2）运算速度慢，一般为1千~1万次/秒。

（3）提出了操作系统的概念，开始出现了汇编语言和批处理系统。

（4）采用磁鼓、小磁芯作为存储器，存储空间有限。

（5）输入/输出设备简单，采用穿孔纸带或卡片。

（6）主要用于科学计算。

二、第二代：晶体管计算机（1958—1964年）

晶体管的发明给计算机技术带来了革命性的变化。第二代计算机采用的主要元件是晶体管，故其称为晶体管计算机（图1－2）。计算机软件有了较大发展，采用了监控程序，这是操作系统的雏形。第二代计算机有以下特征。

图1－2　晶体管计算机

（1）采用晶体管元件作为器件，体积大大缩小，可靠性增强，寿命延长。

（2）运算速度加快，达到几万~几十万次/秒。

（3）提出了操作系统的概念，开始出现了汇编语言，产生了FORTRAN和COBOL等高级程序设计语言和批处理系统。

（4）普遍采用磁芯作为内存储器，磁盘、磁带作为外存储器，容量大大提高。

（5）应用领域扩大，从军事研究、科学计算扩大到数据处理和实时过程控制等领域，并开始进入商业市场。

三、第三代：中小规模集成电路计算机（1965—1970年）

20世纪60年代中期，随着半导体工艺的发展，人们成功制造了集成电路。中小规模集成电路成为计算机的主要部件，主存储器也渐渐过渡到半导体存储器，这使计算机的体积更小，大大降低了计算机的功耗，减少了焊点和接插件，进一步提高了计算机的可靠性。在软件方面，出现了标准化的程序设计语言和人机会话式的BASIC语言，其应用领域进一步扩大。世界上第一台采用集成电路的计算机如图1－3所示。第三代计算机有以下特征。

图 1-3 世界上第一台采用集成电路的计算机

(1) 采用中小规模集成电路作为器件，同时主存储器开始采用半导体存储器，外存储器有磁盘和磁带。

(2) 运算速度可达几十万~几百万次/秒（基本运算）。

(3) 出现了操作系统并逐步完善。

(4) 产生了标准化程序设计语言和人机会话式的 BASIC 语言。除了 BASIC 语言外，还有 FORTRAN 语言（公式翻译语言）、COBOL 语言（通用商业语言）、C 语言、DL/I 语言、PASCAC 语言、ADA 语言等 250 多种高级语言。

(5) 应用于企业管理、自动控制、辅助设计和辅助制造等诸多领域。

四、第四代：大规模和超大规模集成电路计算机（1971 年至今）

随着大规模集成电路的成功制作并用于计算机硬件生产过程，计算机的体积进一步缩小，性能进一步提高。人们以集成度更高的大容量半导体存储器作为内存储器，发展了并行技术和多机系统；出现了精简指令集计算机（RISC）；软件系统工程化、理论化，程序设计自动化。微型计算机在社会生产和生活中的应用范围进一步扩大，几乎在所有领域都能看到计算机的身影。第四代计算机有以下特征。

(1) 基本逻辑部件采用大规模、超大规模集成电路。

(2) 作为主存储器的半导体存储器的集成度越来越高，容量越来越大。

(3) 各种使用方便的输入/输出设备相继出现，如大容量的磁盘、光盘、鼠标、扫描仪、数字照相机、高分辨率彩色显示器、激光打印机等。

(4) 软件产业高度发达，各种实用软件层出不穷。

(5) 计算机技术与通信技术结合，计算机网络把世界紧紧联系在一起。

(6) 多媒体崛起，计算机集图像、图形、声音、文字处理于一体，在信息处理领域掀起了一场革命，与之相应的信息高速公路正在筹划实施之中。

党的二十大指出，我国“基础研究和原始创新不断加强，一些关键核心技术实现突破，战略性新兴产业发展壮大，载人航天、探月探火、深海深地探测、超级计算机、卫星导航、量子信息、核电技术、新能源技术、大飞机制造、生物医药等取得重大成果。”可以看到，超级计算机开发研制是近年来我国所取得的重要技术成果。我国研制的超级计算机“神威·太湖之光”（图1－4）是全球第一台运行速度超过10亿亿次/秒的超级计算机，峰值性能高达12.54亿亿次/秒，持续性能达到9.3亿亿次/秒。根据统计，“神威·太湖之光”超级计算机一分钟的计算能力相当于全球72亿人同时用计算器不间断地计算32年。

计算机从第一代发展到第四代，计算机的体系结构都是相同的，即都由控制器、存储器、运算器和输入/输出设备组成，称为冯·诺依曼体系结构。

图1－4 “神威·太湖之光”超级计算机

1.2 计算机的组成

一台完整的计算机包括硬件部分和软件部分，只有硬件和软件结合，才能使计算机正常运行和发挥作用，软件和硬件是密切相关、互相依存的。计算机硬件是指那些由电子元器件和机械装置组成的设备，它们是计算机能够工作的物质基础。计算机软件是指那些能在硬件设备上运行的各种程序、数据和有关的技术。

一、计算机硬件系统

硬件是指有形的物理设备。按照冯·诺依曼原理的基本思想，计算机硬件系统分为5个基本部分：运算器、控制器、存储器、输入设备和输出设备。

1. 运算器

运算器是计算机的核心部件，主要负责信息的加工处理。运算器不断地从存储器中得到要加工的数据，对其进行加、减、乘、除以及各种逻辑运算，并将最后的结果送回存储器，整个过程在控制器的指挥下有条不紊地进行。

2. 控制器

控制器是计算机的控制中心，指挥计算机各部件协调工作，保证数据、信息的运算能按预先规定的步骤进行，实现计算机本身运算过程的自动化。

3. 存储器

存储器是计算机的记忆部件，用来存储数据、程序和计算结果。存储器分为内存储器和

外存储器两类。内存储器简称内存，内存容量小、速度快，包括只读存储器（ROM）和随机存储器（RAM）；外存储器也叫外存，外存容量大，存取速度慢。

4. 输入设备

输入设备用于向计算机输入程序和数据，将数据以人类习惯的形式转换成计算机内部的二进制代码放在内存中。

5. 输出设备

输出设备用于将计算机的处理结果从内存中输出，将计算机内的二进制形式的数据转换成人类习惯的文字、图片和声音等形式，再通过输出设备显示给用户。

二、计算机软件系统

计算机软件是指计算机系统中的程序及文档。程序是对计算任务的处理对象和处理规则的描述；文档是了解程序所需的阐明性资料。程序必须装入计算机才能工作，文档一般是供给人看的，不一定装入计算机。

1. 软件的概念

软件是用户与硬件之间的接口界面。用户主要通过软件与计算机进行交流。软件是计算机系统设计的重要依据。为了方便用户，使计算机系统具有较高的总体效用，在设计计算机系统时，必须考虑软件与硬件的结合，以及用户的要求和软件的要求。

软件的正确含义：运行时，能够提供所要求功能和性能的指令或计算机程序集合；能够满意地处理信息的数据结构；能够描述程序功能需求以及提供程序如何操作和使用所要求的文档。

2. 软件的分类

计算机软件分为系统软件和应用软件两个部分。

1）系统软件

系统软件是计算机生产厂商提供的，为高效使用和管理计算机而编制的软件，其作用是控制和管理各种硬件装置，对运行在计算机上的其他软件及数据进行调度管理，为用户提供良好的界面和各种服务，为用户提供计算机交换信息的手段和方式。

2）应用软件

应用软件是为了解决计算机用户的特定问题而编制的软件，运行在系统软件之上，运行系统软件提供的手段和方法，完成需要完成的工作。

下面列举一些软件。

（1）系统软件：PCDOS、UNIX、XENIX、Windows、OS/2、NetWare、C、C++、Visual Basic、Java。

（2）应用软件：Word、Excel、PowerPoint、CAD、Photoshop、QQ、OutlookExpress、MideaPlaye。

三、计算机系统的基本组成

计算机系统由硬件系统和软件系统两部分组成，如图1-5所示。

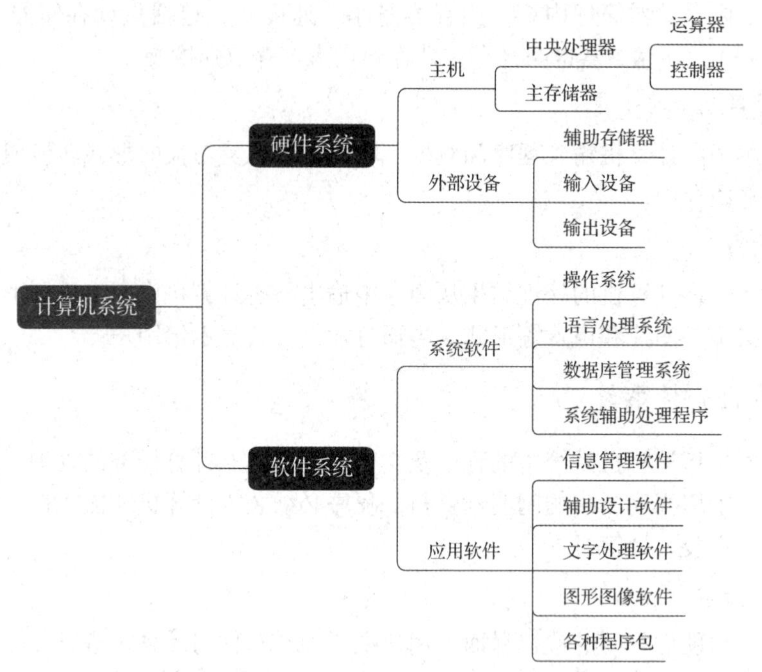

图 1－5　计算机系统的组成

四、微型计算机的硬件组成

微型计算机就是 PC。PC[①] 一般由主板、CPU、存储器、显卡、硬盘、软盘驱动器、光盘驱动器、机箱电源、显示器、鼠标、键盘、音箱等设备组成。

1. 主板

主板又称为系统板或母板（图 1－6），是计算机中最重要的部件之一，几乎所有部件都是直接或间接地连到主板上。主板的性能对整机的速度和稳定性有极大的影响。

图 1－6　主板

① 为和简便起见，以下笼统地称为“计算机”。

2. CPU

CPU（Centra1Processing Unit，中央处理器，图1－7）一般由逻辑运算单元、控制单元和存储单元组成。CPU是计算机的大脑，计算机的运算、控制都是由它来处理的。

图1－7　CPU

CPU主要的性能指标如下。

（1）主频：CPU的时钟频率（CPU Clock Speed）。这是用户最关心的。通常所说P42.4G就是指主频为2.4 GHz的奔腾4CPU。一般说来，主频越高，CPU的速度越快，整机的性能越高。

（2）内部缓存（L1Cache）：封闭在CPU芯片内部的高速缓存，用于暂时存储CPU运算时的部分指令和数据，其存取速度与CPU主频一致。内部缓存的容量单位一般为KB。内部缓存越大，CPU工作时与存取速度较慢的外部缓存和内存间交换数据的次数越少，则计算机的运算速度越高。

（3）外部缓存（L2Cache）：CPU外部的高速缓存，可以高速存取数据。

（4）制造工艺：奔腾CPU的制造工艺是0.35微米，奔腾2和赛扬CPU可以达到0.25微米，最新的CPU制造工艺可以达到60纳米。

（5）核心数量：2005年以前，主频一直是CPU性能的主要指标。CPU主频也在英特尔（Intel）公司和超威半导体（AMD）公司的推动下达到了一个又一个高峰，但在目前的技术框架内，主频的提升已接近极限。在这种情况下，英特尔公司和超威半导体公司都不约而同地将目标投向了多核心的发展方向。目前流行的双核CPU就是将两个独立CPU封装在一起。根据英特尔公司提供的资料，在CPU使用率达到80%的情况下，使用双核CPU可使性能提高33%。

3. 存储器

在计算机的组成结构中，有一个很重要的部分，就是存储器。存储器是用来存储程序和数据的部件，对于计算机来说，有了存储器，才有记忆功能，才能保证正常工作。存储器的种类很多，按其用途可分为主存储器和辅存储器，主存储器又称为内存储器（简称内存），辅存储器又称为外存储器（简称外存）。外存通常是磁性介质或光盘，如硬盘、软盘、磁带、CD等，能长期保存信息，并且不依赖电，但是由机械部件带动，速度与CPU相比慢得多。

1）内存

计算机的内存一般由 RAM 和 ROM 组成，通过电路与 CPU 相连，CPU 可向其中存入数据，也可以从中取得数据。内存的存取数据速度与 CPU 速度匹配。

（1）RAM：随机存储器（图 1－8），可随时读写，断电后信息归零。RAM 可以进一步分为静态内存（SRAM）和动态内存（DRAM）两大类。DRAM 由于具有较低的单位容量价格，所以被大量采用。正在运行的用户程序存放在 RAM 中。

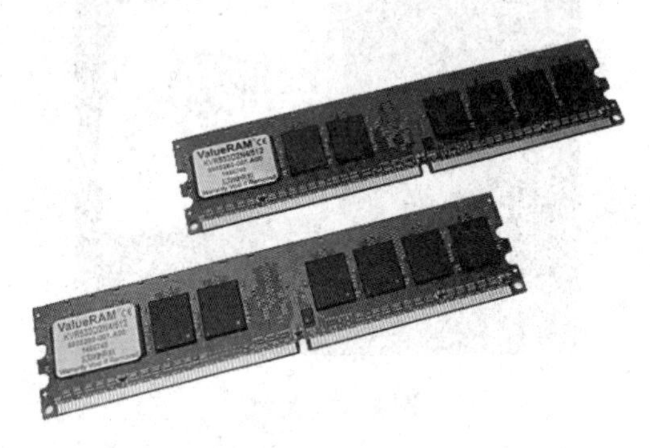

图 1－8　内存条

（2）ROM：只读存储器，只能读出内容而不能写入信息，断电后信息仍被保存。

2）外存

（1）硬盘（图 1－9）是计算机中一种主要的存储器，用于存放系统文件、用户的应用程序及数据。硬盘的存储容量一般为 500 GB～2 TB。

图 1－9　硬盘

（2）U 盘：U 盘也称优盘、闪盘（图 1－10），是一种可移动的数据存储工具，具有容量大、读写速度快、体积小、携带方便等特点。它插入任何计算机的 USB 接口都可以实现即插即用。U 盘的存储容量最高可达几十 GB。U 盘还具有防磁、防振、防潮等诸多特性，明显增强了数据的安全性。U 盘的性能稳定，数据传输高速高效，其较强的防振性能可使数据传输不受干扰。

（3）光盘：由于软盘的容量小，所以光盘凭借大容量得以广泛使用（图 1－11）。光盘有可擦型和非可擦型两种。前者可以用刻录机反复写入、擦除内容，而后者一旦写入内容就不能擦除内容。可擦型光盘的价格是非可擦型光盘的价格的十几倍。

图1－10　U盘

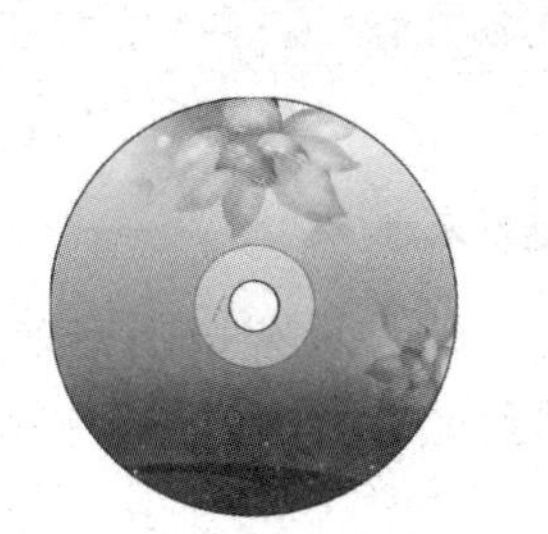

图1－11　光盘和光盘驱动器

4. 显卡

显卡（Video Card，Graphics Card，图1－12）也可以称为显示卡、图形适配器等，它是计算机的重要组成部分。现在的显卡都是3D图形加速卡。它是连接主机与显示器的接口卡。其作用是将主机的输出信息转换成字符、图形和颜色等信息，传送到显示器上显示。显卡插在主板的PCI、AGP、PCI－E扩展插槽中。目前，也有一些主板采用集成显卡。

图1－12　显卡

5. 输入设备

输入设备（Input Device）是人或外部与计算机进行交互的一种装置，用于把原始数据和处理这些数据的程序输入计算机。

下面介绍目前最常用的几种输入设备。

1）键盘

键盘可以将英文字母、数字、标点符号等输入计算机，向计算机发出命令、输入数据等。键盘的款式有很多种，通常使用的有101键、104键和107键等款式的键盘。

（1）键盘结构。键盘基本分为 5 个小区——主键盘区、功能键区、控制键区、数字键区和状态指示区，如图 1 – 13 所示。

图 1 – 13　标准键盘键位示意

（2）键盘指法。掌握正确的键盘指法尤其重要，因为只有指法正确，才能实现盲打，打字的速度才会提高。键盘指法是将 10 个手指与键盘上的各键位进行搭配，将键盘上的每个按键合理地分配给每个手指，如图 1 – 14 所示。

图 1 – 14　键盘指法示意

（3）操作姿势。正确掌握键盘的操作姿势可以减少输入的错误，同时还可以降低疲劳。

正确的坐姿：身体端正，腰背挺直，双脚自然平放于地上，身体距离键盘 20 厘米；两臂自然下垂，两肘轻贴于身体两侧；椅子高度适当，眼睛稍向下俯视显示器，应在水平视线以下 15°~20°；手指弯曲放到主键盘上，手腕平直并与键盘下边缘保持 1 厘米左右的距离；手腕要下垂，不可弓起；进行录入操作时，文稿应置于电脑桌左边，以便观看。

（4）汉字输入方法。常用的汉字输入方法有五笔输入法、全拼输入法、简拼输入法、双拼输入法、智能 ABC 输入法、郑码输入法等。

2）鼠标

鼠标（Mouse，图 1 – 15）是一种手持式屏幕坐标定位设备，是适应菜单操作下的软件和图形处理环境而出现的一种输入设备，特别是在现今的 Windows 图形操作系统环境下应用鼠标方便快捷。常用的鼠标有两种，一种是机械式的，另一种是光电式的。现在市场上的鼠

标基本都是光电式鼠标。鼠标要注意两个参数：分辨率和响应速度。鼠标的分辨率（每英寸[①]点数，DPI）越高，鼠标越灵敏，定位也越精确。鼠标响应速度快，意味着用户在快速移动鼠标时，屏幕上的光标能作出及时的反应。

3）扫描仪

扫描仪（Scanner，图 1－16）是一种高精度的光电一体化的高科技产品，是将各种形式的图像信息输入计算机的重要工具。

图 1－15　鼠标

图 1－16　扫描仪

扫描仪是功能极强的一种输入设备。人们通常将扫描仪用于计算机图像的输入，而图像这种信息形式信息量最大。从图片、照片、胶片到各类图纸、图形以及各类文稿资料都可以用扫描仪输入计算机，进而实现对这些信息的处理、管理、使用、存储、输出等。扫描仪的种类繁多，根据扫描仪扫描介质和用途的不同，目前市面上的扫描仪大体上分为平板式扫描仪、名片扫描仪、底片扫描仪、馈纸式扫描仪、文件扫描仪。除此之外，还有手持式扫描仪、鼓式扫描仪、笔式扫描仪、实物扫描仪和 3D 扫描仪。

6. 输出设备

输出设备将计算机处理的结果转换成人们能理解、识别的数字、字符、图像、声音等形式显现出来。下面主要介绍显示器、打印机和音箱。

（1）显示器是计算机不可缺少的输出设备，用户通过它可以很方便地查看输入计算机的程序、数据、图形等信息以及经过计算机处理后的中间结果、最后结果。计算机一般使用 LCD 液晶显示器（图 1－17）。显示器上的字符和图形是由一个个像素组成的。

图 1－17　LCD 液晶显示器

① 1 英寸 = 2.54 厘米。

显示器的分辨率一般用整个屏幕上光栅的列数与行数的乘积来表示，乘积越大，分辨率越高。现在常用的分辨率是800×600、1 024×768、1 280×1 024等。

显示器必须配置正确的适配器（显卡）才能构成完整的显示系统。显卡较早的标准有CGA（Color Graphics Adapter）标准（320×200，彩色）和EGA（Enhanced Graphics Adapter）标准（640×350，彩色）。目前常用的是VGA（Video Graphics Array）标准。VGA标准适用于高分辨率的彩色显示器，其图形分辨率在640×480以上，能显示256种颜色，其显示图形的效果相当理想。在VGA标准之后，又不断出现SVGA标准、TVGA标准等，分辨率分别达到800×600、1 024×768，而且有些具有16.7兆种颜色，称为“真彩色”。

（2）打印机（Printer）是计算机的输出设备，用于把文字或图形在纸上输出，供阅读和保存。近年来，打印机技术取得了较大进展，各种新型实用的打印机应运而生，一改以往针式打印机一统天下的局面。目前，在打印机领域形成了针式打印机、喷墨打印机、激光打印机3种主流产品，它们发挥各自的优点，满足各种用户的不同需求。

①针式打印机（Dotmatrix Printer）。

针式打印机（图1－18）也称为撞击式打印机，其基本工作原理类似用复写纸复写资料。针式打印机中的打印头是由多支金属撞针组成的，撞针排列成一直行。当指定的撞针到达某个位置时，便会弹射出来，在色带上打击一下，让色素印在纸上形成其中一个色点，配合多个撞针的排列样式，便能在纸上打印出文字或图形。针式打印机的打印成本最低，但是它的打印分辨率也最低。

图1－18　针式打印机

②喷墨打印机（Inkjet Printer）。

喷墨打印机（图1－19）使用大量的喷嘴，将墨点喷射到纸上。由于喷嘴的数量较多，且墨点细小，所以喷墨打印机能够打印出比针式打印机更细致、混合更多种颜色的效果。喷墨打印机的价格适中，打印品质也较好，被广大用户所接受。

③激光打印机（Laser Printer）。

激光打印机（图1－20）是利用碳粉附着在纸上而成像的一种打印机，其工作原理主要是利用内部的一个磁鼓控制激光束的开启和关闭，当纸在磁鼓间卷动时，上下起伏的激光束会在磁鼓产生带电核的图像区，此时内部的碳粉受到电荷的吸引而附着在纸上，形成文字或图形。由于碳粉属于固体，而激光束有不受环境影响的特性，所以激光打印机可以长年保持打印效果清晰细致，在任何纸张上都可得到好的打印效果。激光打印机通常以黑色打印为主，价格以及打印成本较高。

图 1-19　喷墨打印机

图 1-20　激光打印机

1.3　信息编码

一、进制及其转换

1. 进制概述

（1）十进制。日常生活中人们使用的是十进制数，其特征如下。

①有 10 个数字：0，1，2，3，4，5，6，7，8，9。

②运算时逢十进一。

③每个数字在不同的数位上，其值以 10 的倍数递增。

（2）二进制。计算机使用的是二进制数，其特征如下。

①有 2 个数字：0，1。

②运算时逢二进一。

③每个数字在不同数位上，其值以 2 的倍数递增，即 2^0，2^1，2^2，2^3，2^4，…。

用二进制表示一个数值时，因为其位数比较多，不便于书写和记忆，且有下面的关系——$2^3=8$，$2^4=16$，所以人们常用八进制数或十六进制数来表示二进制数。

（3）八进制。其特征如下。

①有 8 个数字：0，1，2，3，4，5，6，7。

②运算时逢八进一。

（4）十六进制。其特征如下。

①有 16 个数字：0，1，2，3，4，5，6，7，8，9，A，B，C，D，E，F。

②运算时逢十六进一。

在十六进制中，分别用 A，B，C，D，E 和 F 来表示十进制数的 10，11，12，13，14 和 15。二进制、八进制、十进制与十六进制的特征对照如表 1－1 所示。

表 1－1　二进制、八进制、十进制与十六进制的特征对照

进制	个位数字	运算规则	数的表示方法
二进制	0，1	逢二进一	$(1101)_2$
八进制	0，1，2，3，4，5，6，7	逢八进一	$(17)_8$
十进制	0，1，2，3，4，5，6，7，8，9	逢十进一	$(23)_{10}$
十六进制	0，1，2，3，4，5，6，7，8，9，A，B，C，D，E，F	逢十六进一	$(2F)_{16}$

二进制数、八进制数、十进制数与十六进制数的对应关系如表 1－2 所示。

表 1－2　二进制数、八进制数、十进制数与十六进制数的对应关系

十进制数	二进制数	八进制数	十六进制数	一些对应规律
0	0	0	0	$(2^0)_{10}=(1)_2$ $(2^1)_{10}=(10)_2$ $(2^2)_{10}=(100)_2$ $(2^n)_{10}=(\underbrace{10\cdot\cdot0}_{n个0})_2$
$1(2^0)$	1	1	1	
$2(2^1)$	10	2	2	
3	11	3	3	
$4(2^2)$	100	4	4	
5	101	5	5	
6	110	6	6	
7	111	7	7	
$8(2^3)$	1000	10	8	八进制的一个数字与一个 3 位的二进制数对应
9	1001	11	9	
10	1010	12	A	
11	1011	13	B	
12	1100	14	C	
13	1101	15	D	
14	1110	16	E	
15	1111	17	F	
$16(2^4)$	10000	20	10	
17	10001	21	11	
$32(2^5)$	100000	40	20	

续表

十进制数	二进制数	八进制数	十六进制数	一些对应规律
64（2^6）	1000000	100	40	十六进制的一个数字与一个4位的二进制数对应
128（2^7）	10000000	200	80	
256（2^8）	100000000	400	100	
512（2^9）	1000000000	1000	200	
1 024（2^{10}）	10000000000（1 K）	2000	400	
2^{20}	（1 M）	4000000	100000	
230	（1 G）	10000000000	40000000	

2. 进制间的转换

进制间的转换有两种方式：第一，通过竖式计算，这种方式相对复杂、抽象，理解有一定的难度；第二，通过计算机操作系统“程序”菜单栏中的“计算器”工具直接转换，这种转换比较直观，结果准确度高。下面详细介绍这两种方式。

1）第一种转换方式：以计算的方式完成进制的转换

将 R（R 表示二、八、十六）进制数转换成十进制数的原理如下。任何一个数一般由数值、位权与基数组成。该数采用几进制，则对应的基数就是几，如 $(101101)_2$ 表示采用二进制，则基数为“2”。以小数点为基准，向左每一位数字的位权从0开始变化，依次递增1，分别为0，1，2，…；向右依次递减，分别为 -1，-2，…。如 $(82.35)_{10}$ 中“8”的位权为1，“2”的位权为0，“3”的位权为 -1，“5”的位权为 -2。数值是指个、十、百位上的数字。

例1-1 将二进制数 $(101101)_2$ 转换成十进制数。

先确定二进制数 $(101101)_2$ 中的位权从左到右依次为5，4，3，2，1，0，由于基数为“2”，所以转换后的十进制数应为

$$(101101)=1\times2^5+0\times2^4+1\times2^3+1\times2^2+0\times2^1+1\times2^0=45$$

例1-2 将十六进制数 $(2AF5)_{16}$ 换算成十进制数。

第0位：$5\times16^0=5$；

第1位：$F\times16^1=240$；

第2位：$A\times16^2=2\ 560$；

第3位：$2\times16^3=8\ 192$。

转换后的十进制数应为

$5\times16^0+F\times16^1+A\times16^2+2\times16^3=10\ 997$

注意事项

在十六进制中分别用A，B，C，D，E，F代表十进制中的10，11，12，13，14，15，在本例中A表示10，而F表示15。

将十进制数转换成 R 进制数相对比较复杂。前面将 R 进制数转换成十进制数时采用的是

乘以基数的位权次方求和法，那么将十进制数转换成 R 进制数则是一个逆过程，整数部分采用除以基数求余法，余数由小到大排列；小数部分采用乘 R 取整法，由大到小排列。

整数部分步骤如下。

（1）将十进制数除 R，保存余数。

（2）如果商为0，则进行第（3）步，否则用商代替原十进制数，重复第（1）步。

（3）将所有余数找出，最后得到的余数作为最高位，最先得出的余数作为最低位，由各余数依次排列而成的新的数就是转换成的 R 进制数。

小数部分步骤如下。

（1）将十进制小数部分乘以 R，保存此时的整数（包含整数0）。

（2）若积为一个整数或者所得的结果达到了题中要求的精度则进入第（3）步，否则重复第（1）步。

（3）将所有整数找出，最先得到的整数作为最高位，最后得出的整数作为最低位，由各整数依次排列而成的新的数就是转换成的 R 进制数。

例 1－3 将$(47.3125)_{10}$转换为二进制数。

（1）整数部分转换。对整数 47 应用“除二取余法”，由于后得到的余数的权大于先得到的余数的权，所以取余数的过程与计算过程相反，要从下向上取，如图 1－21 所示。

（2）小数部分转换。对小数部分 0.3125 应用“乘二取整法”，第一次乘以 2 所得整数是最高位（从上往下书写），如图 1－22 所示。

综合上面两步，最后得到的结果为(47.3125)10＝(101111.0101)2。

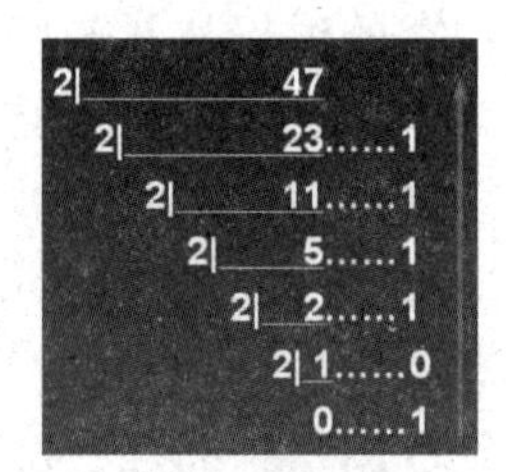

图 1－21 整数部分转换示意

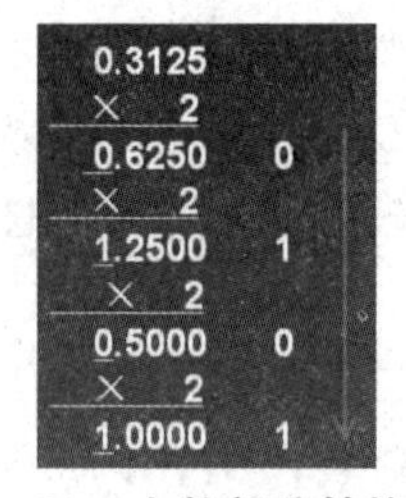

图 1－22 小数部分转换示意

2）第二种转换方式：计算器转换法

这种转换方式比较直观。通过 Windows 操作系统提供的“计算器”工具进行转换。选择“开始”→“程序”→“附件”→“计算器”选项，即可弹出图 1－23 所示的窗口。

图 1－23 “计算器”工具标准型窗口

“计算器”工具提供两种类型的窗口，可以完成不同的功能。标准型窗口可以完成普通的计算功能，如加、减、乘、除、开方等；科学型窗口提供的功能相对丰富，其中就包括进制转换功能。在图 1－23 选择“查看”→“科学型”选项，即可进入科学型窗口，如图 1－24 所示。

图 1－24 “计算器”工具科学型窗口

进行进制转换前，先确定转换前的数据进制类型，如果为二进制，应先单击“二进制”单选按钮，然后输入待转换的数据，输入完毕后，单击“十进制”或其他进制单选按钮，即可查看结果。

例 1－4 采用“计算器”工具将十六进制数$(2AF5)_{16}$换算成十进制数。

(1) 打开“计算器”工具，进入科学型窗口。

(2) 单击“十六进制”单选按钮，从键盘输入“2AF5”，如图 1－25 所示。

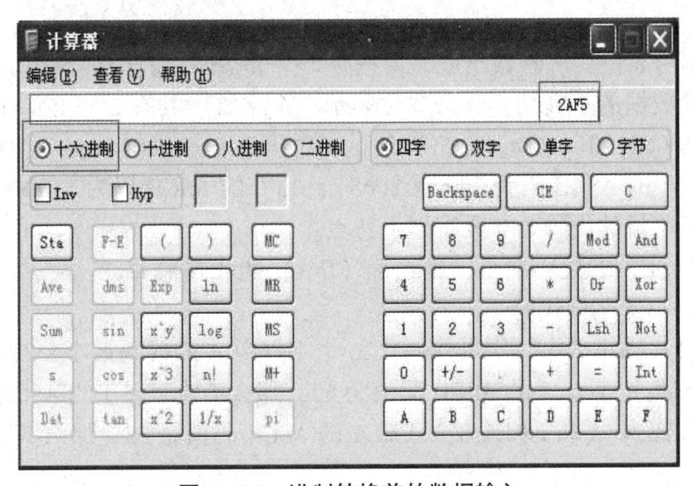

图 1－25 进制转换前的数据输入

(3) 数据输入完毕后，单击“十进制”单选按钮即可得到答案，如图 1－26 所示。

以上就是用“计算器”工具将十六进制数转换为十进制数的基本过程，其再次说明了$(2AF5)_{16}=(10\ 997)_{10}$。

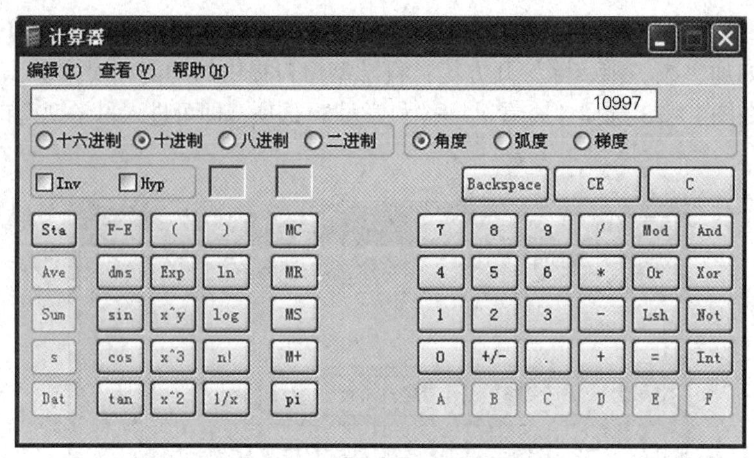

图 1－26　转换后的数据结果

二、计算机中信息的表示及存储

计算机内部采用二进制的方式计数，一个二进制位称为一个比特（bit）。不论是数值数据还是文字、图形等，在计算机内部都采用了一种编码标准。通过编码标准可以把它转换成二进制数进行处理，计算机将这些信息处理完毕再转换成可视的信息显示出来。

计算机中的数据为什么以二进制表示呢？原因如下。

（1）可行性。二进制数只有 0，1 两个数码，采用电子器件很容易实现。

（2）可靠性。二进制的 0，1 两种状态在传输和处理时不容易出错。

（3）简易性。使计算机的运算器结构大大简化，控制简单。

（4）逻辑性。二进制的 0，1 两种状态代表逻辑运算中的“假”和“真”两种值。

1. 英文文字符号编码

英文中的字母、符号通常采用 ASCII 码，其原来是美国标准信息交换码，在 1967 年被定为国际标准码。

一个 ASCII 码由 8 位二进制数组成，占据一个字节空间。其中最高位为奇偶校验位，用于在传输过程检验数据的正确性；其余 7 位表示一个字符，共有 $2^7=128$ 种组合。例如：回车符的 ASCII 码为 0001101(13)，空格符的 ASCII 码为 0100000(32)，“0”的 ASCII 码为 0110000(48)，“A”的 ASCII 码为 1000001(65)，“a”的 ASCII 码为 1100001(97)等。

通常编码打字符号的代码分布具有以下特点。

（1）空格符（SP）的代码最小、删除符（Del）的代码最大。

（2）数字代码小于字母代码。

（3）大写字母代码小于小写字母代码，26 个字母中 A 的代码最小，Z 的代码最大。

例 1－5　已知英文字母 A 的 ASCII 码值为 65，那么英文字母 I 的 ASCII 码值是多少？

分析：ASCII 码表中 A 和 I 相差 8，已知 A 的 ASCII 码值是 65，那么 I 的 ASCII 码值就是 $65+8=73$。

注意事项

如果已知 A 的 ASCII 码值，要求 a 的 ASCII 码值，则要加的并不是 26，而是 26 和 6（大、小写字母中间间隔的位数），即 $65+26+6=97$。

2. 中文文字编码

在 ASCII 编码方案中，只用到一个字节的低 7 位，最多可以表示 128 个字符，而我国日常使用的汉字就有 6 000 多个，用一个字节来编码是不可能的，因此中文文字通常使用多字节编码。

为了表示和交换汉字信息，1981 年我国国家标准局制定了《信息交换用汉字编码字符集》，代号为 GB 2312—80，简称国标码。国标码共对 7 445 个汉字和符号进行了编码，并根据使用的频率将 6 763 个汉字分为两个等级：一级汉字包括 3 755 个常用汉字，按汉语拼音顺序排列；二级汉字包括 3 008 个次常用汉字，按偏旁部首及笔画顺序排列。

GB 2312—80 国标码的编码原则是一个汉字用两个字节表示，分别称为前字节和后字节，每个字节用低 7 位二进制码，共计 14 位二进制码，能组成 $2^{14}=16\,384$ 个不同的代码，并将代码分成 94 个区，每个区有 94 个汉字或符号。对每个汉字和符号，前字节编码称为区码，后字节编码称为位码，即区位码。在区位码中 01～15 区是非汉字图形符号，16～55 区是一级汉字，56～87 区是二级汉字，87 区以后空闲，可以存放标准库中没有的生偏汉字。

汉字的输入区位码和其国标码之间的转换方法为：将一个汉字的十进制区号和十进制位号分别转换成十六进制，然后再分别加上 20H，就成为此汉字的国标码。

例 1－6　已知汉字“家”的区位码是 2850，求其国标码。

本例中“家”的区位码是 2850，由于区位码的形式是高两位为区号，低两位为位号，所以将区号 28 转换为十六进制数 1CH，将位号 50 转换为十六进制数 32H，即 1C32H，然后把区号和位分别加上 20H，得到“家”字的国标码 1C32H＋2020H＝3C52H。

3. 计算机中信息的存储单位

（1）计算机中最小的信息单位——位（bit）。计算机中所有的数据都是以二进制表示的，一个二进制代码称为一位，记为 bit，如 10110100 为 8bit。

（2）基本存储单位——字节（Byte）。在对二进制数据进行存储时，以 8 位二进制代码为一个单元存放在一起，称为一个字节，记为 Byte。

在计算机中，所谓存储容量是指存储器能包含的字节数，通常以 B（字节）、KB（千字节）、MB（兆字节）、GB（吉字节）、TB（太字节）为单位来表示存储器的存储容量或文件的大小。

存储单位 B、KB、MB、GB 和 TB 的换算关系如下。

1 个英文字符＝1 B(字节)；

1 KB(千字节)＝210 B(字节)＝1 024 B(字节)；

1 MB(兆字节)＝220 B(字节)＝1 024 KB(千字节)＝1 048 576 B(字节)；

1 GB(吉字节)＝230 B(字节)＝1 024 MB(兆字节)＝1 073 741 824 B(字节)；

1 TB(太字节)＝240 B(字节)＝1 024 GB(吉字节)＝1 099 511 627 776 B(字节)；

一个汉字由两个字节组成。例如，磁盘容量为 1 MB，则表示可容纳 1×1 024×1 024 个字节，理论上可保存 524 288 个汉字。

1.4　计算机安全

计算机技术飞速发展，其使用日益普及，给人们的工作、生活带来极大便利。随着了解计算机运行机制的人的增多和利益的驱使，不可避免地出现了计算机病毒。计算机病毒除了会给个人造成损失，更严重的是可能入侵国家机关、企业，窃取国家机密，危害国家安全。计算机病毒导致的计算机安全问题已越来越不可忽视，为了以后更好地发展计算机技术，我们必须了解计算机病毒与计算机安全，从而找到防范计算机病毒的方法，保护计算机安全。

一、计算机病毒

1. 计算机病毒的定义

计算机病毒（Computer Virus）在《中华人民共和国计算机信息系统安全保护条例》中被明确定义，指“编制者在计算机程序中插入的破坏计算机功能或者破坏数据，影响计算机使用并且能够自我复制的一组计算机指令或者程序代码”。

计算机病毒是一个程序、一段可执行码，它对计算机的正常使用进行破坏，使计算机无法正常使用甚至整个操作系统或者计算机硬盘损坏。就像生物病毒一样，计算机病毒有独特的复制能力。计算机病毒可以很快地蔓延，常常难以根除。计算机病毒能把自身附着在各种类型的文件上。当文件被复制或从一个用户传送到另一个用户时，计算机病毒就随同文件一起蔓延开来。计算机病毒不是独立存在的，它隐蔽在其他可执行的程序之中，既有破坏性，又有传染性和潜伏性。计算机病毒轻则影响计算机运行速度，使计算机不能正常运行；重则使计算机瘫痪，给用户带来不可估量的损失。

除了复制能力外，计算机病毒还有其他一些共同特性。一个被污染的程序能够传送计算机病毒。计算机病毒载体似乎仅表现为文字和图像，但它们可能已毁坏了文件、格式化了硬盘或引发了其他类型的灾害。即使计算机病毒并不寄生于一个污染程序，它也仍然能通过占据存储空间给用户带来麻烦，并降低计算机的全部性能。

2. 计算机病毒产生的背景

计算机病毒的产生是计算机技术和以计算机技术为核心的社会信息化进程发展到一定阶段的必然产物。它产生的背景如下。

（1）计算机病毒是计算机犯罪的一种新的衍化形式。计算机病毒是高技术犯罪的产物，具有瞬时性、动态性和随机性，不易取证，风险小而破坏性大，从而刺激了犯罪意识和犯罪活动。

（2）计算机软、硬件产品技术上的脆弱性是根本原因。数据在输入、存储、处理、输出等过程中，易篡改、丢失、作假和破坏；程序易被删除、改写。计算机软件设计的手工方式效率低下且生产周期长，人们至今没有办法事先了解一个程序有没有错误，只能在运行中发现、修改错误，并且不知道还有多少错误和缺陷隐藏其中。这种脆弱性为计算机病毒的入侵提供了条件。

（3）计算机的普及应用是计算机病毒产生的必要环境。1983 年 11 月 3 日，美国计算机专家首次提出了计算机病毒的概念并进行了验证。随着计算机的广泛普及，其操作系统简单明了，软、硬件透明度高，能够透彻了解它内部结构的用户日益增多，对其存在的缺点和易攻击处也了解得越来越清楚。

3. 计算机病毒的特点

（1）寄生性。计算机病毒寄生在其他程序之中，当执行这些程序时，计算机病毒就起破坏作用，而在未启动这些程序之前，计算机病毒不易被人发觉。

（2）传染性。计算机病毒不但本身具有破坏性，还具有传染性，一旦被复制或产生变

种，其蔓延速度之快令人难以预防。

（3）潜伏性。有些计算机病毒像定时炸弹一样，发作时间是预先设计好的。比如“黑色星期五”病毒，不到预定时间用户一点都觉察不出来，等到条件具备的时候爆发开来，对操作系统进行破坏。

（4）隐蔽性。计算机病毒具有很强的隐蔽性，有的可以通过杀毒软件检查出来，有的根本就查不出来，有的时隐时现、变化无常，通常这类计算机病毒处理起来很困难。

4. 计算机受到计算机病毒感染后的症状

（1）不能正常启动。开机（有电）后计算机不能启动，或者可以启动，但所需要的时间比原来的启动时间要长，有时会突然出现黑屏现象。

（2）运行速度降低。在运行某个程序时，读取数据的时间比原来长，存储文件或调用文件的时间都延长。

（3）磁盘空间迅速变小。由于计算机病毒要进驻内存，而且进行繁殖，所以其使内存空间变小甚至变为“0”，用户无法存储任何信息。

（4）文件内容和长度有所改变。一个文件存入磁盘后，本来它的长度和内容都不会改变，可是由于计算机病毒的干扰，文件的长度可能改变，内容也可能出现乱码，有时文件内容无法显示或显示后又消失。

（5）经常出现“死机”现象。正常的操作是不会造成“死机”现象的，如果计算机经常“死机”，可能是由于操作系统被计算机病毒感染了。

（6）外部设备工作异常。因为外部设备受操作系统的控制，如果存在计算机病毒，则外部设备在工作时可能出现一些异常情况，即一些用理论或经验无法解释的现象。

以上仅列出一些比较常见的计算机病毒表现形式，用户肯定还会遇到一些其他特殊现象，这就需要用户自己判断了。当遇到这些情况时很有必要进行计算机病毒的扫描。

5. 计算机病毒的种类及区分

掌握计算机病毒的命名规则，就能通过杀毒软件报告中出现的计算机病毒名来判断该计算机病毒的公有特性。

图1－27所示为2020年计算机病毒种类分析示意。世界上的计算机病毒很多，反计算机病毒公司为了方便管理，会按照计算机病毒的特性，对计算机病毒进行分类命名。虽然每个反计算机病毒公司的命名规则都不太一样，但大体都是采用一个统一的命名方法来命名。其一般格式为<病毒前缀>－<病毒名>－<病毒后缀>。

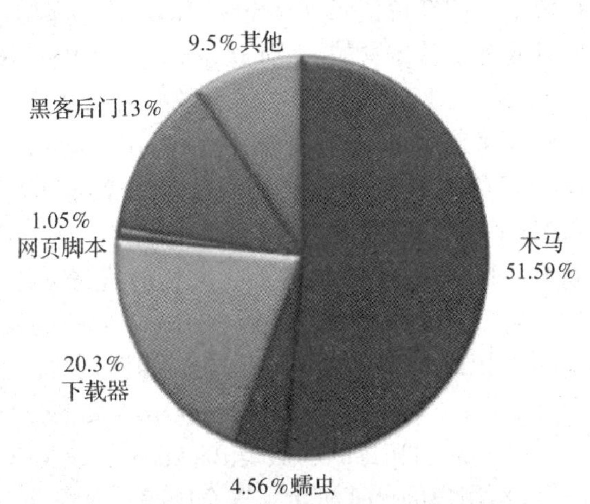

图1－27　2020年计算机病毒种类分析示意

病毒前缀是指一个计算机病毒的种类，用来区别计算机病毒的种族分类。不同种类的计算机病毒，其病毒前缀也是不同的，比如常见的木马病毒的前缀是Trojan，蠕虫病毒的前缀是Worm等。病毒名是指一个计算机病毒的家族特征，用来区别和标识计算机病毒家族，如以前著名的CIH病毒的家族名都是统一的“CIH”，还有闹得沸沸扬扬的振荡波蠕虫病毒的家族名是“Sasser”。

病毒后缀是指一个计算机病毒的变种特征，用来区别具体某个计算机病毒家族的某个变种。它一般采用英文中的26个字母来表示，如Worm－Sasser－B就是指振荡波蠕虫病毒的变种B，因此一般称为“振荡波B变种”或者“振荡波变种B”。如果该计算机病毒的变种非常多（该计算机病毒生命力顽强），可以采用数字与字母混合表示变种。

综上所述，病毒前缀对快速判断某计算机病毒属于哪种类型有很大的帮助。通过判断计算机病毒的类型，就可以对该计算机病毒有大概的评估。通过病毒名可以查找资料，进一步了解该计算机病毒的详细特征。通过病毒后缀可以知道计算机病毒属于哪个变种。

下面讲解一些常见的病毒前缀（针对用得最多的Windows操作系统）。

（1）系统病毒的前缀为Win32、PE、Win95、W32、W95等。这些病毒一般公有的特性，即可以感染Windows操作系统的“＊.exe”和“＊.dll”文件，并通过这些文件进行传播，如CIH病毒。

（2）蠕虫病毒的前缀是Worm。这种病毒的公有特性是通过网络或者系统漏洞进行传播，大部分的蠕虫病毒都有向外发送带毒邮件、阻塞网络的特性，如冲击波（阻塞网络）、小邮差（发送带毒邮件）等。

（3）木马病毒的前缀是Trojan，黑客病毒的前缀一般为Hack。木马病毒的公有特性是通过网络或者系统漏洞进入用户的系统并隐藏，然后向外界泄露用户的信息，而黑客病毒则有一个可视的界面，能对用户的计算机进行远程控制。木马病毒、黑客病毒往往成对出现，即木马病毒负责侵入用户的计算机，而黑客病毒则会通过该木马病毒对用户的计算机进行控制。现在这两种类型的病毒越来越趋于整合。常见的木马病毒有QQ消息尾巴木马Trojan－QQ3344，以及针对网络游戏的木马病毒，如Trojan－LMir－PSW－60。这里补充一点，病毒名中有PSW或者PWD之类的一般表示这个病毒有盗取密码的功能（这些字母一般都为“密码”的英文“Password”的缩写），一些黑客程序如网络枭雄（Hack－Nether－Client）等即属此类。

（4）脚本病毒的前缀是Script。脚本病毒的公有特性是使用脚本语言编写，通过网页进行传播，如红色代码（Script－Red1of）。脚本病毒还会有以下前缀——VBS、JS（表明是用何种脚本语言编写的），如欢乐时光（VBS－Happytime）、十四日（Js－Fortnight－c－s）等。

（5）宏病毒也是脚本病毒的一种，由于它的特殊性，所以在这里单独算成一类。宏病毒的前缀是Macro，第二前缀是Word、Word 97、Excel、Excel 97等其中之一。只感染Word 97及以前版本Word文档的病毒采用Word 97作为第二前缀，格式是Macro－Word 97；只感染Word 97以后版本Word文档的病毒采用Word作为第二前缀，格式是Macro－Word；只感染Excel 97及以前版本Excel文档的病毒采用Excel 97作为第二前缀，格式是Macro－Excel 97；只感染Excel 97以后版本Excel文档的病毒采用Excel作为第二前缀，格式是Macro－Excel，依此类推。该类病毒的公有特性是能感染Office系列文档，然后通过Office通用模板进行传播，如著名的美丽莎（Macro－Melissa）。

（6）后门病毒的前缀是Backdoor。该类病毒的公有特性是通过网络传播，给系统“开后门”，给用户的计算机带来安全隐患，如常见的IRC后门Backdoor－IrcBot。

（7）病毒种植程序病毒，这类病毒的公有特性是运行时会从体内释放出一个或几个新的病毒到系统目录下，由释放出来的新病毒产生破坏，如冰河播种者（Dropper－Bing－He2－2C）、MSN射手（Dropper－Worm－Smibag）等。

(8) 破坏性程序病毒的前缀是 Harm。这类病毒的公有特性是本身具有好看的图标以诱惑用户点击，当用户点击图标时，病毒便会直接对用户的计算机产生破坏，如格式化 C 盘（Harm - FormatC - f）、杀手命令（Harm - Command - Killer）等。

(9) 玩笑病毒的前缀是 Joke，也称为恶作剧病毒。这类病毒的公有特性是本身具有好看的图标以诱惑用户点击，当用户点击图标时，病毒会作出各种破坏操作来吓唬用户，其实病毒并没有对用户的计算机进行任何破坏，如女鬼（Joke - Girlghost）病毒。

(10) 捆绑机病毒的前缀是 Binder。这类病毒的公有特性是病毒作者会使用特定的捆绑程序将病毒与一些应用程序如 QQ、IE 捆绑起来，其表面上看是一个正常的文件，当用户运行这些捆绑了病毒的应用程序时，表面上会运行这些应用程序，然后隐藏运行与应用程序捆绑在一起的病毒，从而给用户造成危害，如捆绑 QQ（Binder - QQPass - QQBin）、系统杀手（Binder - Ki11sys）等。

以上为比较常见的病毒前缀，还有一些病毒前缀比较少见，这里做简单的介绍。

Dos：会针对某台主机或者服务器进行 Dos 攻击。

Exploit：会自动通过溢出对方或者自己的系统漏洞来传播自身，或者它本身就是一个用于 Hacking 的溢出工具。

HackTool：黑客工具，也许本身并不破坏用户的电脑，但是会被别人加以利用，即以用户的计算机做替身去破坏别人的计算机。

6. 计算机病毒的危害

1998 年 4 月 26 日，CIH 病毒爆发，全球超过 6 000 万台计算机被破坏。一天之内，国内有几十万台计算机瘫痪或丢失数据。全国范围内因 CIH 病毒发作受到侵害的计算机总量为 36 万台，其中主板受损的比例为 15%，直接经济损失为 8 亿元人民币，间接经济损失超过 10 亿元人民币。CIH 病毒在全球造成的损失估计是 10 亿美元。

2000 年 4 月 26 日，CIH 病毒再度爆发。全球损失超过 10 亿美元。这一天，仅北京就有超过 6 000 台电脑遭到 CIH 病毒破坏。

2000 年 5 月，网络上出现一种名为“ILoveYou”的病毒，该病毒通过电子邮件传播，当时的报告案例超过 5 000 万次，包括美国五角大楼、中央情报局等机构都被迫关闭电子邮件系统，全球的损失达 100 亿美元。

2003 年 1 月，“2003 蠕虫王”病毒发作 5 天后，英国的市场调查机构估计，全世界范围内因此造成的直接经济损失达到 12 亿美元，感染计算机超过 100 万台。

2008 年 11 月被发现的蠕虫病毒 Conficker 也被称作 Downup，随后出现了多个变种，全球有超过 1 500 万台计算机受到感染。

2012 年 5 月 29 日，俄罗斯计算机安全公司卡巴斯基发现并分析了的计算机病毒“火焰”（Flame）的源代码的一部分。该公司警告说，该病毒在几个国家很活跃。卡巴斯基实验室于 2012 年宣布，其发现了世界上最复杂的一种计算机病毒“火焰”，它能收集数据、远程更改计算机设置、打开计算机麦克风并收录计算机周边的谈话，还能截屏并复制即时通信工具聊天内容。其破坏能力比之前发现的 Stuxnet 和 Duqu 蠕虫病毒要强 20 多倍。

2017 年 5 月 12 日，勒索病毒（WannaCry）突然爆发，受害者的计算机会被病毒锁定并弹出勒索对话框。

二、计算机的安全防护及设置

为了更好地保护计算机，给计算机创造一个良好的运行环境，计算机安全防护策略应从以下几个方面考虑。

1. 添加安全防范软件

1）杀（防）毒软件不可少

计算机病毒的发作给全球计算机系统造成巨大损失，令人们谈“毒”色变。上网的人几乎都被计算机病毒侵害过。对于一般用户而言，首先要做的就是为计算机安装一套正版的杀毒软件。

现在不少人对防计算机病毒有个误区，认为对待计算机病毒的关键是“杀”，其实对待计算机病毒应当以“防”为主。目前绝大多数杀毒软件都在扮演“事后诸葛亮”的角色，即计算机被病毒感染后杀毒软件才去发现、分析和治疗。这种被动防御的消极模式远不能彻底解决计算机安全问题，因此安装杀毒软件的实时监控程序，定期升级所安装的杀毒软件（如果安装的是网络版，在安装时可先将其设定为自动升级），给操作系统打上相应补丁、升级引擎和病毒定义码，做好预防工作。由于新计算机病毒层出不穷，现在各杀毒软件公司的计算机病毒库更新十分频繁，应当设置每天定时更新实时监控程序的计算机病毒库，以保证其能够抵御最新出现的计算机病毒的攻击。

每周要对计算机进行一次全面的杀毒、扫描工作，以便发现并清除隐藏在系统中的计算机病毒。当用户的计算机不慎感染计算机病毒时，应该立即将杀毒软件升级到最新版本，然后对整个硬盘进行扫描操作，清除一切可以查杀的计算机病毒。如果计算机病毒无法清除，或者杀毒软件不能对计算机病毒进行清晰的辨认，那么就应该将计算机病毒提交给杀毒软件公司，杀毒软件公司一般会在短期内给予用户满意的答复。面对网络攻击时，第一反应应该是拔掉网络连接端口，或单击杀毒软件上的断开网络连接按钮。

2）个人防火墙不可替代

如果有条件，应安装个人防火墙（FireWall）以抵御计算机病毒的攻击。所谓防火墙，是指一种将内部网络和公众访问网络（Internet）分开的方法，实际上是一种隔离技术。防火墙是在两个网络通信时执行的一种访问控制尺度，它能允许用户“同意”的人和数据进入用户的网络，同时将用户“不同意”的人和数据拒之门外，最大限度地阻止网络中的黑客访问用户的网络，防止他们更改、复制、毁坏用户的重要信息。防火墙安装和投入使用后，并非万事大吉。要想充分发挥它的安全防护作用，必须对其进行跟踪和维护，与商家保持密切的联系，时刻注视商家的动态。因为商家一旦发现其产品存在安全漏洞，就会尽快发布补救（Patch）产品，此时应尽快确认真伪（防止特洛伊木马等病毒），并对防火墙进行更新。在理想情况下，一个好的防火墙应该能把各种安全问题在发生之前解决。就现实情况看，这还是个遥远的梦想。目前各家杀毒软件公司都会提供个人版防火墙软件，防病毒软件中都含有个人防火墙，所以可用同一张光盘进行个人防火墙安装。重点提示：在安装防火墙后一定要根据需求进行详细配置。合理设置防火墙后应能防范大部分蠕虫病毒入侵。

（3）分类设置密码并使密码设置尽可能复杂。在不同的场合使用不同的密码。网上需要设置密码的地方很多，如网上银行、上网账户、E-mail、聊天室以及一些网站的会员等。应尽可能使用不同的密码，以免因一个密码泄露导致所有资料外泄。对于重要的密码（如网上银行的密码）一定要单独设置，并且不要与其他密码相同。

设置密码时要尽量避免使用有意义的英文单词、姓名缩写以及生日、电话号码等容易泄露的字符，最好采用字符与数字混合的密码。不要贪图方便而在拨号连接的时候选择“保存密码”选项。如果使用E-mail客户端软件（OutlookExpress、Foxmail、TheBat等）来收发

重要的电子邮件，如ISP信箱中的电子邮件，在设置账户属性时尽量不要使用“记忆密码”功能。虽然密码在计算机中是以加密方式存储的，但是这样的加密往往并不保险，一些初级的黑客即可轻易地破译密码。

定期修改上网密码，至少一个月更改一次，这样即使原密码泄露，也能将损失降到最小。

2. 安全预防

（1）不下载来路不明的软件及程序，不打开来历不明的邮件及附件。几乎所有上网的人都在网上下载过共享软件（尤其是可执行文件）。它们在带来方便和快乐的同时，也会悄悄地把一些不受欢迎的东西带到计算机，比如计算机病毒。因此，应选择信誉较好的下载网站下载软件，将下载的软件及程序集中放在非引导分区的某个目录下，使用前用杀毒软件查杀病毒。有条件的话，可以安装一个实时监控计算机病毒的软件，随时监控网上传递的信息。

不要打开来历不明的电子邮件及其附件，以免遭受病毒邮件的侵害。在互联网上有些计算机病毒就是通过电子邮件传播的，这些病毒邮件通常都会以带有噱头的标题来吸引用户打开其附件，如果你抵挡不住它的诱惑，而下载或运行了其附件，就会受到感染，因此应将来历不明的邮件拒之门外。

（2）警惕“网络钓鱼”。目前，网上一些黑客利用“网络钓鱼”手法进行诈骗，如建立假冒网站或发送含有欺诈信息的电子邮件。盗取网上银行、网上证券或其他电子商务用户的账户密码，从而窃取用户资金的违法犯罪活动不断增多。公安机关和银行、证券等有关部门提醒网上银行、网上证券和电子商务用户对此提高警惕，防止上当受骗。

目前“网络钓鱼”的主要手法有以下几种方式。

①发送电子邮件，以虚假信息引诱用户。诈骗分子以垃圾邮件的形式大量发送欺诈性邮件，这些邮件多以中奖、顾问、对账等内容引诱用户在邮件中填入金融账号和密码，或以各种紧迫的理由要求收件人登录某网页提交用户名、密码、身份证号、信用卡号等信息，继而盗窃用户资金。

②建立假冒网上银行、网上证券网站，骗取用户账号密码实施盗窃。犯罪分子建立域名和网页内容与真正的网上银行、网上证券网站极为相似的网站，引诱用户输入账号、密码等信息，进而通过真正的网上银行、网上证券网站或者伪造银行储蓄卡、证券交易卡盗窃资金；还有的利用跨站脚本，即利用合法网站服务器程序上的漏洞，在站点的某些网页中插入恶意html代码，屏蔽一些可以用来辨别网站真假的重要信息，利用Cookies窃取用户信息。

③利用虚假的电子商务网站进行诈骗。此类犯罪活动往往是建立电子商务网站，或在比较知名、大型的电子商务网站上发布虚假的商品销售信息，犯罪分子在收到受害人的购物汇款后就销声匿迹。

④利用木马和黑客技术等手段窃取用户信息后实施盗窃活动。木马制作者通过发送邮件或在网站中隐藏木马等方式大肆传播木马程序，当感染木马的用户进行网上交易时，木马程序即以键盘记录的方式获取用户的账号和密码，并发送给指定邮箱，用户资金将受到严重威胁。

⑤利用用户弱口令等漏洞破解、猜测用户的账号和密码。不法分子利用部分用户贪图方便设置弱口令的漏洞，对银行卡等密码进行破解。

（3）防范间谍软件。

最近公布的一份家用计算机调查结果显示，大约80%的用户对间谍软件入侵其计算机毫不知晓。间谍软件是一种能够在用户不知情的情况下偷偷进行安装（安装后很难找到其踪影），并悄悄把截获的信息发送给第三者的软件。它的历史不长，可到目前为止，间谍软件数量已有几万种。间谍软件的一个共同特点是，能够附着在共享文件、可执行图像以及各种免费软件中，并趁机潜入用户的系统，而用户对此毫不知情。间谍软件的主要用途是跟踪用户的上网习惯，有些间谍软件还可以记录用户的键盘操作，捕捉并传送屏幕图像。间谍软件总是与其他程序捆绑在一起，用户很难发现它们是什么时候被安装的。一旦间谍软件进入计算机系统，要想彻底清除它们十分困难，而且间谍软件往往成为不法分子手中的危险工具。

从一般用户能做到的方法来讲，要避免间谍软件的入侵，可以从下面 3 个途径入手。

①把浏览器调到较高的安全等级。浏览器预设为提供基本的安全防护，但可以自行调整其等级设定。将浏览器的安全等级调到“高”或“中”可有助于防止间谍软件入侵。

②在计算机上安装防间谍软件的应用程序，时常监察及清除计算机中的间谍软件，以阻止间谍软件对外进行未经许可的通信。

③对将要在计算机上安装的共享软件进行甄别选择，尤其是那些不熟悉的软件，可以登录其官方网站了解详情。在安装共享软件时，不要总是不加审视地单击“OK”按钮，而应仔细阅读各个步骤中出现的协议条款，特别留意那些有关间谍软件行为的语句。

（4）只在必要时共享文件夹。不要以为在内部网络上共享的文件是安全的，其实在共享文件的同时会有软件漏洞呈现在互联网的不速之客面前，公众可以自由地访问那些文件，并且共享文件很有可能被人恶意利用和攻击，因此共享文件应该设置密码，一旦不需要共享时应立即停止共享。

一般情况下不要设置共享文件夹，以免共享文件夹成为居心叵测的人进入计算机的跳板。

如果确实需要共享文件夹，一定要将文件夹设为只读。通常进行共享设定时“访问类型”不要选择“完全”选项，因为这一选项将导致只要能访问这一共享文件夹的人员都可以对所有内容进行修改或者删除。Windows 98/ME 的共享默认是“只读”的，其他计算机不能写入；Windows 2000 的共享默认是“可写”的，其他计算机可以删除和写入文件，对用户安全构成威胁。

不要将整个硬盘设定为共享。例如，某个访问者将系统文件删除，会导致计算机系统全面崩溃，无法启动。

不要随意浏览黑客网站、色情网站。时下许多计算机病毒和间谍软件都来自黑客网站和色情网站，如果进入这些网站，而计算机恰巧又没有缜密的防范措施，那么很有可能感染计算机病毒。

应定期备份重要数据。如果计算机遭到致命的攻击，操作系统和应用软件可以重装，而重要的数据只能靠日常的备份。因此，无论采取了多么严密的防范措施，也不要忘了随时备份重要数据，做到有备无患。

【课外演练】

安装好 360 安全卫士，重启计算机，启动 360 安全卫士，并对 360 安全卫士进行设置，完成下列相关操作。

（1）对计算机进行体检，查看当前计算机的相关不足，并对相关程序进行优化，清理垃圾文件等。

（2）木马程序是个人信息渗漏的一个重要途径，请对当前计算机进行木马查杀操作。

（3）检查系统的漏洞并修复。

（4）使用“电脑清理”菜单工具，对当前计算机进行垃圾文件清理操作，提高系统的运行速度。

【实战演练】

指法练习

1. 基本键位 ASDF 和 JKL；的练习

左手四指置于 ASDF 四个键上，右手四指置于 JKL；四个键上，两个大拇指放在 Space 键上。固定手指位置后，不要再看键盘，集中视线于文稿。两手敲击按键时要稳、准、快，小指和无名指自然下垂，不要向上翘起（表 1－3）。

表 1－3 指法练习（1）

asdfjkl；	dkdkfjfj	a；a；slsl	adk；sfjl	lassfall
askdad	aadlad	alasadd	aadfall	alass；
aflask	alsldkdk	falladk；	lasssfjl	alasadd

2. 基本键 G 和 H 的练习

按 G 键时，原按 F 键的左手食指向右平伸，按 G 键后迅速退回原位。按 H 键时，原按 J 键的右手食指向左平伸，按 H 键后迅速退回原位。其他手指原位不动（表 1－4）。

表 1－4 指法练习（2）

all has had add	ask lad sad gas	fall slag jags asks
half hall glad lass	glass flask glass flask	halls flags

3. RT 和 YU 键的练习

按 R 键时，原按 F 键的左手食指向左上方伸出；按 T 键时，左手食指向右上方伸出；按 U 键时，右手食指要向上方伸出；按 Y 键时，右手食指向更左上方伸出。每按完一个键后，手指应立即退回基本键位（表 1－5）。

表 1－5 指法练习（3）

rusty hurry	Tatty lad	A dusty flag
that august lady	A fast hart darts	That dark hall

4. QWE 和 IOP 键的练习

按 Q、W、E 键时，原按 A、S、D 键的左手小指、无名指和中指向左上方伸出；按 I、O、P 键时，右手中指、无名指和小指向左上方伸出。按键完毕，迅速退回各基本键位。按这 6 个键时，两手的食指应分别放在基本键 F、J 上，以防止其他手指退回原位时按错位置（表 1－6）。

表 1-6　指法练习（4）

oil low was	Pile wash slow	Pale keep year
Ripe quite skill	Group paper worst	Whore weigh your

5. VB 和 MN 键的练习

按 V 和 B 键时，原按 F 键的左手食指向右下方伸出；按 M 和 N 键时，右手食指分别向右下方和左下方伸出，按键完毕，手指迅速退回各基本键位（表 1-7）。

表 1-7　指法练习（5）

Every body	Tomorrow morning	A kind man
A brave nurse	Form the bank；	Over a month

6. ZXC，./键的练习

按 Z、X、C 键时，左手小指、无名指和中指分别向右下方移动，手指略微弯曲；按，./键时，右手中指、无名指和小指向右下方移动。按键完毕，手指迅速退回各基本键位（表 1-8）。

表 1-8　指法练习（6）

The text.	One dozen：doz.	Example；ex.，
Below zero，	Six in a circle	The circle；zero

7. 数字键的练习

按 1、2、3 键时，左手小指、无名指和中指分别向左上方伸出，越过第二排键；按 4、5 键时，左手食指越过第二排键。同样，按 6、7 键时，用右手食指；按 8、9、0 键时，用右手中指、无名指和小指（表 1-9）。

表 1-9　指法练习（7）

275985	503721	741698	137549	275985	503721
137549	384books，	290pens，	147pencils，	36planes，	100feet
35 plus 89 equals 124，		124 minus 89 equals 35，		2 times 37 equals 74，	
156 divided by 3 equals 52，				—	

注：在输入纯数字时，也可使用右侧小键盘的数字键，其手指分工为拇指负责 0 键，食指负责 1、4、7 键，中指负责 2、5、8 键，无名指负责 3、6、9 键，小指负责 Enter 键。

8. 大写字母和:? 键的练习

大写字母由键盘左、右两边的换挡键 Shift 键控制。打大写字母时，必须先按换挡键。打左手控制的字母的大写体时，先用右手小指按右边的换档键，再用左手按所需要的键；反之亦然。按键后方可松开换挡键，并迅速退回原位。若连续打大写字母，可先用左手小指按大写锁定键 CapsLock，即可连续打大写字母。打毕，用左手小指再按一下该键，即可恢复小

写输入状态。打冒号和句号时，先用左手小指按左边的换挡键，再用右手小指按：和？键（表 1－10）。

表 1－10　指法练习（8）

Alice Mary	Julia Tom	Paris London
Beijing，China Beijing，	Mr Fox said：	What? A dog?

9. 手指练习

1）左手

小指：A1AA2AAQAAZAA1A2AAQAZAA1AQAA2AQAA1AZA。

无名指：S3SSWSSXSS3SWSSWSXSS3SXS。

中指：D4DDEDDCDD4DEDDEDCDD4DCD。

食指：F5FF6FFRFFTFFGFFVFFBFF5F6FF5FRFFRFTFFRFVFFGFVFFGFBF。

2）右手

小指：'—'' = ''P'' – '' – ''''''/''—' = '。

'—'P'' – ' – '' – '/'''/'' = '\ '。

无名指：L0L LOL L. L L0LOL LOL. L L0L. L。

中指：K9K KIK K，K K9KIK KIK，K K9K，K。

食指：J7J J8J JUJ JYJ # JNJ JMJ J7J8J JUJYJ #NJ JMJNJ J7JM JJ8JMJ。

【课后习题】

1. 1946 年，首台电子数字计算机 ENIAC 问世后，冯·诺依曼在研制计算机时，提出两个重要的改进，它们是（　　）。

A. 引入 CPU 和内存储器的概念　　B. 采用机器语言和十六进制

C. 采用二进制和存储程序控制的概念　　D. 采用 ASCII 编码系统

2. 假设某台式计算机的内存储器容量为 128MB，硬盘容量为 10GB。硬盘容量是内存储器容量的（　　）。

A. 40 倍　　B. 60 倍　　C. 80 倍　　D. 100 倍

3. 计算机辅助教育的英文缩写是（　　）。

A. CAD　　B. CAE　　C. CAM　　D. CAI

4. 计算机中访问速度最快的存储器是（　　）。

A. CD－ROM　　B. 硬盘　　C. U 盘　　D. 内存储器

5. 二进制数 00111101 转换成十进制数是（　　）。

A. 58　　B. 59　　C. 61　　D. 65

6. 计算机普遍采用的字符编码是（　　）。

A. 原码　　B. 补码　　C. ASCII 码　　D. 汉字编码

7. 一个字长为 5 位的无符号二进制数能表示的十进制数值范围是（　　）。

A. 1～32　　B. 0～31　　C. 1～31　　D. 0～32

8. 计算机病毒是指“能够侵入计算机系统并在计算机系统中潜伏、传播、破坏系统正常工作的一种具有繁殖能力的（　　）”。

A. 流行性感冒病毒　B. 特殊小程序
C. 特殊微生物　D. 源程序

9. 通常用 MIPS 为单位来衡量计算机的性能，它指的是计算机的（　　）。
A. 传输速率　B. 存储容量
C. 字长　D. 运算速度

10. DRAM 的中文含义是（　　）。
A. 静态随机存储器　B. 动态随机存储器
C. 动态只读存储器　D. 静态只读存储器

11. 在计算机中，每个存储单元都有一个连续的编号，此编号称为（　　）。
A. 地址　B. 位置号　C. 门牌号　D. 房号

12. 通常所说的 I/O 设备是指（　　）。
A. 输入/输出设备　B. 通信设备
C. 网络设备　D. 控制设备

13. 下列各组设备中，全部属于输入设备的一组是（　　）。
A. 键盘、磁盘和打印机　B. 键盘、扫描仪和鼠标
C. 键盘、鼠标和显示器　D. 硬盘、打印机和键盘

14. 操作系统的功能是（　　）。
A. 将源程序编译成目标程序
B. 诊断计算机的故障
C. 控制和管理计算机系统的各种硬件和软件资源的使用
D. 负责外设与主机之间的信息交换

15. 将用高级语言编写的程序翻译成机器语言程序，采用的两种翻译方法是（　　）。
A. 编译和解释　B. 编译和汇编
C. 编译和连接　D. 解释和汇编

16. 下列选项中，不属于计算机病毒特征的是（　　）。
A. 破坏性　B. 潜伏性　C. 传染性　D. 免疫性

17. 二进制数 11001000 转换成十六进制数是（　　）。
A. 77　B. D7　C. 70　D. C8

18. 在计算机内部对汉字进行存储、处理和传输的汉字编码是（　　）。
A. 汉字信息交换码　B. 汉字输入码
C. 汉字机内码　D. 汉字字形码

19. 用 8 位二进制数能表示的最大的无符号整数是十进制整数（　　）。
A. 255　B. 256　C. 128　D. 127

20. 十进制数 18 转换成二进制数是（　　）。
A. 010101　B. 101000　C. 010010　D. 00101

项目二

操作系统基础

大多数人比较熟悉“操作系统”，也都知道计算机以及现代的一些电子设备需要安装操作系统，并多多少少使用过它，但是对于什么是操作系统，它的作用到底是什么等了解甚少。本项目介绍有关操作系统的基础知识，并详细介绍 Windows 10 操作系统的功能及其使用方法。

2.1 操作系统概述

操作系统（Operating System，OS）是管理和控制计算机中的所有资源，合理地组织计算机工作的流程，并为用户提供良好的工作环境和接口的系统软件。

一、Windows 操作系统

在介绍 Windows 操作系统之前先了解一下微软（Microsoft）公司。微软公司是全球最大的计算机软件提供商，总部设在华盛顿州的雷德蒙德市（Redmond，大西雅图地区的东部边缘）。微软公司成立于 1975 年，最初以“Micro - soft”的名称（意思为“微型软件”）发展和销售 BASIC 解释器。Microsoft Windows 是为 PC 和服务器用户设计的操作系统，它有时也被称为“视窗操作系统”。它的第一个版本由微软公司发行于 1985 年，并最终获得了世界个人计算机操作系统软件的垄断地位。

1. Windows 95

Windows 95 的开发给人们带来了更强大、更稳定、更实用的桌面图形用户界面，同时结束了桌面操作系统间的竞争。Windows 95 在后期版本中附带了 Internet Explorer 3，然后是 Internet Explorer 4。当 Internet Explorer 4 被集成到 Windows 操作系统中后，它为 Windows 操作系统带来一些新特征。Internet Explorer 被用来给 Windows 操作系统的桌面提供 HTML 支持。

2. Windows 98

1998 年，微软公司推出了 Windows 98，它是 Windows 95 的改进版，它的最大特点是将整合了 Internet Explorer 浏览器，使访问 Internet 资源就像访问本地硬盘一样方便。

3. Windows XP

在 2001 年，微软公司发行了 Windows XP。Windows XP 是微软公司研发的基于 X86、X64 架构的 PC 和平板电脑使用的操作系统，“XP”的意思是“体验”（experience）。Windows XP 中出现了一个新的图形用户界面，因为微软公司想提供一个比过去的 Windows 版本易用性更好的操作系统。Windows XP 的内核代码是基于 Windows 2000 架构的，因此它是很稳定的纯 32 位系统。根据不同的用户对象，Windows XP 可以分为针对个人用户的 Windows XP Home Edition 和针对商业用户的 Windows XP Professional。

4. Windows 7

微软公司于 2009 年下半年发布了 Windows 7，取代了 2007 年年初发布的饱受争议的 Windows Vista。

5. Windows 8

北京时间 2012 年 10 月 25 日，微软公司推出了 Windows 8。该操作系统除了具备适用于笔记本电脑和台式机平台的传统窗口显示方式外，还特别强化了适用于触屏的平板电脑设计。

6. Windows 10

2015 年 6 月 1 日，Windows 10 发布并于 7 月 29 日正式上线。设计目标是统一 PC、平板电脑、智能手机、嵌入式系统、Xbox One、Surface Hub 和 HoloLens 等整个 Windows 产品系列的操作系统，使它们共享一个通用的应用程序架构和 Windows 商店的生态系统。

二、Linux 操作系统

Linux 系统的发展历史可以追溯到 20 世纪 60 年代，当时出现了交互式操作系统，即分时操作系统，其中最具代表性的是 multics。multics 是一款由贝尔实验室、麻省理工学院和美国通用电气公司联合研发的安装在大型主机上实现多人多工的操作系统。随后，贝尔实验室的 Ken Thompson 使用 B 语言开发出了名为 Unics 的操作系统，后改名为 UNIX 操作系统。

Linux 则是一款能够免费使用以及自由传播的类 UNIX 操作系统，其内核由林纳斯·本纳第克特·托瓦兹（Linus Benedict Torvalds）于 1991 年 10 月 5 日首次发布。它主要受到 Minix 和 UNIX 思想的启发，是一个基于 POSIX 的多用户、多任务、多线程和多 CPU 的操作系统。Linux 继承了 UNIX 以网络为核心的设计思想，是一个性能稳定的多用户网络操作系统。Linux 支持 32 位和 64 位硬件，能运行主要的 UNIX 工具软件、应用程序和网络协议。图 2 - 1 所示为 Linux 操作系统的标志。

图 2 - 1　Linux 操作系统的标志

Linux 操作系统具有自由开放的使用环境，同时基于 GPL 授权的 Linux 操作系统属于自由软件，也就是任何人都可以自由使用或修改源代码。Linux 操作系统这种开放性的架构对于技术人员来说具有的重要意义。因为很多技术人员从事的行业方向不同，所以常常需要修改操作系统的源代码，以使其满足自己的任务需求。Linux 操作系统开放性的架构可以满足技术人员各种不同的需求。Linux 操作系统的配置需求低，它支持 PC 的 X86 架构，系统资源不需要像早期的 UNIX 操作系统一样仅适用于单一公司所生产的设备。Linux 操作系统具有功能强大且稳定的核心，还具有独立作业能力，可以独立完成几乎所有的工作站和服务器的服务。目前 Linux 已经成为相当成熟的操作系统，消耗资源较少，使用户拥有足够自由的编辑权限，因此 Linux 操作系统的用户量相当大。

三、麒麟（Kylin）操作系统

麒麟操作系统是一款中国自主知识产权操作系统，是国家高技术研究发展计划（863 计划）的重大成果之一，是以国防科技大学为主导，与中软、联想等企业联合设计和开发的基于 Linux 的操作系统。其最初版本发布于 2000 年。2019 年，天津麒麟获得国防科技大学授权，与中标软件合并为麒麟软件有限公司，继续以 Linux 为内核研发麒麟操作系统。麒麟软件有限公司主要面向通用和专用领域打造安全创新操作系统产品和相应解决方案，以安全可信操作系统技术为核心，现已形成银河麒麟服务器操作系统、桌面操作系统、嵌入式操作系统等产品。

麒麟操作系统是一款可支持多种微处理器和多种计算机体系结构，并与 Linux 应用二进制兼容的国产中文服务器操作系统。具有性能领先、生态丰富、体验提升、云端赋能、融入移动、内生安全等优点。图 2－2 所示为麒麟操作系统开机桌面。

图 2－2　麒麟操作系统开机桌面

四、深度（deepin）操作系统

深度操作系统是由武汉深之度科技有限公司在 Debian 的基础上开发的 Linux 操作系统，其前身是 Hiweed Linux 操作系统，于 2004 年 2 月 28 日开始对外发行。深度操作系统可以安装在 PC 和服务器中，其内部集成了 DDE（Deepin Desktop Environment）深度桌面环境，并支持 deepin store、deepin Music、deepin Movie 等第一方应用软件。2019 年，华为 MateBook 笔记本开始预装深度操作系统。2020 年，武汉深之度科技有限公司正式发布深度操作系统 deepin v20 版本，该版本底层仓库升级到 Debian 10.5，系统安装则采用了 Kernel 5.4 和 Kernel 5.7 双内核机制，同时用户操作界面得到了大幅调整。图 2 – 3 所示为深度操作系统标志。

图 2 – 3　深度操作系统标志

深度操作系统不仅对最优秀的开源产品进行集成和配置，还开发了基于 HTML5 技术的全新桌面环境，系统设置中心，以及音乐播放器、视频播放器、软件中心等一系列面向日常使用的应用软件。深度操作系统非常注重易用的体验和美观的设计，因此对于大多数用户来说，它易于安装和使用，还能够很好地代替 Windows 操作系统进行工作与娱乐。

深度操作系统具有以下特点。

1. 开源性

深度操作系统基于开源 Linux 平台，其代码可以被任何人访问、修改和分享。这种开放源代码的模式使深度操作系统能够持续改进并适应不断变化的技术环境。

2. 稳定性

深度操作系统经过多年的发展和迭代，已经具备了极高的稳定性。其卓越的硬件兼容性确保用户在运行各种软件和应用程序时能够获得稳定可靠的性能。

3. 易用性

深度操作系统注重用户体验，提供了丰富的图形界面和简洁直观的配置选项。无论是初学者还是经验丰富的用户，都可以通过简单的操作完成系统的配置和优化。

五、统信（UOS）操作系统

统信操作系统是一款由统信软件技术有限公司开发的操作系统。统信操作系统与深度操作系统一样都是基于 Linux 研发的国产操作系统，支持龙芯、飞腾、兆芯、海光、鲲鹏等国产处理器，是一款安全稳定、美观易用的桌面操作系统。

统信操作系统提供了丰富的应用生态，用户可以通过应用商店下载数百款应用，覆盖日常办公、通信交流、影音娱乐、设计开发等各种场景需求。特有的时尚模式和高效模式两种桌面风格，提供白色和黑色主题，适应不同用户的使用习惯，为用户带来舒适、流畅、愉悦的使用体验。

六、思普（SPGnux）操作系统

思普操作系统诞生于21世纪初，是我国自主研发的一种操作系统。它具有高度的可定制性和灵活性，可以根据不同领域的需求进行定制和扩展。思普操作系统采用了先进的开源技术，不断完善和更新，以适应不断变化的应用需求。

思普操作系统具有以下技术特点。①源代码开放：思普操作系统拥有开源的源代码，可以自由获取和使用，方便用户进行定制和扩展。②支持多种语言：思普操作系统支持多种编程语言，如C、C++、Java、Python等，方便用户进行软件开发和应用部署。③性能优越：思普操作系统具有高效的任务调度和资源管理机制，能够支持大规模的并发访问和持久化存储，提供高效的计算和存储能力。④稳定性和可靠性高：思普操作系统采用了多种技术手段，如内存管理、进程调度、文件系统等，保证了自身的稳定性和可靠性。⑤节能环保：思普操作系统注重节能环保，通过智能化的能源管理机制，最大限度地减少能源消耗，同时采用绿色计算技术，减小对环境的影响。

思普操作系统采用了分层架构的设计思想，包括硬件架构、软件架构和网络架构。①硬件架构：思普操作系统硬件架构基于x86和ARM架构，支持多种处理器和硬件平台，可以满足不同领域的应用需求。②软件架构：思普操作系统软件架构分为核心系统层、中间件层和应用层。核心系统层包括内核、驱动程序和基础库函数；中间件层包括各种中间件软件，如数据库、消息队列、分布式事务等；应用层包括各种应用程序和业务逻辑。③网络架构：思普操作系统网络架构支持TCP/IP协议栈，可以实现大规模的网络互连和数据传输。同时，思普操作系统还支持多种网络协议，如HTTP、HTTPS、FTP、SMTP等，方便用户进行网络管理和应用开发。

七、新支点（NewStart OS）桌面操作系统

新支点桌面操作系统是一个智能通用操作系统，由中兴通讯全资子公司中兴新支点研发。该系统基于开源Linux核心进行研发，支持国产芯片（龙芯、兆芯、ARM）及软/硬件，可以安装在台式机、笔记本、一体机、ATM柜员机、取票机、医疗设备等终端，可满足日常办公使用，目前已被众多企业、政府部门及教育机构采用。

新支点桌面操作系统采用先进的开源技术和设计思想，拥有高素质的研发团队和完善的技术支持体系，具备强大的技术创新能力。新支点桌面操作系统可以提供丰富的软件库、工具链和生态系统资源，方便用户进行开发和应用部署，同时具备完善的技术支持和售后服务，包括在线咨询、电话支持、远程维护等，以确保用户在使用过程中获得全方位的支持和服务。综上所述，新支点桌面操作系统具有技术先进、生态完善、服务优质等特点，广泛适用于企业、政府部门和教育机构等领域的日常办公和数据处理需求。

八、鸿蒙（HarmonyOS）操作系统

鸿蒙操作系统是华为公司开发的一款全新的面向全场景的分布式操作系统。该系统以创新为驱动，旨在为人、设备、场景建立智能互连，从而使消费者在全场景生活中接触的多种智能终端实现极速发现、极速连接、硬件互助、资源共享。鸿蒙操作系统旨在对各种智能终端进行能力整合，打破设备间的障碍，为用户提供无缝的跨设备体验。与安卓和苹果等操作

系统相比，鸿蒙操作系统具有更为广泛的设备兼容性，可以运行在智能手机、智能手表、智能家具、车载娱乐装置等多种设备上。同时，鸿蒙操作系统还是一个开放的平台，鼓励合作伙伴和开发者参与其中，共同推动生态系统的发展。

鸿蒙操作系统采用分布式架构，对各种设备的能力进行抽象和封装，以实现设备的灵活调度和资源共享。鸿蒙操作系统由以下 4 个主要部分组成。

内核层：负责系统的基本功能和硬件驱动，包括进程管理、内存管理、设备管理等。

系统服务层：提供各种系统级服务，例如文件操作、网络服务、通知管理等。

框架层：负责应用程序的开发和运行，包括组件生命周期管理、窗口管理、任务管理等。

应用层：提供各种应用程序，包括多媒体播放程序、社交媒体、浏览器等。

鸿蒙操作系统生态示意如图 2－4 所示。

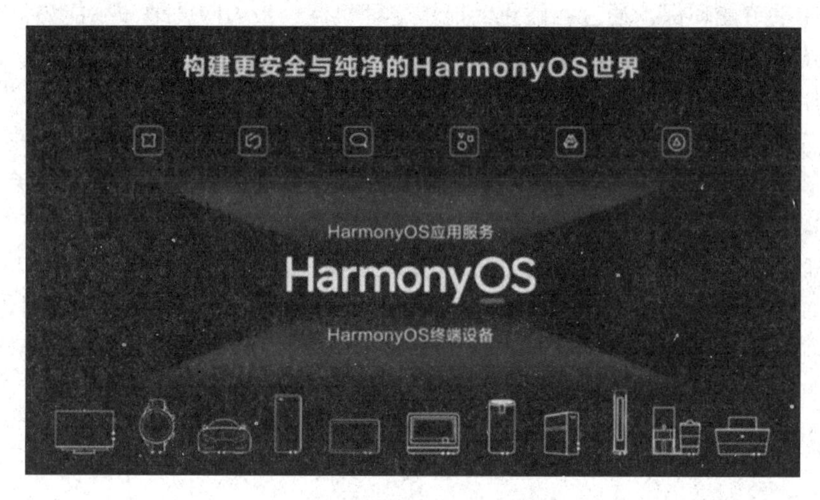

图 2－4　鸿蒙操作系统生态示意

2.2　认识 Windows 10 操作系统

一、准备 Windows 10 操作系统

安装 Windows 10 操作系统有很多方法，因为现阶段大部分个人笔记本都取消了光驱，所以本书介绍用 U 盘安装 Windows 10 操作系统的方法（Windows 7 和 Windows 8 同理）。

1. 安装前准备

准备一个容量不小于 8GB 的 U 盘，同时在微软官网下载 U 盘转换工具 MediaCreationTool。将 U 盘转换成启动盘备用，最后准备好 Windows 10 镜像文件，根据计算机的需求进行 Windows 10 操作系统的选择。

32 位 Windows 10 镜像文件 cn_windows_10_multiple_editions_x86_dvd_6846431. iso 的下载链接如下：

```
ed2k://|file|cn_windows_10_multiple_editions_x86_dvd_6846431.iso|3233482752|B5C706594F5DC697B2A098420C801112|/
```

64 位 Windows 10 镜像文件 cn_windows_10_education_x64_dvd_6847843. iso 的下载链接如下：

```
ed2k://|file|cn_windows_10_education_x64_dvd_6847843.iso|4159854592|50A2126871A73D48FAE49D7D928D5343|/
```

2. 制作 U 盘启动项

（1）运行 MediaCreationTool 安装后的应用程序，单击“为另一台电脑创建安装介质（U盘、DVD 或 ISO 文件）”单选按钮，单击“下一步”按钮。

（2）选择 U 盘并且保证 U 盘大小至少为 8 GB，单击“下一步”按钮。

（3）将 U 盘连接到计算机，选择 U 盘名称，将 U 盘制作为启动盘，如图 2－5 所示。

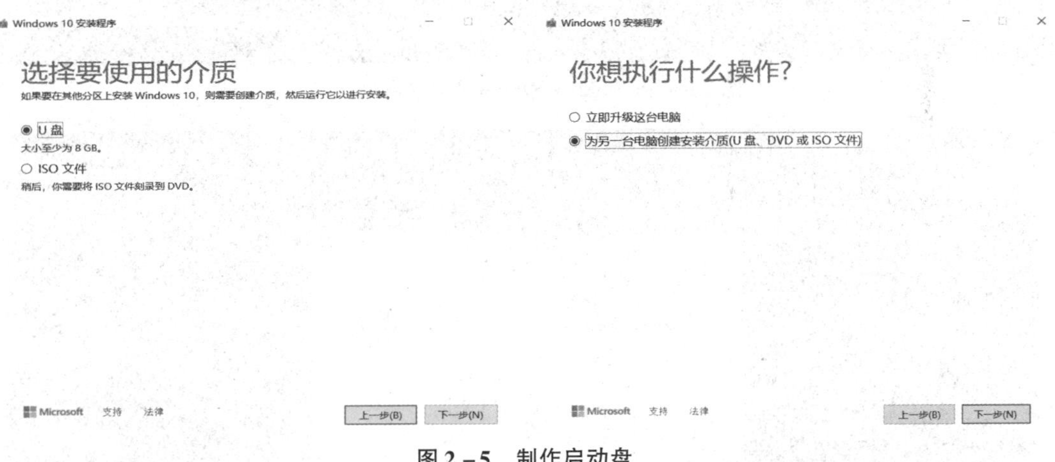

图 2－5　制作启动盘

3. 装载 Windows 10 操作系统

（1）将镜像文件下载到制作完成后的启动盘中。

（2）将启动盘接入计算机，并重启计算机，当开机时按下计算机的启动热键即可进入选择设备的页面，这里选择要启动的 USB Flash Drive 即可重装操作系统。

注：部分常见机型热键如下。笔记本：华硕笔记本 Esc 键，惠普笔记本 F9 键，索尼笔记本 F11 键或 Esc 键，联想笔记本、戴尔笔记本 F12 键，苹果笔记本开机长按 option 键。组装机：华硕主板 F8 键，微星主板 F11 键，技嘉主板和英特尔主板 F12 键。品牌机：联想、宏碁台式机 F12 键，惠普品牌台式机 F9 键或 F12 键，戴尔品牌台式机 Esc 键或 F12 键，华硕品牌台式机 F8 键。

（3）出现 Windows 10 操作系统安装界面，选择“不进行更新”→“接受许可条款”→“自定义安装”选项并选择 C 盘，如图 2－6 所示。单击“下一步”按钮，选择“Windows 10 专业版”选项，单击“下一步”按钮即可进行 Windows 10 操作系统的安装，如图 2－7 所示。

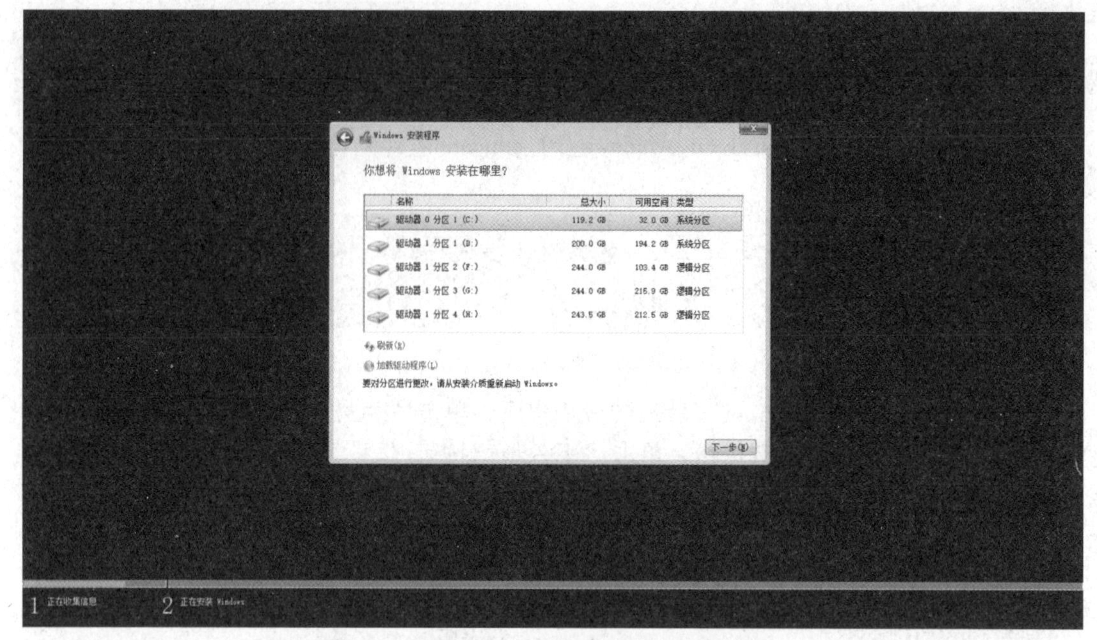

图 2-6　Windows 操作系统安装界面（1）

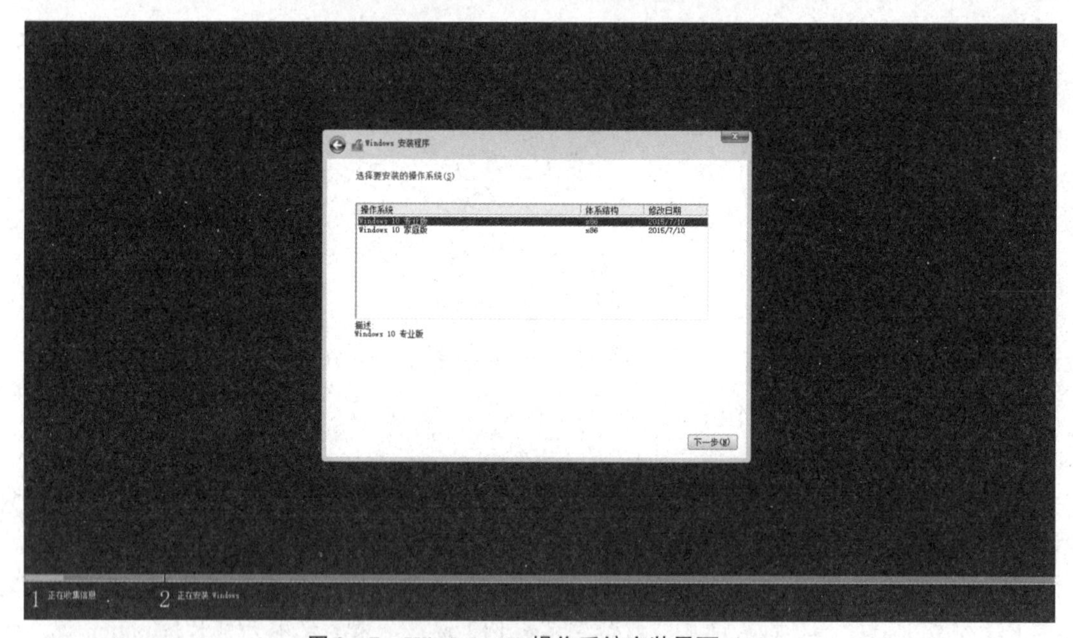

图 2-7　Windows 10 操作系统安装界面（2）

二、桌面与桌面图标

成功启动并进入 Windows 10 操作系统后，呈现在用户面前的屏幕区域称为桌面，桌面主要由桌面图标、桌面背景和任务栏三部分组成。在屏幕中央显示了桌面背景和桌面图标，在桌面最下方的矩形区域叫作任务栏，任务栏最左端是“开始”按钮。Windows 10 操作系统中的组件、应用程序窗口以及对话框都在桌面上显示。根据系统风格设置的不同，桌面显示效果也有差异，如图 2-8 所示。

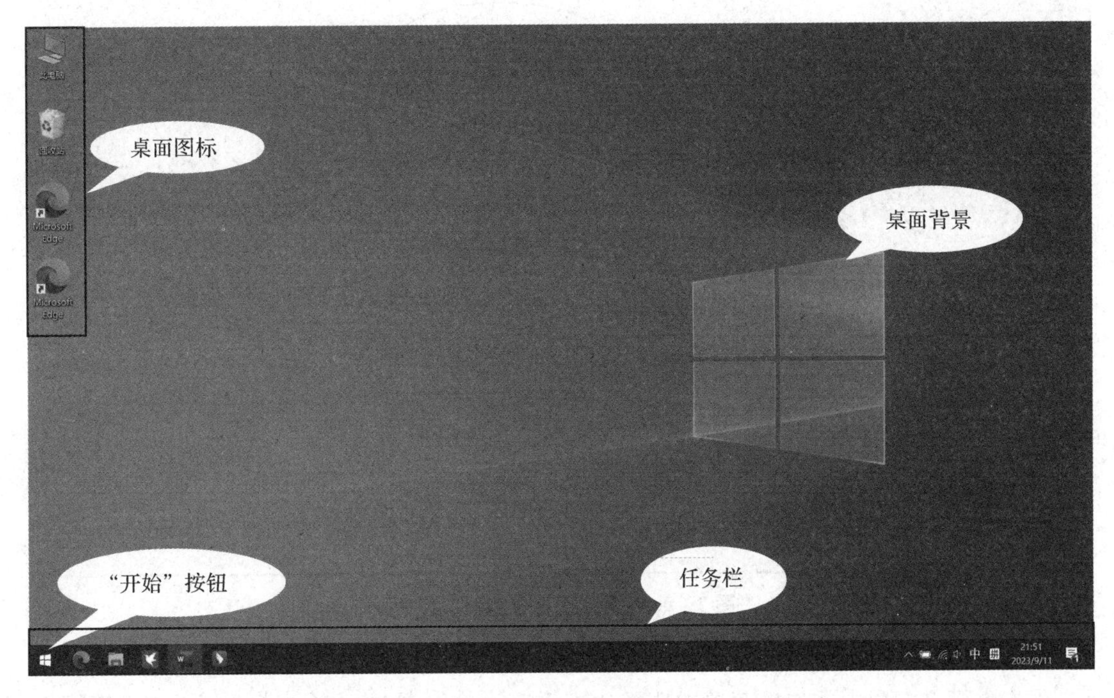

图 2－8　桌面显示

1. 桌面图标

桌面图标由标识文字和图片组成，代表了应用软件、文件夹和其他程序，文字用来表示图片所代表的对象。桌面图标有利于用户快速执行命令或打开应用程序。双击桌面图标可以打开相应的文件或程序；右击桌面图标则可以打开所选对象的属性操作菜单。

2. 管理桌面图标

1）添加/删除桌面图标

在桌面空白处右击，在弹出的快捷菜单中选择“个性化”命令，在打开窗口的左侧菜单中选择“主题”选项卡，进入“主题”页面单击“桌面图标设置”链接，打开“桌面图标设置”对话框，如图 2－9 所示，在该对话框中勾选要显示在桌面上的图标。单击“更改图标”按钮，就可以更改当前项目对应的图标。

2）向桌面添加快捷方式

找到要为其创建快捷方式的项目，右击该项目，选择“发送到”命令，打开快捷菜单，在快捷菜单中选择桌面快捷方式命令，在桌面上便添加了该项目的快捷方式。

3）删除桌面图标

右击要删除的桌面图标，在快捷菜单中选择“删除”命令；或选择要删除的桌面图标后按 Delete 键。如果桌面图标是快捷方式，则只会删除该快捷方式，原始项目不会被删除。

4）显示/隐藏桌面图标

如果要临时隐藏所有桌面图标，而并不删除它们，可以右击桌面空白处，在快捷菜单中选择“查看”命令，清除或勾选“显示桌面图标”命令就可以隐藏或显示桌面图标。

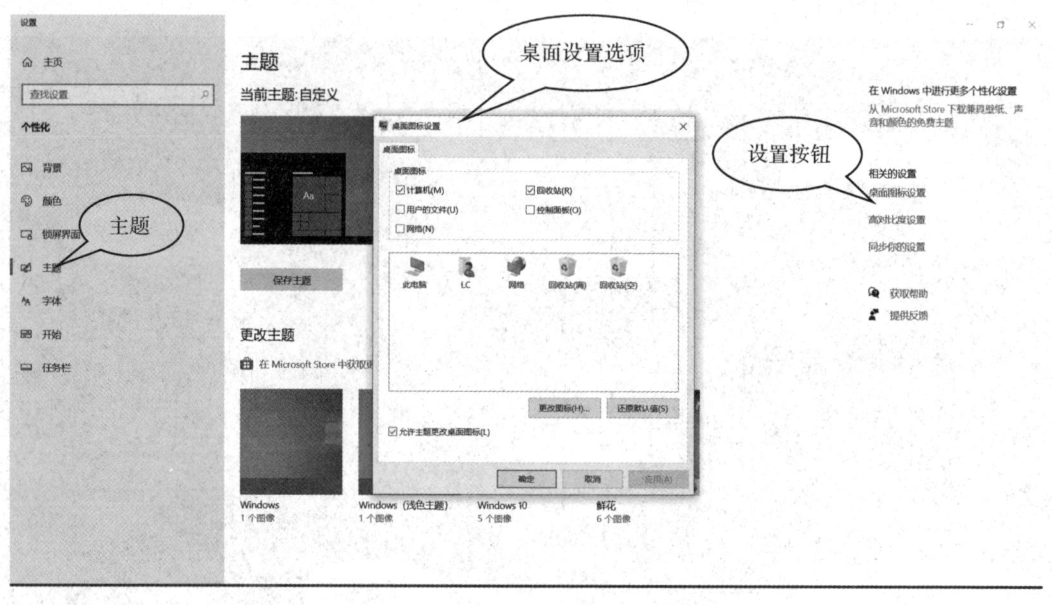

图 2-9 “桌面图标设置”对话框

5）调整桌面图标的大小

右击桌面空白处，在快捷菜单中选择“查看”命令，通过选择“大图标”“中等图标”或“小图标”选项来调整桌面图标的大小。

3. Windows 10 操作系统的个性化设置

1）桌面外观设置

右击[①]桌面空白处，在弹出的快捷菜单中选择“个性化”命令，打开“个性化”面板，如图 2-10 所示。

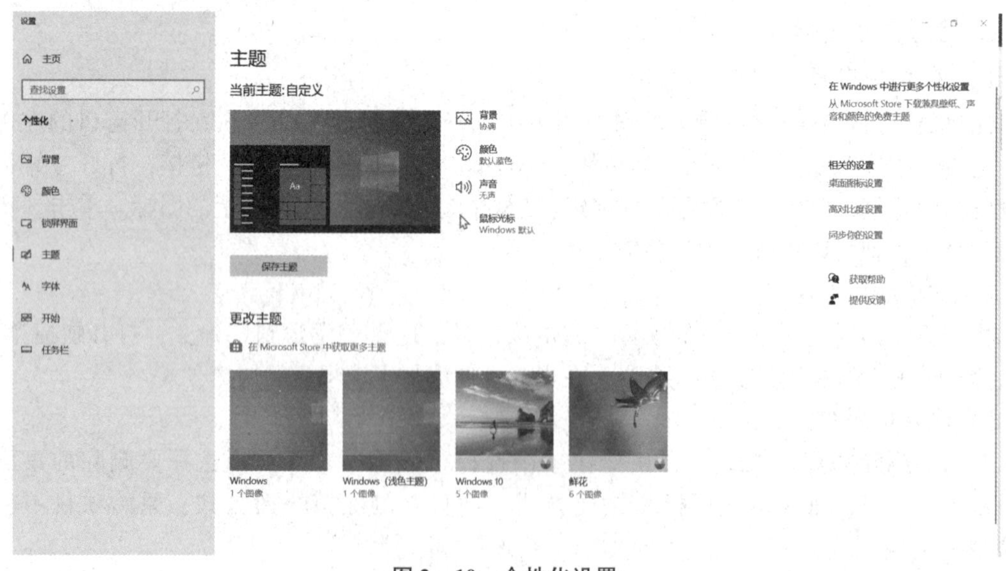

图 2-10 个性化设置

① 本书以“右击”表示“单击鼠标右键”或“用鼠标右键单击”，后同。

选择“主题”选项卡，在该页面中预置了多个主题，直接单击所需主题即可改变当前桌面外观。

2）桌面背景设置

自定义个性化桌面背景的操作步骤如下。

（1）选择“背景”选项卡，进入“背景”页面，如图 2－11 所示，选择相应图片即可。

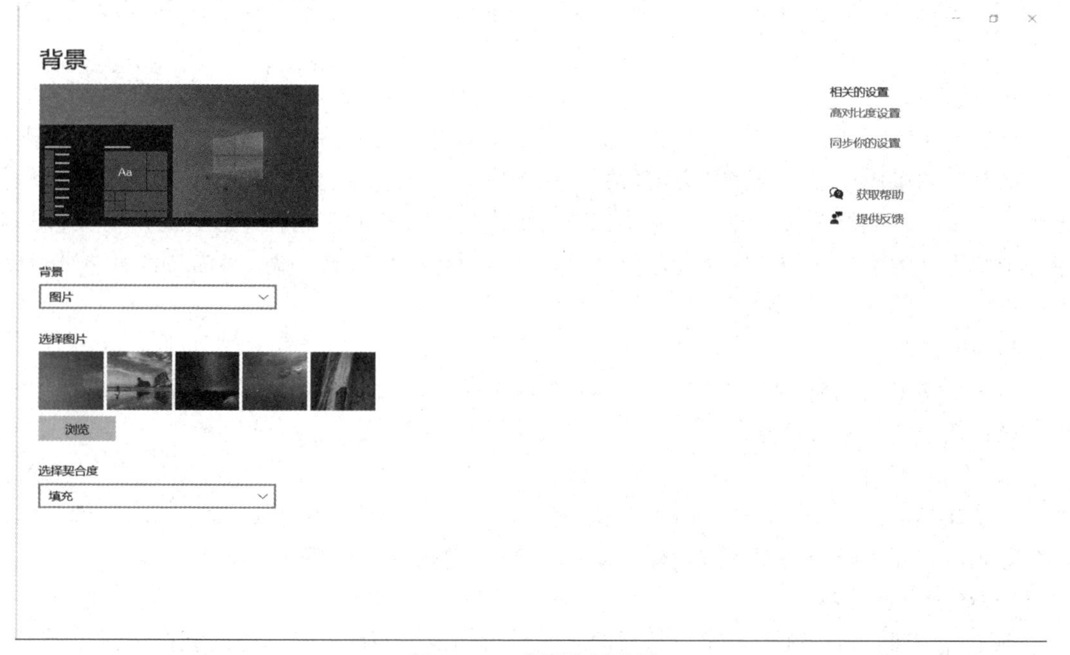

图 2－11　桌面背景设置

（2）若在“背景”下拉列表中选择了“幻灯片放映”选项，图片会定时自动切换。可以在“图片切换频率”下拉列表中设置切换间隔时间，也可以选择“无序播放”选项实现图片随机播放。

（3）更改完成后单击“关闭”按钮即可完成操作。

4. 任务栏

任务栏是位于屏幕底部的水平区域。与桌面不同的是，桌面可以被打开的窗口覆盖，而任务栏几乎始终可见。任务栏提供了整理所有窗口的方式，每个窗口都可以在任务栏上具有相应的按钮。任务栏由“开始”按钮、快速启动区、活动任务区、语言栏、系统通知区和显示桌面按钮组成，如图 2－12 所示。对任务栏的操作包括锁定任务栏、改变任务栏的大小、自动隐藏任务栏等。

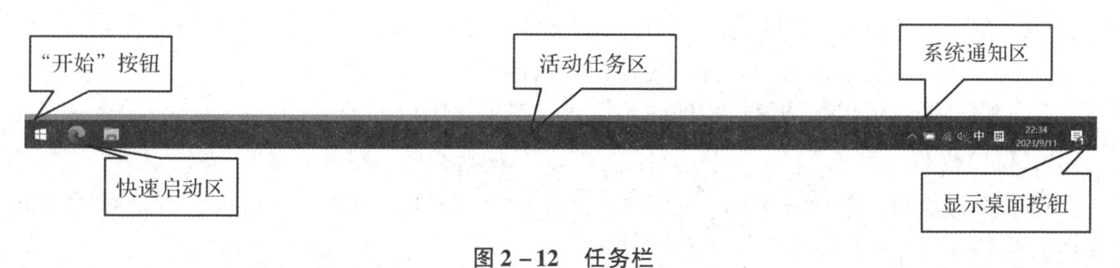

图 2－12　任务栏

1）“开始”按钮

“开始”按钮位于任务栏最左端，单击该按钮可以打开“开始”菜单，用户可以从“开始”菜单中启动应用程序或选择所需要的菜单命令。

2）快速启动区

用户可以将自己经常需要访问的程序的快捷方式拖入该区域。如果用户想要删除快速启动区中的选项，可右击对应的图标，在弹出的快捷菜单中选择“从任务栏取消固定”命令。

3）活动任务区

该区域显示了当前所有运行中的应用程序和所有打开的文件夹窗口所对应的图标。需要注意的是，如果应用程序或文件夹窗口所对应的图标在快速启动区中出现，则其不在活动任务区中再出现。此外，为了使任务栏能够节省更多空间，相同应用程序打开的所有文件只对应一个图标。为了方便用户快速地定位已经打开的目标文件或文件夹，Windows 10 操作系统还提供了强大的实时预览功能。

4）语言栏

语言栏主要用于输入法的切换。在 Windows 10 操作系统中，语言栏既可以脱离任务栏，也可以被最小化而融入任务栏。

5）系统通知区

系统通知区用于显示音量、时钟以及一些告知特定程序和计算机设置状态的图标。单击系统通知区的显示隐藏的图标按钮■，会弹出被隐藏的执行中的项目。

6）显示桌面按钮

单击该按钮，可以在当前窗口与桌面之间进行切换。当鼠标指针指向该按钮时可预览桌面，单击该按钮则可显示桌面。

三、认识窗口

1. 窗口的组成

每当运行程序打开文件或文件夹时，都会在屏幕上显示一个带有边框的窗口。在 Windows 操作系统中窗口随处可见，虽然窗口的内容各不相同，但所有窗口都有一些共同点。一方面，窗口始终显示在桌面上；另一方面，大多数窗口都具有相同的基本组成部分。窗口一般由标题栏、菜单栏、窗口控制按钮（最小化、最大化、关闭）、工作区和滚动条组成，如图 2－13 所示。

（1）标题栏：显示文档或应用程序的名称。

（2）菜单栏：包含应用程序中可单击选择的项目。

（3）窗口控制按钮：可以隐藏窗口、放大窗口（使其填充整个屏幕）以及关闭窗口。

（4）工作区：显示窗口内容并可进行相关操作。

（5）滚动条：可以滚动窗口中的内容以查看当前视图以外的信息。

2. 窗口操作

（1）移动窗口：要移动窗口，可以用鼠标指针指向其标题栏，然后将窗口拖动到目的位置。

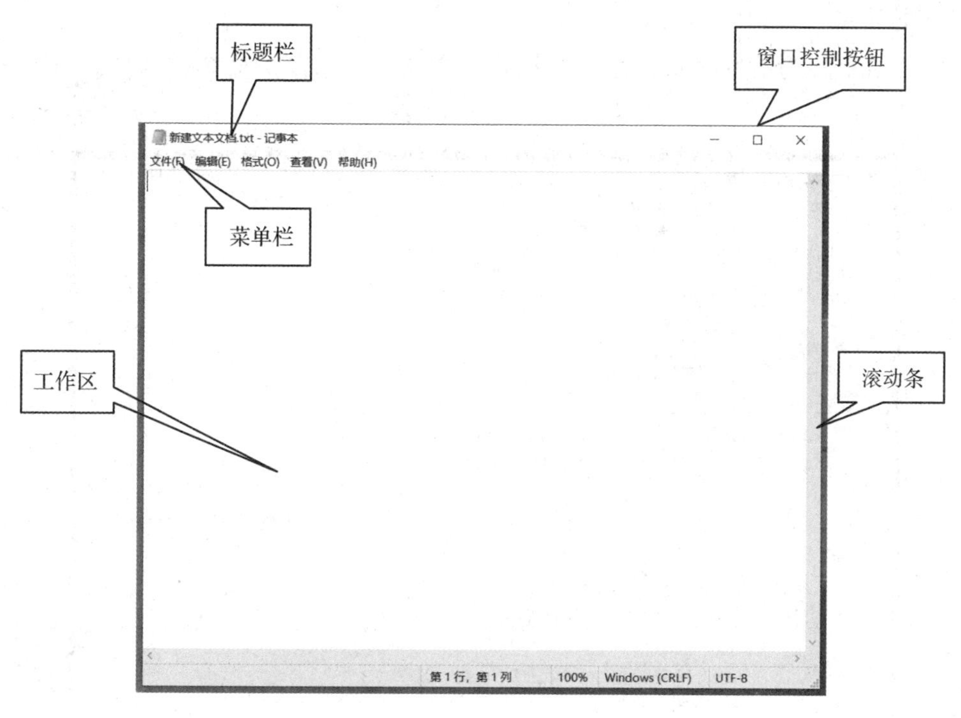

图 2-13 文本文档的窗口

（2）更改窗口的大小：若要使窗口填充整个屏幕，可以单击“最大化”按钮或双击该窗口的标题栏，或者将窗口的标题栏拖动到屏幕的顶部。若要将最大化的窗口还原到以前大小，可以单击“还原”按钮，或者双击窗口的标题栏。若要调整窗口的大小，可以将鼠标指针指向窗口的边框或角，当鼠标指针变成双箭头时，拖动窗口的边框或角可以实现对窗口的缩放。

（3）隐藏窗口：单击“最小化”按钮，窗口会从桌面上消失但没有被关闭，只在任务栏上显示为按钮。

（4）关闭窗口：单击“关闭”按钮，会将窗口从桌面上和任务栏中删除。

（5）在窗口间切换：每个窗口都在任务栏上具有相应的按钮。若要切换到某个窗口，只需要单击其任务栏按钮。该窗口将出现在所有其他窗口的前面，成为活动窗口。此外，利用“Alt + Tab”或“Alt + Esc”组合键也可以在不同窗口之间进行切换。

（6）在桌面上排列窗口：Windows 10 操作系统提供了排列窗口的命令，可以使窗口在桌面上有序排列。右击任务栏的空白处，在弹出的快捷菜单中选择“层叠窗口”“堆叠显示窗口”或“并排显示窗口”命令，可使窗口按要求进行有序排列。

四、Windows 10 操作系统的菜单管理

Windows 10 操作系统的所有命令都可以从菜单中选取，用户使用时通过鼠标或者键盘选中某个菜单项，即相当于输入并执行该命令。Windows 10 操作系统的所有菜单都具有统一的符号约定。

1. 下拉菜单

下拉菜单也称为级联菜单，每个下拉菜单中具有一系列的命令或选项，如图 2－14 所示。

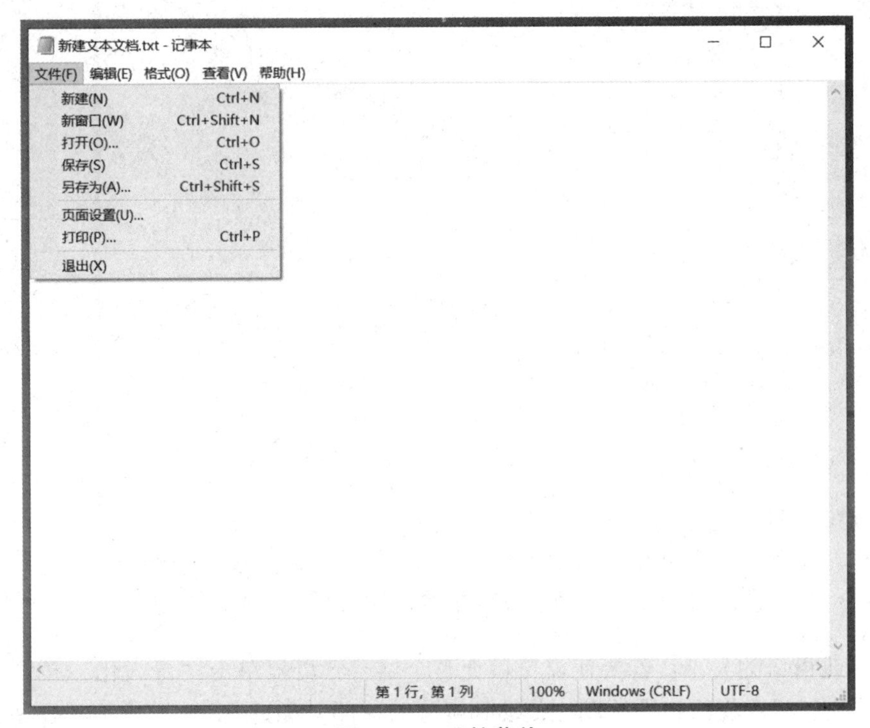

图 2－14　下拉菜单

2. 快捷菜单

用鼠标右击某个对象时，弹出的菜单称为快捷菜单。其内容通常是与当前操作或选中对象相关的命令，如图 2－15 所示。使用快捷菜单可大大地缩短选择命令的时间。

3. 系统菜单

右击标题栏，可以打开系统菜单，其主要用于更改窗口的大小、位置或者关闭窗口，如图 2－16 所示。

图 2－15　快捷菜单

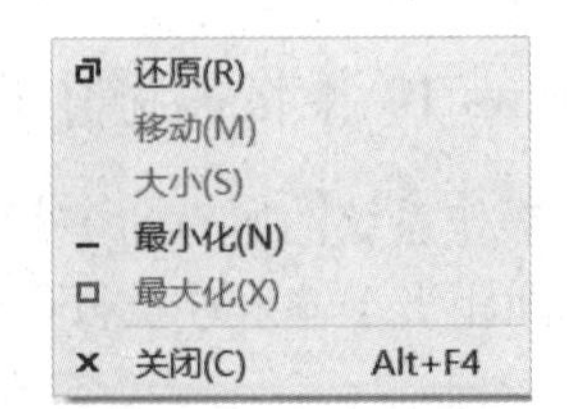

图 2－16　系统菜单

五、应用程序管理

1. 安装应用程序

Windows 10 操作系统平台中的应用程序非常多，每个应用程序的安装方式都各不相同，但是安装过程中的几个基本环节都是一样的，具体如下。

（1）阅读许可协议。

（2）选择安装路径。

（3）安装附加选项。

（4）选择需要安装的组件。

2. 管理已经安装的应用程序

通过 Windows 10 操作系统的“卸载或更改程序”命令，用户可以查看当前系统中已经安装的应用程序，同时可以对它们进行修复和卸载操作。图 2－17 所示为 Windows 10 操作系统的“卸载或更改程序”命令。图 2－18 所示为“卸载或更改程序”命令的操作界面。

图 2－17　卸载或更改程序

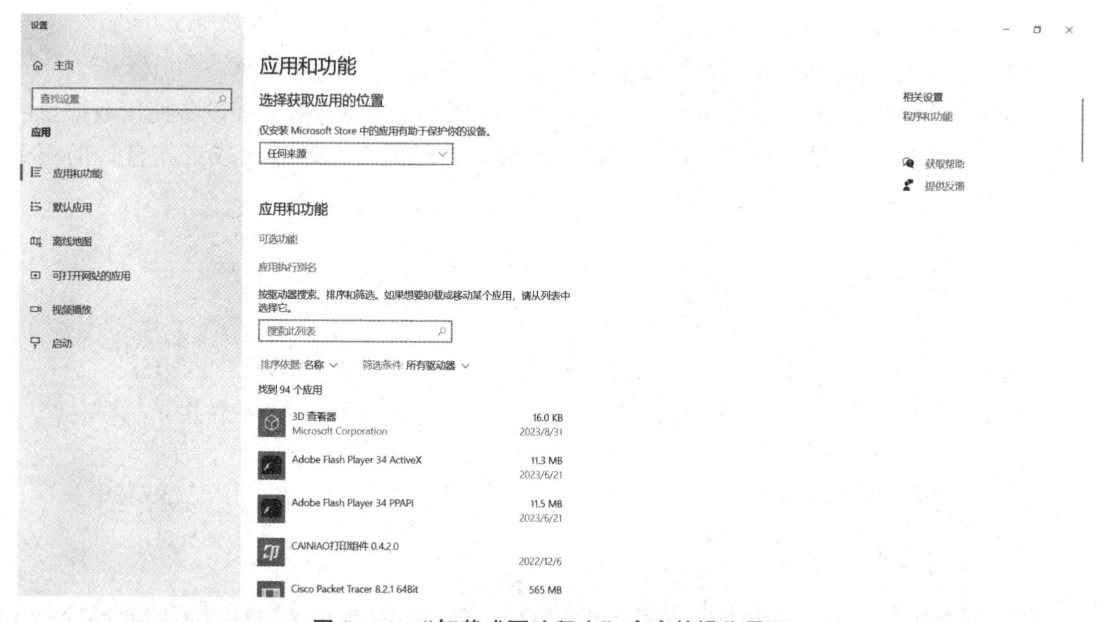

图 2－18　“卸载或更改程序”命令的操作界面

3. 应用程序间的切换

Windows 10 是多任务操作系统，允许多个应用程序同时运行，同时可以方便地在多个应用程序之间进行切换。应用程序之间的切换可以通过以下几种方法实现。

(1) 每个运行的应用程序在任务栏上都有对应的应用程序按钮，单击任务栏上的应用程序按钮可以实现应用程序之间的切换，如图 2－19 所示。

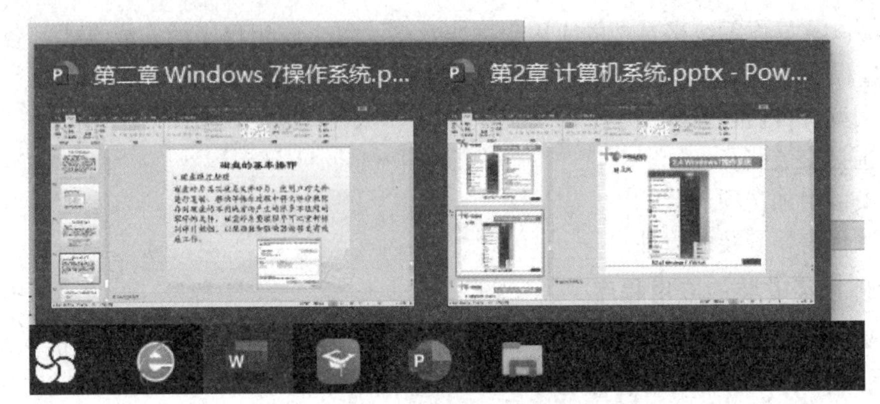

图 2－19　应用程序之间的切换

(2) 单击应用程序窗口的任何可见部分即可切换到该应用程序。

(3) 按“Alt＋Tab”组合键会显示当前正在运行的应用程序图标，选择要切换的应用程序。

2.3　文件及文件夹的管理

计算机中的所有应用程序、数据等都是以文件的形式存放的。在 Windows 10 操作系统中，文件资源管理器是用于管理文件和文件夹的工具。

计算机文件是指存储在外部存储器中的由一个名字标识的一组数据集合。

文件系统使用文件和树形目录的抽象逻辑概念代替硬盘和光盘等物理设备使用数据块的概念，用户使用文件系统来保存数据，不必关心数据实际保存在硬盘（或者光盘）的哪个位置，只需要记住文件的所属目录和文件名即可。

一、文件命名

文件原则上可以任意命名，但是不同的操作系统有一些不同的限制。

(1) 长度限制：现代操作系统一般都将文件名限制在 255 个字符以内。

(2) 字符大小写区分：Windows 操作系统不区分大小写，MAC OSX 操作系统默认区分大小写，UNIX/Linux 操作系统区分大小写。

(4) 字符限制：有些字符在操作系统中已经有特殊的作用，不能再用于文件名中。

二、文件类型和扩展名

计算机中的所有信息都以文件的形式进行存储，由于不同类型的信息有不同的存储格式与要求，所以需要对不同的信息进行不同的编码。文件类型就是指定以何种编码方式将文件放入存储介质。

为了便于操作系统和应用程序识别文件类型，一般使用扩展名表明文件类型，并用

“.”与文件名分隔，扩展名是可选的。扩展名与文件类型如表2－1所示。

表2－1　扩展名与文件类型

扩展名	文件类型
. txt	所有具有文本编辑功能的应用程序
. doc	Microsoft Word 编辑的文档
. xls	Excel 文档（电子表格文档）
. ppt	PowerPoint 文档（演示文稿文档）
. ico	图标文件
. gift/. bmp	图形文件（支持图形显示和编辑程序）
. dll	动态链接库（系统文件）
. exe	可执行文件（系统文件或应用程序）
. avi	媒体文件（多媒体应用程序）
. zip	WinZip 等压缩程序
. wav	声音文件

三、文件属性与通配符

1. 通配符

在文件操作中，有时需要一次处理多个文件，当需要批量处理文件时，有两个特殊的符号非常有用，它们就是文件通配符“*”和“?”。在文件操作中使用“*”代表任意多个字符。在文件操作中使用“?”代表任意一个字符。在文件搜索等操作中，通过灵活使用通配符，可以很快匹配出含有这些特征的多个文件或文件夹。

2. 文件属性

反映文件的特征的信息称为文件属性。

（1）时间：包括文件的创建时间、修改时间和访问时间等。

（2）空间：包括文件的位置、大小、磁盘占用空间等。

（3）操作：包括文件的只读、隐藏、系统和可读写/存档等。

（4）安全：包括文件的拥有者，其他人对该文件的使用权限等。

四、文件目录

为了便于对文件的管理，Windows操作系统采用类似图书馆管理图书的方法，按照一定的层次目录结构对文件进行管理，该结构称为树形目录结构，如图2－20所示。

（1）目录（又称文件夹）类似一个容器，里面可以放入一些文件和目录（子文件夹、子目录）。

（2）文件目录表（FDT）是一类特殊的文件，用来登记该目录下保存的所有文件信息。

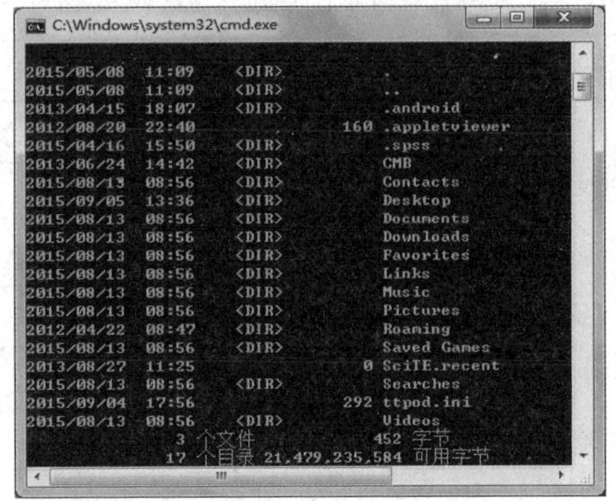

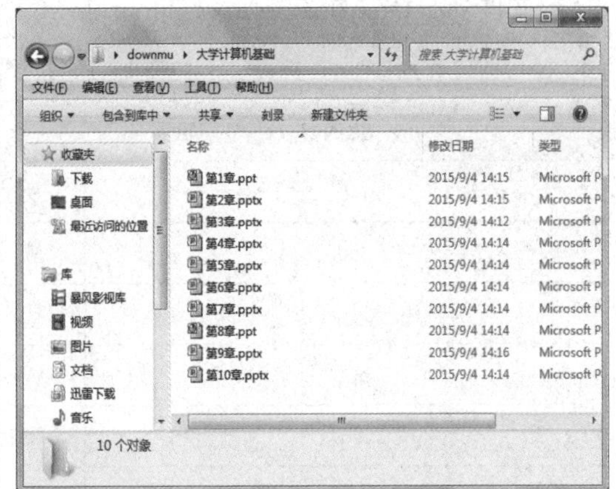

图 2-20　树形目录结构

（3）文件控制块（FCB）每一行登记一个文件的信息，包括文件名、扩展名、文件属性、创建日期、最后修改日期、首簇号、文件长度等信息。

在对文件夹中的文件进行操作时，操作系统应该明确文件所在的位置，即它在哪个磁盘的哪个文件夹中。对文件位置的描述称为文件路径，如“D：\Test\示例文档．docx”就指示了“示例文档．docx”文件的位置在 D 盘的“Test”文件夹中，如图 2-21 所示。

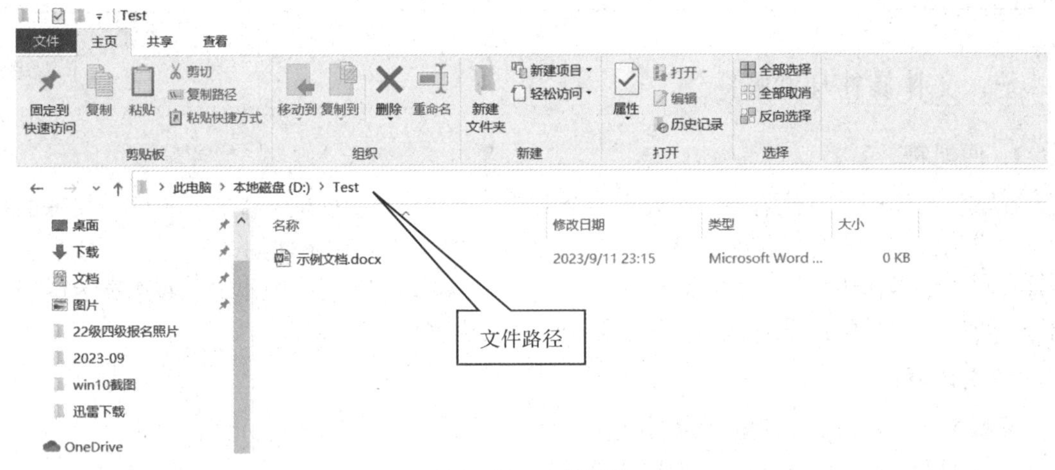

图 2-21　文件路径

五、文件和文件的管理

在 Windows 10 操作系统中，单击“开始”按钮，在打开的界面中选择“Windows 系统”选项，然后选择“文件资源管理器”选项，或右击“开始”按钮，从弹出的快捷菜单中选择“文件资源管理器”选项，都可打开“文件资源管理器”窗口。在 Windows 10 操作系统中，既可以在文件夹窗口中操作文件和文件夹，也可以在“文件资源管理器”窗口中管理文件和文件夹。

1. 打开文件夹

文件夹窗口可以让用户在一个独立的窗口中对文件夹中的内容进行操作。打开文件夹的

方法通常是在桌面上双击“此电脑”图标，打开“此电脑”窗口，然后双击“此电脑”窗口中要操作的盘符图标，打开该盘符图标所对应的窗口，右窗格显示该盘区的所有文件或文件夹图标。如果需要对某一个文件夹中的内容进行操作，则需要双击该文件夹，打开相应的文件夹窗口。

2. 文件和文件夹的显示和排序

Windows 10 操作系统提供了多种方式来显示文件和文件夹。在文件夹窗口中使用的“查看”和“排序方式”命令，可以改变文件夹窗口中内容的显示方式和排序方式。

1）文件和文件夹的显示方式

在文件夹窗口中的空白处右击并选择“查看”命令，弹出其下一级子菜单，主要包括“超大图标”“大图标”“中等图标”“小图标”“列表”“详细信息”“平铺”和“内容”8种显示方式，如图 2－22 所示。选择其中任一选项可按要求显示文件夹窗口中的文件和文件夹。

2）文件和文件夹的排序方式

可以按照文件和文件夹的名称、类型、大小和修改日期对文件夹窗口中的文件和文件夹进行排序，以方便对文件和文件夹进行管理，如图 2－23 所示。

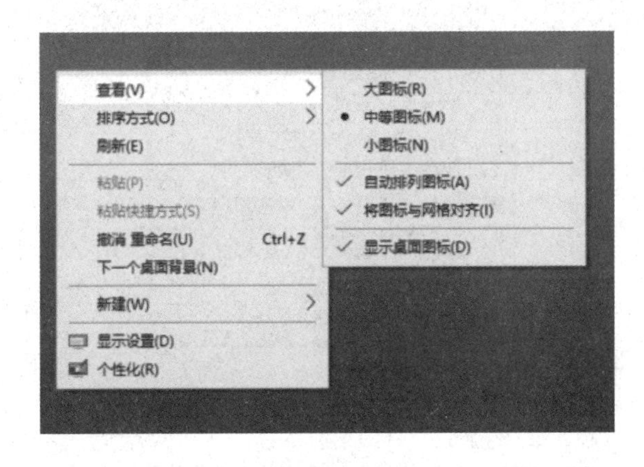

图 2－22 文件和文件夹的显示方式

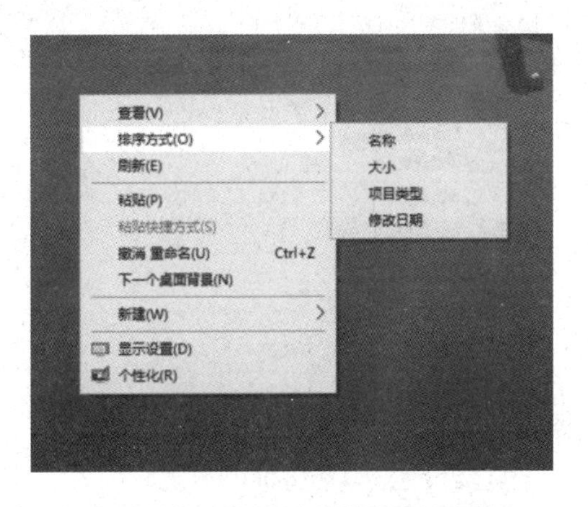

图 2－23 文件和文件夹的排序方式

3. 创建文件夹

在需要创建文件夹的位置（如“资料”文件夹）右击空白处，在弹出的快捷菜单中选择“新建”→“文件夹”命令，如图 2－24 所示。

4. 选择文件或文件夹

在 Windows 10 操作系统中，首先需要选定对象才能对选定的对象进行下一步操作。下面是选定对象的方法。

1）选择单个文件或文件夹

单击文件、文件夹或快捷方式图标，则选定被单击的文件或文件夹。

2）选择多个连续的文件或文件夹

用鼠标左键拖动形成矩形区域，矩形区域内的文件或文件夹均被选定。

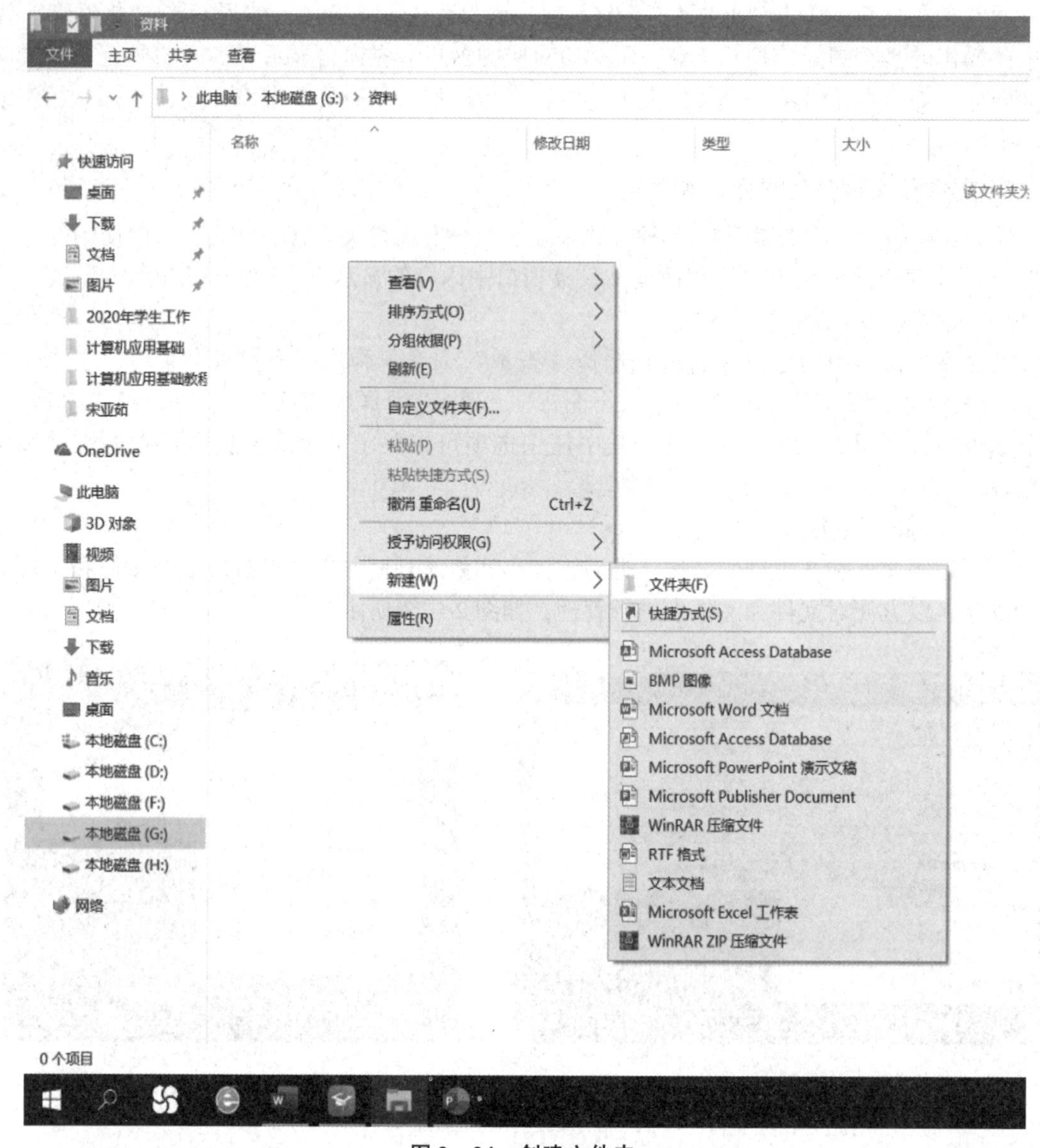

图 2－24　创建文件夹

如果选定的文件或文件夹连续排列，先单击第一个文件或文件夹，然后在按 Shift 键的同时单击最后一个文件或文件夹，则从第一个文件或文件夹到最后一个文件或文件夹之间的所有文件或文件夹均被选定。

在文件夹窗口中选择“编辑”→“全部选择”命令或按“Ctrl + A”组合键，则当前窗口中的所有文件或文件夹均被选定。

3）选择多个非连续的文件或文件夹

按住 Ctrl 键后，依次单击要选定的文件或文件夹，则这些文件或文件夹均被选定。

5. 打开文件或文件夹

1）通过双击打开文件或文件夹

双击不同类型的文件或文件夹，会打开不同的文件或文件夹、应用程序或文档。例如，

双击某个 pptx 文件，就会启动 PPT 应用程序并在 PPT 应用程序中打开该文件。

2）通过资源管理器打开文件

操作系统中很多类型的文件可以被多个应用程序打开，可以通过定义文件打开方式来选定使用哪个应用程序打开文件。

具体操作如下：在某个窗口中选定某个文件，右击该文件，在快捷菜单中选择“打开方式”选项，在其级联菜单中选择某个应用程序或者单击“选择默认程序”按钮，打开“打开方式”对话框，在“推荐的程序”列表中或“其他程序”列表中选择一个程序。该文件将以选定的应用程序打开，如图 2－25 所示。

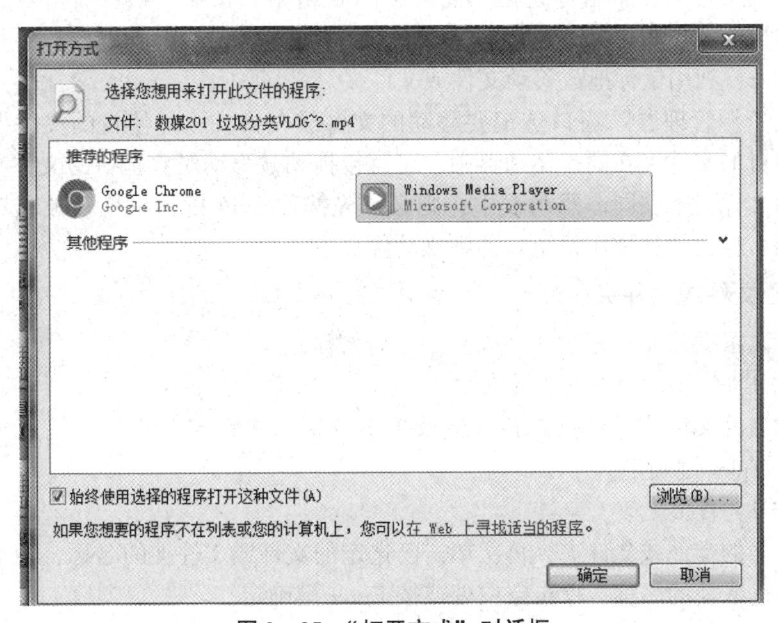

图 2－25 “打开方式”对话框

六、文件和文件夹的简单操作

1. 复制文件或文件夹

（1）方法 1：利用工具栏按钮、快捷菜单或快捷键复制文件或文件夹。

①在所要操作的界面中选定要复制的文件或文件夹。

②单击标题栏功能区中的“复制”按钮；或者右击，在打开的快捷菜单中选择“复制”命令；或者使用“Ctrl＋C”快捷键。

③打开要将文件复制到的文件夹中单击标题栏功能区中的“粘贴”按钮；或者右击目的文件夹的空白处，在快捷菜单中选择“粘贴”命令；或者使用“Ctrl＋V”快捷键。

（2）方法 2：利用鼠标拖放复制文件或文件夹。

在文件资源管理器中选定要复制的文件或文件夹，并在窗口中使目的文件夹可见。如果被复制对象与目的文件夹不在同一驱动器中，可直接拖动被复制对象至目的文件夹，例如：将文件从操作系统拖入移动硬盘。如果被复制对象与目的文件夹在同一个驱动器中，则必须先按住 Ctrl 键，再拖动被复制对象至目的文件夹。

2. 移动文件或文件夹

移动指的是把选定的文件或文件夹转移到另外一个位置，而原位置不再保留选定的文件或文件夹。移动操作与复制操作相似。

（1）方法1：利用标题栏功能区中的“移动”按钮、快捷菜单或快捷键来移动文件或文件夹。

在“文件资源管理器”窗口，选定要移动的文件或文件夹。单击标题栏功能区中的“剪切”按钮，或者右击打开快捷菜单，选择“剪切”命令；或者使用“Ctrl + X”快捷键。然后，打开目的文件夹，单击标题栏功能区中的“粘贴”按钮；或者右击目的文件的空白处，在打开的快捷菜单中选择“粘贴”命令；或者使用“Ctrl + V”快捷键。

（2）方法2：利用鼠标拖放移动文件或文件夹。

在“文件资源管理器”窗口选定要移动的文件或文件夹，并使目的文件夹可见。如果被移动对象与目的文件夹在同一驱动器中，可直接拖动被移动对象至目的文件夹，如果被移动对象与目的文件夹不在同一驱动器中，则必须先按住 Shift 键，再拖动被移动对象至目的文件夹，例如：将文件从操作系统移动到移动硬盘中。

3. 重命名文件或文件夹

操作者可以根据需要，更改文件或文件夹的名称。

（1）方法1：使用“重命名”命令。

右击要改名的文件或文件夹，在快捷菜单中选择“重命名”命令，输入新的名称，单击空白处或按 Enter 键确定。

（2）方法2：直接更改。

选定要改名的文件或文件夹，再次单击已选定的文件或文件夹的名称，使对象名称呈反白显示状态，输入新的名称，单击空白处或按 Enter 键确定。

4. 删除文件或文件夹

右击要删除的文件或文件夹，在快捷菜单中选择“删除”命令；或者单击标题栏功能区中的“删除”按钮；或者按 Delete 键，均可删除选定的文件或文件夹。

在默认情况下，当把存放在硬盘中的文件或文件夹删除时，操作系统会先把删除的内容放在回收站中。若要永久删除文件或文件夹而不是先将其移至回收站时，需要选中要删除的文件或文件夹，然后按“Shift + Delete”组合键完成对选定文件或文件夹的永久删除操作。

5. 检索文件或文件夹

1）方法1

检索文件首先定位检索范围，然后直接在检索栏中输入检索关键字即可。具体方法如下。

若知道要检索的文件或文件夹位于某个文件夹或库中，可以在文件资源管理器的导航窗格中选定该文件夹或库，在窗口右上角的搜索框中输入要检索的文件或文件夹名称，检索完成后，操作系统会以高亮形式显示与检索关键词匹配的记录，让用户更容易锁定检索结果。

2）方法2

在 Windows 10 操作系统中利用搜索筛选器可以轻松设置检索条件，缩小检索范围。使用时，在任务栏中直接单击搜索筛选器，选择需要设置参数的选项，直接输入恰当的条件即可。

3）方法3

“模糊搜索”是使用通配符“＊”或“?”代替一个或多个位置字符来完成检索操作的方法。其中“＊”代表任意数量的任意字符，“?”仅代表某一位置上的一个字母（或数字），如图2－26所示。

图2－26　模糊搜索

6. 设置文件或文件夹的属性

1）显示/隐藏文件或文件夹

在文件夹窗口中看到的可能并不是全部内容，有些内容当前可能没有显示，这是因为Windows 10操作系统在默认情况下会将某些文件或文件夹隐藏起来。为了能够显示所有文件或文件夹，可进行如下设置。①选择工具栏中的“组织”选项，打开下拉菜单，在下拉菜单中选择“文件夹和搜索”选项或选择工具栏中的“选项”按钮，弹出“文件夹选项”对话框。选择“查看”选项卡，在“隐藏文件和文件夹”下单击“显示隐藏的文件、文件夹和驱动器”单选按钮，如图2－27所示。②双击“此电脑”图标，选中需要查看的隐藏文件或文件夹的磁盘，如C盘，单击上方的“查看”选项卡，勾选“隐藏的项目”复选框，如图2－28所示。

2）显示/隐藏文件的扩展名

在通常情况下，在文件夹窗口中看到的大部分文件只显示了文件名，而其扩展名并没有显示。这是因为在默认情况下，Windows 10操作系统对于已在注册表中登记的文件，只显示文件名，而不显示扩展名。

想看到所有文件的扩展名有两种方式。第一种方式：在桌面上找到“此电脑”图标，在打开的“此电脑”页面上方单击“查看”选项卡。勾选“文件扩展名”复选框，如图2－29所示。

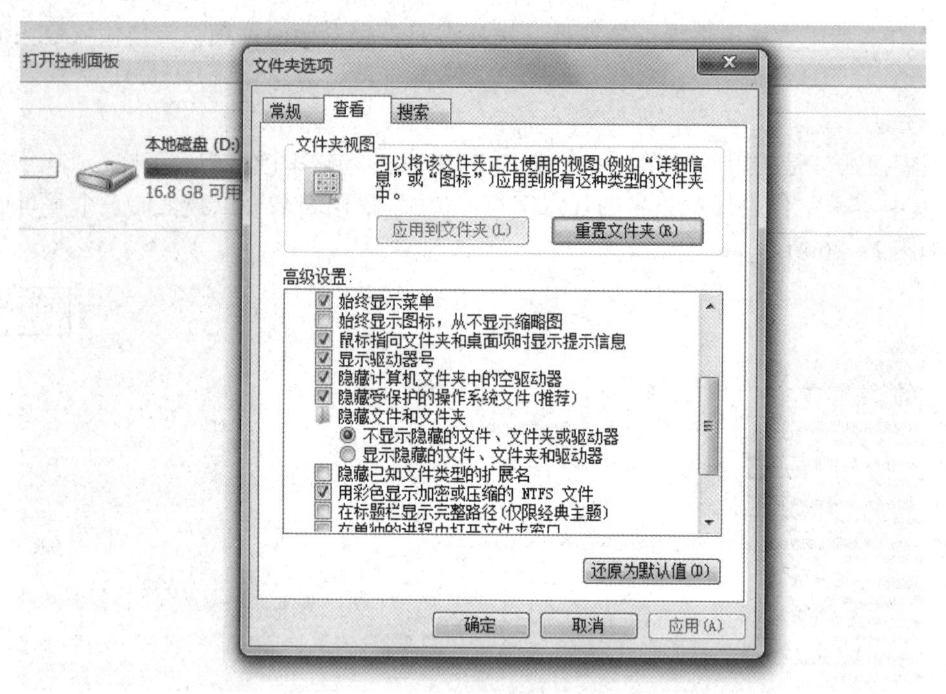

图 2－27　设置文件夹属性

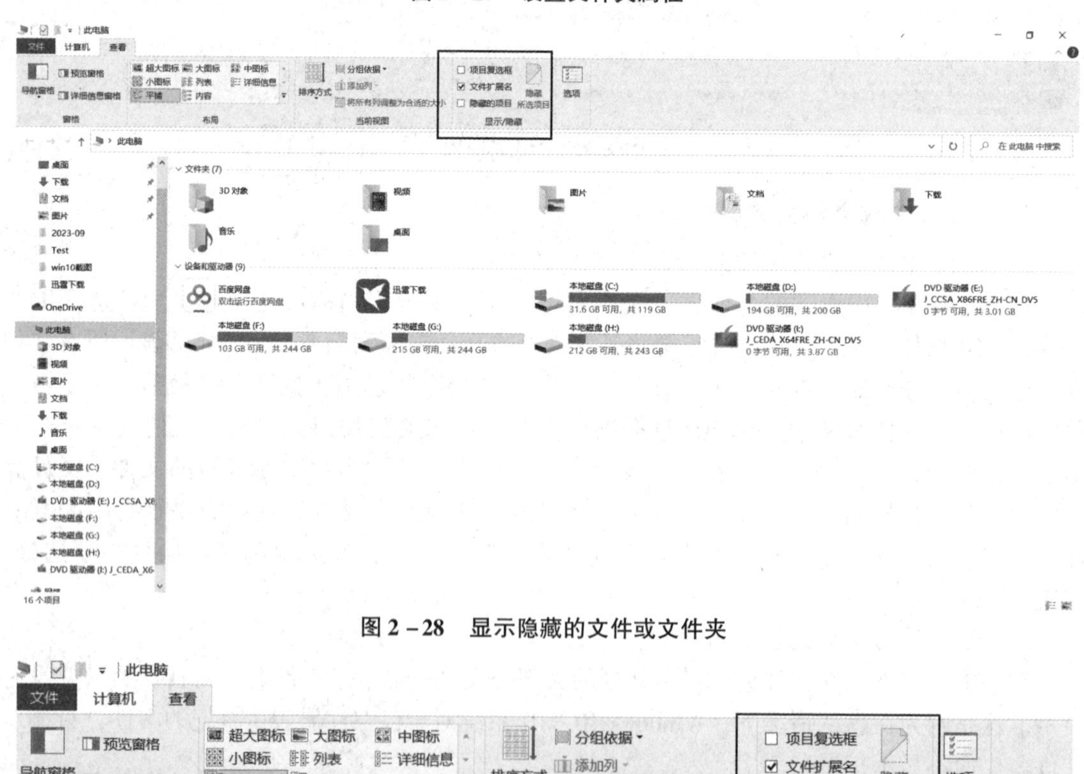

图 2－28　显示隐藏的文件或文件夹

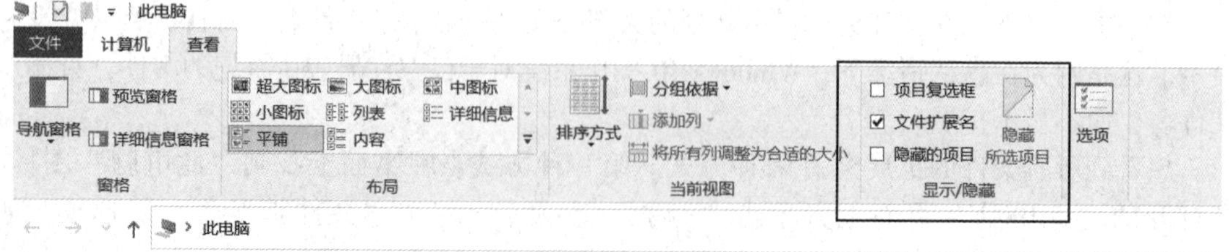

图 2－29　显示文件扩展名（1）

第二种方式：单击“开始”按钮，进入“开始”菜单后选择“设置”选项；在打开的窗口的搜索栏中输入“控制面板”并打开；在“控制面板”界面打开“文件资源管理器选项”对话框，切换到“查看”选项卡；在“高级设置”列表框中勾选“隐藏已知文件类型的扩展名”复选框，单击“确定”按钮即可，如图2－30所示。

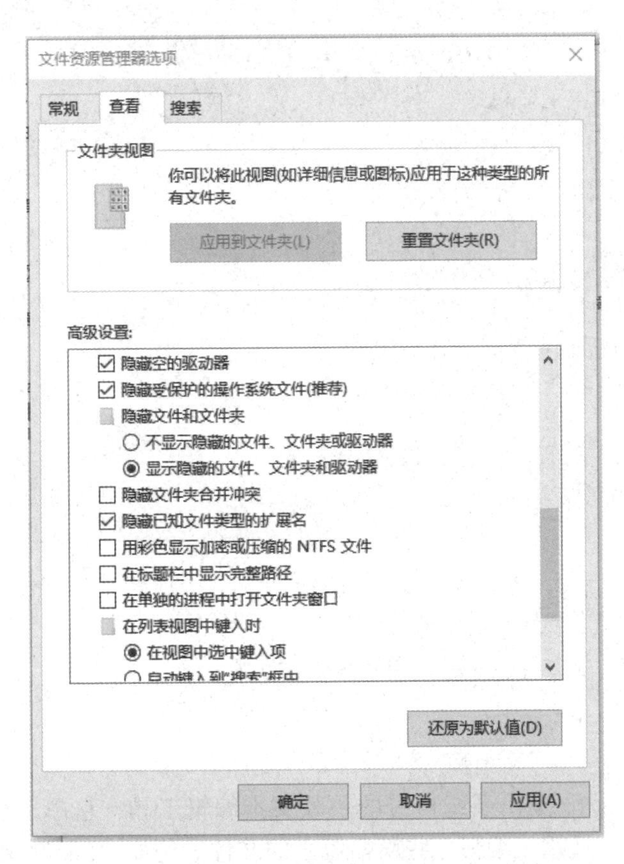

图2－30　显示文件扩展名（2）

2.4　常用附件的使用

Windows 10操作系统附带了不少实用的小工具，如记事本、写字板、计算器、画图工具等，都位于“开始”菜单中。这些工具小巧、功能简单，但非常实用。

注：很多用户在打开一些小工具时，都会以“开始”→所有程序→附件→小工具的方式进行操作，费时费力。Windows 10操作系统在“开始”菜单中提供了“检索程序和文件”命令，使查找程序一键完成。“开始”菜单中的“检索程序和文件”命令主要用于对程序、控制面板和Windows 10操作系统小工具的查找，使用前提是知道程序全称或名称关键字。

一、写字板

写字板是Windows 10操作系统自带的一款文字处理软件，它是一个使用简单但功能强大的文字处理程序，用户可以利用它进行日常工作中文件的编辑，如文档的输入、编辑、修改和删除，文本的查找和替换，文档字体、段落的设置，文档的页面设计等，而且可以在文档中插入图片、声音、视频等多媒体资料，如图 2-31 所示。

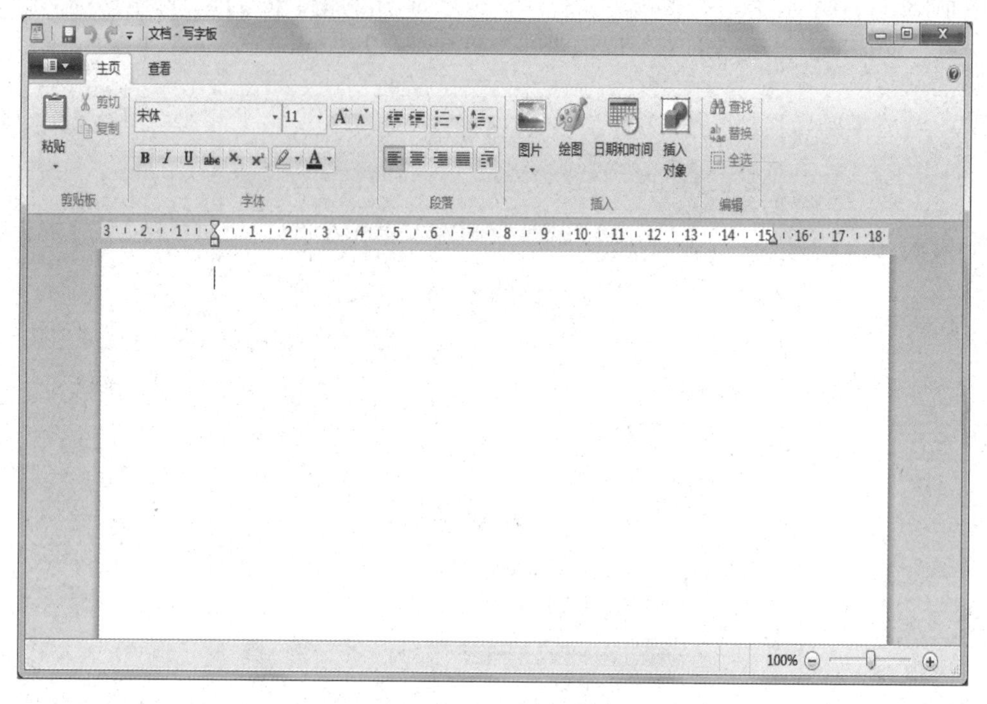

图 2-31　写字板

二、记事本

记事本是 Windows 10 操作系统自带的一款文本编辑工具，它用于纯文本文档的编辑，功能没有写字板强大，适用于编写一些篇幅短小的文件。例如“. txt”文件通常是以记事本的形式打开的。

三、便签

便签就是便利贴，用于随时记录信息。在 Windows 10 操作系统中，便签被集成在计算机中。打开便签的具体操作是：在“开始”菜单搜索框中输入“便笺”，即可打开便签。单击便签左上角的+按钮即可添加新的空白便签；单击右上角×按钮可删除当前便签。在便签上右击，可以为便签设置不同的颜色以便于区分。

四、画图工具

画图工具是 Windows 10 操作系统自带的一款简单的图形绘制工具。它是一个位图编辑器，可以对各种位图格式的图像进行编辑。用户可以绘制各种简单的图形，也可以对扫描的图片进行简单的处理，包括裁剪、旋转以及添加文字等。另外，通过画图工具，还可以方便地转换图片格式，如打开“. bmp”格式的图片，然后另存为“. jpg”格式。图 2-32 所示为用画图工具界面。图 2-33 所示为绘制基本图形所需要的工具。

图 2－32 画图工具界面

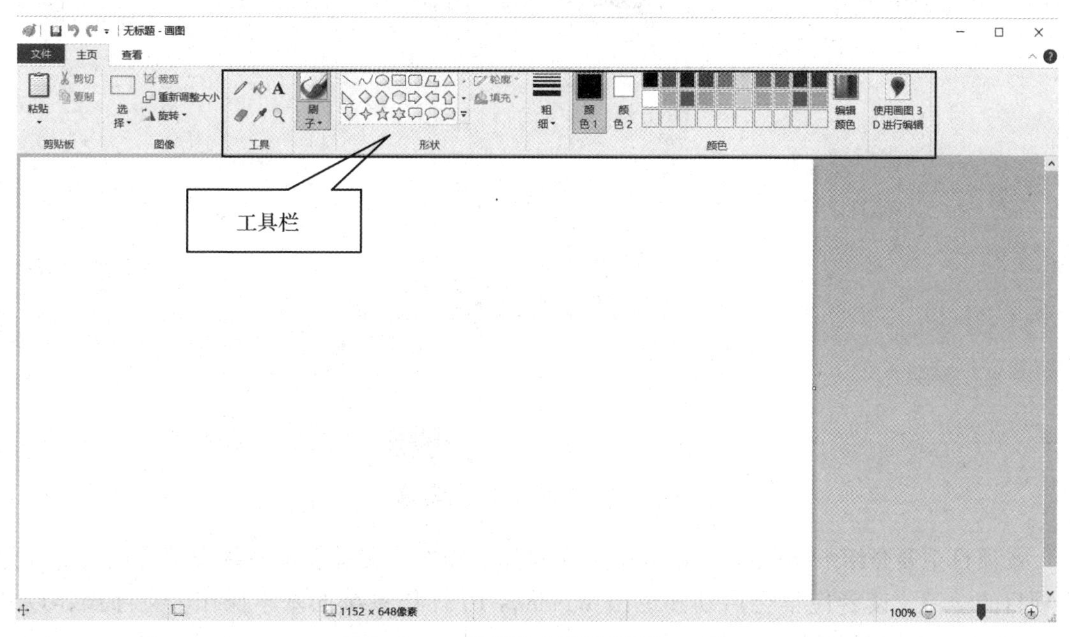

图 2－33 绘制基本图形所需的工具

五、计算器

利用 Windows 10 操作系统自带的计算器，除了可以进行简单的加、减、乘、除运算外，还可以进行各种复杂的函数与科学计算。这些计算对应于不同的计算模式，不同计算模式的转换是通过“计算器”窗口中的 ≡ 按钮进行的。“标准”计算器如图 2－34 所示，“科学”计算器如图 2－35 所示，“程序员”计算器如图 2－36 所示。

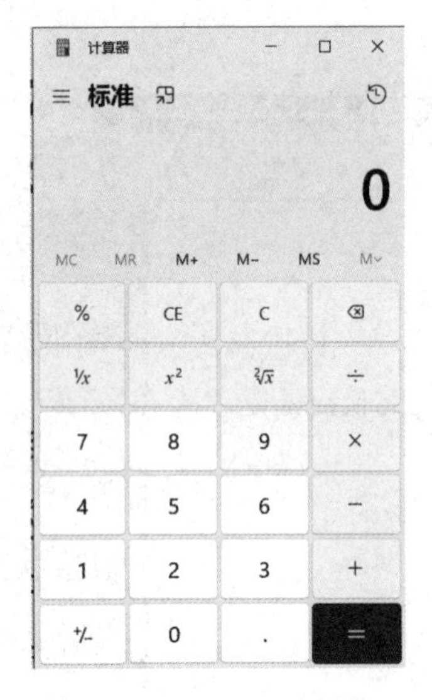

图 2-34 “标准”计算器

图 2-35 “科学”计算器

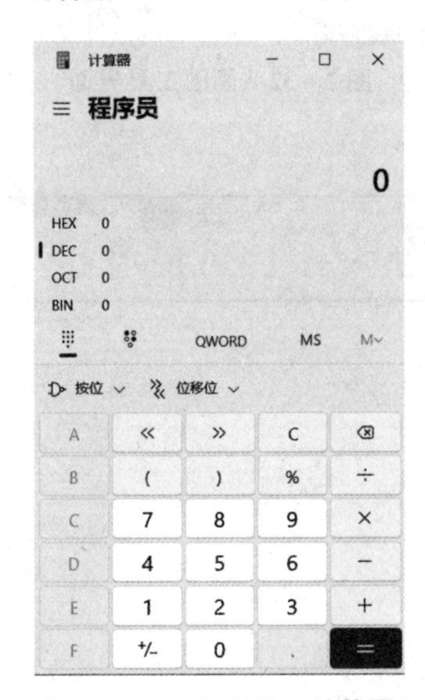

图 2-36 “程序员”计算器

本项目主要介绍了 Windows 10 操作系统的基本操作、文件管理系统设置等内容。通过本项目的学习，读者应学会启动和退出 Windows 10 操作系统的基本操作、文件操作以及 Windows 10 应用程序的安装和卸载等，能够根据个人需要对 Windows 10 操作系统进行个性化设置，并且能够更改 Windows 10 操作系统的外观、主题等。

【课后习题】

1. 在 Windows 10 操作系统中，用于在对话框的各项之间切换的键盘按键是（　　）。

A. Esc　　B. Tab　　C. Shift　　D. Alt

2. 双击文件窗口的标题栏，有可能（　　）。

A. 隐藏该窗口　　B. 关闭该窗口　　C. 最大化该窗口　　D. 最小化该窗口

3. 当用户不清楚某个文件位于何处时，可以使用（　　）命令来寻找并打开它。

A. 程序　　B. 文档　　C. 帮助　　D. 搜索

4. 下列有关文件夹命名规则的描述中，正确的是（　　）。

A. 文件夹名的长度可以任意

B. 磁盘上的所有文件夹均可由用户自行命名

C. 不同级的文件夹可以同名，同级的文件夹也可以同名

D. 大写和小写字母在文件夹命名中将被视为不同

5. 将剪贴板中的内容粘贴到当前光标处，使用的快捷键是（　　）。

A. “Ctrl + A”　　B. “Ctrl + C”　　C. “Ctrl + V”　　D. “Ctrl + X”

6. Windows 10 操作系统的“开始”菜单通常包括（　　）功能。

A. 运行应用程序　　B. 提供系统帮助

C. 提供系统设置　　D. 以上都对

7. 在 Windows 10 操作系统的文件资源管理器中，当选定文件夹并按 Delete 键后，所选定的文件将（　　）。

A. 没被物理删除也不被放入回收站　　B. 被物理删除并被放入回收站

C. 没被物理删除但被放入回收站　　D. 被物理删除但不被放入回收站

8. 在 Windows 10 操作系统的文件资源管理器中，要一次选择多个不相邻的文件，应该进行的操作是（　　）。

A. 依次单击各个文件

B. 按住 Ctrl 键，并依次单击各个文件

C. 按住 Alt 键，并依次单击各个文件

D. 单击第一个文件，然后按住 Shift 键，再单击最后一个文件

9. 在 Windows 10 操作系统的文件资源管理器中，在选定了文件/文件夹后，下列（　　）操作将导致被删除的文件/文件夹不能恢复。

A. 按 Delete 键

B. 按住鼠标左键直接把它们拖放到桌面上的回收站图标处

C. 按“Shift + Delete”组合键

D. 选择“文件”菜单中的“删除”命令

10. 在 Windows 10 操作系统中，对打开的文件进行切换的方法是（　　）。

A. 将鼠标指针指向任务栏中程序的图标后单击文件的缩略图

B. 右击任务栏中程序的图标后单击跳转列表中的文件名

C. 单击“开始”菜单中跳转列表中的文件名

D. 以上 3 项均可

11. 进行显示设置，启动 Windows 10 操作系统，对系统进行修改主题、设置桌面、改变窗口外观的操作。

12. 目前常见的国产操作系统有哪些？它们各有什么特点？

项目三

计算机网络应用

3.1 计算机网络基础

随着计算机应用的深入，特别是家用计算机的普及，人们一方面希望众多用户能共享信息资源，另一方面也希望各计算机之间能互相传递信息进行通信。最初的个人计算机的硬件和软件配置一般比较低，其功能也有限，因此要求大型与巨型计算机的硬件和软件资源以及它们所管理的信息资源应该为众多微型计算机共享，以便充分利用这些资源。基于这些原因，将分散的计算机连网，组成计算机网络，促使计算机向网络化的方向发展。

党的二十大报告指出，我国“互联网上网人数达十亿三千万人”。习近平总书记指出：“发展好、运用好、治理好互联网，让互联网更好地造福人类，是国际社会的共同责任。”因此，要发展好、运用好、治理好互联网，首先需要青年一代了解互联网的相关知识。

一、计算机网络概述

1. 计算机网络的发展历史

追溯计算机网络的发展历史，它的演变可概括地分成 4 个阶段。

（1）网络雏形阶段。从 20 世纪 50 年代中期开始，以单个计算机为中心的远程联机系统，构成面向终端的计算机网络，称为第一代计算机网络。

（2）网络初级阶段。从 20 世纪 60 年代中期开始进行主机互连，多个独立的主计算机通过线路互连构成计算机网络，无网络操作系统，其只是通信网。20 世纪 60 年代后期，ARPANET 出现，称为第二代计算机网络。

（3）20 世纪 70 年代—80 年代中期，以太网产生，ISO（国际标准化组织）制定了网络互连标准 OSI，世界上出现了统一的网络体系结构，遵循国际标准化协议的计算机网络迅猛发展，这一阶段的计算机网络称为第三代计算机网络。

（4）从 20 世纪 90 年代中期开始，计算机网络向综合化、高速化发展，同时出现了多媒体智能化网络，计算机网络发展到现在，已经是第四代了。在这一阶段局域网技术发展日益成熟。第四代计算机网络就是以千兆位传输速率为主的多媒体智能化网络。

2. 计算机网络的概念

计算机网络是指将地理位置不同的具有独立功能的多台计算机及其外部设备，通过通信

线路连接起来，在网络操作系统、网络管理软件及网络通信协议的管理和协调下，实现资源共享和信息传递的计算机系统，如图 3－1 所示。

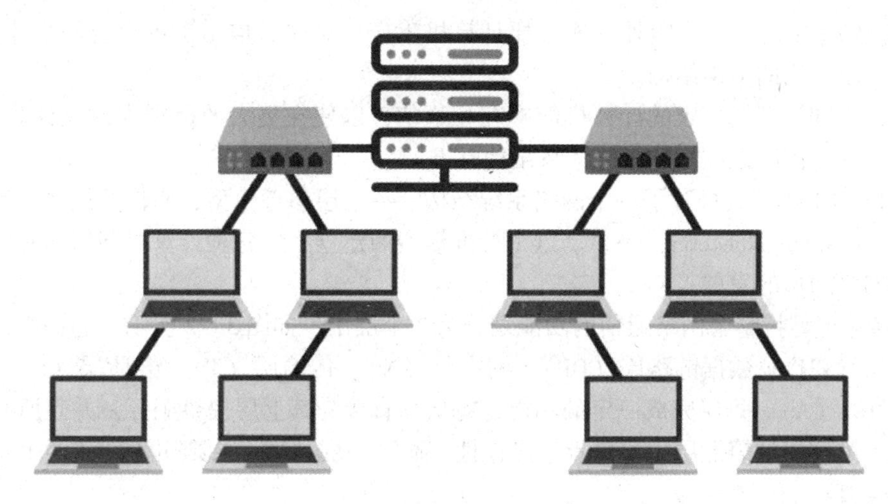

图 3－1　计算机网络示意

3. 计算机网络的功能

计算机网络的功能主要体现在 3 个方面：信息交换、资源共享、分布式处理。

1）信息交换

信息交换是计算机网络最基本的功能，为分布在各地的用户提供了强有力的通信手段。用户可以在网络上发送电子邮件，发布新闻消息，进行电子购物、电子贸易、远程电子教育等，该功能极大地方便了用户，提高了工作效率。

2）资源共享

网络上的计算机不仅可以使用自身的资源，也可以共享网络上的资源。所谓资源是指构成系统的所有要素，包括软、硬件资源。例如在硬件方面，可以在全网范围内提供处理资源、存储资源、输入/输出资源等的共享，特别是一些较高级和昂贵的设备，如巨型计算处理设备、具有特殊功能的处理部件、大型绘图仪以及大容量的外部存储器等。这提高了硬件的利用率，从而使用户节省投资，也便于集中管理，均衡分担负荷。在软件方面，允许互联网上的用户远程访问各种类型的数据库，以得到网络文件传送服务等。这样提高了软件的利用率，从而可以避免软件研制上的重复劳动以及数据资源的重复存储，也便于集中管理。

3）分布式处理

一项复杂的任务可以被划分成许多部分，由网络内的各计算机分别完成有关部分，从而使整个系统的性能大为增强。

4. 网络协议

网络上的计算机之间是如何交换信息的呢？就像人们说话用某种语言一样，网络上的各台计算机之间也有一种语言，就是网络协议。不同的计算机之间必须使用相同的网络协议才能进行通信。当然，网络协议也有很多种，具体选择哪一种网络协议要视具体情况而定。Internet 上的计算机使用的是 TCP/IP。

二、计算机网络分层

20 世纪 70 年代以来，国外一些主要计算机生产厂家先后推出了各自的网络体系结构，但它们都属于专用的网络结构。

为了使不同计算机厂家的计算机能够互相通信，以便在更大的范围内建立计算机网络，有必要建立一个国际范围内的网络体系结构标准。

ISO 于 1981 年正式推荐了一个网络系统结构——七层参考模型，叫作开放系统互连模型（Open System Interconnection，OSI）。这个标准模型的建立，使各种计算机网络向它靠拢，大大推动了网络通信的发展。

OSI 参考模型将整个网络通信的功能划分为 7 个层次，如图 3－2 所示。它们由低到高分别是物理层（PH）、数据链路层（DL）、网络层（N）、传输层（T）、会话层（S）、表示层（P）、应用层（A）。每层完成一定的功能，每层都直接为其上层提供服务，并且所有层次都互相支持。第四层到第七层主要负责互操作性，而第一层到第三层则用于创造两个网络设备间的物理连接。

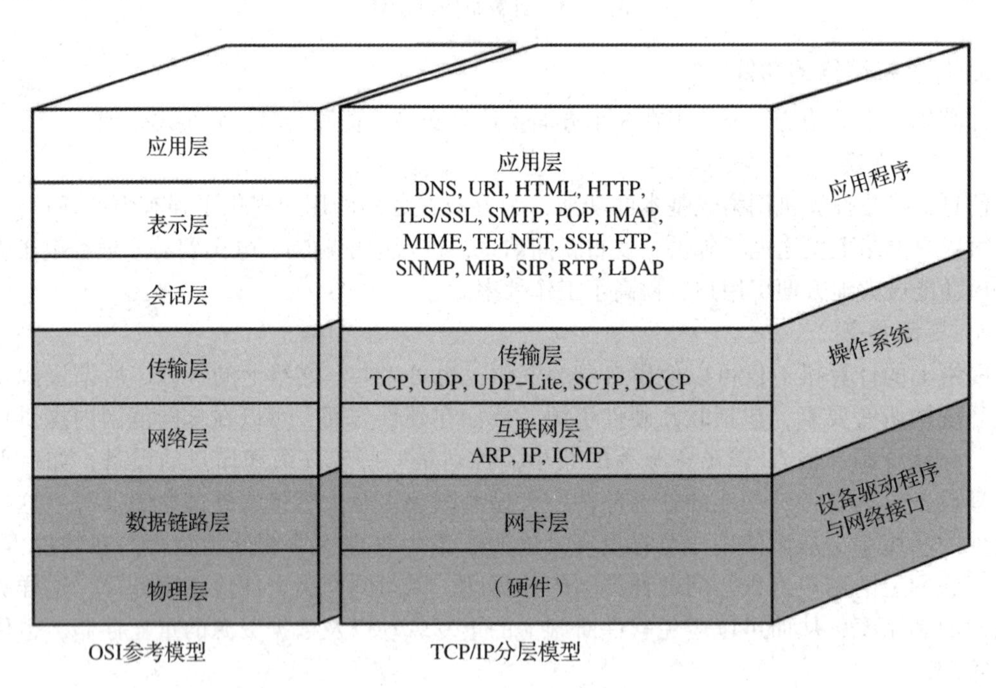

图 3－2　OSI 参考模型

物理层为数据端设备提供传送数据的通路，数据通路可以是一个物理媒体，也可以由多个物理媒体连接而成。一次完整的数据传输，包括激活物理连接、传送数据、终止物理连接。所谓激活，就是不管有多少物理媒体参与，都要在通信的两个数据终端设备间连接起来，形成一条通路。物理层主要的典型协议有 EIA/TIARS－232、EIA/TIARS－449、V－35、RJ－45 等。

数据链路层在不可靠的物理介质上提供可靠的传输。该层的作用包括物理地址寻址，数据的成帧，流量控制，数据的检错、重发等，它为网络层提供数据传输服务。该层的数据传

输单位称为帧（Frame），主要设备有交换机、网桥，主要的协议有SDLC协议、HDLC协议、PPP、STP、帧中继协议等。

网络层的任务是选择合适的网间路由和交换节点，确保数据及时传送。网络层将数据链路层提供的帧组成数据包，包中封装有网络层包头，其中含有逻辑地址信息：源站点和目的站点地址的网络地址。在这一层，数据的单位称为数据包（Packet）。网络层协议的代表有IP、IPX协议、RIP、OSPF协议等，主要设备为路由器。

传输层的数据单元也称作数据包，其作用是提供应用程序间（端到端）的通信服务，它提供两个协议：一是用户数据报协议（User Datagram Protocol，UDP），其负责提供高效率的服务，用于传输少量的报文，几乎不提供可靠性措施，使用UDP的应用程序必须自己完成可靠性操作；二是传输控制协议（Transmission Control Protocol，TCP），其负责提供高可靠性的数据传输服务，主要用于传输大量报文，并为保证可靠性做了大量工作。该层的主要协议有TCP、UDP、SPX协议等。

会话层也称为会晤层或对话层，在会话层及以上的高层次中，数据传输的单位不再另外命名，统称为报文。会话层不参与具体的传输，提供包括访问验证和会话管理在内的建立和维护应用之间通信的机制。如服务器验证用户登录便由会话层完成。会话层的主要标准有“DIS8236：会话服务定义”和“DIS8237：会话协议规范”。

表示层主要解决用户信息的语法表示问题，将欲交换的数据从适合某一用户的抽象语法转换为适合OSI系统内部使用的传送语法，即提供格式化的表示和数据转换服务。数据的压缩和解压缩、加密和解密等工作都由表示层完成。

应用层为操作系统或网络应用程序提供访问网络服务的接口。该层协议的代表包括Telnet协议、FTP、HTTP、SNMP等。

三、计算机网络分类与拓扑结构

1. 计算机网络分类

在计算机网络应用范围越来越广泛的今天，各种各样的计算机网络越来越多。对计算机网络进行分类，可使读者对现有的计算机网络有一个清晰的、整体的把握。正如对人进行分类，采取不同的分类标准就有不同的分类结果，如按照肤色分为黄种人、白种人、黑种人，按照性别分为男人和女人等。对计算机网络，采用不同的分类标准也会得到不同的分类结果。

按照计算机网络的地理覆盖范围，可分为局域网、城域网和广域网。按照计算机网络的拓扑结构，可分为总线型、星形、环形和树形等。按照计算机网络服务的提供方式，可分为对等网络、服务器网络。按照介质访问协议，可分为以太网、令牌环网、令牌总线网。

2. 计算机网络拓扑结构

计算机网络拓扑（Computer Network Topology）结构是指计算机网络中设备的分布情况以及连接状态，把画在图上就成了拓扑图。一般在拓扑图上要标明设备所处的位置、设备的名称类型，以及设备间的连接介质类型。计算机网络按照拓扑结构划分为总线型结构、星形结构、环形结构、树形结构、混合型结构等，如图3－3所示。

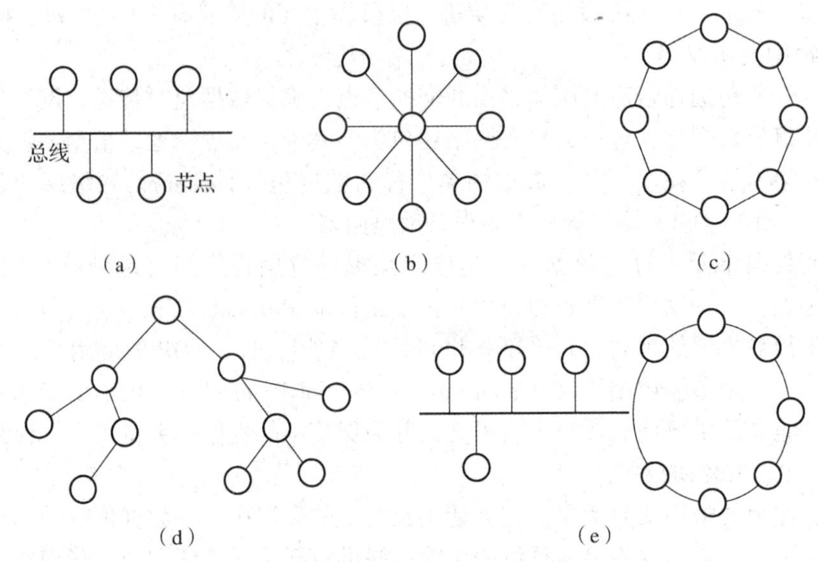

图 3-3 计算机网络拓扑结构

(a) 总线型结构；(b) 星形结构；(c) 环形结构；(d) 树形结构；(e) 混合型结构

3.2 计算机网络通信

一、常见网络设备

1. 服务器

服务器是计算机网络中最重要的设备。服务器指的是在网络环境下运行相应的应用软件，为网络中的用户提供共享信息资源和服务的设备。服务器的构成与微型计算机基本相似，有处理器、硬盘、内存、系统总线等，但服务器是针对具体的网络应用特别制定的，因此服务器与微型计算机在处理能力、稳定性、可靠性、安全性、可扩展性、可管理性等方面存在很大的差异。在通常情况下，服务器比客户机拥有更强的处理能力、更大的内存和硬盘空间。服务器上的网络操作系统不仅可以管理网络中的数据，还可以管理用户、用户组、安全和应用程序。

2. 网络传输介质

网络传输介质是网络中发送方与接收方之间的物理通路，它对网络的数据通信有一定的影响。常用的网络传输介质有双绞线、同轴电缆、光纤、无线传输媒介。

3. 网卡

网卡是一块被设计用来允许计算机在计算机网络上进行通信的计算机硬件，属于 OSI 参考模型的第 2 层。它使用户可以通过电缆或无线相互连接。

4. 路由器

路由器是连接两个或多个计算机网络的硬件设备，在网络间起网关的作用，是读取每一个数据包中的地址然后决定如何传送的专用智能性的网络设备。它能够理解不同的网络协

议，例如某个局域网使用的以太网协议、Internet 使用的 TCP/IP。这样，路由器可以分析各种不同类型网络传来的数据包的目的地址，把非 TCP/IP 网络的地址转换成 TCP/IP 地址，或者反之；再根据选定的路由算法把各数据包按最佳路线传送到指定位置。因此，路由器可以把非 TCP/IP 网络连接到 Internet 上。

路由器又可以称为网关设备。路由器在 OSI/RM 中完成网络层中继以及第三层中继任务，对不同的网络之间的数据包进行存储、分组转发处理，其主要根据不同的逻辑地址分开网络。数据在从一个子网传输到另一个子网的过程中，可以通过路由器的路由功能进行处理。在网络通信中，路由器具有判断网络地址以及选择 IP 路径的作用，可以在多个网络环境中构建灵活的链接系统，通过不同的数据分组以及介质访问方式对各个子网进行链接。路由器在操作中仅接受源站或者其他相关路由器传递的信息，是一种基于网络层的互连设备。

5. 中继器

中继器（RP repeater）是工作在物理层上的连接设备，适用于完全相同的两个网络的互连，主要功能是通过对数据信号的重新发送或者转发来扩大网络传输的距离。中继器是对信号进行再生和还原的网络设备，它属于网络互连设备，工作在 OSI 参考模型的物理层。中继器对线路上的信号具有放大再生的作用，用于扩展局域网网段的长度（仅用于连接相同的局域网网段）。

6. 集线器

集线器的英文名称为“Hub”，“Hub”是“中心”的意思。集线器的主要功能是对接收到的信号进行再生整形放大，以扩大网络的传输距离，同时把所有节点集中在以它为中心的节点上。集线器与网卡、网线等传输介质一样，属于局域网中的基础设备。

7. 双绞线

双绞线是由两根绝缘金属线以螺旋状扭合在一起而成，以螺旋状扭合在一起的目的是减少线对之间的电磁干扰。双绞线既可以传输模拟信号，也可以传输数字信号。双绞线点到点的通信距离一般不能超过 100 米。双绞线价格低廉，比同轴电缆或光纤便宜得多。目前，计算机网络中用的双绞线有三类线（最高传输速率为 10 Mbit/s）、五类线（最高传输速率为 100 Mbit/s）、超五类线和六类线（传输速率至少为 250 Mbit/s）、七类线（传输速率至少为 600 Mbit/s）。在计算机网络中常用的两种电缆是三类线和五类线。

8. 同轴电缆

同轴电缆由内、外两个导体组成，内导体可以由单股或多股线组成，外导体一般由金属编织网组成。内、外导体之间有绝缘材料。在较高频率下，同轴电缆的抗干扰性比双绞线优越，但每米价格和安装费用比双绞线高。

9. 光纤

光纤由能传导光波的石英玻璃纤维和树脂涂敷层构成。光纤中传输的是数字信号，在发送端要首先将电信号转换成光信号，在接收端再用光检测器将光信号还原成电信号。光纤通信损耗低、频带宽、数据传输速率高、抗电磁干扰能力强、安全性好，但是价格高，主要用于高速、大容量的通信干线等。

二、Internet 技术用语

1. TCP/IP

TCP/IP（Transmission Control Protocol/Internet Protocol，传输控制协议/网际协议）是指能够在多个不同网络间实现信息传输的协议簇。TCP/IP 不仅指 TCP 和 IP 两个协议，而是指一个由 FTP、SMTP、TCP、UDP、IP 等协议构成的协议簇，只是因为在 TCP/IP 中 TCP 和 IP 最具代表性，所以被称为 TCP/IP。

TCP/IP 在一定程度上参考了 OSI 的体系结构。OSI 参考模型共有 7 层，从下到上分别是物理层、数据链路层、网络层、运输层、会话层、表示层和应用层。这显然有些复杂，因此在 TCP/IP 中，它们被简化为 4 个层次。

（1）应用层：应用层是 TCP/IP 的第一层，是直接为应用进程提供服务的。

（2）运输层：作为 TCP/IP 的第二层，运输层在整个 TCP/IP 中起到了中流砥柱的作用。在运输层中，TCP 和 UDP 也同样起到了中流砥柱的作用。

（3）网络层：网络层在 TCP/IP 中位于第三层。在 TCP/IP 中网络层可以进行网络连接的建立和终止以及 IP 地址的寻找等。

（4）网络接口层：在 TCP/IP 中，网络接口层位于第四层。由于网络接口层兼并了物理层和数据链路层，所以网络接口层既是传输数据的物理媒介，也可以为网络层提供一条准确无误的线路。

2. IP 地址

IP 地址（Internet Protocol Address）是指互联网协议地址，又译为网际协议地址。

IP 地址是 IP 提供的一种统一的地址格式，它为互联网上的每一个网络和每一台主机分配一个逻辑地址，以此来屏蔽物理地址的差异。

IP 中还有一个非常重要的内容，那就是给 Internet 上的每台计算机和其他设备都规定了一个唯一的地址，叫作“IP 地址”。由于有这种唯一的地址，才保证了用户在连网的计算机上操作时，能够高效而且方便地从千千万万台计算机中选出自己所需的对象来。

IP 地址就像是人们的家庭住址一样，如果要写信给一个人，就要知道他（她）的地址，这样邮递员才能把信送到。计算机就好比邮递员，它必须知道唯一的“家庭地址”才能不至于把信送错。只不过人们的地址是用文字来表示的，计算机的地址用二进制数表示。

IP 地址是一个 32 位的二进制数，通常被分割为 4 个“8 位二进制数”（也就是 4 个字节）。IP 地址通常用“点分十进制”表示成（×. ×. ×. ×）的形式，其中，×是 0~255 的十进制整数。例如：点分十进制 IP 地址 100.4.5.6，实际上是 32 位二进制数（01100100.00000100.00000101.00000110）。

首先出现的 IP 地址是 IPv4 地址，它只有 4 段数字，每一段最大不超过 255。由于互联网的蓬勃发展，IP 地址的需求量越来越大，使 IP 地址的发放日趋严格，各项资料显示全球 IPv4 地址可能在 2005—2010 年间全部发完（实际情况是在 2019 年 11 月 25 日 IPv4 地址分配完毕）。IP 地址空间的不足必将妨碍互联网的进一步发展。为了扩大 IP 地址空间，拟通过 IPv6 重新定义 IP 地址空间。IPv6 采用 128 位地址长度。在 IPv6 的设计过程中除了一劳永逸地解决了 IP 地址短缺问题以外，还考虑了在 IPv4 中解决不好的其他问题。

Internet 委员会定义了 5 种 IP 地址类型以适合不同容量的网络，即 A 类 ~ E 类。其中 A、B、C 类（表 3 – 1）在全球范围内统一分配，D、E 类为特殊 IP 地址。

表 3 – 1 IP 地址的分类

类别	最大网络数	IP 地址范围	网段内最大主机数	私有 IP 地址范围
A	126（2^7-2）	1.0.0.1 ~ 127.255.255.254	16 777 214	10.0.0.0 ~ 10.255.255.255
B	16 384（2^{14}）	128.0.0.1 ~ 191.255.255.254	65 534	172.16.0.0 ~ 172.31.255.255
C	2 097 152（2^{21}）	192.0.0.1 ~ 223.255.255.254	254	192.168.0.0 ~ 192.168.255.255

A 类 IP 地址是指，在 IP 地址的 4 段号码中，第一段号码为网络号码，剩下的 3 段号码为本地计算机的号码。如果用二进制表示 IP 地址，A 类 IP 地址就由 1 字节的网络地址和 3 字节的主机地址组成，网络地址的最高位必须是“0”。A 类 IP 地址中网络标识的长度为 8 位，主机标识的长度为 24 位。A 类 IP 地址数量较少，有 126 个网络，每个网络可以容纳主机数达 1 600 多万台。

B 类 IP 地址是指，在 IP 地址的 4 段号码中，前两段号码为网络号码。如果用二进制表示 IP 地址，B 类 IP 地址就由 2 字节的网络地址和 2 字节的主机地址组成，网络地址的最高位必须是“10”。B 类 IP 地址中网络标识的长度为 16 位，主机标识的长度为 14 位。B 类 IP 地址适用于中等规模的网络，有 16 384 个网络，每个网络所能容纳的主机数为 6 万多台。

C 类 IP 地址是指，在 IP 地址的 4 段号码中，前 3 段号码为网络号码，剩下的 1 段号码为本地计算机的号码。如果用二进制表示 IP 地址，C 类 IP 地址就由 3 字节的网络地址和 1 字节的主机地址组成，网络地址的最高位必须是“110”。C 类 IP 地址中网络标识的长度为 24 位，主机标识的长度为 8 位。C 类 IP 地址数量较多，有 209 万余个网络，适用于小规模的局域网络，每个网络最多只能包含 254 台主机。

3. 域名

域名（Domain Name）是由一串用点分隔的名字组成的 Internet 上某一台计算机或计算机组的名称，用于在数据传输时计算机的定位标识（有时也指地理位置）。

由于 IP 地址具有不方便记忆并且不能显示地址组织的名称和性质等缺点，人们设计出了域名，并通过域名系统（DNS，Domain Name System）将域名和 IP 地址相互映射，使人更方便地访问互联网，而不用去记住能够被机器直接读取的 IP 地址数字串。

例如，www.wikipedia.org 是一个域名，和 IP 地址 208.80.152.2 相对应。DNS 就像一个自动的电话号码簿，人们可以直接拨打 wikipedia 的名字来代替电话号码（IP 地址）。直接调用网站的名字以后，DNS 就会将便于人类使用的名字（如 www.wikipedia.org）转化成便于机器识别的 IP 地址（如 208.80.152.2）。

第一级域名往往为表示主机所属的国家、地区或网络性质的代码，如中国（cn）、英国（uk）、商业组织（com）等。第二、三级是子域名，第四级是主机名。常见的一级域名如下。

.com：表示商业机构，是在 30 余年前出现的最老一批域名后缀。任何人都可以注册

. com 形式的域名。

. net：表示网络服务机构。

. org：表示非营利性组织。

. gov：表示政府机构。

. edu：表示教育机构。

. mil：表示军事机构。

4. 统一资源定位器

统一资源定位器（Uniform Resource Locator，URL）是专为标识网络资源位置而设计的一种编址方式，人们平时所说的网页地址指的即 URL。它一般由 3 个部分组成：传输协议：//主机 IP 地址或域名地址/资源所在路径和文件名。如今日上海联线的 URL 为：http://china - window. com/shanghai/news/wnw. html。这里 http 指超文本传输协议，china - window. com 是其 Web 服务器域名地址，shanghai/news 是网页所在路径，wnw. html 才是相应的网页文件。

5. 超文本传输协议

超文本传输协议（Hyper Text Transfer Protocol，HTTP）是一种详细规定了浏览器和万维网服务器之间互相通信的规则，通过 Internet 传送万维网文档的数据传送协议，是 Web 上展示信息的一种方式，其中包含与其他相关文档的链接。

6. 文件传输协议

文件传输协议（File Transfer Protocol，FTP）是用于在网络上进行文件传输的一套标准协议，它工作在 OSI 参考模型的第 7 层，TCP 模型的第 4 层，即应用层。使用 TCP 传输数据时，客户端在和服务器建立连接前要经过一个“三次握手”的过程，以保证客户端与服务器之间的连接是可靠的，从而为数据传输提供可靠保证。

FTP 允许用户以文件操作的方式（如文件的增、删、改、查、传送等）与另一主机相互通信。然而，用户并不真正登录到自己想要存取文件的计算机上而成为完全用户，而是用 FTP 程序访问远程资源，实现文件传输、目录管理以及电子邮件访问等功能，即使双方计算机配有不同的操作系统和文件存储方式也没有影响。

7. 超文本标记语言

超文本标记语言（Hyper Text Markup Language，HTML）是一种控制文本、图像和链接在 Web 页中出现形式的格式化语言，是标准通用标记语言下的一个应用，也是一种规范、一种标准，它通过标记符号来标记要显示的网页中的各个部分。网页文件本身是一种文本文件，通过在文本文件中添加标记符，可以告诉浏览器如何显示其中的内容（如文字如何处理、画面如何安排、图片如何显示等）。

三、网络连接

家庭上网的连接方式有拨号上网、ISDN 上网、专线上网、ADSL 宽带入网、光纤上网、无线上网等。一般用户根据运营商的经营模式选择不同的连接方式。

1. 拨号上网

个人用户一般都采用调制解调器拨号以主机方式入网，可以通过自己的软件工具实现

Internet 上的各种服务，如 FTP、Telnet、E - mail、WWW 浏览等，用户以拨号方式上网时可分配到一个临时 IP 地址。拨号上网速度较慢。

2. ISDN 上网

通过综合业务数字网（Integrated Services Digital Network，ISDN）可以更快地接入 Internet，速度达到 64 Kbit/s 或 128 Kbit/s。用户需要到 ISP 申请 ISDN 业务，得到一个入网的 ISDN 号后才可以使用。

3. 专线上网

建有局域网的企业级用户一般以专线上网方式接入 Internet，该局域网上的所有用户会得到一个唯一的 IP 地址。

4. ADSL 宽带入网

ADSL 宽带是以铜质电话线作为传输介质的高速数字化传输技术。其下行速度可以达到 1 ~ 8 Mbit/s。

5. 光纤上网

光纤上网是指采用光纤线取代铜芯电话线，通过光纤收发器、路由器和交换机接入 Internet。ADSL 中引入光纤后可以使下载速度最高达到 24 Mbit/s。

6. 无线上网

无线上网是指不需要通过电话线或网线，而是通过无线通信信号连接到 Internet。只要用户所处的地点在无线接入口的无线电波覆盖范围内，再配上一张兼容的无线网卡就可以轻松上网。

3.3 网络安全

一、网络安全概述

随着计算机技术和网络技术的发展，网络安全问题已经成为网络世界里最为人关注的问题之一。危害网络安全的因素很多，主要依附各种恶意软件，其中病毒和木马最为一般网民熟悉。针对这些危害因素，网络安全技术得以快速发展，这也大大提高了网络的安全性。

网络安全的具体含义会随着使用者的变化而变化，使用者不同，对网络安全的认识和要求也就不同。例如从普通使用者的角度来说，他们可能仅希望个人隐私或者机密信息在网络上传输时受到保护，避免窃听、篡改和伪造；而网络提供商除了关心网络信息安全外，还要考虑如何应付突发的自然灾害、军事打击等对网络硬件的破坏，以及在网络出现异常时如何恢复网络通信，如何保持网络通信的连续性。

从本质上来说，网络安全包括组成网络系统的硬件、软件及在网络上传输的信息的安全，应使其不致因偶然的或者恶意的攻击遭到破坏。网络安全既有技术方面的问题，也有管理方面的问题，两方面相互补充，缺一不可。

二、网络安全威胁

1. 计算机病毒

计算机病毒影响计算机系统的正常运行，破坏系统软件和文件系统，使网络效率下降，甚至造成计算机和网络系统的瘫痪，这是影响网络安全的主要因素。计算机病毒的特点：一是攻击隐蔽性强；二是繁殖能力强；三是传染途径广；四是潜伏期长；五是破坏力大。如ARP欺骗病毒、熊猫烧香病毒、网络执行官、网络特工、ARPKILLER、灰鸽子等木马病毒的影响表现为集体掉线，部分掉线，单机掉线；以及游戏账号、QQ账号、网上银行卡等账号和密码被盗等，严重威胁网络的正常使用。

2. 网络攻击

1）拒绝服务攻击

攻击者的目的是让目标计算机停止提供服务或资源访问，这些资源包括磁盘空间、内存、进程、网络带宽等，从而阻止正常用户的访问。拒绝服务攻击主要分为带宽消耗型和资源消耗型。

2）扫描型攻击

未经授权的发现和扫描系统、服务或漏洞，也被称为信息收集。它是一种基础的网络攻击方式，并不对目标本身造成危害，在多数情况下，它是其他攻击方式的先导，被用来为进一步入侵提供有用信息。此类攻击通常包含地址扫描、网络端口扫描、操作系统探测、漏洞扫描。

3）访问类攻击

攻击者在获得或者拥有访问主机、网络的权限后，肆意滥用这些权限进行信息篡改、信息盗取等攻击行为。访问类攻击主要分为口令攻击、端口重定向、会话劫持3类。

4）Web攻击

Web攻击的主要目的是阻碍合法用户对站点的访问，或者降低站点的可靠性。其主要攻击方式分为SQL注入攻击、跨站脚本攻击、Script/ActiveX攻击。

5）病毒类攻击

计算机病毒是能够在用户毫不知情或未经批准的情况下自我复制或运行的计算机程序，该类攻击往往会影响受感染计算机的正常运作。该类攻击涉及的病毒主要包括特洛伊木马、蠕虫病毒、宏病毒。

6）缓冲区溢出攻击

缓冲区溢出攻击就是利用缓冲区溢出漏洞进行攻击。缓冲区溢出在某种程度上可以说是一种非常危险的漏洞，在各种操作系统、应用软件中存在比较多。其原理在于程序获得了过量的数据，系统并没有对接收到的数据及时检测，结果使系统的堆栈遭到严重的损坏，从而使计算机被攻击者操控或者瘫痪，从而不能正常工作。黑客进行远程攻击时，必须使用系统服务中出现的缓冲区溢出漏洞。常用的缓冲区溢出攻击检测的方法是使用字符串匹配。出现缓冲区溢出攻击的原因还在于，现在大多数应用程序都是由C语言编写的，在C语言、C++语言的语法中，对其数组下标的访问一般不做越界检查，因此导致缓冲区溢出的现象。

三、网络安全技术

1. 密码技术

在信息传输过程中，发送方先用加密密钥，通过加密设备或算法，将信息加密后发送出去，接收方在收到密文后，用解密密钥将密文解密，恢复为明文。如果在信息传输中有人窃取，其只能得到无法理解的密文，从而使信息受到保护。

2. 身份认证技术

通过建立身份认证系统可实现网络用户的集中统一授权，防止未经授权的非法用户使用网络资源。在网络环境中，信息传至接收方后，接收方首先要确认信息发送方的合法身份，然后才能与之建立一条通信链路。身份认证技术主要包括数字签名、身份验证和数字证明。

3. 病毒防范技术

计算机病毒实际上是一种恶意程序，病毒防范技术就是识别出这种程序并消除其影响的一种技术。从防病毒产品对计算机病毒的作用来讲，病毒防范技术可以直观地分为病毒预防技术、病毒检测技术和病毒清除技术。

1）病毒预防技术

计算机病毒的预防是对计算机病毒的规则进行分类处理，然后在程序运行中凡有类似的规则出现则认定是计算机病毒。病毒预防技术包括磁盘引导区保护技术、可执行程序加密技术、读写控制技术和系统监控技术等。

2）病毒检测技术

病毒检测技术有两种：一种是根据计算机病毒的关键字、特征程序段内容、特征及传染方式、文件长度的变化，在特征分类的基础上建立的病毒检测技术；另一种是不针对具体计算机病毒程序的自身校验技术，即对某个文件或数据段进行检验和计算并保存其结果，以后定期或不定期地以保存的结果对该文件或数据段进行检验，若出现差异，即表示该文件或数据段的完整性已遭到破坏，感染了计算机病毒，从而检测到计算机病毒的存在。

3）病毒清除技术

病毒清除技术是病毒检测技术发展的必然结果，是计算机病毒传染程序的逆过程。目前，大都是在某种计算机病毒出现后，通过对其进行分析研究而研制出具有相应解毒功能的软件。这类软件技术的发展往往是被动的，带有滞后性。病毒清除技术有其局限性，它对有些变种计算机病毒无能为力。

4. 入侵检测技术

入侵检测技术是一种能够及时发现并报告系统中未授权或异常现象的技术，也是一种用于检测计算机网络中违反安全策略行为的技术。入侵检测系统所采用的技术可分为特征检测与异常检测两种。

特征检测的假设是入侵者的活动可以用一种模式来表示，其目标是检测主体活动是否符合这些模式。它可以将已有的入侵方法检查出来，但对新的入侵方法无能为力，其难点在于如何设计既能够表达“入侵”现象又不会将正常的活动包含进来的模式。

异常检测的假设是入侵者的活动异常于正常主体的活动。根据这一理念建立主体正常活动的“活动简档”，将当前主体的活动状况与“活动简档”比较，当违反其统计规律时，认为该活动可能是入侵行为。异常检测的难题在于如何建立“活动简档”以及如何设计统计算法，从而不把正常的操作作为入侵行为或忽略非真正的“入侵”行为。

5. 漏洞扫描技术

漏洞扫描技术就是通过对网络系统进行检查，查找系统安全漏洞的一种技术。它能够预先评估和分析网络系统中存在的各种安全隐患，换言之，漏洞扫描技术就是对网络系统中重要的数据、文件等进行检查，发现其中可被黑客所利用的漏洞。随着黑客入侵手段的日益复杂和通用系统不断发现的安全缺陷，预先评估和分析网络系统中存在的安全问题已经成为网络管理员们的重要需求。漏洞扫描的结果实际上就是网络系统安全性能的评估报告，它指出了哪些攻击是可能的，因此成为网络安全解决方案中的一个重要组成部分。

漏洞扫描技术主要分为被动式和主动式两种。被动式是基于主机的检测，对网络系统中不合适的设置、脆弱的口令以及其他同安全规则抵触的对象进行检查。主动式则是基于对网络系统的主动检测，通过执行一些脚本文件对网络系统进行攻击，并记录它的反应，从而发现其中的漏洞。

6. 防火墙技术

防火墙是指设置在不同网络（如可信任的企业内部网络和不可信任的公共网络）或网络安全域之间的一系列部件的组合。它是不同网络或网络安全域之间信息的唯一出入口，能根据企业部门的安全策略控制（允许、拒绝、监测）出入网络的信息流，且本身具有较强的抗攻击能力。它是提供信息安全服务，实现网络和信息安全的基础设施。在逻辑上，防火墙既是分离器，又是限制器，还是分析器，它有效地监控了内部网络和 Internet 之间的任何活动，保证了内部网络的安全。防火墙能极大地提高内部网络的安全性，并通过过滤不安全的服务而降低风险。由于只有经过精心选择的应用协议才能通过防火墙，所以网络环境变得更安全。

3.4 基本网络应用

任务一 掌握 IE 浏览器的基本操作

任务描述

Internet Explorer（网络探索者，简称 IE）是微软公司开发的专门用于 Internet 信息浏览和查找的浏览器，是一种用于搜索网络并将搜索结果按易读的方式显示文件副本的客户软件程序。IE 的用户界面与 Windows 资源管理器有一点相似，但窗口中显示的是网页内容而不是文件夹和文件名称。也可以直接通过 Windows 资源管理器浏览网页（在地址栏中输入 URL 地址即可）。在多数情况下，IE 浏览器在 Windows 操作系统捆绑在一起，安装完 Windows 操作系统即可启动 IE 浏览器，无须另行安装。启动 IE 浏览器时，双击桌面上的 IE 浏览器图标即可。

任务目的

掌握IE浏览器的基本使用方法。

知识点介绍

(1) IE浏览器的基本操作。
(2) 打开并保存网页的方法。

操作步骤

步骤1：打开网页。

在IE窗口的地址栏中直接输入某资源的URL地址并按Enter键，IE浏览器直接显示该页面。输入常用URL地址时，IE浏览器会自动显示。希望快速查找信息时，可在地址栏中输入“Go”“Find”或“?”，后面跟要查找的单词或短语，IE可进行自动搜索，如图3-4所示。

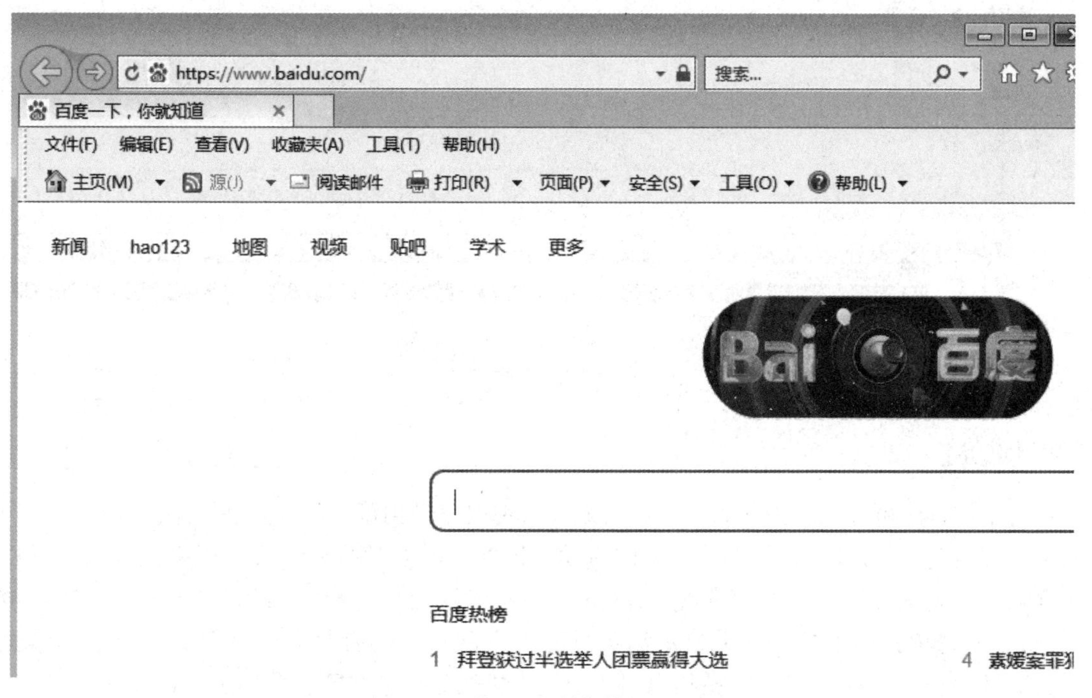

图3-4　使用IE浏览器打开网页

步骤2：使用主要工具按钮。

“后退”按钮：单击一次，可重新显示当前网页上一次访问的页面，利用该按钮可退回到最初的页面。

“前进”按钮：如果已经单击一次或多次“后退”按钮，则该按钮会变亮，成为有效按钮。单击它可返回当前网页的下一个页面，直到最近看过的页面。

“主页”按钮：每一个IE浏览器都可以设置主页，也就是第一次打开IE浏览器时显示的页面，如果没有设置，一般显示默认设置的主页。无论何时单击该按钮，均可访问IE浏览器设置的主页。

“收藏夹”按钮：单击该按钮可打开已经收藏的网页，针对一些经常访问的网页，可以采用收藏的方式，保存记录该网页对应的地址，以方便第二次登录访问。单击该按钮可以查看已经收藏的相关网页。

步骤3：保存网页。

要保存当前页面内容，可在“文件”菜单中选择“另存为”命令，设置合适的文件名、文件类型和保存位置，如图3-5所示。

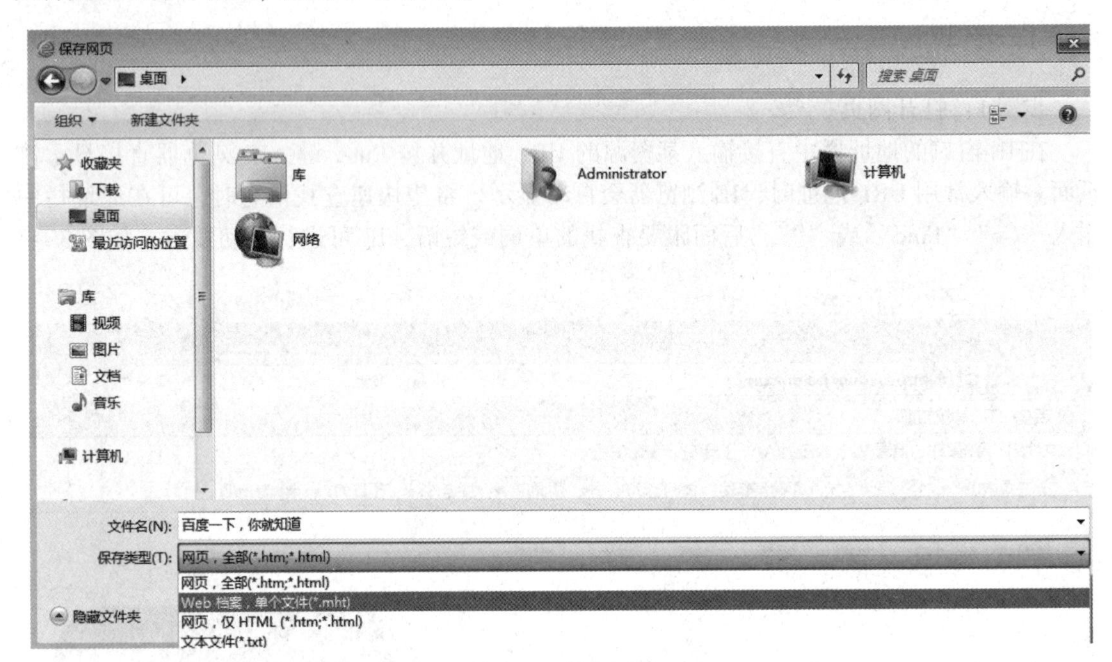

图3-5　保存网页

【知识进阶】

有多种方法可查找过去几天、几小时或几分钟内曾经浏览过的网页和网站。

查找最近几天访问过的网页：单击工具栏上的“历史”按钮，出现历史记录栏，其中包含了最近几天或几星期内访问过的网页和网站的链接；选择“查看”→“按星期”或“按日期”选项，再单击文件夹显示浏览过的各个网页，然后单击网页图标即可显示该网页，通过“查看”或“搜索”按钮可对历史网页进行排序或找到特定网页。

IE 浏览器常用快捷键如下。

“Ctrl + W”组合键表示关闭当前窗口，“Ctrl + S”组合键表示保存当前页面，按 Tab 键即可向下一个目标移动，“Ctrl + X”组合键表示剪切选中的内容，“Ctrl + C”组合键表示复制选中的文字内容，“Ctrl + V”组合键表示粘贴已经复制在内存中的内容，“Ctrl + A”组合键表示选择页面内的所有内容。

【实战演练】

练习使用 IE 浏览器上网，并查询与自己专业相关的网站，练习保存网页操作。

任务二　注册个人邮箱

●任务描述

如今是信息交流的时代，电子邮件传递成了一种不可缺少的交流方式。电子邮件最大的特点是，人们可以在任何地方、任何时间收发信件，不受时空的限制，大大提高了工作效率，为工作和生活提供了很大便利。本任务要求每位同学在网易网站注册电子邮箱，并练习收发电子邮件。

●任务目的

通过本任务的练习，了解电子邮件的特征，掌握一般电子邮箱的注册流程、个人信息的修改方法。

●知识点介绍

（1）电子邮件的特征。

（2）注册免费电子邮箱的方法。

（3）修改个人信息、收发电子邮件的方法。

●操作步骤

步骤1：打开IE浏览器，输入“http://www.163.com”，打开网易网站，如图3-6所示。

步骤2：单击页面上方的“注册免费邮箱”按钮，进入注册界面，如图3-7所示。

图3-6　打开网易网站

欢迎注册网易邮箱

免费邮箱　VIP邮箱

邮箱地址　@163.com

密码

手机号码

立即注册

图3-7　注册电子邮箱

步骤3：输入用户名密码，完成手机验证，完成注册电子邮箱操作，如图3－8所示。

avalon_0858@163.com 注册成功！

图3－8　完成注册电子邮箱操作

步骤4：进入电子邮箱，完成个人信息等设置，如图3－9所示。

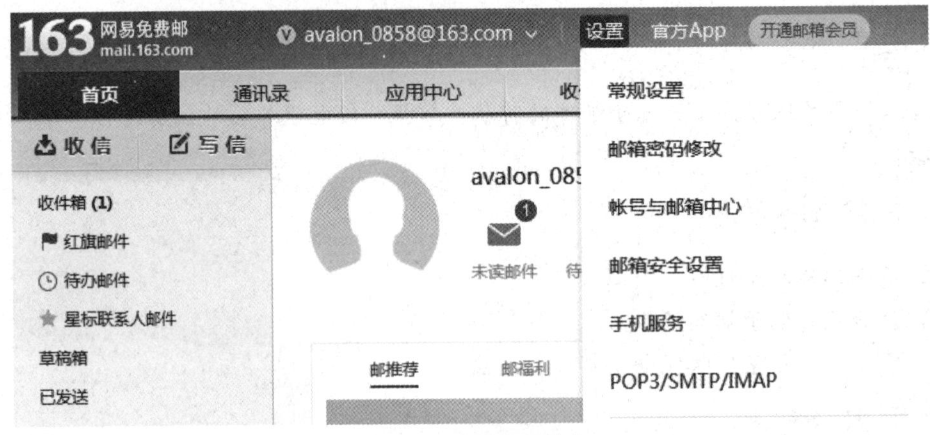

图3－9　设置各项信息

【知识进阶】

注册电子邮箱后，可以发送和接收电子邮件，可以在购物网站上利用电子邮箱地址接收商品订单等信息，电子邮箱还可以用来接收信用卡账单等信息。

【实战演练】

练习完成发送、接收、转发电子邮件等操作，也可以尝试注册其他网站的电子邮箱。

【课后习题】

1. 利用IE浏览器浏览一个和本专业知识相关的网页，并进行保存。

2. 利用任务二的知识练习注册一个电子邮箱并和其他同学交换电子邮箱地址，练习发送和接收电子邮件。

3. 如何理解“没有网络安全就没有国家安全”？

4. 作为一名大学生，如何做到文明上网、安全上网？

项目四

文字处理软件 Word 2016

4.1 Word 2016 基础

文字处理软件是现代办公必备的工具，熟练掌握文档的操作是办公自动化应用中非常重要的一个环节。Word 是办公自动化中最主要的文字编辑软件之一。文字处理的主要功能是对文字信息进行加工处理。文字处理软件的应用分为基本应用和高级应用，基本应用主要包括文档的建立、编辑、排版以及打印等操作；高级应用主要包括格式设置，图、文、表格混排及属性设置，艺术字的添加，文档页面格式的设置等操作。目前在市场上比较常见的文字处理软件有微软公司的 Word、金山公司的 WPS 等。

本项目以 Word 2016 为平台，介绍文字处理软件的基本知识与基本操作。通过本项目的学习，读者应掌握基本的文档排版方法，并能制作出一篇图文并茂、符合要求的文档。

一、Word 的发展历史

1983 年 10 月，微软公司正式发布基于 Xenix 和 MS - DOS 系统的 Word 1.0。1985 年，在比尔・盖茨的建议下，Jeffery Harbers 带领微软公司的一个开发小组，研究如何在苹果公司的 Macintosh 机器上运行 Word。他们的研究成果包括让 Word 展示不同的字体、文字大小和粗细等。而且，在 Macintosh 机器上，Word 1.0 已经具有鼠标驱动用户界面的功能。Office 时代随着 Windows 时代的到来，微软公司决定开发在自己的 GUI 环境下运行的 Word。1989 年，微软公司发布首款基于 Windows 系统的 Word。1990 年，随着微软公司推出 Windows 3.0，基于 Windows 的 Word 的销售量节节攀升。Windows 10 发布两个月后，微软公司正式发布了Office 2016。在此之前，微软公司已经先后推出了面向苹果平台的 Office 2016 for Mac、Windows 10 通用版的 Office。在随后的几年时间里，微软公司彻底地控制了个人计算机文字处理器市场。Office 办公软件从诞生到现在经历了很多的版本，从早期的 Office 2000、Office 2007、Office 2010 到 Office 2016，其每一次升级都在功能性和易用性方面有所提高。

Word 2016 是 Office 办公软件里面的一个重要组件，它主要用于日常办公、文字处理，其特点是操作简单、功能强大。

二、Word 2016 的基本功能

Word 从 Word 2007 升级到 Word 2016，其最显著的变化就是使用“文件”按钮代替了 Office 按钮，使用户更容易从 Word 2003 和 Word 2007 等旧版本中转移。另外，Word 2016 同样取消了传统的菜单操作方式，而代之以各种功能区。在 Word 2016 窗口上方看起来像菜单的名称其实是功能区的名称，当单击这些名称时并不会打开菜单，而是切换到与之对应的功

能区面板。

Word 2016 的主要功能与特点如下。

（1）所见即所得。用户用 Word 2016 编排文档，可使打印效果在屏幕上一目了然。

（2）直观的操作界面。Word 2016 软件界面友好，提供了丰富多彩的工具，利用鼠标就可以完成选择、排版等操作。

（3）多媒体混排。Word 2016 可以编辑文字、图形、图像、声音、动画，还可以插入其他软件制作的信息，也可以用 Word 2016 提供的绘图工具进行图形制作，编辑艺术字、数学公式，能够满足用户的各种文档处理要求。

（4）强大的制表功能。Word 2016 提供了强大的制表功能，不仅可以自动制表，还可以手动制表。Word 2016 的表格线被自动保护，表格中的数据可以自动计算，还可以对表格进行各种修饰。在 Word 2016 中，可以直接插入电子表格。用 Word 2016 制作表格，既轻松又美观，既快捷又方便。

（5）自动更正功能。Word 2016 提供了拼写和语法检查功能，提高了英文文章编辑的正确性，如果发现语法错误或拼写错误，Word 2016 还提供修正的建议。当用 Word 2016 编辑好文档后，Word 2016 可以帮助用户自动编写摘要，为用户节省大量的时间。自动更正功能为用户输入同样的字符提供了很好的帮助，用户可以自己定义字符的输入，当用户要输入同样的若干字符时，可以定义一个字母来代替，尤其在输入汉字时，该功能使用户的输入速度大大提高。

（6）模板与向导功能。Word 2016 提供了大量且丰富的模板，使用户在编辑某一类文档时，能很快建立相应的格式，而且 Word 2016 允许用户自己定义模板，为用户建立具有特殊要求的文档提供高效而快捷的方法。

（7）丰富的帮助功能。Word 2016 的帮助功能详细而丰富。Word 2016 提供了形象而方便的帮助功能，使用户遇到问题时能够找到解决问题的方法，为用户自学提供方便。

（8）Web 支持。Word 2016 提供了 Web 支持，用户根据 Web 页向导，可以快捷而方便地制作出 Web 页（网页），还可以用 Word 2016 的 Web 工具栏迅速地打开、查找或浏览包括 Web 页和 Web 文档在内的各种文档。

（9）超强兼容性。Word 2016 支持多种格式的文档，也可以将用 Word 2016 编辑的文档以其他格式存盘，这为 Word 2016 和其他软件的信息交换提供了极大的方便。用 Word 2016 可以编辑邮件、信封、备忘录、报告、网页等。

（10）强大的打印功能。Word 2016 提供了打印预览功能，具有对打印机参数的强大的支持性和配置性。

总之，Word 2016 的功能非常强大，不仅可以处理日常的办公文档、排版、处理数据、建立表格，还可以制作简单的网页；通过其他软件可以直接发送传真或者 E－mail 等，能满足普通人的绝大部分日常办公的需求。

三、Word 2016 新增功能

1. 协同工作功能

Word 2016 新加入了协同工作功能，只要通过共享功能选项发出邀请，就可以让其他使用者共同编辑文件，而且每个使用者编辑过的部分都会出现提示，让所有人可以看到哪些段

落被编辑过。对于需要合作编辑的文档，这项功能非常方便。

2. 搜索框功能

打开 Word 2016，在工作界面右上方可以看到一个搜索框，在搜索框中输入想要搜索的内容，搜索框会给出相关命令，这些都是标准的 Word 2016 命令，直接单击即可执行这些命令。对于使用 Word 2016 不熟练的用户来说，这项功能使操作方便很多。例如搜索“段落”，可以看到 Word 2016 给出的段落相关命令，如果要进行段落设置，则选择“段落设置”选项，这时会弹出“段落”对话框，可以对段落进行设置，非常方便。

3. 云模块与 Office 融为一体

在 Word 2016 中，云模块已经很好地与 Office 融为一体。用户可以指定云作为默认存储路径，也可以继续使用本地硬盘存储。值得注意的是，由于云也是 Windows 10 的主要功能之一，所以 Word 2016 实际上是为用户打造了一个开放的文档处理平台，通过手机、iPad 或其他客户端，用户即可随时存取刚刚存放到云端的文件。

4. “插入”菜单增加了“应用程序”标签

“插入”菜单增加了“应用程序”标签，其中包含“应用商店”“我的加载项”两个按钮。这里主要是微软公司和第三方开发者开发的一些应用 App，类似浏览器扩展，主要是为 Word 2016 提供一些扩充性功能。比如用户可以下载一款检查器，帮助检查文档的断字或语法问题等。

任务一　简单购销合同基本内容的录入

任务描述

假设你是某公司采购部门的主管，公司计划购买一批施工材料，由你负责与乙单位签订一批货物的购销合同，请设计购销合同的内容并排版，如图 4－1 所示。

任务目的

（1）掌握 Word 2016 的启动操作。

（2）掌握新建及保存 Word 2016 文档的基本方法。

（3）熟悉 Word 2016 的窗口组成及各种视图的用法。

（4）掌握 Word 2016 文字及标点的基本编辑方法。

知识点介绍

（1）Word 2016 的文字录入。

（2）Word 2016 中字符格式设置。

（3）Word 2016 中段落格式设置。

（4）段落的分开与合并。

（5）“查找与替换”功能的使用。

（6）项目符的使用。

购销合同

××字第×号

订立合同双方　　采购单位：　甲方　　（甲方）

供货单位：　已方　　（乙方）

兹因甲方向乙方订购下列货品，经双方议妥条款如下，以共同遵守：

一、　货品名称、数量及规格如下；

二、　交货期限；

三、　交货地点；

四、　贷款的支付方法；

五、　包装方法及费用负担；

六、　运输方法及费用负担；

七、　其他费用负担；

本合同一式x份，双方签字盖章后生效

甲方：　甲方　（公章）　　负责人：请输入姓名　（盖章）

地址：

电话：

传真：

开户银行：

账号：

乙方：　乙方　（公章）　　负责人：请输入姓名　（盖章）

地址：

电话：

传真：

开户银行：

账号：

本合同如发生纠纷，当事人双方应当及时协商解决，协商不成时，任何一方均可请业务主管机关天界或者向仲裁委员会申请仲裁，也可以直接向人们法院起诉。

本合同自_____年___月___日起生效，合同执行期内，甲乙双方均不得随意变更或解除合同。

xxx年xx月xx日

图4－1　购销合同效果

操作步骤

步骤1：启动Word 2016。启动Word 2016有两种方式，方法如下。

（1）在桌面上选择“开始”→“所有程序”→“Microsoft Office”→“Word 2016”选项，Word 2016工作界面如图4－2所示，该文档的文件名默认为“文档1”。

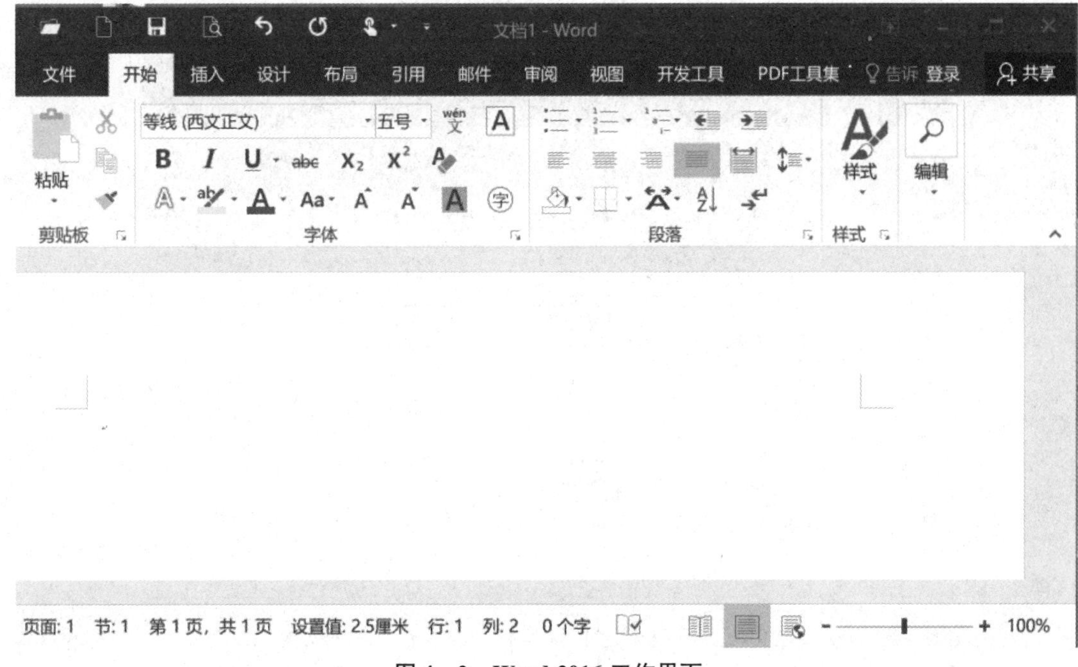

图 4－2　Word 2016 工作界面

（2）双击桌面上的“Microsoft Word 2016”快捷方式启动 Word 2016，如图 4－3 所示。

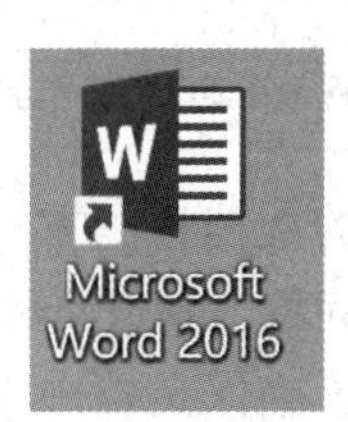

图 4－3　“Microsoft Word 2016”快捷方式

步骤 2：建立新的 Word 2016 文档。建立了新的 Word 2016 文档后，进入图 4－4 所示的 Word 2016 工作界面，其由标题栏、菜单栏、工具栏、标尺、编辑区、水平及垂直滚动条、状态栏等组成。

（1）标题栏用于显示当前正在编辑的文档名。在标题栏的最右端是控制菜单按钮 ? - □ ×，包括最小化、还原（最大化）和关闭按钮。

（2）菜单栏位于标题栏之下。菜单栏为用户提供了 Word 2016 的各种功能选项。每个菜单都提供了相应的操作命令。有些菜单呈灰色，表示当前状态下暂时不能选用。Word 2016 提供的菜单和以往的版本相比，给人耳目一新的感觉，采用全新的界面进行布局，每个菜单对相应操作进行归类，将该类操作全部集中在一起，以方便用户查找。

（3）光标所在位置就是文字的输入位置，用鼠标在 Word 2016 文档中的任意位置双击，光标就会出现在该位置。

（4）段落标记“↵”表示一个自然段结束，要另起一段的时候直接按 Enter 键即可。

（5）Word 2016 是一种“所见即所得”的文字处理软件，用户从屏幕上所看到的文档效果，和最终打印出来的效果完全一样。为了满足用户在不同情况下编辑、查看文档效果的需

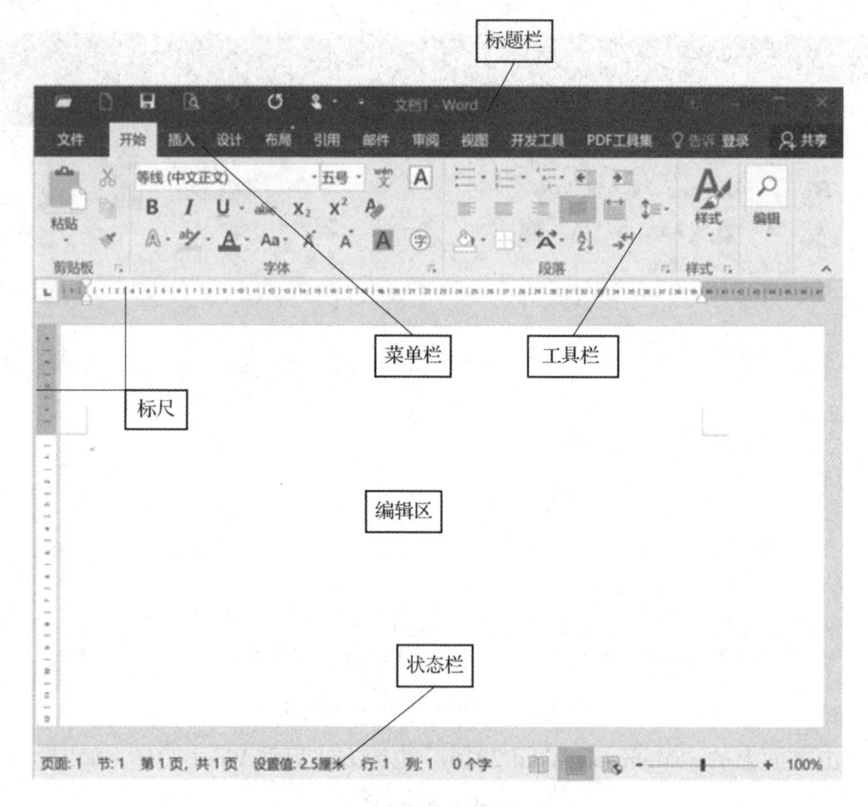

图 4－4　Word 2016 工作界面的组成

要，Word 2016 向用户提供了多种不同的文档视图方式（普通视图、Web 版式视图、页面视图、大纲视图、阅读版式），它们各具特色，各有千秋，分别用于不同的情况。

步骤 3：保存 Word 2016 文档。为了确保文档内容不丢失，应及时保存文档，选择“文件”→“保存”命令，如图 4－5 所示。在弹出的“另存为”对话框中，选择正确的保存位置，在“文件名”文本框中输入文档的名字，单击“保存”按钮，就可以把文档保存在相应的位置，如图 4－6 所示。在这里将文档以自己的姓名命名，保存在桌面上。

图 4－5　选择“保存”命令

步骤 4：Word 2016 文档的文字编辑。将成品案例（图 4－1）中给出的文字输入以自己的姓名命名的文档。

（1）特殊符号的插入。选择“插入”→“符号”选项，如图 4－7 所示，在弹出的图 4－8 所示的对话框中的“子集”下拉列表中选择“数学运算符”选项，再选中相应的特殊符号即可。例如购销合同中的第二行“××字第×号”中的“×”，就可以用特殊符号插入。

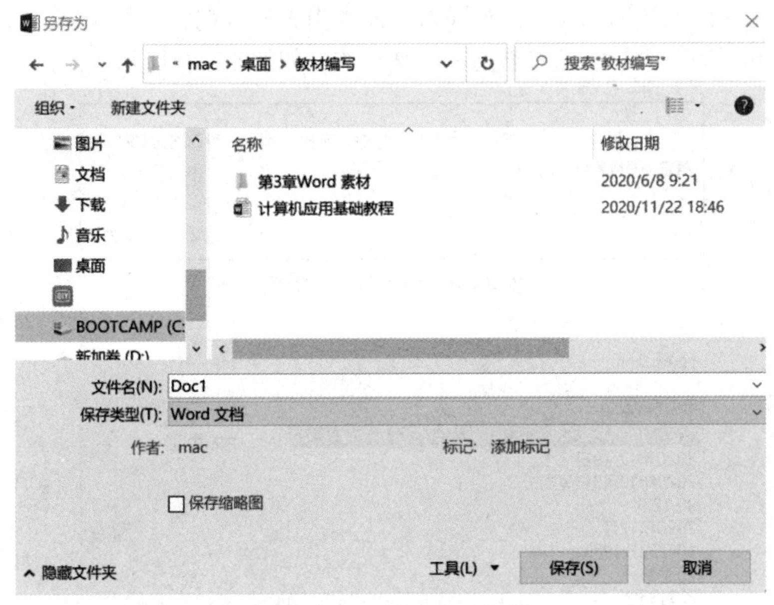

图 4－6　“另存为”对话框

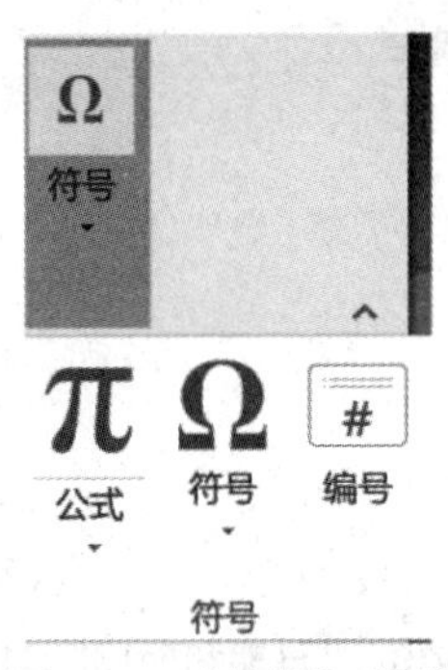

图 4－7　“符号”菜单

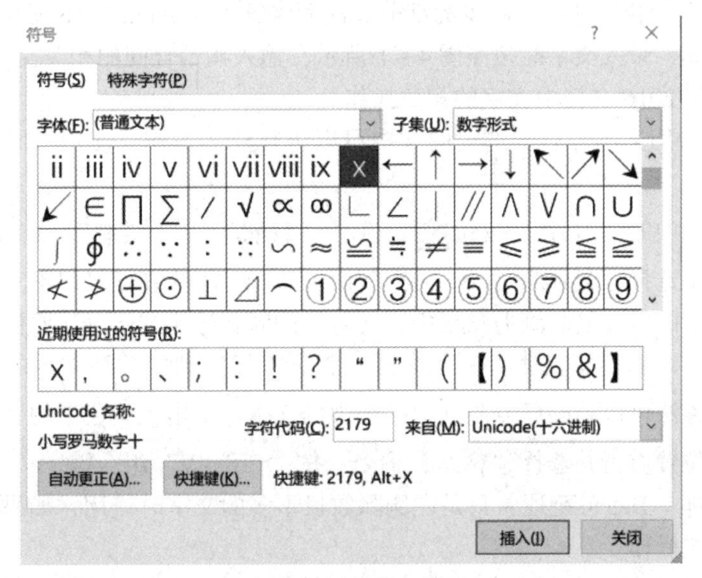

图 4－8　“符号”对话框

（2）日期和时间的插入。在购销合同末尾插入当天的日期，如图 4－9 所示。选择“插入”→“日期和时间”选项，选择合适的日期格式，如图 4－10 所示。

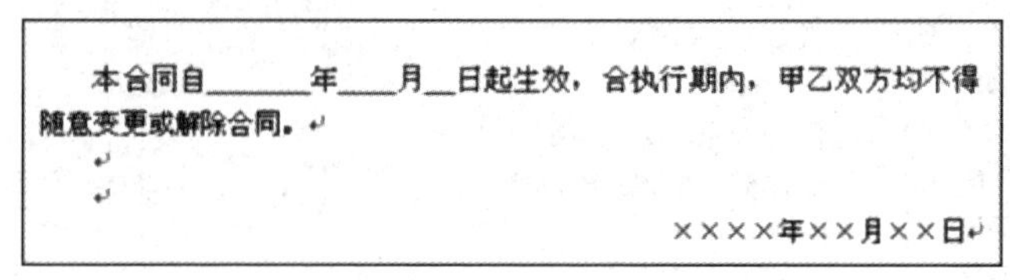

图 4－9　插入日期和时间

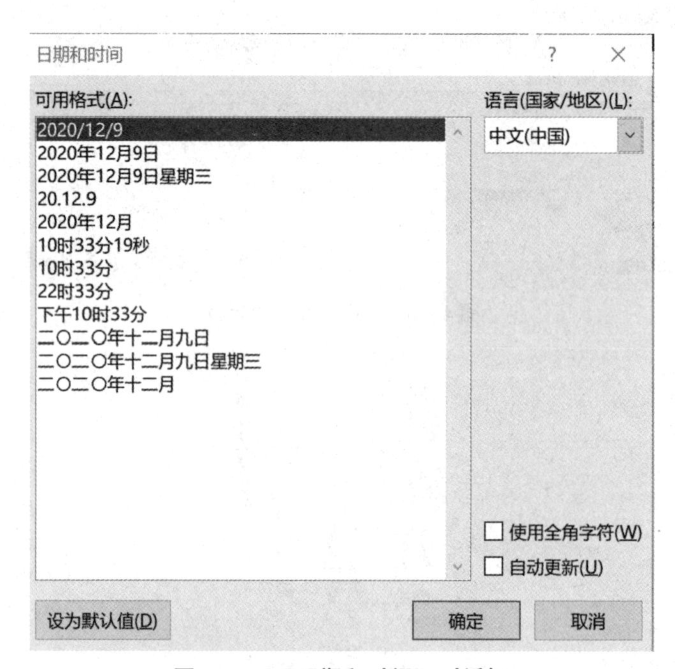

图 4－10　“日期和时间”对话框

（2）文字是购销合同中不可缺少的部分。前面讲解了在 Word 2016 文档中插入特殊字符和日期的基本操作，录入文字时按照图 4－1 所示，输入购销合同的相关文字。

步骤 5：Word 2016 文档中文字的相关操作。

（1）复制与剪切文本。对于选定的文本可以进行复制操作，使用下面的方法可以复制选定的文本。

可单击工具栏中的“复制”按钮；选择“编辑”→“复制”命令；选择文本后右击，在快捷菜单中选择“复制”命令。按“Ctrl＋C”组合键进行剪切跟复制相似，所不同的是复制只将选定的部分复制到剪贴板中，而剪切同时将选定的部分从原位置删除。

（2）粘贴文本。选定了文本并复制之后，就可以切换到要粘贴文本的文档进行粘贴操作，使用下面的方法可以粘贴已复制到剪贴板中的文本。单击工具栏中的“粘贴”按钮；在要粘贴文本的位置右击并选择“粘贴”命令；按“Ctrl＋V”组合键。

（3）删除文本。Delete 键通常只是在删除数目不多的文字时使用，如果要删除的文字很多，可按以下方式操作。

当删除一整段内容时，先选中这个段落，然后按 Delete 键或使用“编辑”菜单中的

“清除”命令，就可以把选中的段落全部删除。删除文字还可以使用 Backspace 键，其作用是删除光标前面的字符。可以用它直接删除输入错误的文字。

(4) 插入文件。打开待编辑的文档，而后将光标移动到另一个文档中要插入的位置，选择“插入”→“对象”→“文件中的文字”选项，打开图 4-11 所示的“插入文件”对话框。

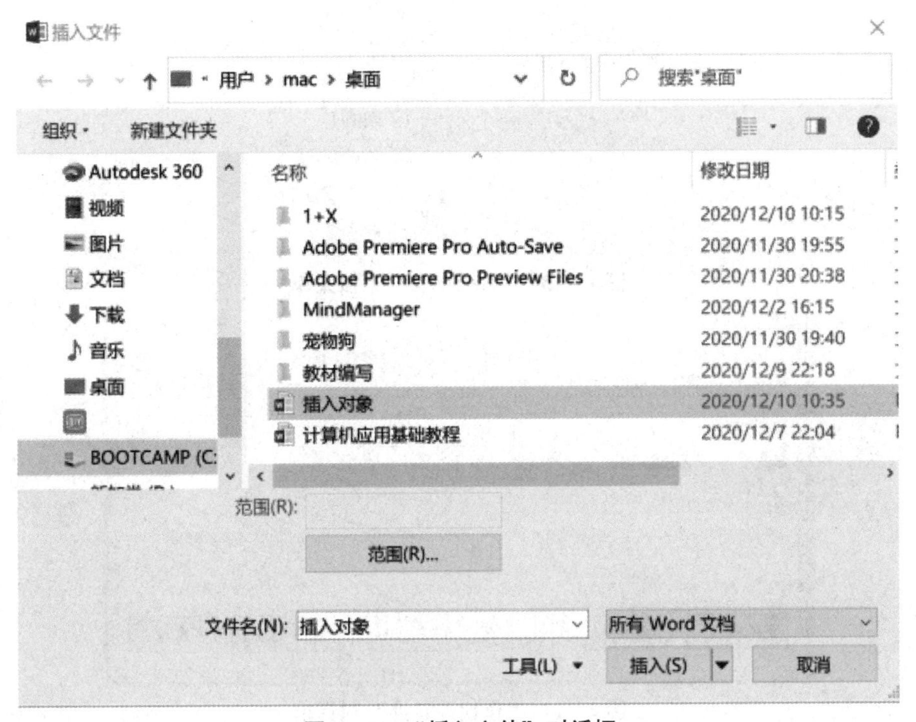

图 4-11　“插入文件”对话框

(5) 查找和替换。在编辑文档时，若需要批量修改一些词语或其他特定的对象，就需要用到“查找和替换”功能。选择“开始”→“查找”命令，打开图 4-12 所示的“查找”对话框。在“查找内容”文本框中输入要查找的内容，单击箭头按钮，就可以找到文档中下一处使用该词的位置。

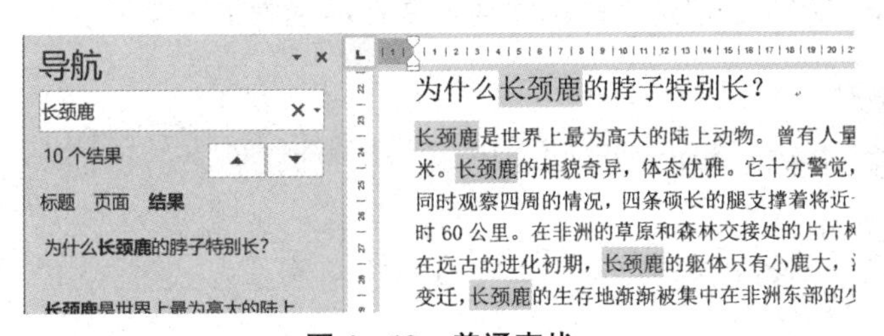

图 4-12　普通查找

Word 2016 还提供了更为高级的查找功能。用户可以单击“查找内容”文本框右侧的下拉按钮，如图 4-13 所示，通过下拉菜单进行高级查找。选择下拉菜单中的“高级查找”选项，弹出图 4-14 所示对话框。在该对话框中，用户可以单击下方的“更多”按钮设置查找对象的格式。

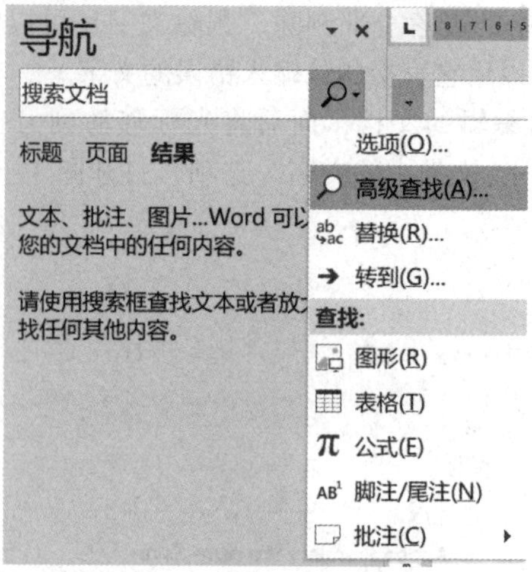

图 4－13 “高级查找”下拉菜单

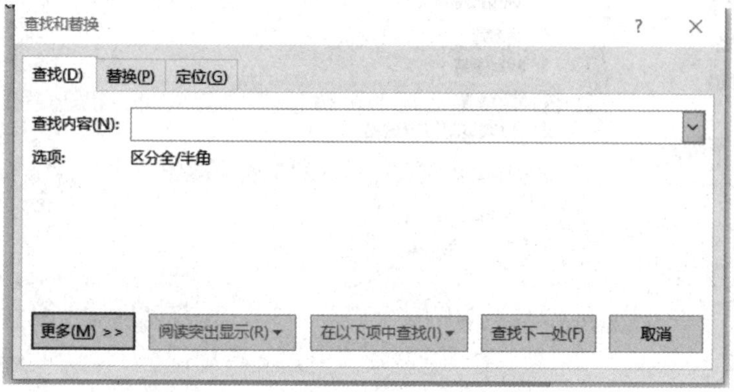

图 4－14 “查找和替换”对话框

如果想把购销合同中的所有“货品”替换成“通信器材”，选择“开始”→“编辑”→“替换”命令，打开图 4－15 所示的“查找和替换”对话框。在“查找内容”文本框中输入要替换的内容“货品”，在“替换为”文本框中输入要替换成的内容“通信器材”，单击“查找下一处”按钮，Word 2016 就自动在文档中找到下一处使用这个词的地方，这时单击“替换”按钮，Word 2016 会把选中的词替换，并自动选中下一个词。

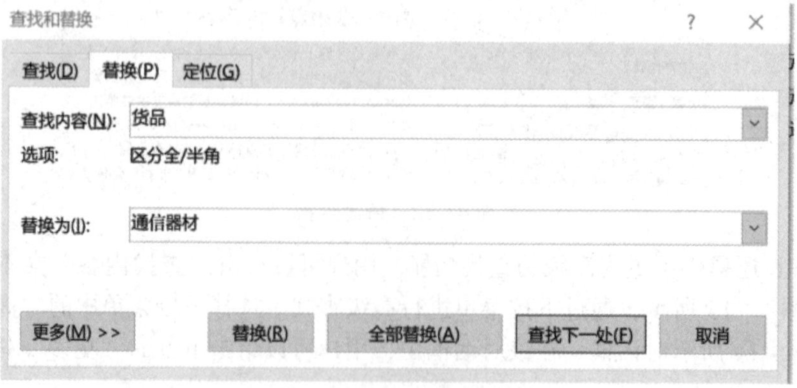

图 4－15 “查找和替换”对话框

可以打开“查找和替换”高级对话框设置查找的范围与方向，选择“编辑”→“查找”→“高级查找”→“替换”命令，打开图 4－16 所示的“查找和替换”高级对话框。

查找和替换　？　×

查找(D)　替换(P)　定位(G)

查找内容(N)：货品

选项：区分全/半角

替换为(I)：通讯器材

<< 更少(L)　替换(R)　全部替换(A)　查找下一处(F)　取消

搜索选项

搜索：全部

☐ 区分大小写(H)　☐ 区分前缀(X)

☐ 全字匹配(Y)　☐ 区分后缀(T)

字体(F)...　☑ 区分全/半角(M)

段落(P)...　☐ 忽略标点符号(S)

制表位(T)...　英文)(W)　☐ 忽略空格(W)

语言(L)...

图文框(M)...

样式(S)...

替　突出显示(H)

格式(O)▾　特殊格式(E)▾　不限定格式(T)

图 4－16　“查找和替换”的高级对话框

（6）撤销和恢复。撤销和恢复是相对应的，撤销是取消上一步的操作，而恢复是重复上一步撤销的操作。

任务二　购销合同文字格式设置

任务描述

根据任务一中的购销合同初稿，设置购销合同中相关文字的格式。

任务目的

（1）通过设置字体、字形、字号、颜色、效果等让 Word 2016 文档达到更加令人满意的效果。

（2）通过对字号、字符间距、文字位置的调整使文字更符合 Word 2016 文档的具体要求。

（3）通过为文字设置动态效果，使 Word 2016 文档更加丰富多彩、生动活泼，增强 Word 2016 文档的表现力。

操作步骤

1. 字体设置

“字体”对话框中包括“字体”“高级”两个选项卡。首先，参照成品案例设置“字体”选项卡的内容。

步骤1：设置字体格式。打开任务一中完成的文档，选定标题段“购销合同”，右击并选择“字体”选项，弹出图4－17所示的对话框，将标题段文字设置为黑体、加粗，小二号、颜色自动。若有需要，也可在“字体”对话框的“字体”选项卡中对文本进行其他效果的设置，如添加着重号、删除线，设置上标、下标，设置阴影、空心等。

图4－17 “字体”对话框

步骤2：调整字符间距。选定标题段“购销合同”，右击并选择“字体”选项，选择“高级”选项卡，如图4－18所示，设置字符间距加宽20磅。若有需要，还可以在“字符间距”区域设置字符的缩放比例、位置的提升与降低等，以达到最佳效果。

字体

字体(N)　高级(V)

字符间距

缩放(C): 100%

间距(S): 加宽　磅值(B): 20

位置(P): 标准　磅值(Y):

☑ 为字体调整字间距(K): 1 磅或更大(O)

☑ 如果定义了文档网格，则对齐到网格(W)

OpenType 功能

连字(L): 无

数字间距(M): 默认

数字形式(F): 默认

样式集(T): 默认

☐ 使用上下文替换(A)

预览

购销合同

设为默认值(D)　文字效果(E)...　确定　取消

图 4－18　“高级”选项卡

步骤 3：设置对齐方式。选定标题段“购销合同”，单击工具栏中的“居中”按钮，或者右击并选择“段落”选项，在“缩进和间距”选项卡中选择“对齐方式”为“居中”，如图 4－19 所示。然后选定第二行文字“××字第×号”，设置其对齐方式为右对齐，完成后效果如图 4－20 所示。

步骤 4：设置文字效果。单击图 4－18 中的“文字效果”按钮，可对选定的文字设置动态效果，如图 4－21 所示。

步骤 5：选定其余正文文字，设置为宋体、小四号，颜色自动，具体操作参照以上步骤。

步骤 6：设置字符底纹及字符边框。选定合同中的“甲方”，如图 4－22 所示，单击工具栏中的字符底纹按钮 A，即可为选定文字添加灰色底纹。参照购销合同最终完成效果，为其余特殊文字依次添加底纹。若要添加字符边框，则选定文字后，单击工具栏中的字符边框按钮 A。

2. 复制格式

对一部分文字设置的格式可以复制到另一部分文字上，使其具有同样的格式。使用“开始”菜单栏中的“格式刷”按钮 格式刷，可以实现格式复制。

段落　　? ×

缩进和间距(I)　换行和分页(P)　中文版式(H)

常规

对齐方式(G): 两端对齐

左对齐
居中
右对齐
两端对齐
分散对齐

大纲级别(O):　□ 默认情况下折叠(E)

缩进

左侧(L): 0 字符　特殊格式(S):　缩进值(Y):

右侧(R): 0 字符　首行缩进　2.5 字符

□ 对称缩进(M)

☑ 如果定义了文档网格，则自动调整右缩进(D)

间距

段前(B): 0 行　行距(N):　设置值(A):

段后(F): 0 行　最小值　11 磅

□ 在相同样式的段落间不添加空格(C)

☑ 如果定义了文档网格，则对齐到网格(W)

预览

前一段落

本合同如发生纠纷，当事人双方应当及时协商解决，协商不成时，任何一方均可请业务主管机关天界或者向仲裁委员会申请仲裁，也可以直接向人们法院起诉。

下一段落

制表位(T)...　设为默认值(D)　确定　取消

图 4－19 “段落”对话框

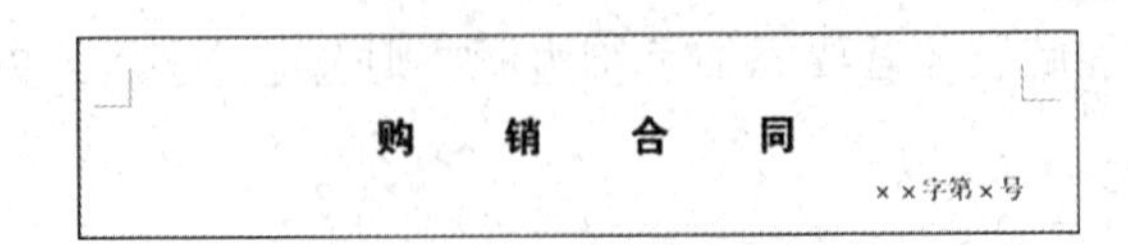

图 4－20 标题部分完成效果

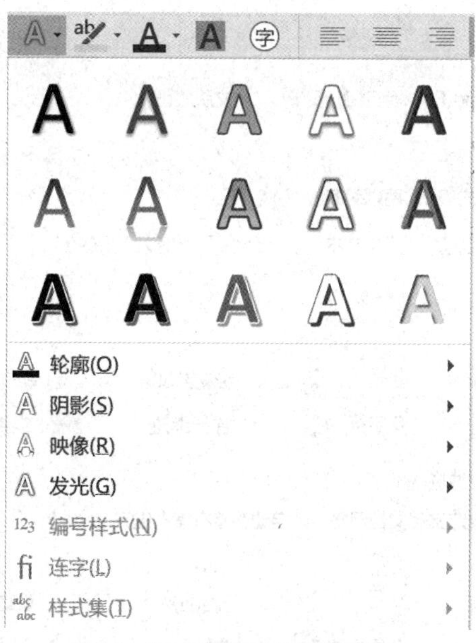

图 4－21 文字效果设置窗口

订立合同双方 采购单位：甲方 （甲方）↵
供货单位：乙方 （乙方）↵

图 4－22 字符底纹部分完成效果

任务三 购销合同段落格式设置

段落格式的设置也是美化购销合同的重要手段，请根据图 4－1 美化购销合同。

任务目的

（1）掌握段落的对齐方式、缩进方式、段落间距等的设置方法。

（2）掌握段落边框和底纹的设置方法。

（3）掌握段落首字下沉、分栏效果等的设置方法。

操作步骤

段落指的是以按 Enter 键结束的内容，如果删除了段落标记，则段落标记后面的一段将与前一段合并。

1. 设置段落左右缩进、段落间距、对齐方式、特殊格式

选定购销合同的正文部分（“订立合同双方……”到“……随意变更或解除合同。”），右击并选择“段落”选项，打开“段落”对话框，如图 4－23 所示，将所有段落设置为“两端对齐”，左、右缩进 0 字符，首行缩进 2 字符，单倍行距。

“特殊格式”下拉列表中包含“首行缩进”“悬挂缩进”选项。

（1）首行缩进：用来调整当前段落或选定段落的首行首字符的起始位置。

（2）悬挂缩进：用来调整当前段落或选定段落的首行以外各行首字符的起始位置。

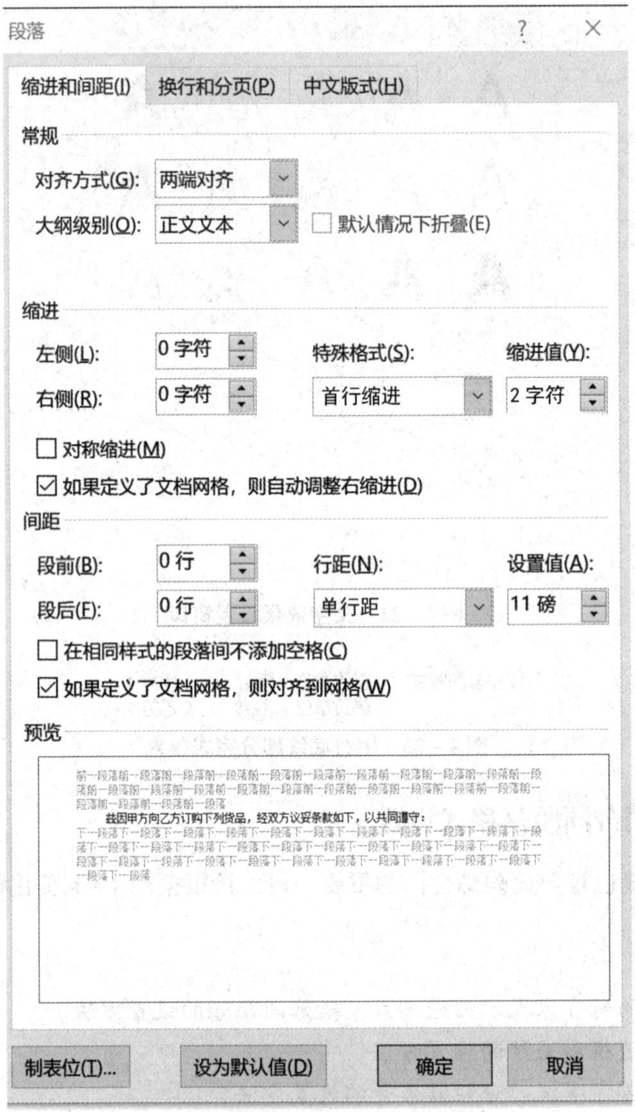

段落 ? ×

缩进和间距(I) 换行和分页(P) 中文版式(H)

常规

对齐方式(G): 两端对齐

大纲级别(O): 正文文本 □默认情况下折叠(E)

缩进

左侧(L): 0 字符 特殊格式(S): 缩进值(Y):

右侧(R): 0 字符 首行缩进 2 字符

□ 对称缩进(M)

☑ 如果定义了文档网格，则自动调整右缩进(D)

间距

段前(B): 0 行 行距(N): 设置值(A):

段后(F): 0 行 单行距 11 磅

□ 在相同样式的段落间不添加空格(C)

☑ 如果定义了文档网格，则对齐到网格(W)

预览

兹因甲方向乙方订购下列货品，经双方议妥条款如下，以共同遵守：

制表位(T)... 设为默认值(D) 确定 取消

图 4 – 23 “段落”对话框

2. 项目符号和编号

步骤 1：自动编号。输入数字 1、顿号，然后输入项目，按 Enter 键，下一行就出现了“2、”，如果认为输入的是编号，就会调用编号功能，设置编号很方便。若不想要这个编号，按 Backspace 键编号就消失了。

步骤 2：项目符号和编号。选定需要插入编号的段落，如图 4 – 24 所示，单击“开始”菜单项的下拉按钮，在图 4 – 25 所示的对话框中选择相应的项目符号或编号即可。根据成品案例，选择“一、二、三、……”格式的编号。若在编号库中没有需要的样式，可单击图 4 – 25 中的“定义新编号格式（D）”按钮设置，弹出图 4 – 26 所示对话框，在此对话框中可以设置编号的样式及对齐方式。

兹因甲方向乙方订购下列货品，经双
一、　货品名称、数量及规格如下：
二、　交货期限：↵
三、　交货地点：↵
四、　货款的交付方法：↵
五、　包装方法及费用负担：↵
六、　运输方法及费用负担：↵
七、　其他费用负担[1]：↵

图 4－24　插入编号

步骤 3：编号的初始值也可以重新设置，单击图 4－25 中的“设置编号值”按钮，弹出图 4－27 所示对话框，起始编号的值可以选择两种方式，“开始新列表”表示重新开始设置编号，“继续上一列表”表示可以接替原来设置的编号继续扩展。

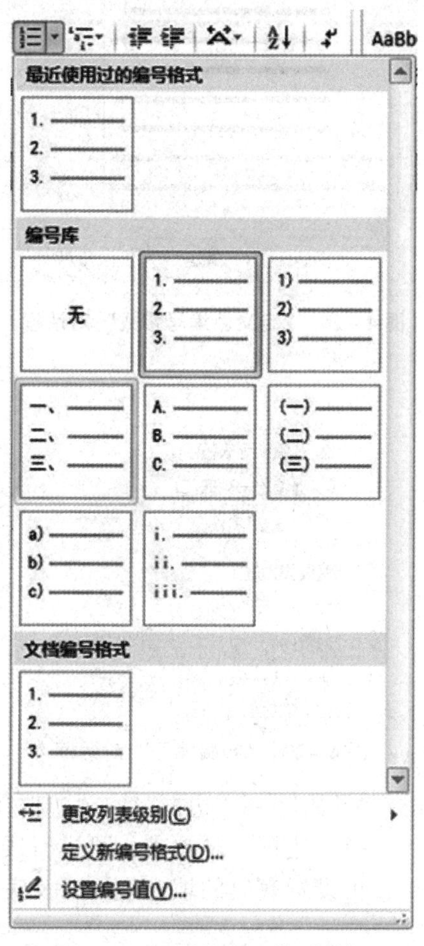

图 4－25　“编号”下拉对话框

3. 段落格式其他相关操作

步骤 1：首字下沉。选定需要首字下沉的段落，选择“插入”→“首字下沉”→“首字下沉选项”命令，打开图 4－28 所示“首字下沉”对话框。在“首字下沉”对话框中的“位置”选项组中有“无”“下沉”和“悬挂”3 个选项。

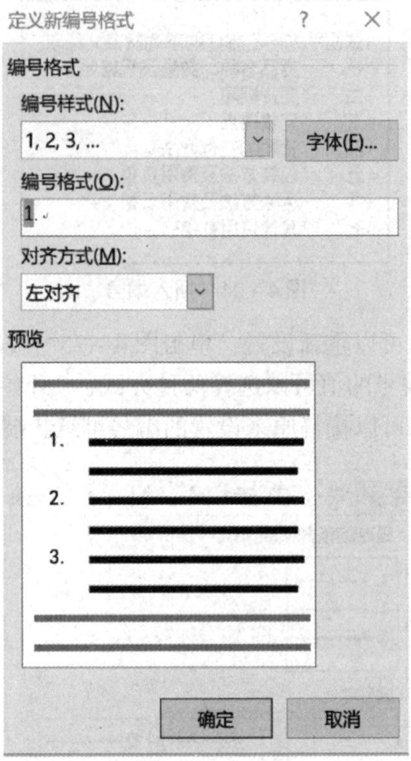

定义新编号格式
编号格式
编号样式(N):
1, 2, 3, ...
字体(F)...
编号格式(O):
1.
对齐方式(M):
左对齐
预览
1.
2.
3.
确定
取消

图 4－26 “定义新编号格式”对话框

起始编号
开始新列表(S)
继续上一列表(C)
前进量(跳过数)(A)
值设置为(V):
一
预览: 一、
确定
取消

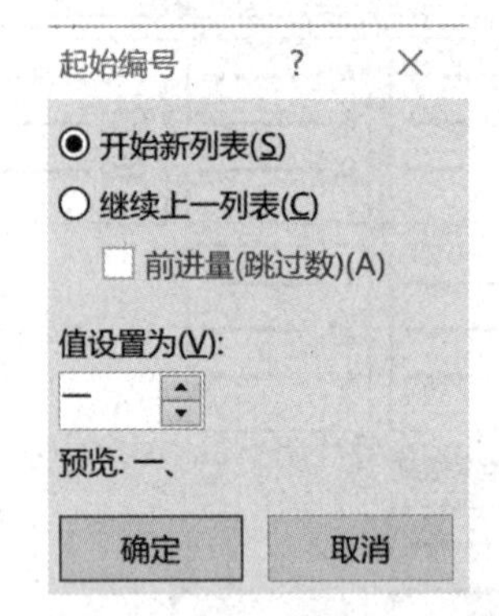

图 4－27 “起始编号”对话框

步骤 2：边框和底纹。选择“开始”→“边框”→“边框和底纹”选项，打开图 4－29 所示“边框和底纹”对话框。选择“边框”选项卡，可进行线型、颜色、宽度和应用范围的选择。选择“底纹”选项卡，可设置底纹的填充色，以及底纹图案的样式、颜色和应用范围，如图 4－30 所示。

步骤 3：分栏。选定待分栏段落，对于简单的分栏，可以选择“布局”→“分栏”下拉列表中的相应选项，如“两栏”“三栏”“偏左”“偏右”等，而对于更精确的分栏设置，则选择“页面布局”→“分栏”→“更多分栏”选项，打开图 4－31 所示对话框，可设置分栏数、宽度和间距以及应用范围等。

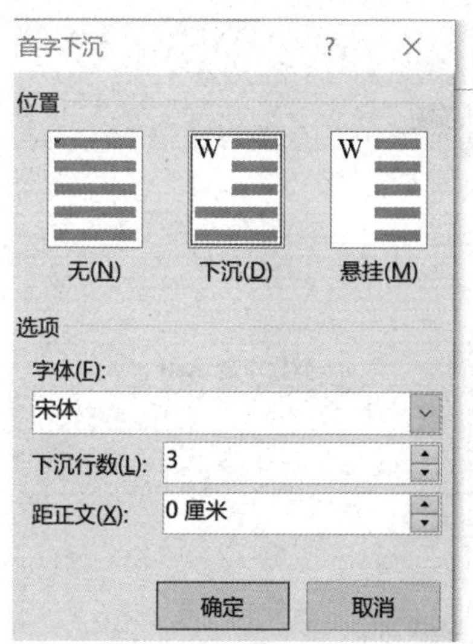

图 4－28　“首字下沉”对话框及效果

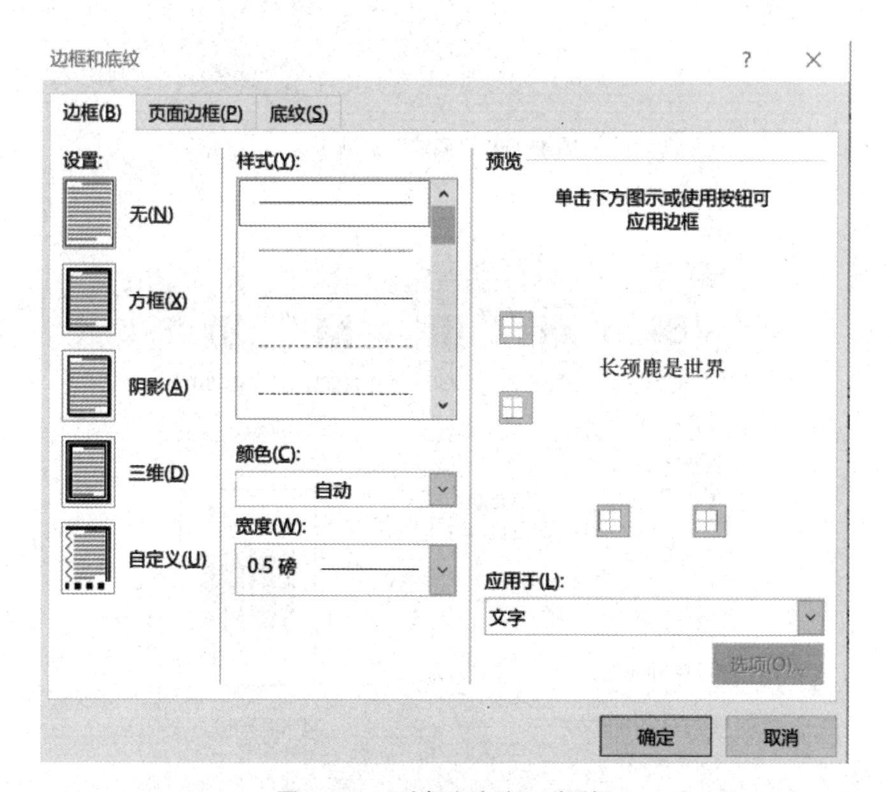

图 4－29　“边框和底纹”对话框

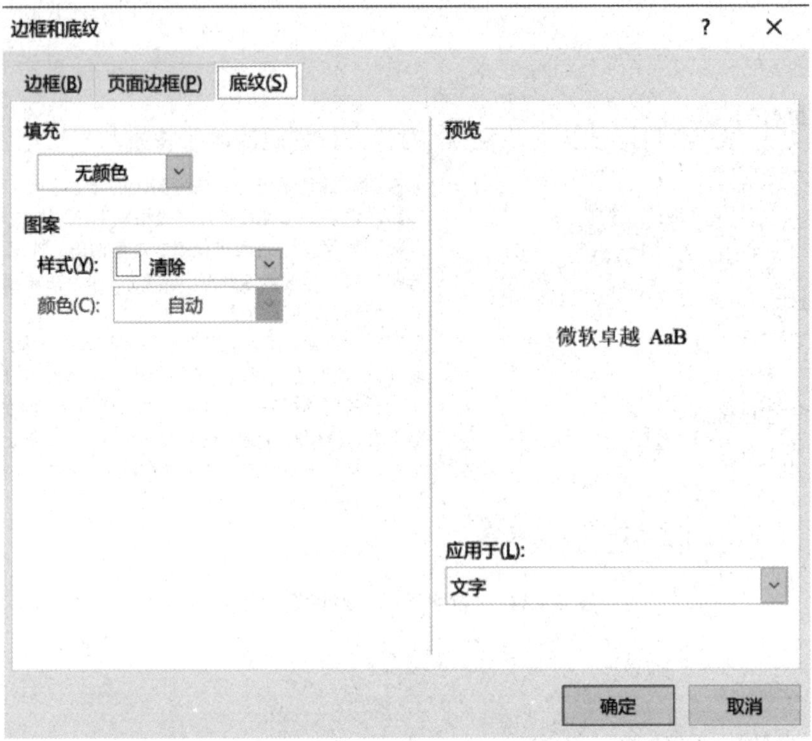

边框和底纹 ? ×

边框(B) 页面边框(P) 底纹(S)

填充

无颜色

图案

样式(Y): 清除

颜色(C): 自动

预览

微软卓越 AaB

应用于(L):

文字

确定 取消

图 4－30 “底纹”选项卡

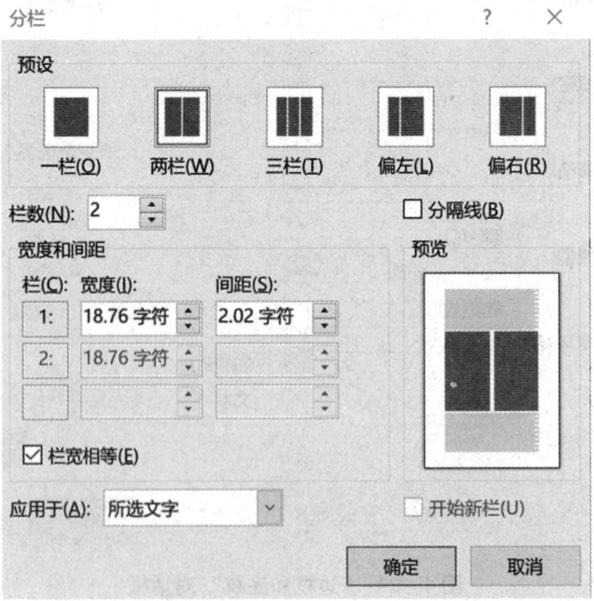

分栏 ? ×

预设

一栏(O) 两栏(W) 三栏(T) 偏左(L) 偏右(R)

栏数(N): 2

分隔线(B)

宽度和间距

栏(C): 宽度(I): 间距(S):

1: 18.76 字符 2.02 字符

2: 18.76 字符

栏宽相等(E)

预览

应用于(A): 所选文字

开始新栏(U)

确定 取消

图 4－31 “分栏”对话框

任务四　购销合同页面整体设置及排版

任务描述

经过上述3个任务的操作，购销合同的格式设置基本完成，但是页面整体布局没有美化。本任务根据需要，对整个购销合同文档进行页面美化。

任务目的

（1）掌握Word 2016文档页面格式的设置，包括纸型、页边距、文档网格等。

（2）掌握为Word 2016文档添加页眉、页脚和页面边框的方法。

（3）掌握为Word 2016文档添加脚注、尾注、批注的方法。

知识点介绍

（1）页面设置操作。

（2）文档边框设置。

（3）页眉、页脚的添加与删除。

（4）脚注、尾注的添加。

（5）批注的添加与修改。

操作步骤

1. 页面设置

利用“页面布局”菜单可以全面、精确地设置页边距、纸张大小等。

步骤1：设置页边距。选择“布局”→“页面设置”命令，从弹出的下拉列表中选择对应的页边距设置选项，如“普通”“适中”“紧凑”等，如果这些设置选项不能满足需求，还可单击下面的“自定义边距”按钮，打开图4－32所示对话框。在该对话框中，利用“页边距”选项卡中的“上”“下”“左”“右”输入框可输入页边距数值，可设置纸张的方向。依据成品案例，设置合同的上边距和下边距为2.54厘米，左边距和右边距为3.17厘米。

步骤2：设置纸张大小。选择“布局”→“纸张大小”选项，在弹出的下拉列表中，默认的设置选项有Letter、A4、A3等，如果这些设置选项不能满足需求，则可以选择“布局”→“纸张大小”→“其他页面大小”选项，弹出图4－33所示对话框，在“纸张”选项卡中可以设置纸张大小，这里设置为“A4”。

步骤3：文档网格的设置。单击图4－33中的“文档网格”选项卡，进入图4－34所示的设置界面。在此选项卡中可以设置文字的排列方式、编辑区域每行显示的字符数以及每页显示的字符行数等。

2. 页眉和页脚

步骤1：插入页眉。单击“插入”选项卡，在此选项卡中可以设置页眉与页脚。

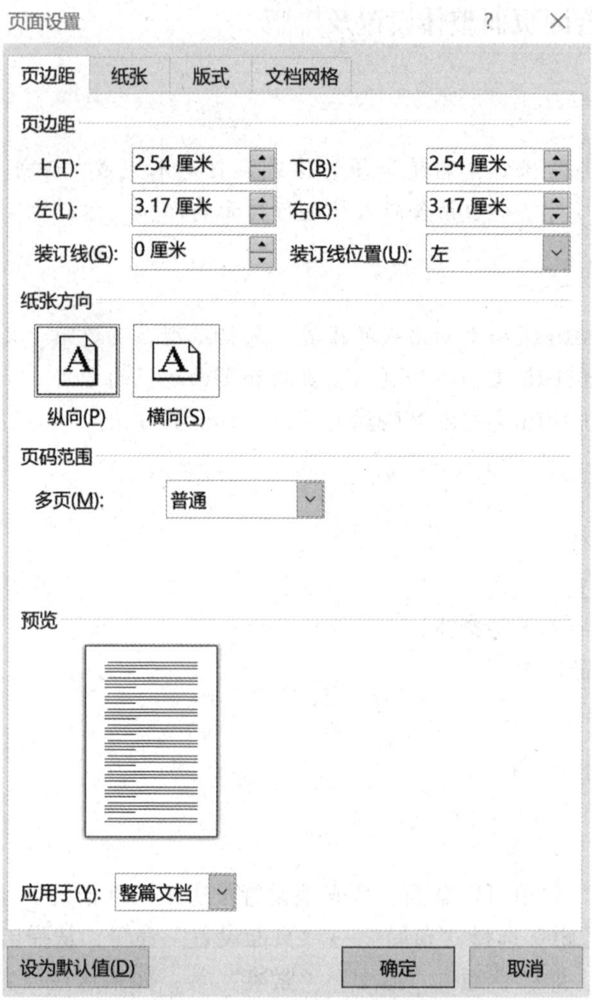

图 4 – 32 “页面设置”对话框

单击“页眉”按钮，从下拉列表中选择对应的样式，然后单击下方的“编辑页眉”按钮，则出现图 4 – 35 所示的页眉设置界面。利用“页眉和页脚”功能区，可以进行页眉和页脚的设置。依据成品案例，插入页眉，内容为“北京市君泰律师事务所”，字体采用宋体、小五号，对齐方式为居中，效果如图 4 – 35 所示，设置完毕后单击界面右边的“关闭页眉和页脚”按钮，退出页眉设置界面。

步骤 2：插入页码。选择“插入”→“页码”选项，从下拉列表中选择对应的页码设置方式，弹出图 4 – 36 所示页码设置界面。设置完页码格式后，选择“设置页码格式”命令，弹出图 4 – 37 所示“页码格式”对话框，在此对话框中可以设置页码编号格式和页码编排方式。

3. 插入脚注

脚注一般位于页面的底部，可以作为文档某处内容的注释。尾注一般位于文档的末尾，列出引文的出处等。脚注由两个关联的部分组成，包括注释引用标记和其对应的注释文本。

图 4－33 “纸张”选项卡

步骤 1：选定购销合同中“七、其他费用负担”文本添加脚注。

步骤 2：选择“引用”→“插入脚注”命令 ，光标自动跳到当前页的最底端，等待用户编辑脚注的内容。

步骤 3：单击“确定”按钮后，就可以开始输入脚注或尾注文本。这里，输入脚注的内容为“如产生其他费用将另附文件具体说明”，编号格式采用默认即自动编号，效果如图 4－38 所示。

4. 页面边框

在编辑 Word 2016 文档的时候，常常需要在页面周围添加边框，从而使文档更符合版式要求。Word 2016 的页面边框包括“线型”和“艺术型”两种。

选择“设计”→“页面边框”选项 ，可以设置页面边框的类型、颜色、宽度和应用范围等，如图 4－39 所示。依据成品案例，为整篇文档添加页面阴影边框，线型为单实线，“颜色”选择“自动”，宽度为 0.5 磅。

图 4－34 “文档网格”选项卡

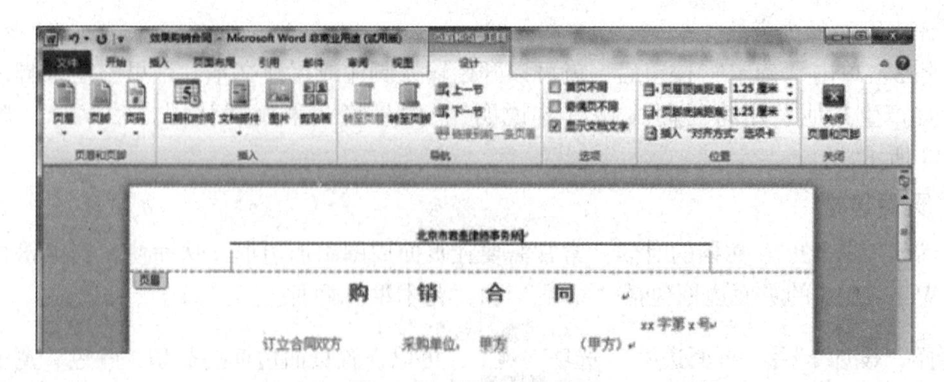

图 4－35 页眉设置界面

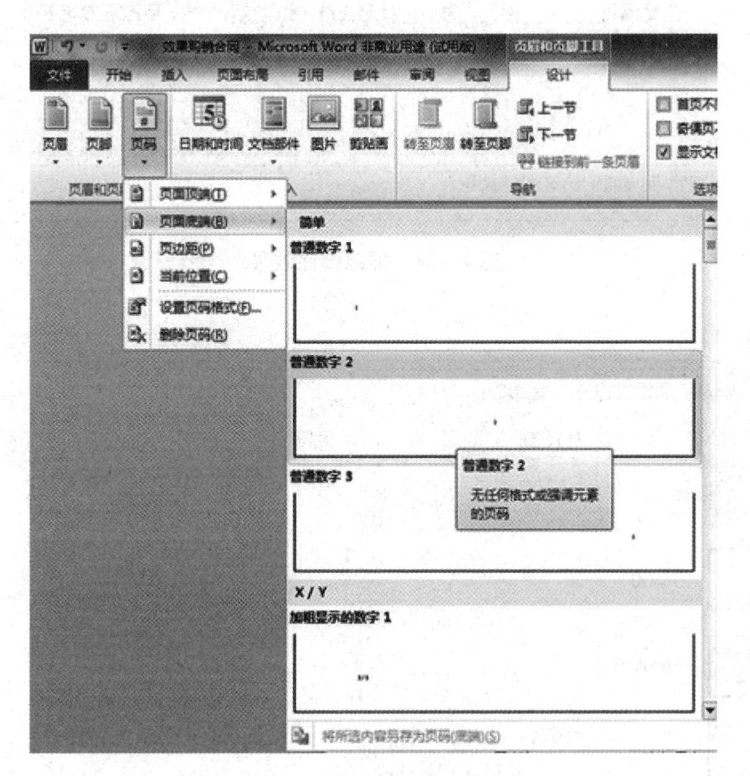

图 4 – 36　页码设置界面

页码格式　?　×

编号格式(F):　1, 2, 3, …

☐ 包含章节号(N)

章节起始样式(P)　标题 1

使用分隔符(E):　-　(连字符)

示例:　1-1, 1-A

页码编号

◉ 续前节(C)

○ 起始页码(A):

确定　取消

图 4 – 37　“页码格式” 对话框

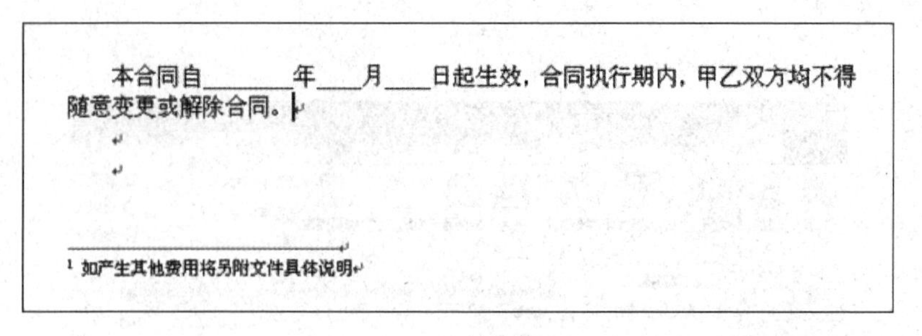

图 4－38 插入脚注效果

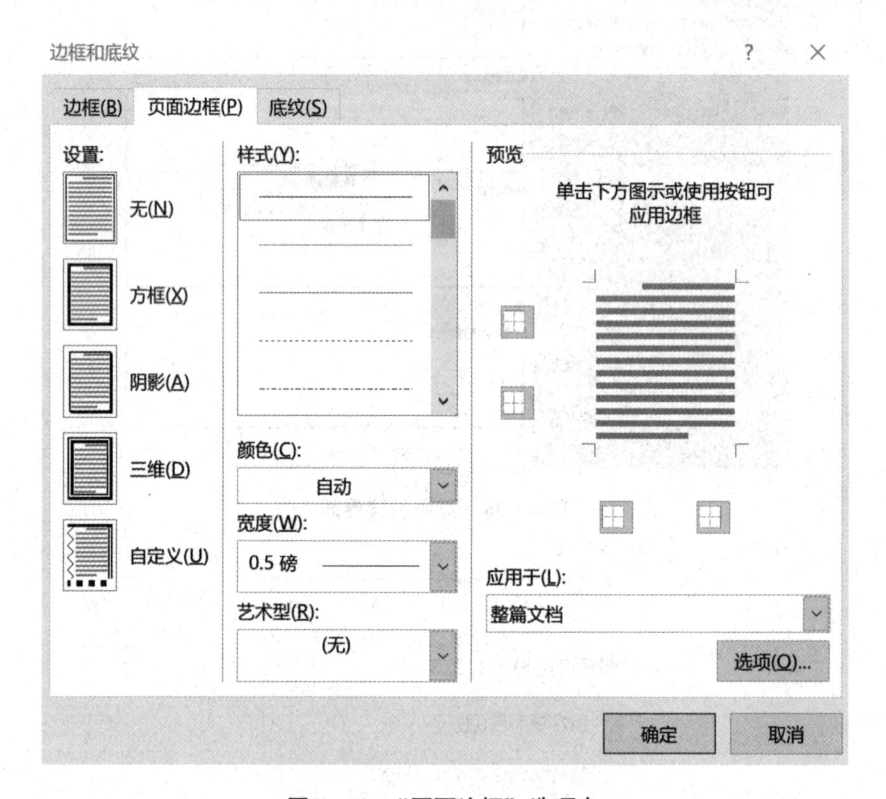

图 4－39 “页面边框”选项卡

4.2 求职简历的设计、编辑及排版

任务描述

为了在激烈的人才竞争中占有一席之地，除了有具备过硬的专业知识和工作能力外，还应该让别人尽快了解自己。制作一份简洁精致的求职简历无疑是给别人留下第一印象的直接方法，因此求职简历的好坏可能影响求职。求职简历的外观与内容在一定程度上也可以反映求职者本人的风格与水平，因此制作一份个性鲜明且美观大方的求职简历对大学毕业生来说显得尤其重要。

求职简历一般由封面、自荐书、个人简介、证书复印件组成。可以利用 Word 2016 的图片编辑处理功能来制作精美的封面；利用 Word 2016 超强的文字编辑处理功能来制作自荐书；利用 Word 2016 独特的手绘表格功能来制作个人简介。

任务目的

(1) 掌握图片颜色和艺术效果的设置方法。

(2) 学会绘制表格。

(3) 掌握表格单元格底纹和边框的设置方法。

(4) 熟悉表格单元格的拆分与合并方法。

(5) 熟悉表格单元格高度与宽度的调整方法。

(6) 熟悉表格中文字对齐方式的设置方法。

知识点介绍

1. 设置图片颜色和艺术效果

在 Word 2016 文档中，用户可以为图片设置颜色或艺术效果，颜色包括颜色饱和度、色调等，艺术效果包括铅笔素描、影印、图样等，操作步骤如下所述。

打开 Word 2016 文档，选中准备设置的图片。在“图片工具”功能区的“格式”选项卡中，单击“调整”分组中的“颜色”或“艺术效果”按钮，然后，在打开的艺术效果面板中，单击选中合适的颜色或艺术效果选项（例如选中“影印”效果）。

2. 插入表格

在 Word 2016 文档中，用户可以使用“插入表格”对话框插入指定行和列的表格，并可以设置所插入表格的行高和列宽，操作步骤如下所述。

(1) 打开 Word 2016 文档，切换到“插入”选项卡。在“表格”分组中单击“表格”按钮，并在“表格”菜单中选择“插入表格”命令。

(2) 打开“插入表格”对话框，在“表格尺寸”区域分别设置表格的行数和列数。如果在“自动调整”区域单击“固定列宽”单选按钮，则可以设置表格的固定尺寸；如果单击“根据内容调整表格”单选按钮，则单元格宽度会根据输入的内容自动调整；如果单击“根据窗口调整表格”单选按钮，则所插入的表格将充满当前页面的宽度；如果勾选“为新表格记忆此尺寸”复选框，则再次创建表格时将使用当前尺寸，最后单击“确定”按钮即可。

3. 将文字转换成表格

按照自己的计划先将表格中的各项内容输入 Word 2016 文档，这里需注意，一定要利用一种特别的分隔符隔开准备产生表格列线的文字内容，该分隔符可以是逗号、制表符、空格或其他字符。选中需要产生表格的文字内容，选择“插入”→“表格”→“文本转换成表格”命令。

4. 行高和列宽

在 Word 2016 表格中，如果用户需要精确设置行高和列宽，可以在“表格工具”功能区设置精确数值，操作步骤如下所述。

（1）打开 Word 2016 文档，在表格中选中需要设置高度的行或需要设置宽度的列。

（2）在“表格工具”功能区中切换到“布局”选项卡，在“单元格大小”分组中调整“表格行高”数值或“表格列宽”数值，以设置表格行高或列宽。

5. 合并单元格、拆分单元格

在 Word 2016 中，可以将表格中两个或两个以上单元格合并成一个单元格，使制作出的表格更符合要求。打开 Word 2016 文档，选择表格中需要合并的两个或两个以上单元格。右击被选中的单元格，选择“合并单元格”菜单命令即可。可以根据需要将 Word 2016 表格的一个单元格拆分成两个或多个单元格，从而制作较为复杂的表格。打开 Word 2016 文档，右击需要拆分的单元格，在快捷菜单中选择“拆分单元格”命令，打开“拆分单元格”对话框，分别设置需要拆分成的“列数”和“行数”，单击“确定”按钮完成拆分。

6. 边框底纹

在 Word 2016 中，用户不仅可以在“表格工具”功能区设置表格边框，还可以在“边框和底纹”对话框中设置表格边框，操作步骤如下所述。

（1）打开 Word 2016 文档，在表格中选中需要设置边框的单元格或整个表格。在“表格工具”功能区切换到“设计”选项卡，然后在“表格样式”分组中单击“边框”下拉三角按钮，并在“边框”菜单中选择“边框和底纹”命令。

（2）在打开的“边框和底纹”对话框中切换到“边框”选项卡，在“设置”区域选择边框显示位置。

选择“无”选项，表示被选中的单元格或整个表格不显示边框。

选择“方框”选项，表示只显示被选中的单元格或整个表格的四周边框。

选择“全部”选项，表示被选中的单元格或整个表格显示所有边框。

选择“虚框”选项，表示被选中的单元格或整个表格四周为粗边框，内部为细边框。

选中“自定义”选项，表示被选中的单元格或整个表格由用户根据实际需要自定义设置边框的显示状态，而不仅局限于上述 4 种显示状态。

（3）在“样式”下拉列表中选择边框的样式（例如双横线、点线等样式）；在“颜色”下拉列表中选择边框使用的颜色；单击“宽度”下三角按钮选择边框的宽度尺寸。在“预览”区域，可以通过单击某个方向的边框按钮来确定是否显示该边框。设置完毕单击“确定”按钮。

操作步骤

1. 创建 Word 2016 文档

打开并保存一个 Word 2016 文档，对文档进行页面设置。

步骤 1：新建文档。启动 Word 2016 并新建空白文档，将其保存为“学号 + 姓名（简历）. docx”的形式。

步骤 2：设置页边距。选择“布局”→“页边距”→“自定义边距”选项，在弹出的“页面设置”对话框中设置页边距：上边距和下边距为 2. 5 厘米，左边距和右边距为 2. 5 厘米，其他设置保持不变。

步骤 3：建立 3 个空白页。选择“布局”→“分隔符”→“分页符”选项或选择“插

入”→“分页”选项。如图4－40所示，连续插入2次分页符，即预留3个空白页面，分别用于制作封面、自荐书和个人简介。

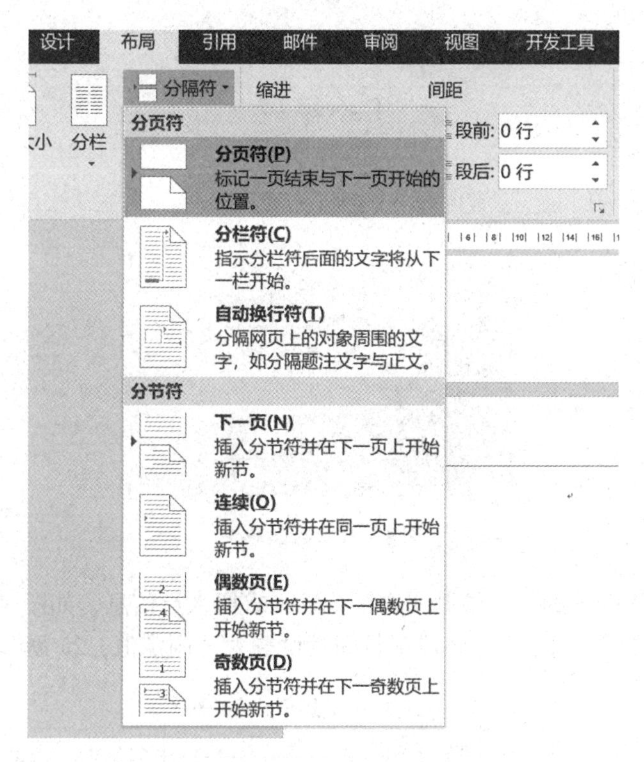

图4－40　插入分页符

2. 制作封面

封面一般要求简洁，可以在封面上出现个人信息，以方便应聘公司查阅。封面的风格应尽量符合应聘公司的文化背景，也要凸显自己的个性与风格。

步骤1：插入图片。选择“插入”→“图片”选项，弹出“插入图片”对话框，找到图片素材所在的位置，选中“封面.jpg”，将图片插入Word 2016文档，并调整大小，使其充满整个页面，如图4－41所示。

步骤2：如果感觉插入图片的亮度、对比度、清晰度没有达到要求，可以选择“图片工具”→“格式”→“更正”选项，在弹出的效果缩略图中选择需要的效果，调节图片的锐化和柔化、亮度和对比度等。

步骤3：如果图片的颜色饱和度、色调不符合要求，可以选择“图片工具”→“格式”→“颜色”选项，在弹出的效果缩略图中选择需要的效果，调节图片的颜色饱和度、色调，或者为图片重新着色。

说明：以上图片更正、颜色和艺术效果的设置也可以使用鼠标右键快捷菜单完成。选择“设置图片格式”命令，在弹出的“设置图片格式”对话框中单击“图片更正”选项卡，可设置柔化、锐化、亮度、对比度，在“图片颜色”选项卡中可设置颜色饱和度、色调，或者对图片重新上色，在“艺术效果”选项卡中可为图片添加效果。

步骤4：输入求职人员信息。选择“插入”→“文本框”选项，在下拉列表中选择“绘

图 4－41　封面效果

制文本框”命令，在合适的位置绘制文本框，输入求职人员信息，如图 4－42 所示，将文字字体设置为“微软雅黑、小黑”，将段落行间距设置为“固定值，25 磅”。

图 4－42　输入求职人员信息

步骤 5：选中文本框右击并选择“设置形状格式”→“填充”→“无填充”选项，去掉文本框的白色背景。

3. 制作自荐书

自荐书是求职者向应聘公司提交的一封书信，不仅要包含个人专业强项与技能的优势、求职的动机与目的，也有必要包含带有个性化和略带感性的个人陈述。自荐书效果如图 4－43 所示。

步骤 1：将光标定位于第二页，将“自荐书. docx”的内容复制过来。

步骤 2：将插入点定位到自荐书的最后。

步骤 3：选择“插入”→“日期和时间”选项，打开“日期和时间”对话框，勾选“自动更新”复选框，在“可用格式”列表框中选择日期格式为中文格式——××××年××月××日，单击“确定”按钮，如图 4－44 所示。

自 荐 书

尊敬的领导：

您好！

首先，感谢您在百忙之中查看我的求职信。我叫 XX，是天津渤海职业技术学院信息工程学院数字媒体技术专业的应届毕业生。主修专业课程有网页设计，非线编技术，三维动画制作，数字媒体交互设计，图形图像处理技术，影视后期制作，版面设计等。

在校期间，我担任过学院“多彩”社团社长，学生会学习部副部长职务，工作认真负责并多次被评为“优秀工作者”，也等到老师和同学们的认可。作为一名毕业生，再这样一个竞争激烈的环境中，不仅要掌握好专业知识，更要做到与社会和时代接轨。因此，我在学习之余，更重视知识与能力的平衡发展。

“能力出自实践”—三年的高职生活不仅培养了我的专业知识、人际交往、自主学习等方面的能力，更教会了我如何做人，秉承“做事先做人”的作风。对于刚踏出校门的我谈不上成熟和经验丰富，但我有过人的胆识和信心，简单的求职信，只是我的“包装”和“广告”，自身的“质量”和“能力”有待通过您来证明。

诚实守信，老实做人，踏实做事是我的人生准则，不固守书面理论，尽量尝试理论与实践相结合，以实践印证理论，以理论指导实践，积极参加各种社会活动，抓住每一个机会锻炼自己。通过社会实践我学会了沟通与交流，认真负责的对待每一份工作。目前我没有多少工作经验，但我会通过刻苦学习去胜任每一份工作。

怀着自信的我向您推荐自己，希望能在贵单位谋取艺术设计岗位，为我们的集体竭尽绵薄之力，我会不断学习、虚心尽责发挥自己的主动性、创造性为公司今后发展添一份光彩。再次感谢您阅读我的求职信。此致

敬礼！

求职人：XXX

2020年7月6日

图4－43　自荐书效果

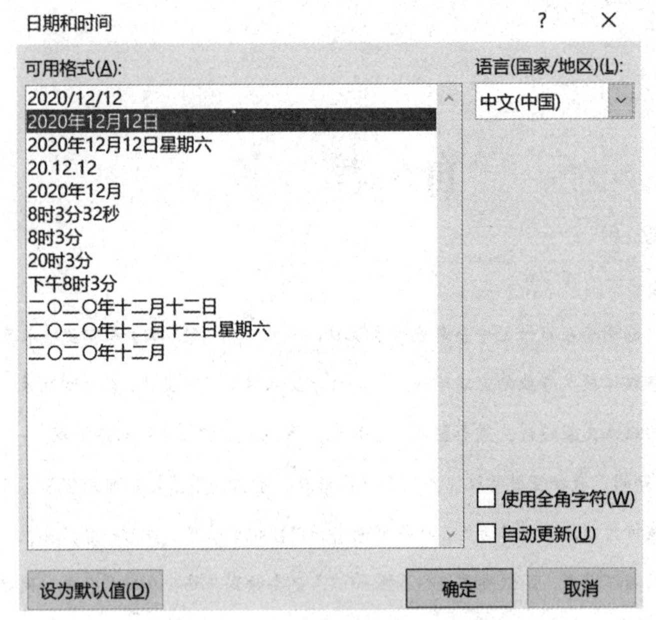

图 4－44 “日期和时间”对话框

步骤 4：设置文本。文本格式设置如表 4－1 所示。

表 4－1 文本格式设置

字符内容	字符格式要求
标题“自荐书”	华文楷体、一号；字符间距：加宽 10 磅
“尊敬的领导:”	—
“您好!”	幼圆、五号
“求职人：×××”	提示：可用格式刷复制格式
“××××年××月××日”	—
正文文字	楷体、五号

步骤 5：段落格式设置如表 4－2 所示。

表 4－2 段落格式设置

应选择的段落	段落格式要求
标题“自荐书”	居中对齐
正文第一段（“尊敬的”）~第八段（××××年××月××日）	两端对齐、首行缩进 2 个字符；行距：固定值 24 磅
第一段和第八段（“尊敬的领导:”和“敬礼”）	利用水平标尺或 Backspace 键取消首行缩进

续表

应选择的段落	段落格式要求
第九段（求职人：×××）、第十段（××××年××月××日）	右对齐
第九段（求职人：×××）	段前、段后20磅

步骤6：根据实际情况替换正文中“××……”部分。例如，将“××××系”改为自己所在的系名，将“求职人：×××”中的姓名改为自己的真实姓名。

4. 制作个人简介

个人简介是求职者给应聘公司的一份简要介绍，包含自己的基本信息——姓名、性别、出生日期、民族、籍贯、政治面貌、学位、联系方式，以及教育背景、主修课程、工作经历、专业能力、荣誉与成就、求职愿望等，一般采用表格的方式呈现，效果如图4－45所示。

个　人　简　介

<table>
<tr><td colspan="5">个人资料</td></tr>
<tr><td>姓名</td><td></td><td>性别</td><td></td><td rowspan="6">照片</td></tr>
<tr><td>出生日期</td><td></td><td>学位</td><td></td></tr>
<tr><td>政治面貌</td><td></td><td>专业</td><td></td></tr>
<tr><td>籍贯</td><td></td><td>电话</td><td></td></tr>
<tr><td>民族</td><td></td><td>E-mail</td><td></td></tr>
<tr><td>地址</td><td colspan="3"></td></tr>
<tr><td colspan="5">求职意向</td></tr>
<tr><td colspan="5"></td></tr>
<tr><td colspan="5">教育背景</td></tr>
<tr><td>起始年月</td><td>终止年月</td><td>学校</td><td colspan="2">专业</td></tr>
<tr><td></td><td></td><td></td><td colspan="2"></td></tr>
<tr><td></td><td></td><td></td><td colspan="2"></td></tr>
<tr><td colspan="5">主修课程</td></tr>
<tr><td colspan="5"></td></tr>
<tr><td colspan="5">实践（实习）经验</td></tr>
<tr><td colspan="5"></td></tr>
<tr><td colspan="5">计算机能力</td></tr>
<tr><td colspan="5"></td></tr>
<tr><td colspan="5">语言能力</td></tr>
<tr><td colspan="5"></td></tr>
<tr><td colspan="5">奖励情况</td></tr>
</table>

图4－45　个人简介效果

步骤1：设置标题个人简介格式。在页面开始位置输入标题“个人简介”，采用格式刷复制自荐书格式，然后将字符间距改为“标准”，如图4－45所示。

步骤2：按Enter键，产生一个新的段落，并选择“开始”→“样式”→“其他”选项，选择下拉菜单中的“清除格式”命令，以便清除光标的格式。

步骤3：插入表格。选择“插入”→“表格”→“插入表格”命令，在“插入表格”对话框中设置列数为1，行数为25，如图4－46所示。

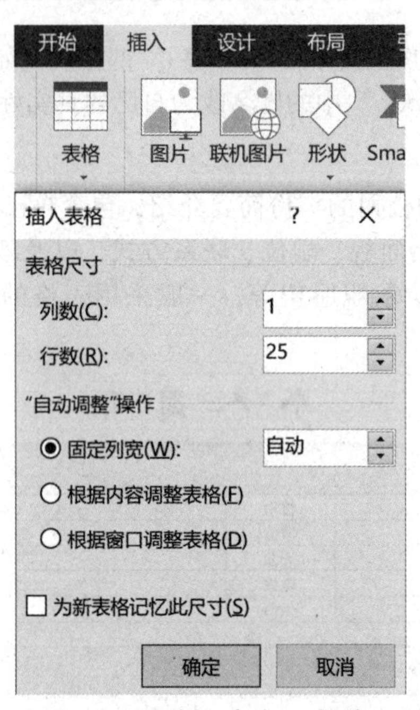

图4－46　“插入表格”对话框

步骤4：绘制垂直线，如图4－47所示。

<table>
<tr><td colspan="5"></td></tr>
<tr><td></td><td></td><td></td><td></td><td rowspan="6"></td></tr>
<tr><td></td><td></td><td></td><td></td></tr>
<tr><td></td><td></td><td></td><td></td></tr>
<tr><td></td><td></td><td></td><td></td></tr>
<tr><td></td><td></td><td></td><td></td></tr>
<tr><td></td><td></td><td></td><td></td></tr>
<tr><td colspan="5"></td></tr>
<tr><td colspan="5"></td></tr>
<tr><td colspan="5"></td></tr>
<tr><td></td><td></td><td></td><td colspan="2"></td></tr>
<tr><td></td><td></td><td></td><td colspan="2"></td></tr>
<tr><td></td><td></td><td></td><td colspan="2"></td></tr>
<tr><td colspan="5"></td></tr>
<tr><td colspan="5"></td></tr>
<tr><td colspan="5"></td></tr>
<tr><td colspan="5"></td></tr>
<tr><td colspan="5"></td></tr>
<tr><td colspan="5"></td></tr>
<tr><td colspan="5"></td></tr>
</table>

图4－47　绘制垂直线

步骤5：合并单元格。将第5列的2~7行单元格选中，在右键快捷菜单中选择“合并单元格”命令，将其合并为一个单元格。

步骤6：设置表格的底纹。选中需要设置底纹的行，在右键快捷菜单中选择“边框和底纹”选项，弹出“边框和底纹”对话框，如图4-48所示。在该对话框中设置底纹为“绿色，个性色6，淡色80%”，并将这些单元格的字符格式设置为“楷体、小四、加粗”，将其余单元格的字符格式设置为“华文楷体、五号”，如图4-49所示。

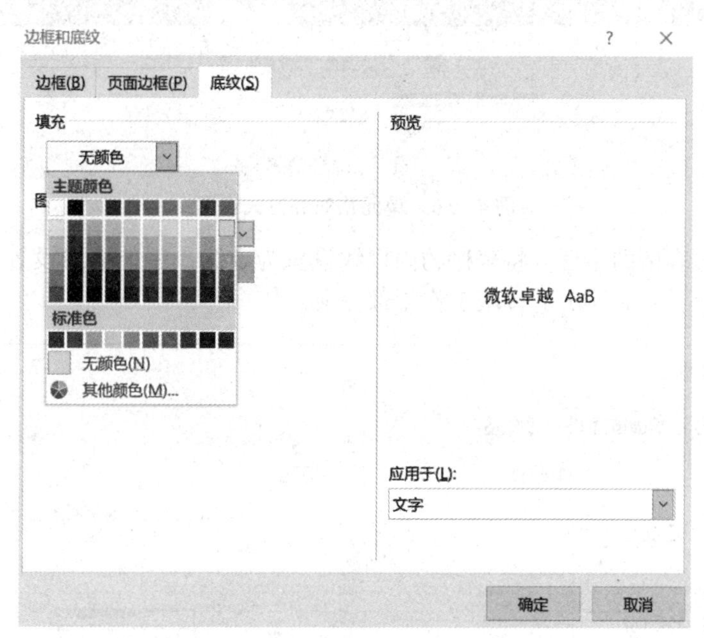

图4-48　“边框和底纹”对话框

姓名		性别		

图4-49　表格底纹效果

步骤7：调整单元格的宽度或高度。利用“表格属性”对话框调整2~7行的固定高度，或根据实际内容调整单元格高度。

步骤8：设置单元格的对齐方式。选中2~7行和11~13行单元格中的文字，在右键快捷菜单中选择“单元格对齐方式”选项，设置“水平居中”。或者选择“表格工具”→“布局”→“对齐方式”→“水平居中”选项，如图4-50所示。

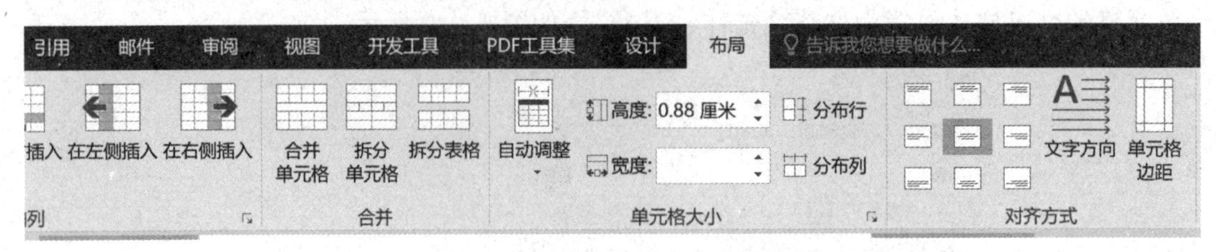

图4-50　单元格对齐方式设置

步骤9：设置表格的边框。将表格的内框线设置为虚线，将外框线设置为双细线，如图4-51所示。至此，求职简历的排版工作全部完成。

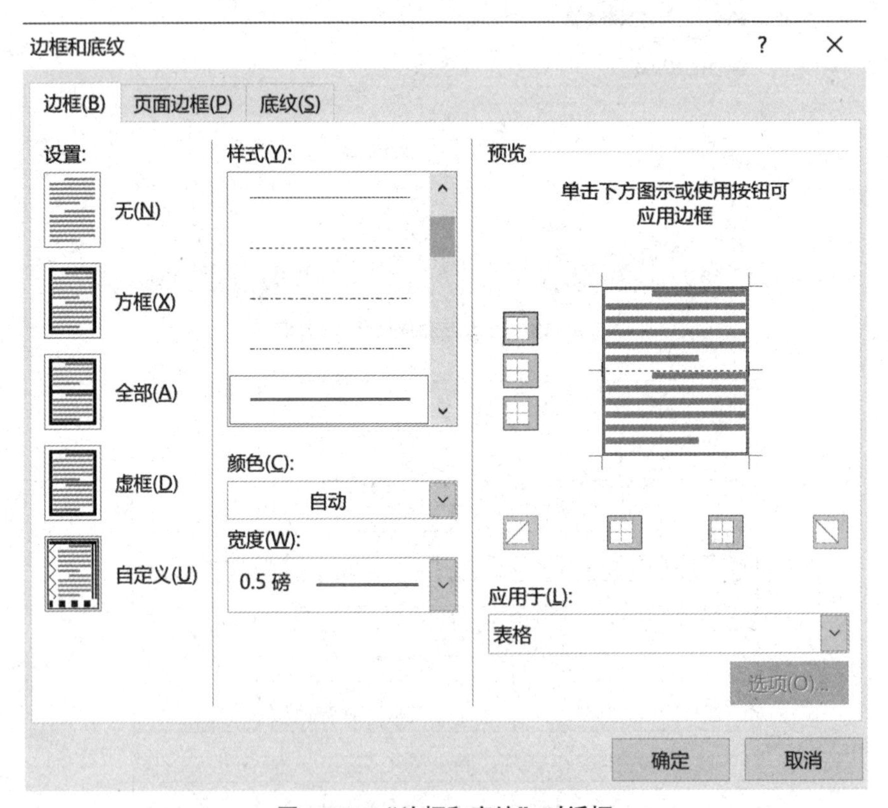

图4-51　“边框和底纹”对话框

【知识进阶】

1. 插入图表

Word 2016 和 Word 2007 的图表功能相对于 Word 2003 的图表工具 Microsoft-Graph 而言应用更灵活，功能更强大。在 Word 2016 文档中创建图表的步骤如下。

（1）打开 Word 2016 文档，切换到“插入”选项卡，在“插图”分组中单击“图表”按钮。

（2）打开“插入图表”对话框，在左侧的图表类型列表中选择需要创建的图表类型，在右侧图表子类型列表中选择合适的图表，并单击“确定”按钮。

（3）在并排打开的 Word 窗口和 Excel 窗口中，用户首先需要在一个 Excel 窗口中编辑图表数据。例如，修改系列名称和类别名称，并编辑具体数值。在编辑 Excel 表格的同时，Word 窗口中将同步显示图表结果。

（4）完成 Excel 表格数据的编辑后关闭 Excel 窗口，在 Word 窗口中可以看到创建完成的表格。

2. 插入 SmartArt 图形

借助 Word 2016 提供的 SmartArt 功能，用户可以在 Word 2016 文档中插入丰富多彩、表现力丰富的 SmartArt 图形，操作步骤如下。

（1）打开 Word 2016 文档，切换到“插入”选项卡，在“插图”分组中单击“Smart-Art”按钮。

（2）在打开的“选择 SmartArt 图形”对话框中，单击左侧的类别名称选择合适的类别，然后在右侧选择需要的 SmartArt 图形，并单击“确定”按钮。

（3）返回 Word 2016 文档，在插入的 SmartArt 图形中单击文本占位符，输入合适的文字即可。

3. 排序和计算

Word 2016 不仅具有强大的文字编辑功能，还具有强大的排序和计算功能，可以使用户像操作 Excel 一样对表格中的数据进行排序、计算和统计。

1）排序的操作步骤

（1）打开 Word 2016 文档，在需要进行数据排序的表格中单击任意单元格。选择“表格工具”→“布局”选项卡，并单击“数据”分组中的“排序”按钮，如图 4－52 所示。

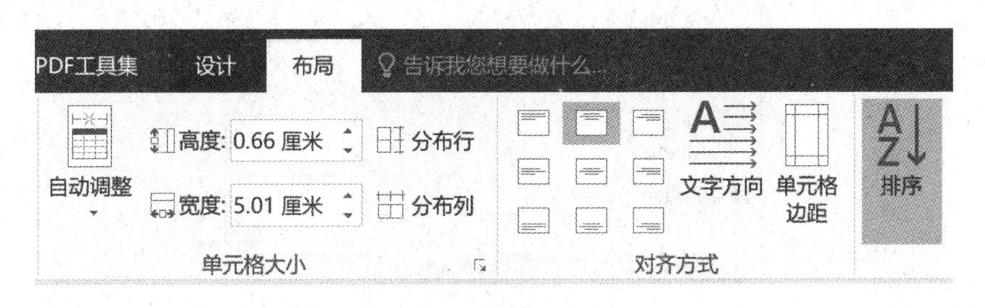

图 4－52 “排序”按钮

（2）排序时可以对多列同时排序。在“主要关键字”区域，单击下三角按钮选择作为排序依据的主要关键字。如果参与排序的数据是文字，则可以选择“笔画”或“拼音”选项；如果参与排序的数据是日期类型，则可以选择“日期”选项；如果参与排序的只是数字，则可以选择“数字”选项。单击“升序”或“降序”单选按钮可以设置排序的顺序类型，如图 4－53 所示。

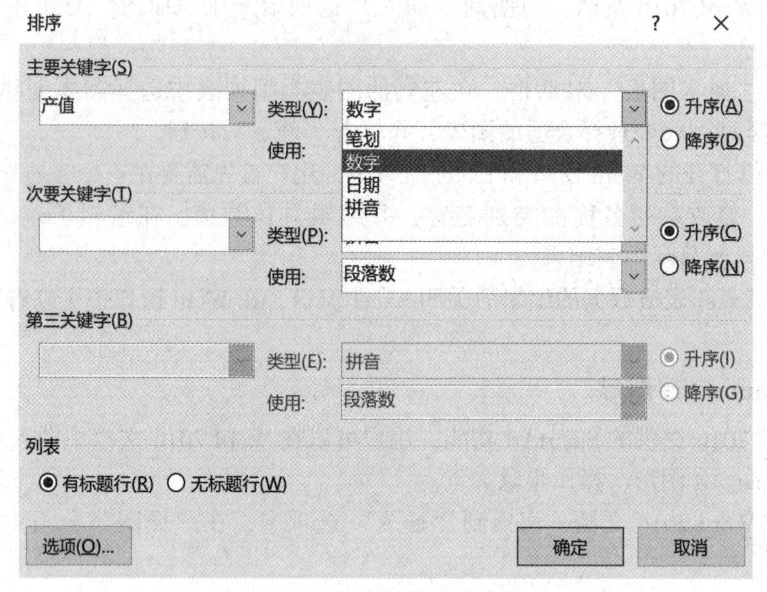

图 4－53 “排序”对话框

说明：应在“列表”区域单击“有标题行”单选按钮。如果单击“无标题行”单选按钮，则表格中的标题也会参与排序。

2）计算的操作步骤

（1）打开 Word 2016 文档，把光标定位到需要存放计算结果的单元格，选择“表格工具”→“布局”选项卡，并单击“数据”分组中的“公式”按钮。Word 2016 智能地添加了一个计算和的公式，而且通过当前光标的位置，自动判断需要累加的数字。above 代表自动累加此行中该单元格以上的数值，left 代表自动累加此行中该单元格左边的数值，如图 4－54 所示。

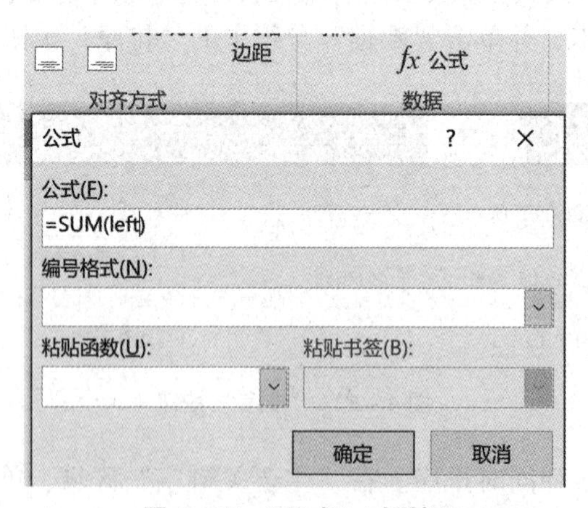

图 4－54 “公式”对话框

（2）单击“确定”按钮完成求和。下面行的数据要依次求和可以使用步骤（1）的操作，也可以复制第一个计算结果然后粘贴此项，单击“原格式”按钮来完成公式的复制。粘贴完成之后，按“Ctrl＋A”组合键，选中整篇文档，然后在表格上右击，选择“更新域”命令，这时每一行的总和就计算完成了。

4.3　电子读物的设计、编辑及排版

任务描述

在网络和计算机技术飞速发展的今天，电子读物已经成为一种新的阅读方式，它具备成本低、传播快、效率高、信息量大的特点。如何通过 Word 2016 设计并制作出精美的电子读物是本任务要解决的问题。在本任务中利用 Word 2016 的常用排版功能和新增的图片艺术效果功能，制作一本以健康生活为主题的图文并茂的电子读物。

任务目的

（1）掌握文档排版的基本流程。
（2）掌握封面向导的使用方法。
（3）掌握字体和段落的设置方法。
（4）掌握艺术字的设置方法。
（5）掌握用格式刷快速格式化文字的方法。
（6）掌握分栏排版的方法。
（7）掌握首字下沉设置方法。
（8）掌握插入图片和形状的方法。
（9）掌握文本框的设置方法。

知识点介绍

1. Word 2016 工作界面

（1）标题栏显示正在编辑的文档的名称以及所使用的软件名。

（2）“文件”选项卡包含基本命令，如“新建”“打开”“关闭”“另存为”和“打印”。

（3）快速访问工具栏包含常用命令，例如“保存”和“撤销”，也可以添加个人常用命令。

（4）功能区包含工作时需要用到的命令。它与其他软件中的菜单或工具栏相同。功能区是水平区域，就像一条带子，启动 Word 2016 后分布在软件的顶部。工作所需的命令分组集合在一起，且位于选项卡中，如“开始”和“插入”，可以通过单击选项卡来切换显示的命令集。

（5）“编辑”窗口显示正在编辑的文档。

（6）“显示”按钮用于更改正在编辑的文档中的显示视图。

（7）滚动条用于更改正在编辑的文档的显示位置。

（8）缩放滑块用于更改正在编辑的文档的显示比例。

（9）状态栏显示正在编辑的文档的相关信息，例如文档的页数和字数。

2. 新建空白文档和保存文档

打开 Word 2016，选择“文件”→“新建”→“空白文档”选项，就可以创建一个空白文档。

保存文档大致有 3 种方式。

方法 1：选择“文件”→“保存”命令，在弹出的对话框中选择保存的路径，修改文件名后单击“保存”按钮即可。

方法 2：单击快速访问工具栏中的“保存”按钮，在弹出的对话框中选择保存的路径，修改文件名后单击“保存”按钮即可。

方法 3：按“Ctrl + S”组合键，弹出“保存”对话框，之后按照方法 1 操作即可。

3. 撤销与恢复

在编辑 Word 2016 文档的时候，如果操作不合适，想返回当前结果前的状态，则可以通过“撤销”或“恢复”功能实现。“撤销”功能可以保留最近执行的操作记录，用户可以按照从后到前的顺序撤销若干操作，但不能有选择地撤销不连续的操作。可以按“Ctrl + Z”组合键执行撤销操作，也可以单击快速访问工具栏中的“撤销键入”按钮。执行撤销操作后，可以将 Word 2016 文档恢复到最新编辑的状态。如想恢复刚刚被撤销的操作，可以按“Ctrl + Y”组合键执行恢复操作，也可以单击快速访问工具栏中已经变成可用状态的“恢复键入”按钮。

4. 粘贴

Word 2016 的粘贴功能比以前版本丰富得多，而且 Word 2016 还允许用户自行设置粘贴的选项。选择“文件”→“选项”选项，在“Word 选项”对话框中选择“高级”选项卡，在“剪切、复制和粘贴”区域对 Word 2016 的粘贴选项进行设置。

（1）“保留源格式”选项：被粘贴内容保留原始内容的格式。

（2）“合并格式”选项：被粘贴内容保留原始内容的格式，并且合并应用目标位置的格式。

（3）“仅保留文本”选项：被粘贴内容清除原始内容和目标位置的所有格式，仅保留文本。

（4）“跨文档粘贴”选项：样式定义发生冲突时，用户可以选择“保留源格式”“使用目标样式”“匹配目标格式”和“仅保留文本”4 种格式之一，默认使用目标样式。

5. 封面向导

很多人在使用 Word 2016 编辑文档的时候都会给文档添加一个封面。Word 2016 提供了一个封面库，其中包含预先设计的各种封面，使用起来很方便。用户可以方便地选择一种封面，并用自己的文本替换示例文本。不管光标显示在文档中的什么位置，只要选择了封面，就总是在文档的开始处插入封面。

6. 文字编辑

（1）更改字体、字号和文字颜色。选择“开始”选项卡，选中想要更改的文字，点击“字体”分组中的“字号”下拉列表，这时可以进行字号的选择。可以在“字体”分组中的“字体”下拉列表中选择想要的字体。选中需要设置字体颜色的文字，在“字体”分组中单击“字体颜色”下三角按钮。在字体颜色列表中选择“主题颜色”或“标准色”中符合要求的颜色即可。

（2）设置文字效果。单击“字体”分组右下角的按钮，在弹出的“字体”对话框下方

可找到“文字效果”按钮。单击“文字效果”按钮，在弹出的“设置文本效果格式”对话框中可以设置文字效果，如阴影效果、透明度、大小、角度、距离等。

(3) 清除格式或样式。打开 Word 2016 文档，选中需要清除样式或格式的文本块或段落。在“开始”选项卡中单击“样式”分组中的“显示样式窗口”按钮，打开“样式”窗格。在样式列表中单击“全部清除”按钮即可清除所有样式和格式。

7. 段落设置

(1) 对齐方式。打开 Word 2016 文档，选中一个或多个段落。在“开始”选项卡的“段落”分组中，可以选择“左对齐”“居中对齐”“右对齐”“两端对齐”和“分散对齐”选项，以设置段落对齐方式。

(2) 段落缩进。在 Word 2016 中，可以设置整个段落向左或者向右缩进一定的字符。选中要设置缩进的段落，右击，在弹出的快捷菜单中选择“段落”选项，打开“段落”对话框，在“缩进和间距”选项卡中设置段落缩进。在水平标尺上有 4 个段落缩进滑块，按住鼠标左键拖动它们也可完成相应的缩进设置，如果要精确设置缩进，可在拖动的同时按住 Alt 键，此时标尺上会出现刻度。

(3) 调整行间距。选中要调整行间距的文字，右击，在弹出的快捷菜单中选择“段落”选项，在弹出的对话框中单击“缩进和间距”选项卡，在“间距”区域单击“段前”和“段后”的三角按钮来调整行间距，也可以通过“行距”下拉列表中的“1.5 倍行距”“2 倍行距”“最小值”“固定值”“多倍行距”等选项来调整行间距。

8. 插入图片和调整图片的大小及位置

在 Word 2016 文档中确定要插入图片的插入点，然后在“插入”选项卡中单击“插图”分组中的“图片”按钮，然后在弹出的“插入图片”对话框中选择图片所在的文件夹，选择要插入的图片，单击“插入”按钮即可。

选中刚插入的图片，将鼠标指针移至图片右下角的控制手柄上，当鼠标指针变成双向箭头形状时按住鼠标左键进行拖动即可把图片放大或缩小。如果想改变图片的位置，只要将鼠标指针移至图片上方，当鼠标指针变成十字箭头形状时按住鼠标左键进行拖动，将图片拖至目标位置后释放鼠标即可。

9. 设置图片样式

在 Word 2016 文档中，用户可以为选中的图片应用多种图片样式，包括透视、映像、边框、投影等，操作方法如下。打开 Word 2016 文档，选中需要应用图片样式的图片（在按住 Ctrl 键的同时可以选中多个图片）。在“图片工具”→“格式”选项卡的“图片样式”分组中单击“其他”按钮可以打开“图片样式”面板，可以看到 Word 2016 提供的所有图片样式，选择合适的图片样式即可。

操作步骤

1. 创建 Word 2016 文档

打开并保存一个 Word 2016 文档，对 Word 2016 文档进行页面设置。

步骤 1：启动 Word 2016。

步骤 2：选择“插入”→“空白页”命令，插入一张空白页。

步骤3：将文档另存为“班级＋自己姓名.docx”的形式。

步骤4：设置页边距，选择“页面布局”→“页边距”→“自定义边距”选项，在弹出的“页面设置”对话框中设置上边距和下边距都为2厘米，左边距和右边距都为2.5厘米。

步骤5：选择“页面布局”→“纸张方向”选项，设置纸张方向为横向。

步骤6：选择“页面布局”→“纸张大小”选项，设置纸张大小为“A4”。

2. 制作封面

封面设计要求简洁大方，要清晰地表达出主题。在以往的Word版本中需要花费较大的精力设计封面，Word 2016提供了最新的封面向导功能，能轻松地帮助用户完成封面设计。在此部分介绍插入图片和设置艺术字的方法。封面效果如图4－55所示。

图4－55　封面效果

步骤1：创建封面。选择“插入”→“封面”选项，弹出封面库，选择“运动型”封面。

步骤2：更换封面的背景图片。右击图片，在弹出的快捷菜单中选择“更改图片”命令，找到图片素材所在的位置，出现图4－56所示的对话框，选择“健康.jpg”图片并调整其大小。

步骤3：插入图片并调整大小。选择“插入”→“图片”选项，找到图片素材所在的位置，出现图4－56所示的对话框，选择“插画.jpg”图片。插入后默认情况是图片作为字符插入文档，其位置随着其他字符的改变而改变，用户不能自由移动图片。通过为图片设置文字环绕方式，则可以自由移动图片的位置。右击该图片，在弹出的快捷菜单中选择“大小与位置”选项，弹出“布局”对话框，如图4－57所示。将图片的文字环绕效果设置为“四周型”环绕，将图片调整到适当的大小与位置。

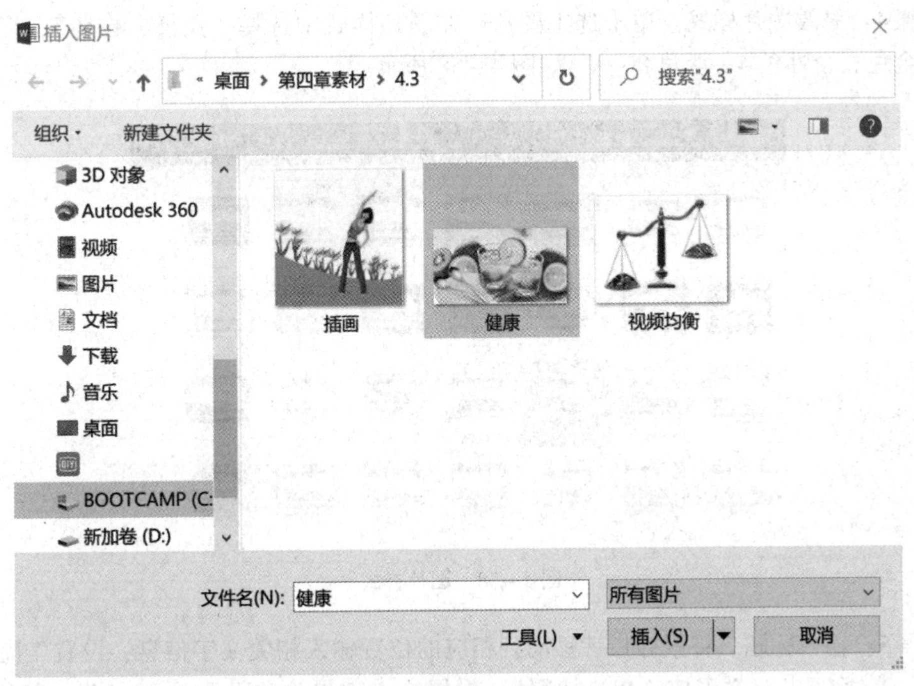

图 4－56　“插入图片”对话框

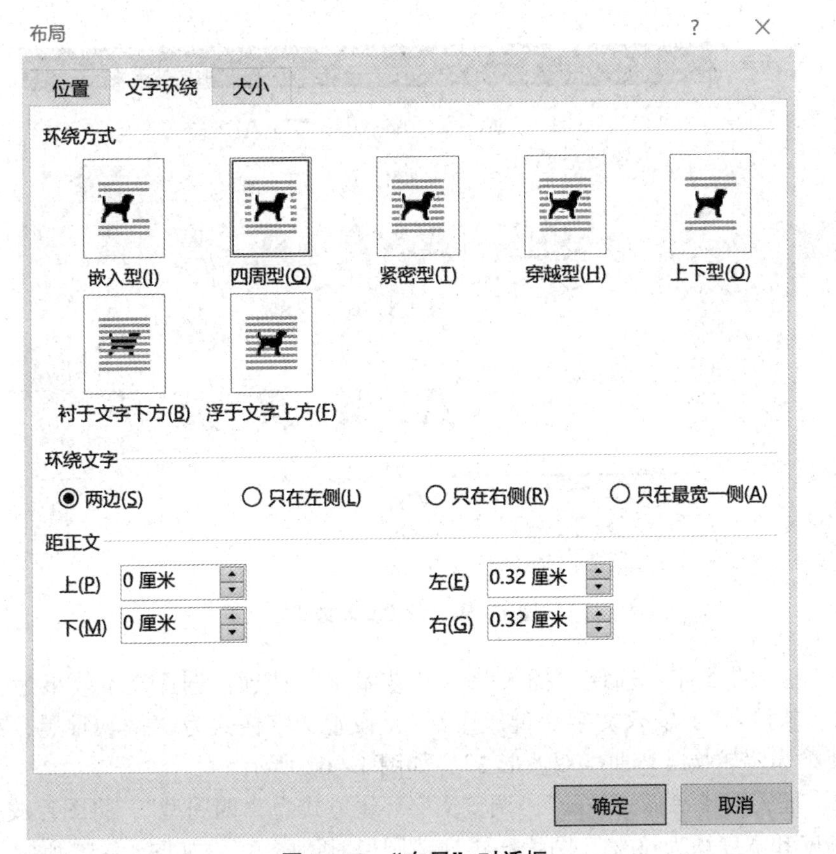

图 4－57　“布局”对话框

步骤4：修改图片样式。单击选中图片，在图片样式中选择“旋转，白色”，形状填充颜色“金色，个性色4，淡色80%”如图4－58所示。

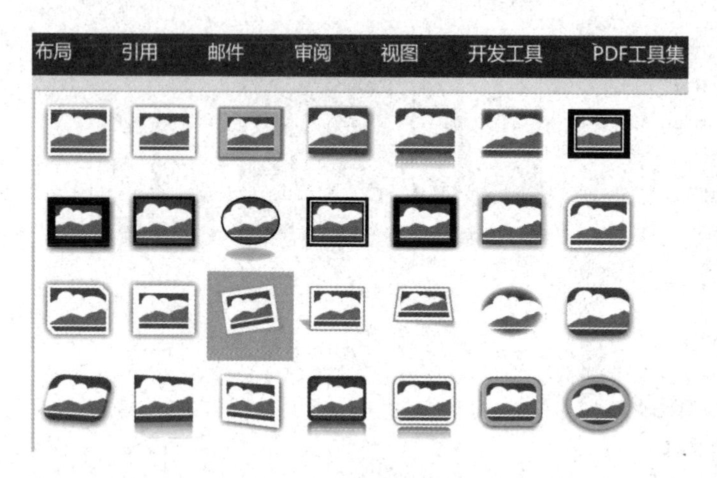

图4－58　图片样式

步骤5：输入标题。将鼠标指针移动到相应的位置输入相关文字信息，设置“快乐生活每一天”文字格式为“宋体，48，加粗”；设置文本效果为“渐变填充－蓝，着色1，反射”，如图4－59所示。

图4－59　设置文本效果

步骤6：插入艺术字。选择“插入”→“艺术字”选项，选择文本效果为“填充－金色，着色4，软棱台”，输入文字“健康生活”，设置文字格式为“微软雅黑，72，加粗”，设置文字效果为“转换－弯曲－双波形2”，如图4－60所示。

步骤7：插入图片“插画.jpg”，调整文字环绕方式为“四周型”，将图片放置到适当位置，调整高度和宽度均为60%，图片样式为“圆形对角白色”，如图4－55所示。

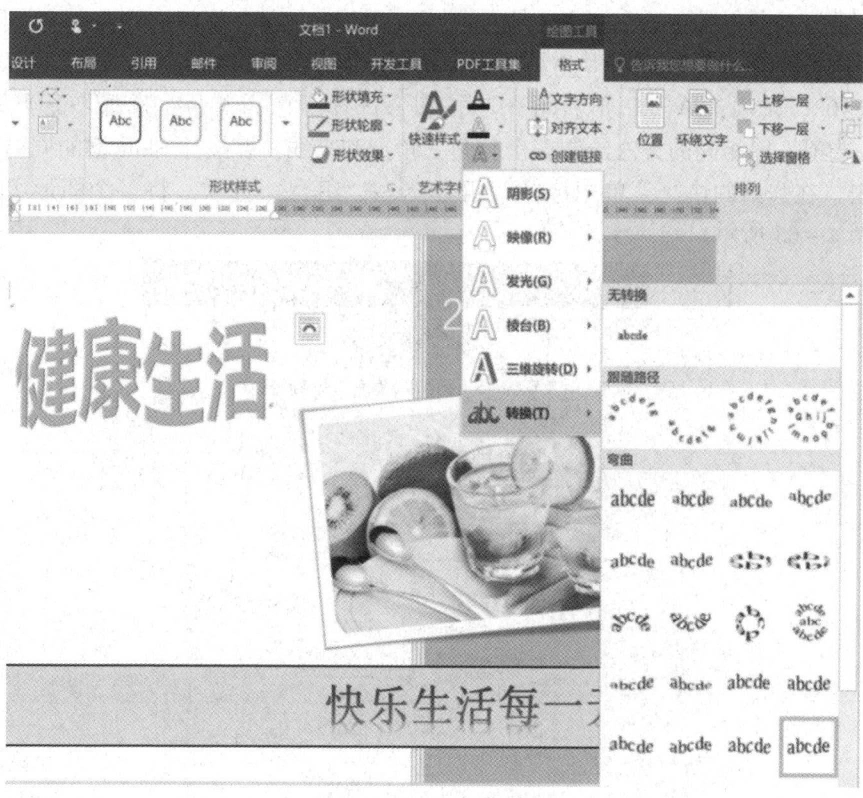

图 4－60　艺术字效果

3. 制作页面

在页面中通过自选图形和文本框进行排版，自定义文字效果、边框和底纹、分栏，进行页面效果装饰。通过案例，学习自选图形的绘制及其形状填充色、线条类型及颜色的设置，学习设置文本框，学习分栏的运用，页面效果如图 4－61 所示。

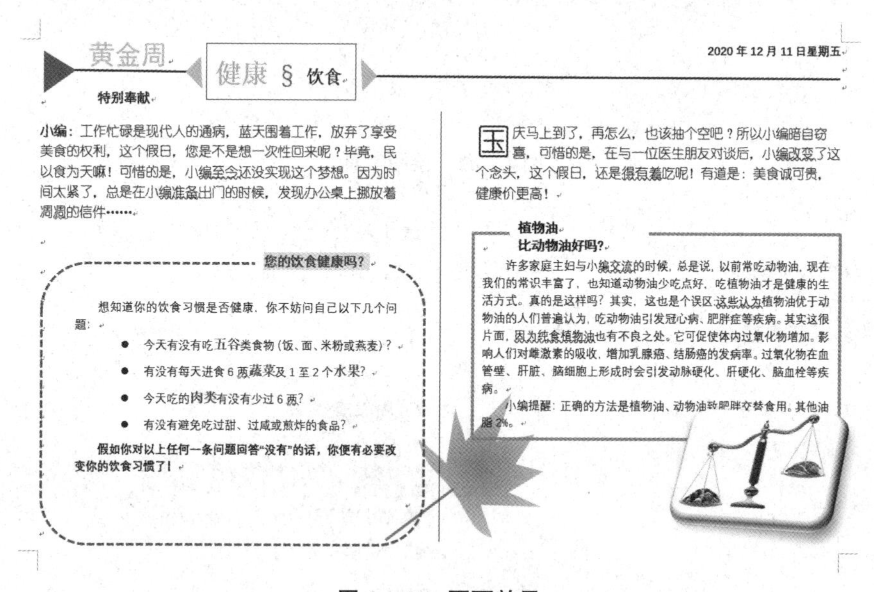

黄金周　健康 § 饮食　2020 年 12 月 11 日星期五

特别奉献

小编：工作忙碌是现代人的通病，蓝天围着工作，放弃了享受美食的权利，这个假日，您是不是想一次性回来呢？毕竟，民以食为天嘛！可惜的是，小编至今还没实现这个梦想。因为时间太紧了，总是在小编准备出门的时候，发现办公桌上挪放着凋凋的信件……

您的饮食健康吗？

想知道你的饮食习惯是否健康，你不妨问自己以下几个问题：

- 今天有没有吃五谷类食物（饭、面、米粉或燕麦）？
- 有没有每天进食 6 两蔬菜及 1 至 2 个水果？
- 今天吃的肉类有没有少过 6 两？
- 有没有避免吃过甜、过咸或煎炸的食品？

假如你对以上任何一条问题回答“没有”的话，你便有必要改变你的饮食习惯了！

玉庆马上到了，再怎么，也该抽个空吧？所以小编暗自窃喜，可惜的是，在与一位医生朋友对谈后，小编改变了这个念头，这个假日，还是得有着吃呢！有道是：美食诚可贵，健康价更高！

植物油
比动物油好吗？

许多家庭主妇与小编交流的时候，总是说，以前常吃动物油，现在我们的常识丰富了，也知道动物油少吃点好，吃植物油才是健康的生活方式。真的是这样吗？其实，这也是个误区.这些认为植物油优于动物油的人们普遍认为，吃动物油引发冠心病、肥胖症等疾病。其实这很片面，因为纯食植物油也有不良之处。它可促使体内过氧化物增加。影响人们对雌激素的吸收，增加乳腺癌、结肠癌的发病率。过氧化物在血管壁、肝脏、脑细胞上形成时会引发动脉硬化、肝硬化、脑血栓等疾病。

小编提醒：正确的方法是植物油、动物油致肥胖交替食用。其他油脂 2%。

图 4－61　页面效果

步骤1：绘制图形并组合。选择“插入”→“形状”→“等腰三角形”选项（图4－62），绘制一个等腰三角形，选中此三角形，选择“绘图工具”→“格式”→“旋转”→“向右旋转90°”选项；单击“形状填充”按钮，选择颜色为蓝色；选择“形状轮廓”→“无轮廓”选项，用相同的方法绘制多个直角三角形和直线，在按住Shift键的同时选中所有图形，右击，在弹出的快捷菜单中选择“组合”→“组合”选项，将多个图形组合成一个图形，如图4－63所示。

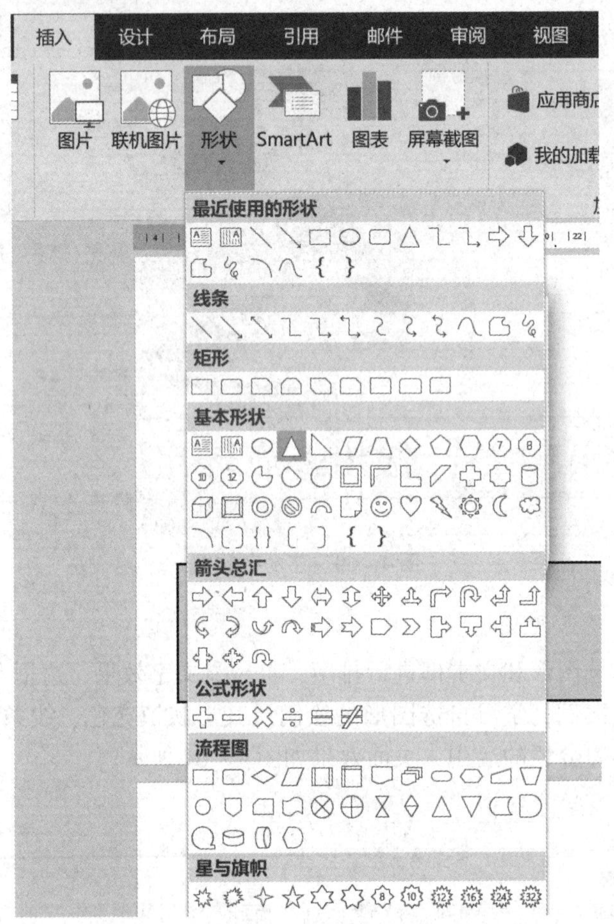

图4－62　绘图工具

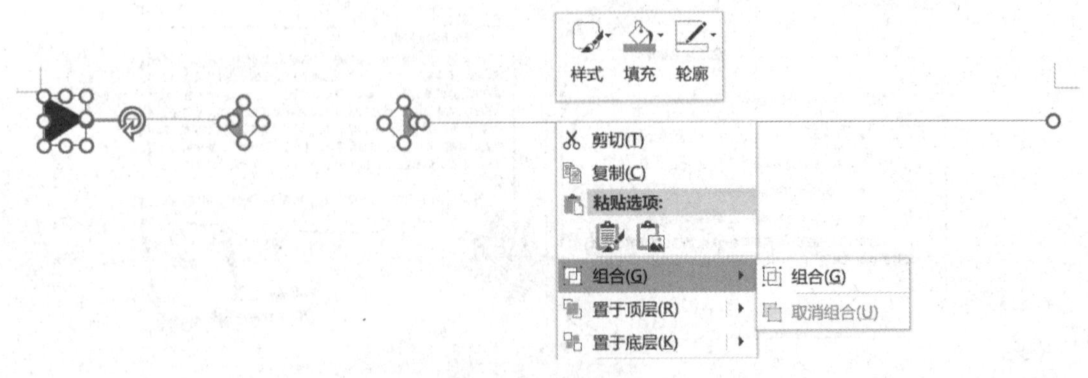

图4－63　图形组合

步骤2：绘制文本框并进行设置。选择“插入”→“文本框”→“绘制文本框”命令。调整文本框的大小和位置后，输入文字内容“健康·饮食”，设置“健康”的格式为“宋体，24，加粗，浅绿色”，“饮食”的格式为“宋体，16，加粗，黑色”。再绘制一个文本框，输入文字“黄金周”，设置文字格式为“黑体，24，橙色”，选择“绘图工具”→“格式”→“形状轮廓”→“无轮廓”选项；选择“自动换行”→“衬于文字下方”选项，如图4－64所示。

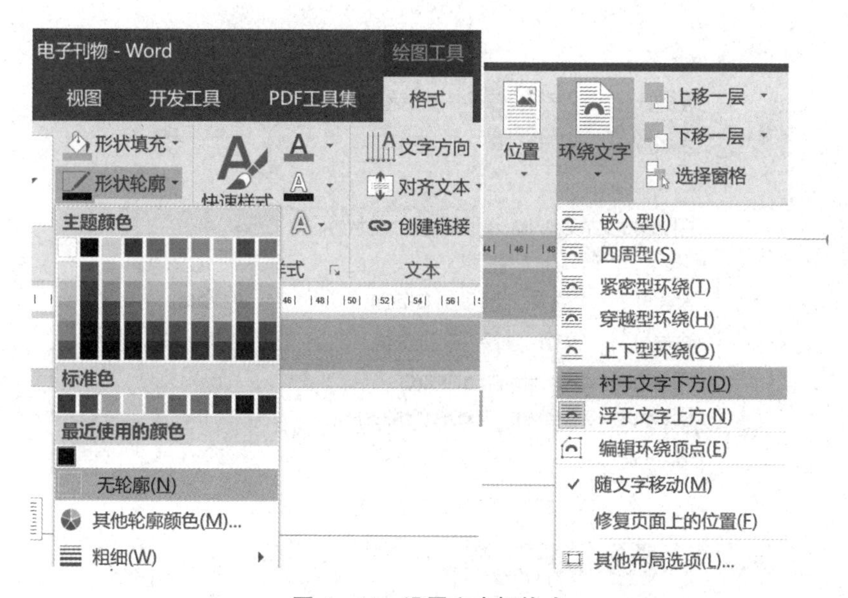

图4－64　设置文本框格式

用以上方法分别设置其他文字。制作完成的页眉效果如图4－65所示。

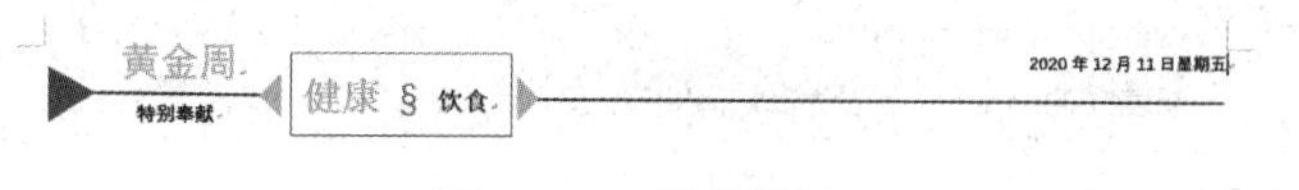

图4－65　页眉效果

步骤3：编辑正文。将文字素材（小编……健康价更高啊!）从“文字素材.docx”中复制到页面，设置文字格式为“幼圆，12，”；单击“开始”选项卡中“段落”分组右下角按钮，弹出“段落”对话框，如图4－66所示，设置段落格式为“段前间距0.5行，行距固定值18磅”。选中文字，选择“页面布局”→“分栏”→“更多分栏”选项，设置当前文字分栏格式为“两栏，宽度：30字符，间距：6字符”，如图4－67所示。将第二段“国”字设置为首字下沉，将鼠标放置在第二段开头，在“插入”选项卡的“文本”分组中选择“首字下沉”→“首字下沉选项”选项，设置“位置”为“下沉”，“下沉行数”为“2”，如图4－68所示。

步骤4：插入自绘图形并设置效果。选择“插入”→“形状”→“圆角矩形”选项，选择“绘图工具”→“格式”→“形状填充”→“无填充颜色”选项，选择“形状轮廓”→“虚线”→“方点”选项，如图4－69所示。选择“插入”→“文本框”→“绘制文本框”命令，将绘制的两个文本框置于圆角矩形的上方和内部。

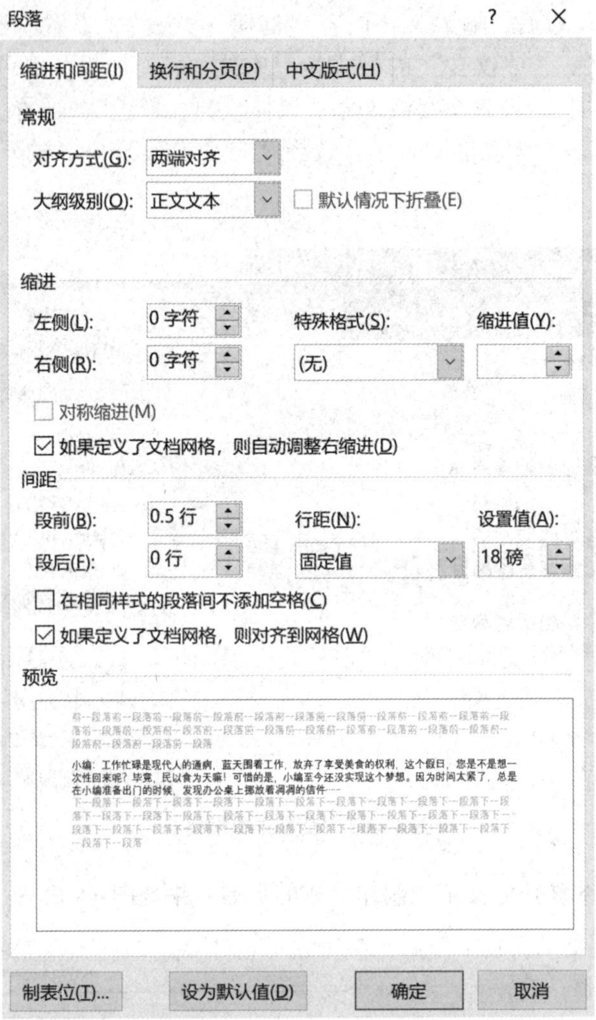

图 4－66 “段落”对话框

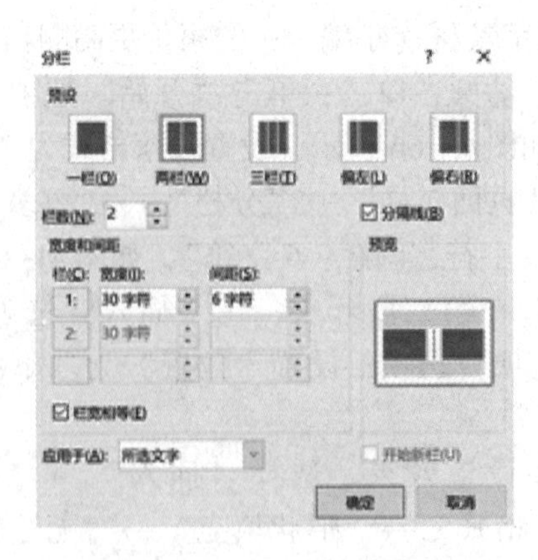

图 4－67 “分栏”对话框

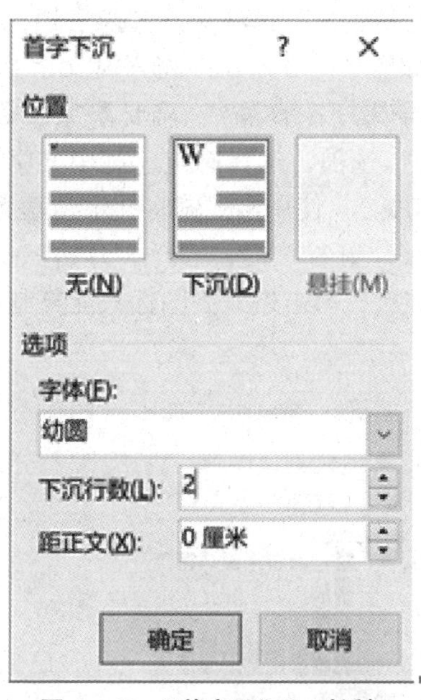

图 4－68　“首字下沉”对话框

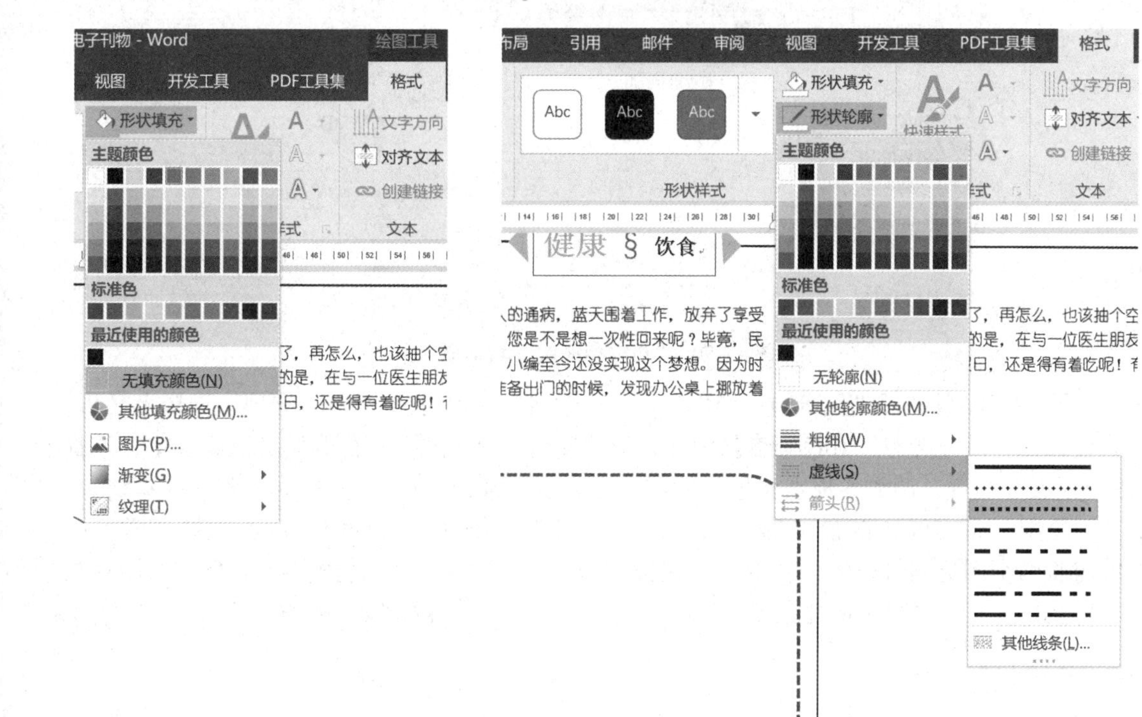

图 4－69　设置圆角矩形格式

步骤 5：编辑文字效果。将“您的饮食健康吗”输入上方文本框，设置文字格式为“黑体，12，加粗，橙色，个性色 2，深色 50%”，添加灰色底纹，选中文字并选择“开始”→

“段落”→“边框”选项，单击“底纹”选项卡，选择“填充25%灰色”，在“应用于”下拉列表中选择“文字”选项，如图4-70所示。将素材文字（想知道……饮食习惯！）复制到相应文本框中，其中文字“今天……食品？”需要添加项目符号，选中文字后选择“开始”→“段落”→“项目符号”选项，选择圆点。其中文字“五谷”设置为“宋体，12，加粗，橙色，个性色2，深色50%”，使用格式刷将文字“蔬菜”“水果”“肉类”的格式设置为与“五谷”相同。选定文字“五谷”后，选择“开始”→“剪贴板”→“格式刷”选项，双击格式刷图标可以复制多次，单击格式刷图标只能复制一次。

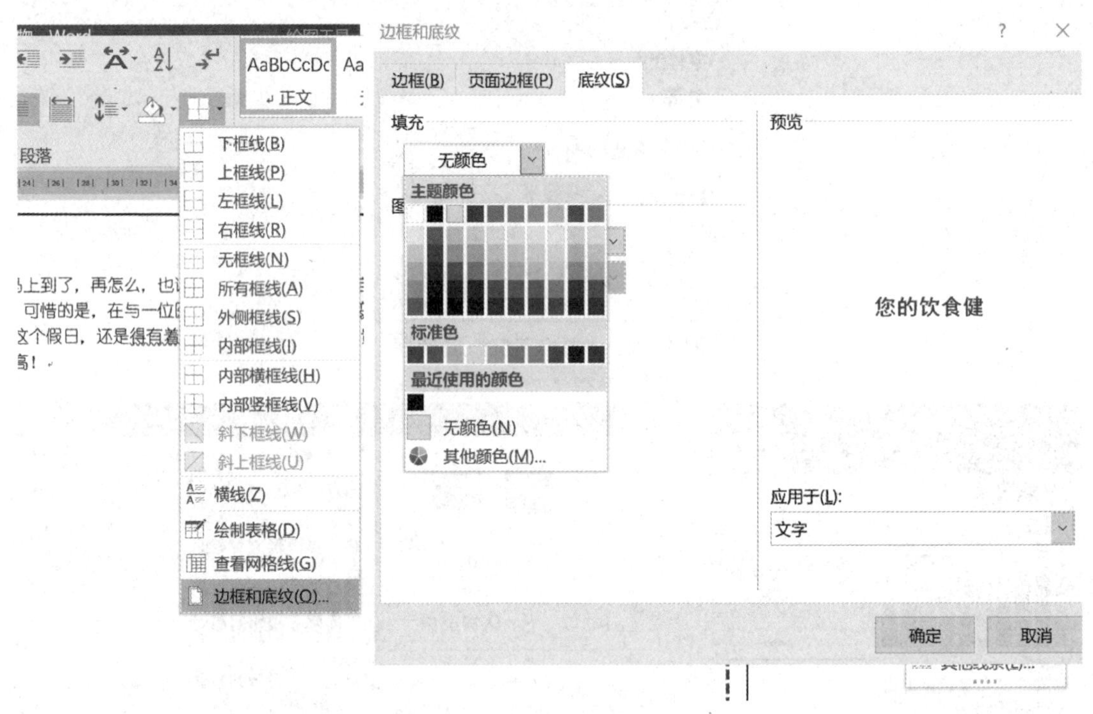

图4-70 “边框和底纹”对话框

步骤6：绘制枫叶图形。选择“插入”→“形状”→“星和旗帜”选项，选择七角形。格式设置为“填充颜色：红色渐变从中心，形状轮廓：无轮廓”，右击弹出快捷菜单，选择“编辑顶点”命令，调整各顶点位置，绘制枫叶形状。选择“插入”→“形状”→“线条”选项，绘制一条直线，设置“形状轮廓”为“粗细2.25磅，绿色”，调整直线位置。按Shift键将两个图形同时选中，右击弹出快捷菜单，选择“组合”选项。将组合后的图形放置在适当位置，右击弹出快捷菜单，选择“置于底层”→“衬于文字下方”选项。

【知识进阶】

1. 视图模式

Word 2016提供了多种视图模式供用户选择，包括“页面视图”“阅读版式视图”“Web版式视图”“大纲视图”和“草稿视图”5种视图模式。用户可以在“视图”功能区中选择需要的视图模式，也可以在Word 2016文档的右下方单击视图按钮选择视图模式。

（1）页面视图。页面视图可以显示Word 2016文档的打印结果外观，主要包括页眉、页脚、图形对象、分栏设置、页边距等元素，是最接近打印结果的视图模式。

（2）阅读版式视图。阅读版式视图以图书的分栏样式显示 Word 2016 文档。选项卡、功能区等窗口元素被隐藏起来。在阅读版式视图中，用户还可以单击“工具”按钮选择各种阅读工具。

（3）Web 版式视图。Web 版式视图以网页的形式显示 Word 2016 文档，适用于发送电子邮件和创建网页。

（4）大纲视图。大纲视图主要用于设置 Word 2016 文档和显示标题的层级结构，并可以方便地折叠和展开各种层级的 Word 2016 文档。大纲视图广泛用于 Word 2016 长文档的快速浏览和设置。

（5）草稿视图。草稿视图取消了页边距、分栏、页眉、页脚和图片等元素，仅显示标题和正文，是最节省计算机系统硬件资源的视图模式。当然现在计算机系统的硬件配置都比较高，基本上不存在由于硬件配置偏低而使 Word 2016 运行遇到障碍的问题。

2. 格式刷

格式刷能够将光标所在位置的所有格式复制到所选文字上，大大减少了排版的重复劳动。使用时先把光标放在设置好格式的文字上，然后单击格式刷图标，选择需要同样格式的文字，用鼠标左键拉取选择范围，松开鼠标左键，相应的格式就会设置好。

单击格式刷图标：首先选择某种格式，单击格式刷图标，然后选择想设置同样格式的某段落内容，则两者格式完全相同，单击完成之后格式刷图标就没有了，鼠标恢复正常形状，再次使用时还需要再次单击格式刷图标。

双击格式刷图标：首先选择某种格式，双击格式刷图标，然后选择想格式化的某段内容，则两者格式完全相同，单击完成之后，格式刷图标依然存在，可以继续选择想保持格式一样的内容，直到单击空白处或者单击格式刷图标，鼠标恢复正常形状，想要退出格式刷编辑模式，只要单击一下格式刷图标就可以。

3. 裁剪图片

在 Word 2016 文档中插入的图片，有时可能只需要其中的一部分，这时就需要将图片中多余的部分裁剪掉。利用“图片”工具栏可以完成图片的裁剪，方法如下。①将图片的环绕方式设置为“非嵌入型”，然后选中需要裁剪图片，在“图片工具”→“格式”选项卡中，单击“大小”分组中的“裁剪”按钮；②图片周围出现 8 个方向的裁剪控制柄，用鼠标拖动控制柄，将对图片进行相应方向的裁剪，直到调整合适为止；③将光标移出图片，则鼠标指针将呈剪刀形状，单击将确认裁剪，如果想恢复图片，只能单击快速访问工具栏中的“撤销裁减图片”按钮。

4. 删除图片背景

为了快速从图片中获得有用的内容，Word 2016 提供了一个非常实用的删除背景功能，使用删除背景功能可以删除图片的背景，具体操作如下。

（1）选择 Word 2016 文档中要删除背景的一张图片，然后单击“格式”选项卡“调整”分组中的“删除背景”按钮。

（2）进入图片编辑状态，拖动矩形边框四周上的控制点，以便圈出最终要保留的图片区域。

（3）完成图片区域的选定后，选择“背景清除”→“关闭”→“保留更改”命令，或直接单击图片范围以外的区域，即可删除图片背景并保留矩形圈起的部分。

如果希望不删除图片背景并返回图片原始状态，则需要选择“背景清除”→“关闭”→“放弃所有更改”命令。

5. 压缩图片

在 Word 2016 文档中插入图片后，如果图片的尺寸很大，则会使 Word 2016 文档的体积变得很大。即使在 Word 2016 文档中改变图片的尺寸或对图片进行裁剪，图片的大小也不会改变。不过用户可以对 Word 2016 文档中的所有图片或选中的图片进行压缩，这样可以有效地减小图片的体积，同时也会有效地减小 Word 2016 文档的大小。在 Word 2016 文档中压缩图片的步骤如下。

（1）在 Word 2016 文档中，选中需要压缩的图片。如果有多个图片需要压缩，则可以在按住 Ctrl 键的同时单击多个图片。

（2）在“图片工具”→“格式”选项卡的“调整”分组中单击“压缩图片”按钮。

（3）打开“压缩图片”对话框，勾选“仅应用于所选图片”复选框，并根据需要更改分辨率（例如单击“Web/屏幕”单选按钮）。设置完毕单击“确定”按钮即可对 Word 2016 文档中选中的图片进行压缩。

6. 轻松画工作流程图

在 Word 2016 文档中，利用自选图形库提供的丰富的流程图形状和连接符可以制作各种用途的流程图，制作步骤如下。

（1）打开 Word 2016 文档，切换到“插入”选项卡。在“插图”分组中单击“形状”按钮，并在打开的菜单中选择“新建绘图画布”命令，也可以不使用绘图画布，而在 Word 2016 文档页面中直接插入形状。

（2）选中绘图画布，在“插入”选项卡的“插图”分组中单击“形状”按钮，并在“流程图”类型中选择合适的流程图，例如选择“流程图：过程”和“流程图：决策”。

（3）在“插入”选项卡的“插图”分组中单击“形状”按钮，并在“线条”类型中选择合适的连接符，例如选择“箭头”和“肘形箭头连接符”。

（4）将鼠标指针指向第一个流程图图形（不必选中），则该图形四周将出现 4 个蓝色的连接点。将鼠标指针指向其中一个连接点，然后按下鼠标左键拖动箭头至第二个流程图图形，则第二个流程图图形也将出现蓝色的连接点。定位到其中一个连接点并释放鼠标左键，则完成两个流程图图形的连接。

（5）重复步骤（3）和步骤（4），连接其他流程图图形，连接成功后连接符两端将显示红色的圆点。

（6）根据实际需要在流程图图形中添加文字，完成流程图的制作。

7. 设置水印

水印是对重要文档进行保护的一种方法，在日常操作中常有添加水印或去除水印的要求。具体步骤如下。

（1）添加文字水印。单击“设计”→“水印”的工具按钮，菜单上方是已经制作好的不同的文字水印样张，在下方可选择“自定义水印”选项，弹出“水印”对话框，单击“文字水印”单选按钮，分别输入水印文字，设置“字体”“字号”“颜色”和“版式”，单

击“应用”按钮可进行预览，单击“确定”按钮则确认添加效果完成，如图4－71所示。

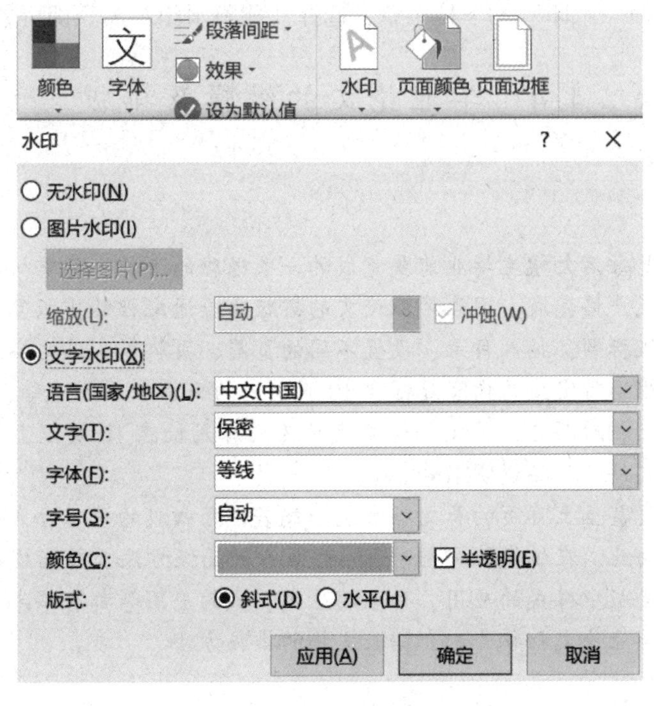

图4－71　“水印”对话框（1）

（2）添加图片水印。单击“设计”→“水印”下拉菜单，选择“自定义水印”选项，弹出“水印”对话框，单击“图片水印”单选按钮，单击“选择图片”按钮，可自行选择图片素材中的图片，设置缩放比例和冲蚀效果，单击“应用”按钮可进行预览，单击“确定”按钮则确认添加效果完成，如图4－72所示。

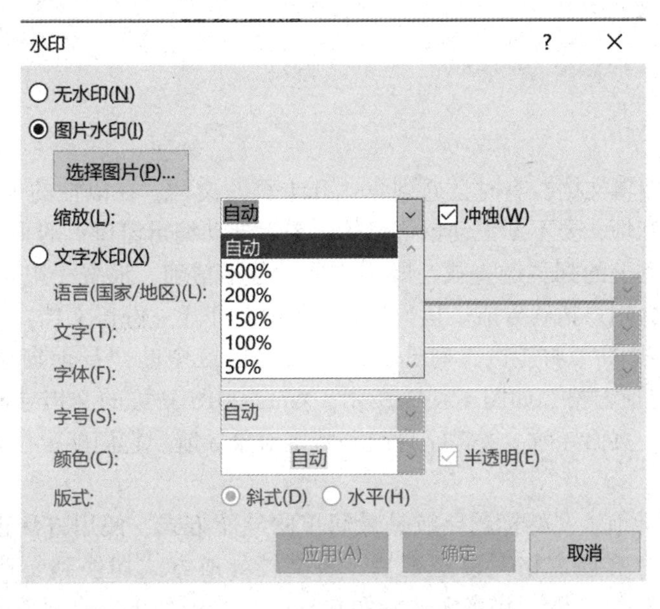

图4－72　“水印”对话框（2）

(3) 去除水印

单击“设计”→“水印”的下拉菜单，选择“删除水印”命令即可去除水印。

4.4 毕业论文的编辑及排版

任务描述

撰写毕业论文是每名大学生毕业前要完成的一项艰难的工作，其中毕业论文的排版要根据学校所要求的格式严格完成，因此毕业论文的排版比普通文档的排版复杂得多。在排版中要运用样式设置各级标题，插入目录，设置不同的页眉、页脚等。这些操作在前面的任务中都没有提及。短文档通常定义为内容篇幅在10页以内的文档。比如通知、班报、规章制度、公告都属于短文档。相对而言，长文档通常定义为内容篇幅在10页以上的文档，比如毕业论文、报告、政府文件、产品说明书等。

对于动辄几十页甚至上百页的长文档来说，倘若还用初级的手工方式来排版，简直是不可能完成的任务。由此，在编排长文档时Word 2016的高级方法与技巧发挥着至关重要的作用。比如在长文档排版中样式的应用、目录的生成、域的应用等都有事半功倍的效果。本任务以一篇未排版的毕业论文初稿为例介绍长文档的排版方法。

任务目的

(1) 熟练掌握样式的使用方法。

(2) 熟练掌握节的使用方法。

(3) 熟练掌握不同节的页眉、页脚、页码的设置方法。

(4) 熟练掌握目录的制作方法。

(5) 了解域的使用方法。

知识点介绍

1. 导航窗格

用Word 2016编辑文档，有时会遇到长达几十页的文档。在以往的Word版本中，浏览这种超长的文档很麻烦，要不断滚动鼠标滚轮，或者拖动编辑窗口上的垂直滚动条查阅。用关键字定位和用键盘上的翻页键查找，既不方便，也不精确，浪费了很多时间。Word 2016新增的导航窗格会为用户精确导航。运行Word 2016，打开一份长文档，单击菜单栏中的视图按钮，切换到“视图”功能区，勾选“显示”功能区中的“导航窗格”复选框，即在Word 2016中打开导航窗格，如图4－73所示。Word 2016新增的文档导航功能的导航方式有4种：标题导航、页面导航、关键字导航和特定对象导航。它们能定位到想查阅的段落和特定的对象。

(1) 文档标题导航。文档标题导航是最简单的导航方式，使用方法也最简单。在“视图”功能区中勾选“导航窗格”复选框后，将文档导航方式切换到文档标题导航。Word 2016会对文档进行智能分析，并将文档标题在导航窗格中列出。只要单击标题，就会自动定位到相关段落。

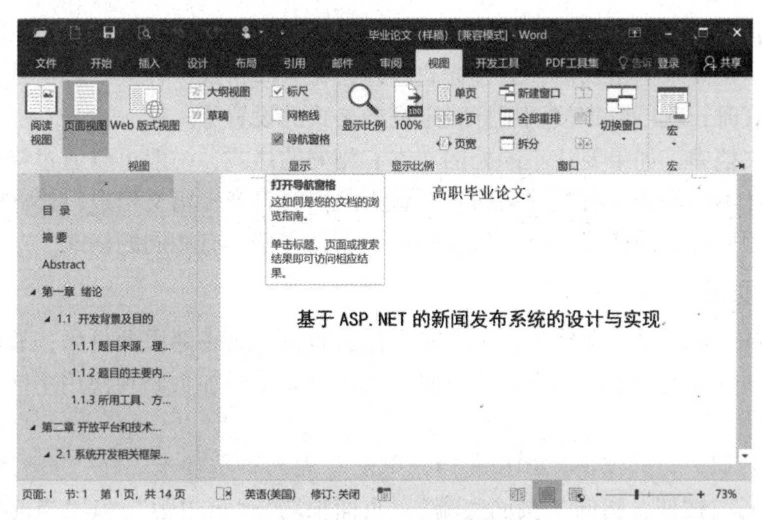

图 4－73 导航窗格界面

（2）文档页面导航。用 Word 2016 编辑文档会自动分页，文档页面导航就是根据 Word 2016 文档的默认分页导航的。单击导航窗格中的“浏览您的文档中的页面”按钮，将文档导航方式切换到文档页面导航。Word 2016 会在导航窗格中以缩略图形式列出文档分页，单击翻页缩略图就可以定位到相关页面。

（3）关键字导航。除了通过文档标题和页面进行导航，Word 2016 还可以通过关键词导航。单击导航窗格中的“浏览您当前搜索的结果”按钮，然后在文本框中输入关键词，导航窗格中就会列出包含关键词的导航链接。单击这些导航链接，就可以快速定位到文档的相关位置。

（4）特定对象导航。一篇完整的文档往往包含图形、表格、公式、批注等对象。Word 2016 的导航功能可以快速查找文档中的这些特定对象，单击搜索框右侧的放大镜按钮，选择查找栏中的相关选项，就可以快速查找文档中的图形、表格、公式和批注。

2. 插入脚注、尾注、题注

脚注和尾注也是文档的一部分，用于文档正文的补充说明，帮助读者理解全文的内容。

脚注所解释的是本页中的内容，一般用于对文档中较难理解的内容进行说明。尾注就是在一篇文档的最后所加的注释，一般用于表明所引用的文献来源。题注就是给图片、表格、公式等项目添加的名称和编号。

3. 节的概念

这里的“节”不同于图书中的章节，但在概念上相似。节是一段连续的文档块，同节的页面拥有同样的页边距、纸型或方向、打印机纸张来源、页面边框、垂直对齐方式、页眉和页脚、分栏、页码编排、行号及脚注和尾注。如果没有插入分节符，Word 2016 默认一个文档只有一个节，所有页面都属于这个节。若想对页面设置不同的页眉、页脚，必须将文档分为多个节。

4. 样式

Word 2016 的“样式”选项可以让用户在不同文章中设定相同的格式，使在不同时间编辑的文档具有相同的风格。样式其实就是对文档某部分的格式的定义，在“格式”菜单中的样式选项中，可以发现 Word 2016 其实已提供了多种样式，如标题 1、标题 2、正文等；也可以在设定满足要求的格式后，通过样式管理，将这些格式保存成一种样式，这样，以后要设置相同格式时，就可以直接调用样式来完成格式的设置了。

在同一篇文档中，如果要让不同处的文本有相同的格式，一般可以通过格式刷复制格式来完成，而要让不同文档具有相同的格式，就必须同时打开多篇文档进行格式复制。但实际上，通过选取预先设好的样式，可以很容易地让多篇文档具有相同的格式。

5. 页眉、页脚

在使用 Word 2016 编辑文档时，常常需要在页面顶部或底部添加页码，有时还需要在首页、奇数页、偶数页使用不同的页眉或页脚。在这里介绍添加页码和使用不同页眉、页脚的方法。

（1）添加页码。打开 Word 2016 文档，单击“插入”选项卡。在“页眉和页脚”功能区中单击“页码”按钮，指向“页面底端”“页面顶端”“页边距”和“当前位置”选项之一，在页码列表中选择合适页码样式。

（2）设置首页、奇偶页的页眉、页脚不同。打开 Word 2016 文档，单击“插入”选项卡。在“页眉和页脚”功能区中单击“页眉”按钮，在菜单中选择“编辑页眉”命令，在“设计”选项卡的“选项”分组中选择“首页不同”和“奇偶页不同”选项。

操作步骤

1. 页面布局

打开“毕业论文素材 . docx”文档，对文档进行页面设置。页面布局相关设置的入口如图 4－74 所示。

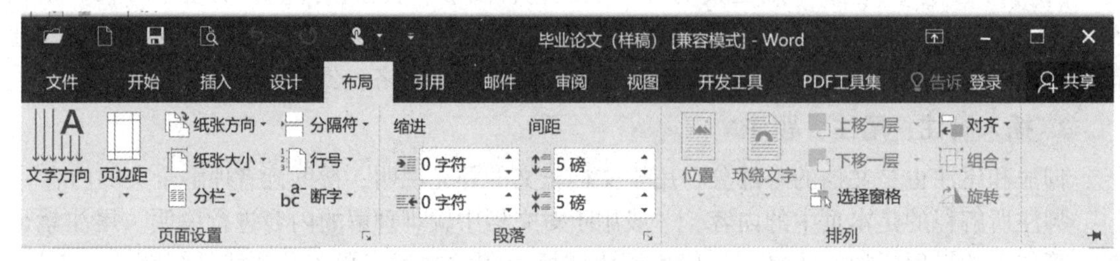

图 4－74 “布局”选项卡

设置为“文字方向：水平；页边距：普通（日常建议使用适中或窄，以节约用纸，提交的论文报告使用普通）；纸张方向：纵向；纸张大小：A4”。接着，在“视图”选项卡中勾选“导航窗格”复选框（图 4－75），以方便不同的章节跳转导航。

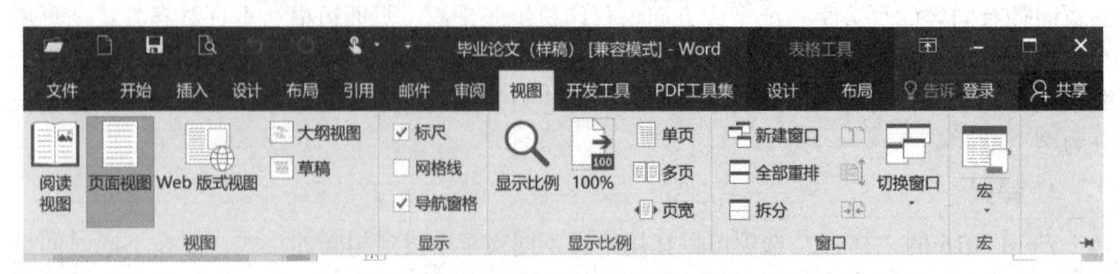

图 4－75 勾选“导航窗格”复选框

2. 制作封面

基本页面设置好后，接下来对整个论文格式进行简单的规划（往往是封面 + 内容），具体步骤如下。

步骤 1：插入 1 ×5 表格，如图 4 – 76 所示。

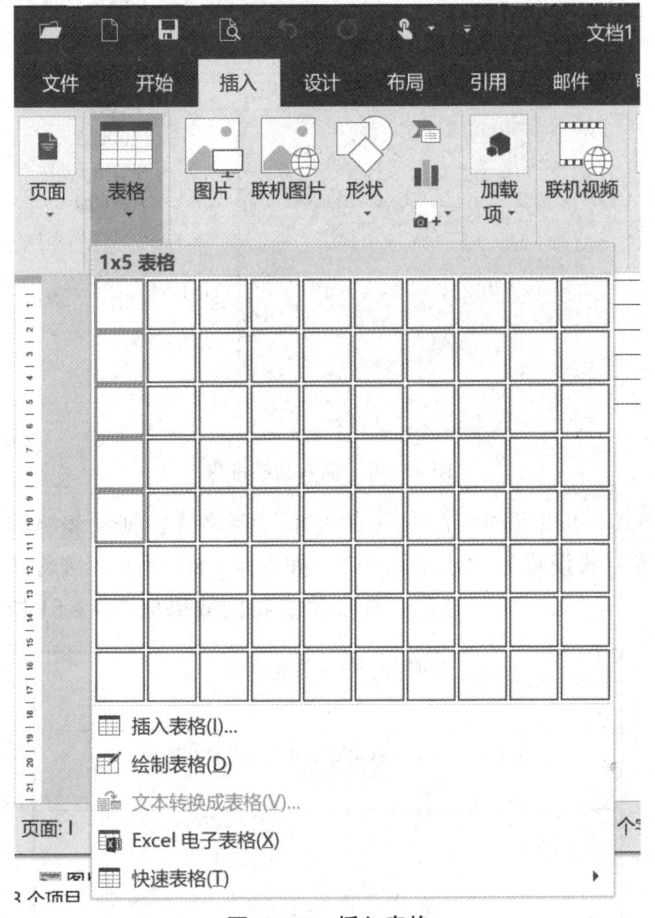

图 4 – 76　插入表格

这是因为表格是一个标准格式化的布局方式，比直接手动输入文字快速方便。若单元格数量不够，则右击某个单元格，选择“插入”命令，并确定插入位置，如图 4 – 77 所示。

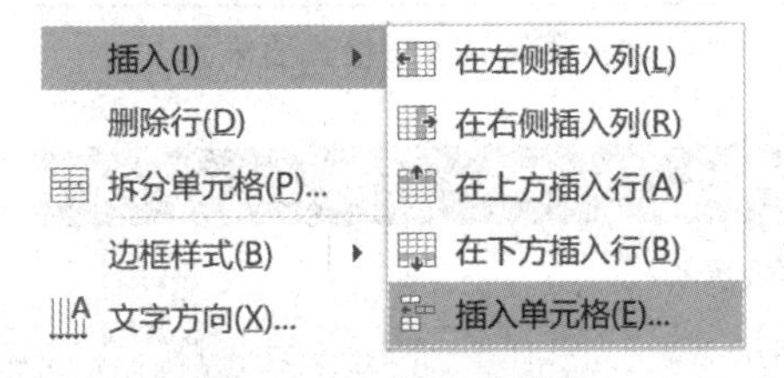

图 4 – 77　插入单元格

步骤 2：插入文档部件，如图 4 – 78 所示。在建立的表格中选择“插入” → “文档部件” → “文档属性”选项，分别选择级联菜单中的“类别”“标题”“作者”“单位”“发布日期”选项（当然也可以手动输入，不过以上方式可以自动为文档加入一些额外信息，对知识产权保护有一定作用，同时便于文档管理）。

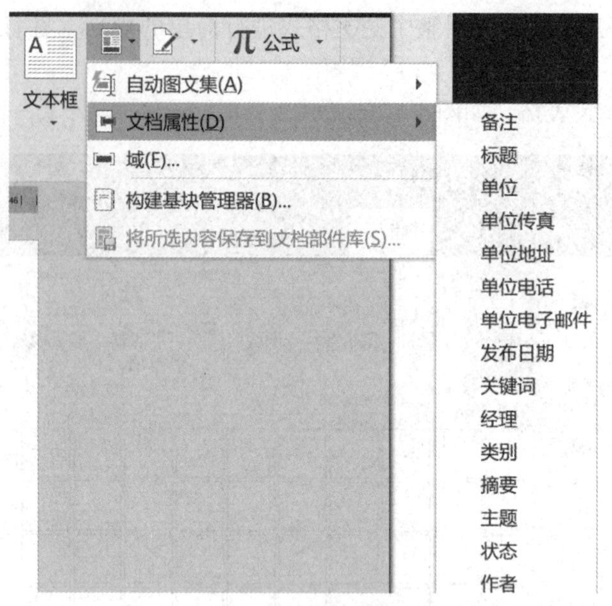

图 4－78　插入文档部件

步骤 3：设置格式。根据图 4－79 所示的要求设置格式，拖动表格放在适当位置，并选择整个表格，将对齐方式设置为“水平居中”，如图 4－80 所示。接着选择整个表格，选择“设计”→“边框”→“无框线”选项。毕业论文封面效果如图 4－81 所示。

高职毕业论文(宋体小二)
基于ASP.NET的新闻发布系统的设计和实现 (黑体二号)
姓名：李四(宋体小三)
××××××××学院(楷体小三)
2020年7 月(宋体小三)

图 4－79　格式要求

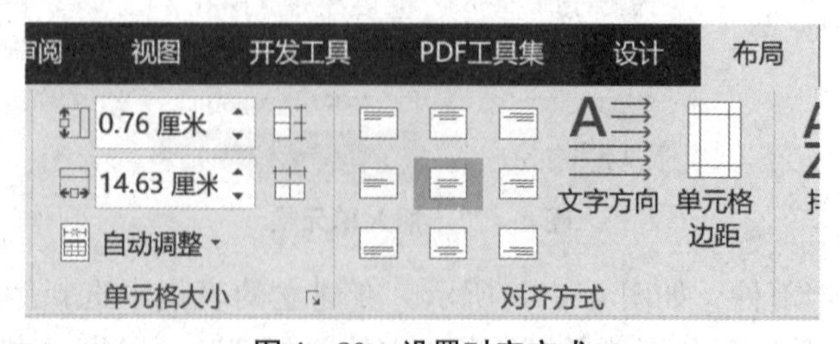

图 4－80　设置对齐方式

高职毕业论文

基于 ASP.NET 的新闻发布系统的设计与实现

姓名：李 XX

天津渤海职业技术学院

2020 年 7 月

图 4-81　毕业论文封面效果

3. 设置样式

通常，学校会对论文的字体、字号、文字样式都有统一规定，学生需要根据学校的规定，设置毕业论文的排版格式，因此为了提高排版效率，需要先自定义格式样式。毕业论文排版格式要求如表 4-3 所示。设置样式的具体步骤如下。

表 4-3　毕业论文排版格式要求

内容	字符格式要求	段落格式要求
章标题（一级标题）	中文：黑体，二号，加粗 西文：TimesNewRoman、二号、加粗	居中，无缩进，段前、后间距为 15 磅，单倍行距
节标题（二级标题）	中文：黑体，三号，加粗 西文：TimesNewRoman、三号、加粗	居左，无缩进，段前、后间距为 10 磅，单倍行距
目标题（三级标题）	中文：黑体，四号，加粗 西文：TimesNewRoman、四号、加粗	居左，无缩进，段前、后间距为 5 磅，单倍行距
正文文字	中文：宋体，小四 西文：TimesNewRoman、小四	两端对齐，首行缩进 2 字符，段前、后间距为 0 磅，行距 20 磅
参考文献	中文：宋体，五号 西文：TimesNewRoman、五号	左对齐，无缩进，段前、后间距为 0 磅，行距 1.5 倍
页眉（封面不设，其余各项设为章标题）	中文：宋体，小五 西文：TimesNewRoman、小五	居中，无缩进，段前、后间距均为 0 磅，单倍行距，加下框线

续表

内容	字符格式要求	段落格式要求
页码（摘要，目录为罗马数字，正文页码为阿拉伯数字）	TimesNewRoman、小五	居中，无缩进，段前、后间距为0磅，单倍行距

1）新建“一级标题”样式

步骤1：按照格式要求在“开始”→“样式”分组（图4－82）中单击对话框启动器按钮。

图4－82 “样式”分组

步骤2：在打开的“样式”任务窗格中，单击“新建样式”按钮，如图4－83所示。

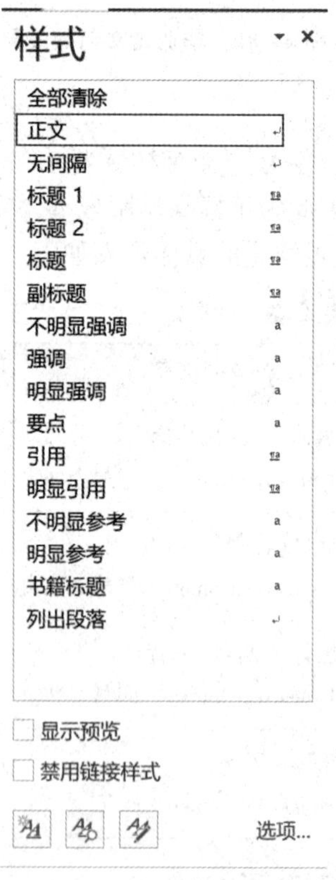

图4－83 “样式”任务窗格

步骤3：在“根据格式设置创建新样式”对话框中，在“名称”文本框中输入标题名称，将“样式类型”“样式基准”和“后续段落样式”分别设置为“段落”“标题1”以及“正文”，如图4－84所示。

根据格式设置创建新样式　?　×

属性

名称(N):　样式1

样式类型(T):　段落

样式基准(B):　↵标题1

后续段落样式(S):　↵正文

格式

宋体　五号　B　I　U　自动　中文

前一段落
示例文字 示例文字
下一段落

字体: (中文) 宋体, 左, 样式: 在样式库中显示
基于: 正文

☑ 添加到样式库(S)　☐ 自动更新(U)

◉ 仅限此文档(D)　○ 基于该模板的新文档

格式(O)▾　确定　取消

图 4－84　创建新样式

步骤 4：根据表 4－3 所示的格式要求进行格式设置，字体和居中、单倍行距等的设置在此对话框中就可完成。

步骤 5：设置段落。选择“开始”→“段落”选项。在“段落”对话框中，设置段落前、后间距为 15 磅、无缩进，如图 4－85 所示。样式“一级标题”即定义完毕，其他样式如“二级标题”“三级标题”“正文”和“参考文献”用上面的方法并按表 4－3 所示的格式要求修改完成。

2）套用“一级标题”样式

选择“开始”→“摘要”选项，再单击样式工具栏中的“一级标题”样式，即“摘要”这个章标题已经套用了“一级标题”样式，此时“摘要”这个章标题出现在左侧的大纲结构窗口中。

用同样的方法，对其他章标题如“第二章开发平台和技术简介”“致谢”“参考文献”套用“一级标题”样式，此时大纲结构窗口中出现了 6 个一级标题，如图 4－86 所示。

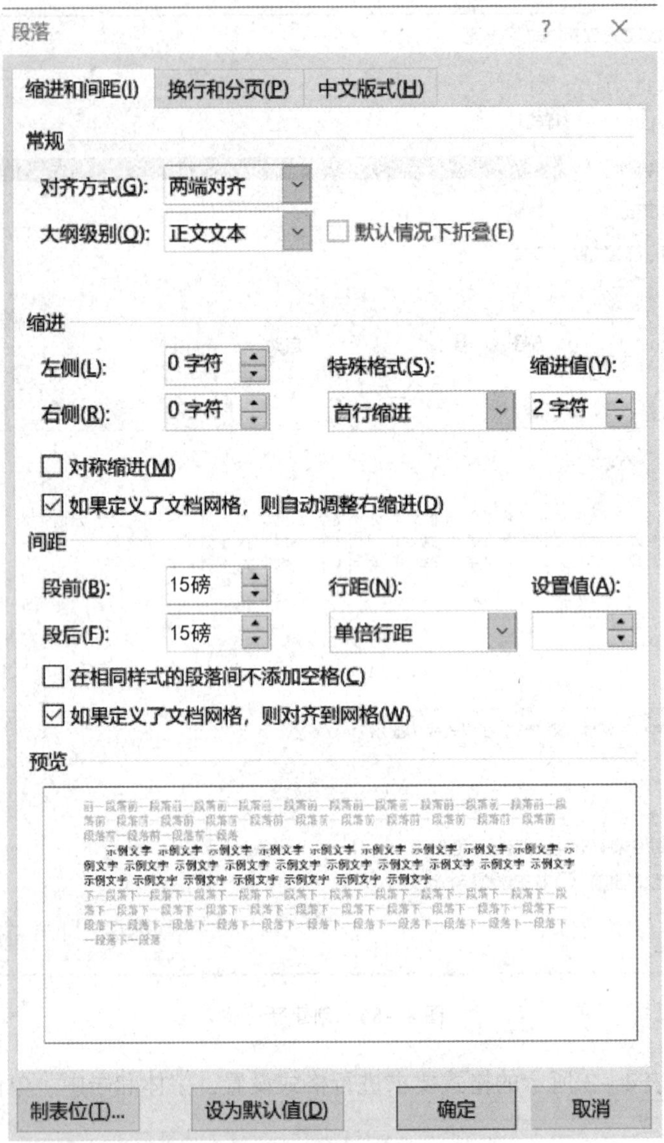

段落 ? ×

缩进和间距(I) 换行和分页(P) 中文版式(H)

常规

对齐方式(G): 两端对齐

大纲级别(O): 正文文本 默认情况下折叠(E)

缩进

左侧(L): 0 字符 特殊格式(S): 缩进值(Y):

右侧(R): 0 字符 首行缩进 2 字符

对称缩进(M)

如果定义了文档网格，则自动调整右缩进(D)

间距

段前(B): 15磅 行距(N): 设置值(A):

段后(F): 15磅 单倍行距

在相同样式的段落间不添加空格(C)

如果定义了文档网格，则对齐到网格(W)

预览

制表位(T)... 设为默认值(D) 确定 取消

图 4-85 “段落”对话框

值得注意的是，在导航窗格中选中某个标题，按 Enter 键，便可得到一个同级的新标题，这对布局相当有效，特别是对于编了章节号的标题，也会自动生成相同格式的章节号，并且可在这里拖动章节标题的位置，相当智能。

4. 设置页眉与分节

一般来说，毕业论文封面不需要页眉标记和页脚页码，因此利用分节符将封面和正文分开，也可以将内容和封面分两个文档制作。

步骤 1：在封面、摘要、致谢、参考文献和每一章结束的最后分节。选择“布局”→“分隔符”→“下一页”选项，如图 4-87 所示。

步骤 2：双击页面顶部页眉位置，在页眉页脚设置界面就能看到图 4-88 所示的效果。

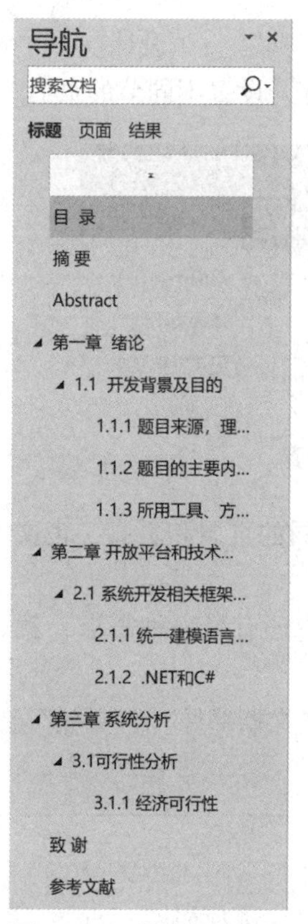

图 4－86　文档框架效果

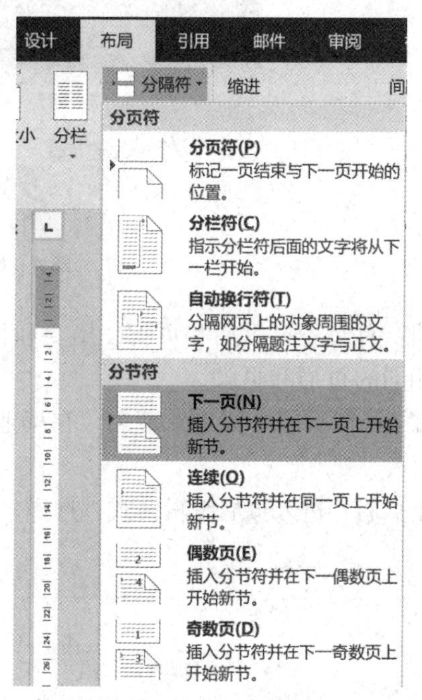

图 4－87　插入分节符

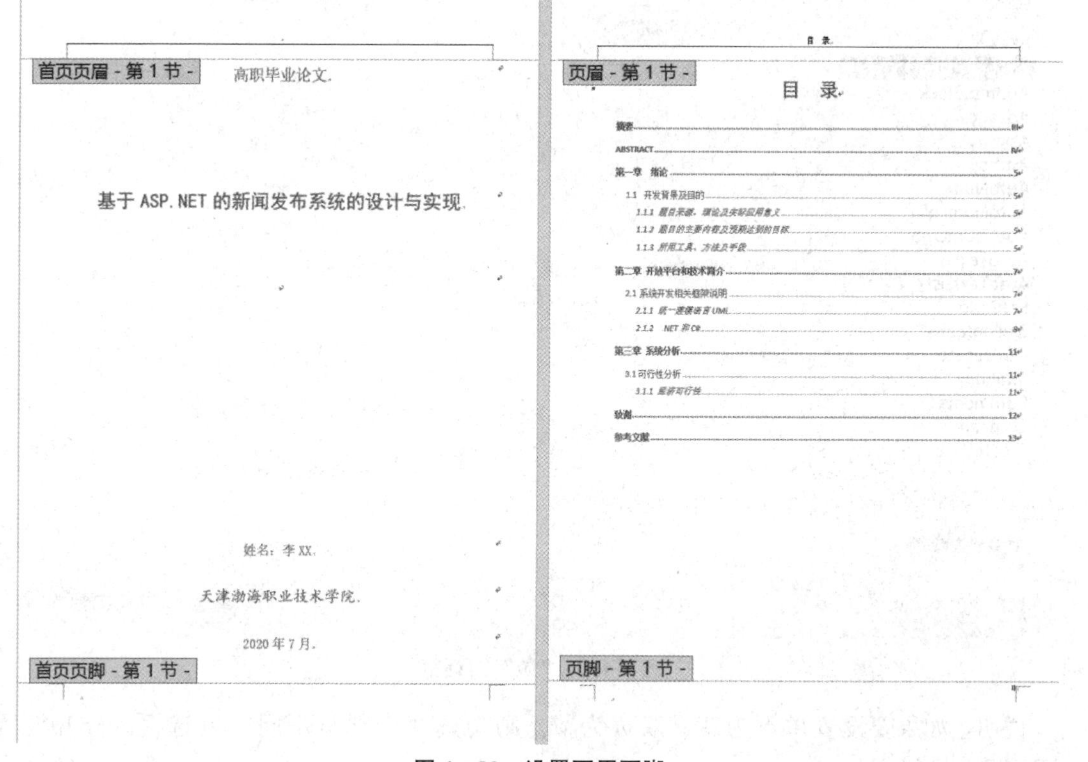

图 4－88　设置页眉页脚

步骤3：单击第2节页眉，取消勾选“页眉页脚工具”→“设计”→“链接到前一条页眉（页脚）”复选框，如图4－89所示，这样便可以分开设置不同节的页眉、页脚。

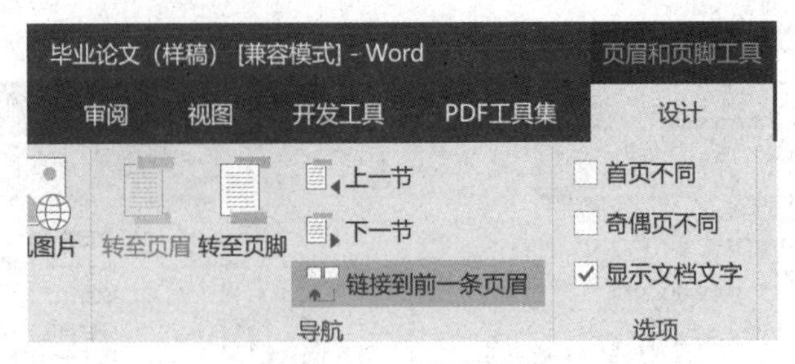

图4－89　不同节设置

说明：首页不要页眉和页脚，摘要和目录采用相同的页眉和页脚，正文、致谢、参考文献采用相同的页眉和页脚。

步骤4：在页眉中添加章节名。在毕业论文排版中还有另一种需求，就是在页眉中添加章节名。

双击页眉，进入页眉编辑模式，选择“插入”→“文档部件”→“域”选项，如图4－90所示。

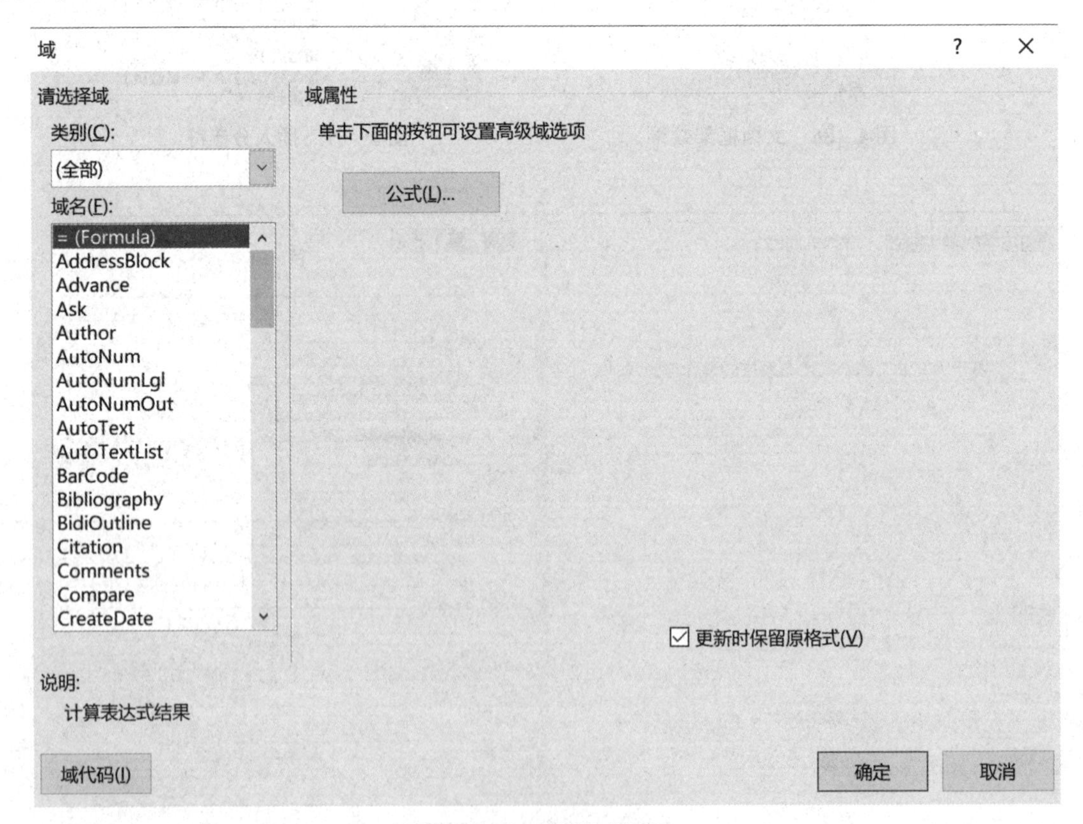

图4－90　“域”对话框

说明：如果要设置单页为章、双页为节，则勾选“奇偶页不同”复选框，分开设置即可。

5. 设置页码

步骤1：在页面底端插入页码。选择“插入”→“页眉和页脚”→“页码”→“页面底端”→“普通数字2”选项，即完成页码插入，如图4－91所示。

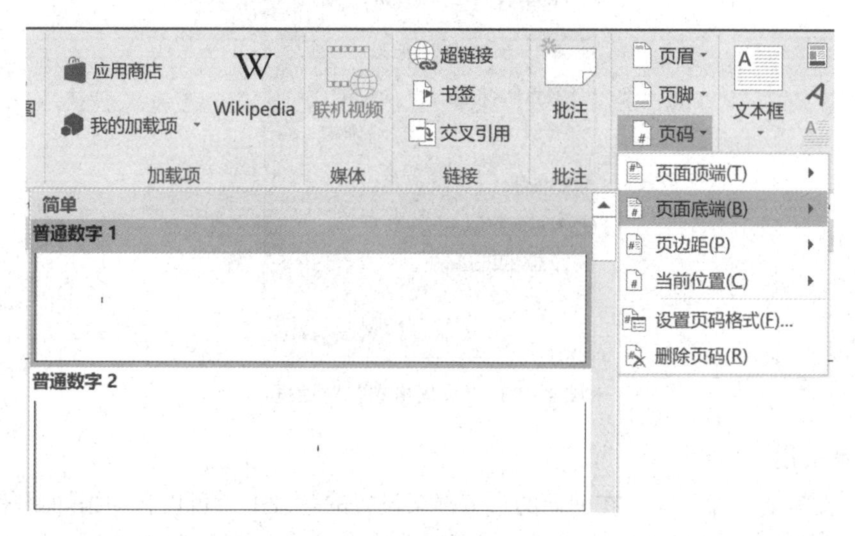

图4－91　插入页码

步骤2：调整第1页的页码。对于毕业论文来说，在第1节的第一页（封面页）是不需要页眉与页码的，因此要在封面页中去掉页眉与页码。

将光标放置在第1节的第一页，双击封面的页眉，选择“页眉页脚工具”→“设计”选项，勾选“首页不同”复选框，如图4－92所示，然后直接删除封面的页眉和页脚内容，这样，封面中就没有页眉与页码了。

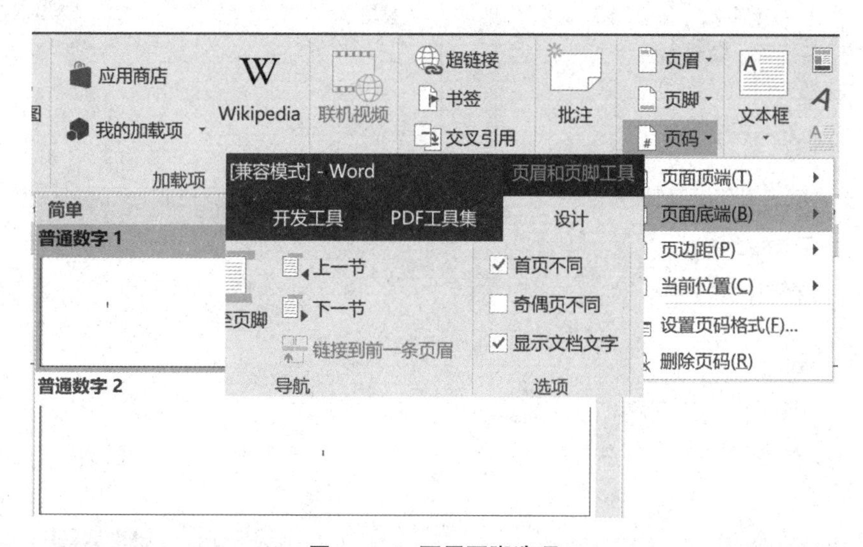

图4－92　页眉页脚选项

步骤3：摘要的页码以罗马数字编排。选中“摘要”的页码右击，选择“设置页码格式”命令，将编号格式设为罗马数字，起始页码设为“Ⅰ”，如图4－93所示。

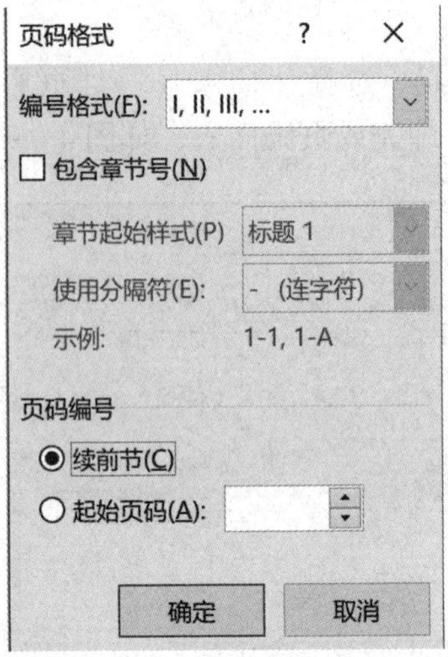

页码格式 ? ×
编号格式(F): I, II, III, ...
包含章节号(N)
章节起始样式(P) 标题 1
使用分隔符(E): - (连字符)
示例: 1-1, 1-A
页码编号
续前节(C)
起始页码(A):
确定 取消

图 4－93 “页码格式”对话框

6. 目录引用

毕业论文需要添加目录，在前面的章节框架设置的基础上，可以自动添加目录。

选择“引用”→“目录”→“插入目录”命令，弹出“目录”对话框，如图 4－94 所示。在封面后添加目录，目录效果如图 4－95 所示。

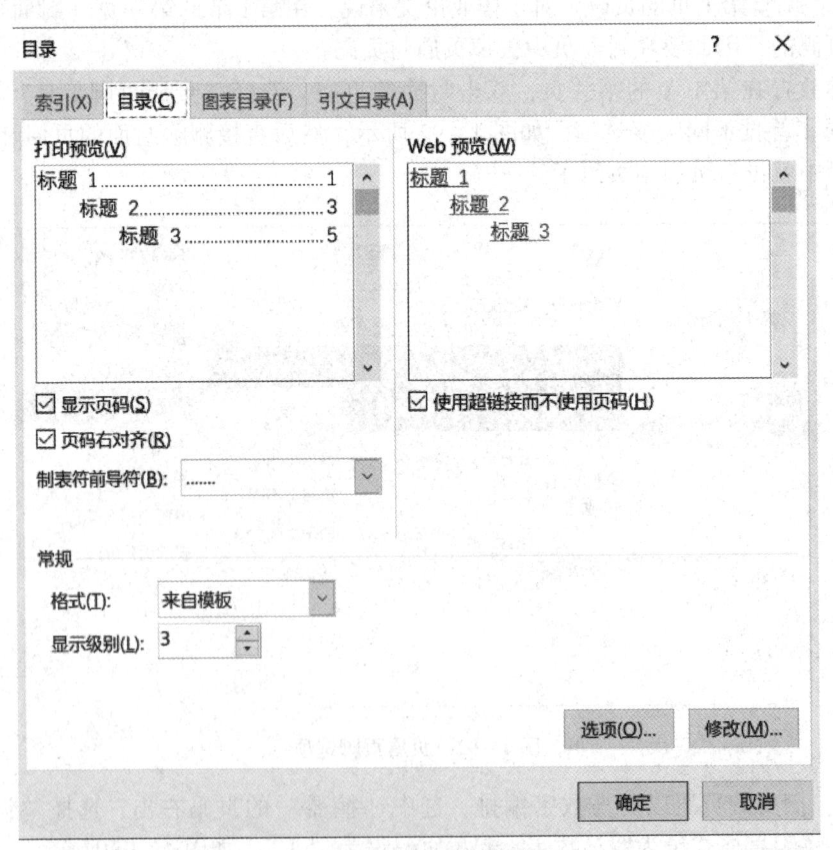

图 4－94 “目录”对话框

目　录

摘要……III

ABSTRACT……IV

第一章　绪论……5

1.1　开发背景及目的……5

1.1.1　题目来源，理论及实际应用意义……5

1.1.2　题目的主要内容及预期达到的目标……5

1.1.3　所用工具、方法及手段……5

第二章 开放平台和技术简介……7

2.1 系统开发相关框架说明……7

2.1.1　统一建模语言 UML……7

2.1.2　.NET 和 C#……8

第三章 系统分析……11

3.1 可行性分析……11

3.1.1　经济可行性……11

致谢……12

参考文献……13

图 4－95　目录效果

说明：需要更新目录时，右击目录，选择“更新域”命令。

7. 细节优化

图表公式都是依靠“插入题注”和“交叉引用”功能完成的，如图 4－96 所示。

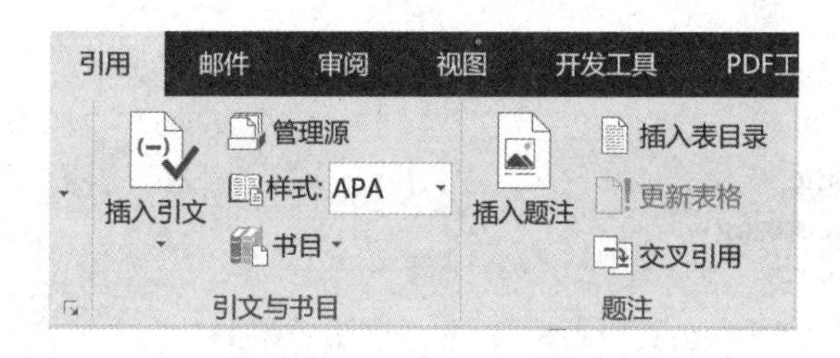

图 4－96　图表的题注设置

8. 审阅与修订

毕业论文往往需要反复修订，于是“审阅”系列工具就很有用。利用“更改”功能区可以直接设置修订内容：“上一条”“下一条”“接受”或“拒绝”，如图 4－97 所示。有时候使用“比较”功能区也可修订，如图 4－98 所示。

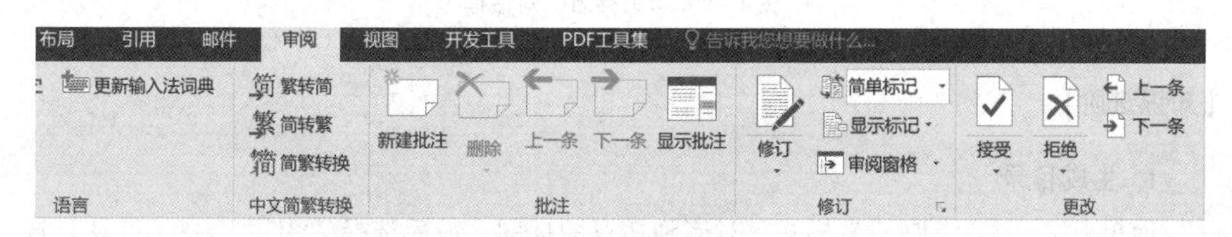

图 4－97　“审阅”选项卡

图 4－98 “比较”功能区

9. 输出与打印

将文件保存为 PDF 格式，如图 4－99 所示，这样生成的 PDF 文件带有完整的书签，便于收藏查阅，同时打印时不至于将格式破坏。其实，要用好 Word 2016，应该注意格式和内容分离，不要用空格对齐上下文。

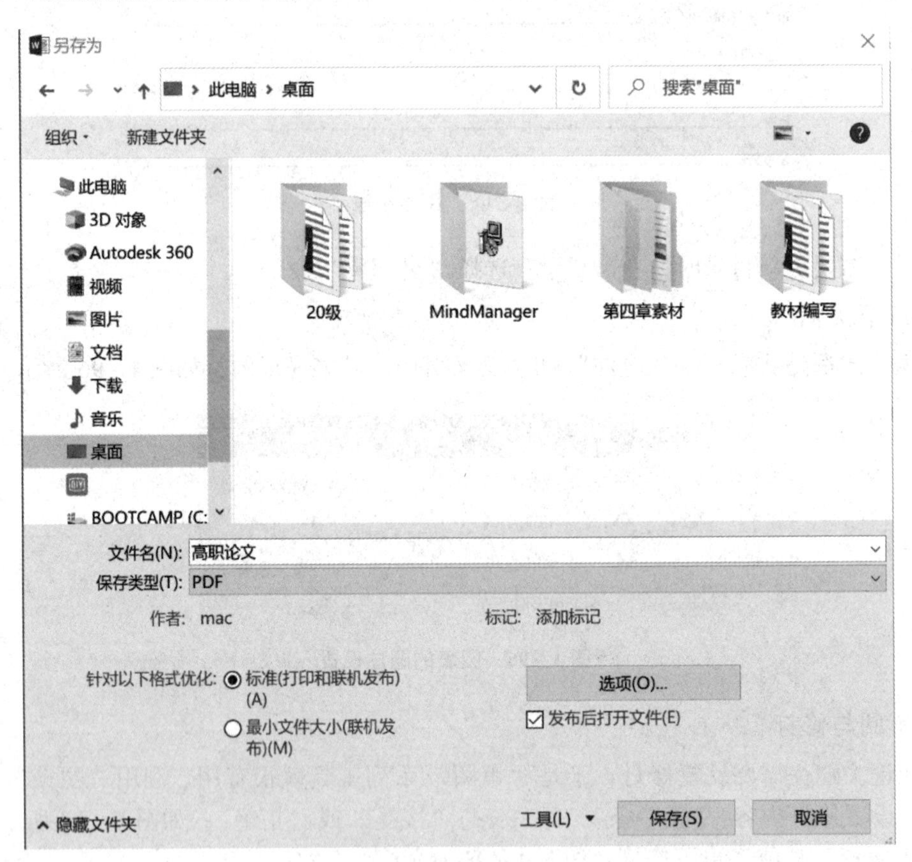

图 4－99 “另存为”对话框

【知识进阶】

1. 生成目录

简单来说，先为标题设置样式，对应到文章的标题，最后选择“引用”→“目录”选项，就可以自动生成目录。具体步骤如下。

（1）选择要生成目录的文章。

（2）利用样式选项设置文章标题格式，同时为段落设置级别，按标题级别选择段落级别，如一级标题选择大纲级别，依此类推。利用设置好的样式，调整文章中对应的标题。

（3）把光标移到要生成目录的位置。

（4）选择“引用”→“目录”→“插入目录”命令，先选择目录要用的模板，启用三级以上标题，设置生成目录的文字格式，完成设置后，单击“确定”按钮，目录就会自动生成。

2. 分节符

在 Word 2016 文档中插入分节符，可以将 Word 2016 文档分成多个部分，每个部分可以有不同的页边距、页眉、页脚、纸张大小等。在 Word 2016 文档中插入分节符的步骤如下。

（1）打开 Word 2016 文档，将光标定位到准备插入分节符的位置，然后切换到“布局”功能区，在“页面设置”分组中单击“分隔符”按钮。

（2）在打开的分隔符列表中，“分节符”区域列出 4 种不同类型的分节符。

①下一页：插入分节符，并在下一页上开始新节。

②连续：插入分节符，并在同一页上开始新节。

③偶数页：插入分节符，并在下一偶数页上开始新节。

④奇数页：插入分节符，并在下一奇数页上开始新节。

根据需要选择合适的分节符。

3. 域

简单地讲，域就是引导 Word 2016 在文档中自动插入文字、图形、页码或其他信息的一组代码。每个域都有一个唯一的名字，它的功能与 Excel 中的函数非常相似。在 Word 2016 中，高级的复杂域功能很难用手工控制，如“自动编程”“邮件合并”“题注”“交叉引用”“索引和目录”等。为了方便用户，9 大类共 74 种域大都以命令的方式提供。

在“插入”菜单中有“域”命令，适合一般用户使用，Word 2016 提供的域都可以使用这种方法插入。只需将光标放置到准确插入域的位置，选择“插入”→“文档部件”→“域”命令，即可打开“域”对话框。

首先在“类别”下拉列表中选择希望插入的域的类别，如“编号、等式和公式”等。选中需要的域所在的类别以后，“域名”列表框会显示该类中所有域的名称，选中要插入的域名（如 AutoNum），则“说明”框中就会显示“插入自动编号”，由此可以得知这个域的功能。对 AutoNum 域来说，只要在“格式”下拉列表中选中需要的格式，单击“确定”按钮，就可以把特定格式的自动编号插入页面；也可以选中已经输入的域代码，右击，然后选择“更新域”“编辑域”或“切换域代码”命令，对域进行操作。

4. 插入和取消超链接

在制作 Word 2016 文档的时候，常常会用到超链接，比如为文字“百度”设置超链接，用户在单击文字“百度”时就会链接到百度网站。打开 Word 2016 文档，输入要设置超链接的文字，比如“百度”，选中该文字，右击，选择“超链接”命令，在地址框中输入百度网址，完成后单击“确定”按钮使超链接生效。返回 Word 2016 文档，可以看到“百度”下面多了一条下划线，这就是设置超链接后的效果。按住 Ctrl 键并单击文字“百度”即可访问超链接。如果想编辑或取消超链接，则选中文字“百度”并右击，在快捷菜单中选择“编辑超链接”或“取消超链接”命令。

5. 添加书签

书签主要用于帮助用户在Word 2016长文档中快速定位至特定位置，或者引用同一文档（也可以是不同文档）中的特定文字。在Word 2016文档中，文本、段落、图形图片、标题等都可以添加书签，具体操作步骤如下。

（1）打开Word 2016文档，选中需要添加书签的文本、标题、段落等内容。切换到“插入”功能区，在“链接”分组中单击“书签”按钮。如果需要为大段文字添加书签，只需将光标定位到目标文字的开始位置即可。

（2）打开“书签”对话框，在“书签名”文本框中输入书签名称（书签名称只能包含字母和数字，不能包含符号和空格），单击“添加”按钮即可。

6. 定义编号格式

在Word 2016的编号格式库中内置有多种编号，用户还可以根据实际需要定义新的编号格式。在Word 2016中定义新的编号格式的步骤如下。

（1）打开Word 2016文档，在“开始”选项卡的“段落”分组中单击“编号”下三角按钮，并在打开的下拉列表中选择“定义新编号格式”命令。

（2）在打开的“定义新编号格式”对话框中单击“编号样式”下三角按钮，在“编号样式”下拉列表中选择一种编号样式，并单击“字体”按钮。

（3）打开“字体”对话框，根据实际需要设置编号的字体、字号、颜色、下划线等项目（注意不要设置“效果”选项），并单击“确定”按钮。

（4）返回“定义新编号格式”对话框，在“编号格式”文本框中保持灰色阴影编号代码不变，根据实际需要在代码前面或后面输入必要的字符。例如，在前面输入“第”，在后面输入“项”，并将默认添加小点删除，然后在“对齐方式”下拉列表中选择合适的对齐方式，并单击“确定”按钮。

（5）返回Word 2016文档，在“开始”选项卡的“段落”分组中单击“编号”下三角按钮，在打开的编号下拉列表中可以看到所定义的新的编号格式。

7. 大纲视图

选择“视图”→“文档视图”→“大纲视图”选项，如图4-100所示，可以切换到大纲视图模式。

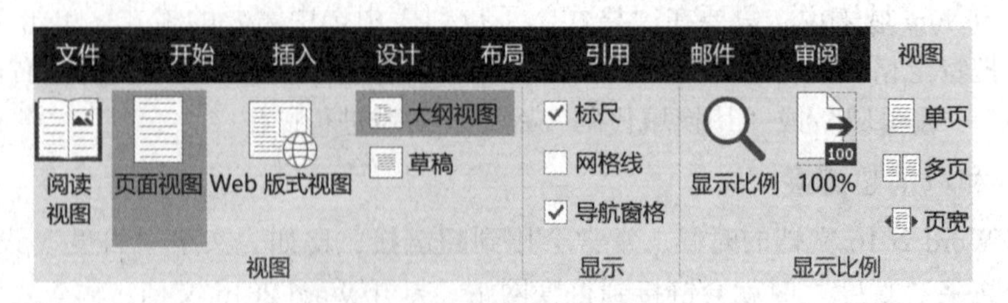

图4-100 “视图”功能区

随后会出现“大纲工具”功能区，如图4-101所示。

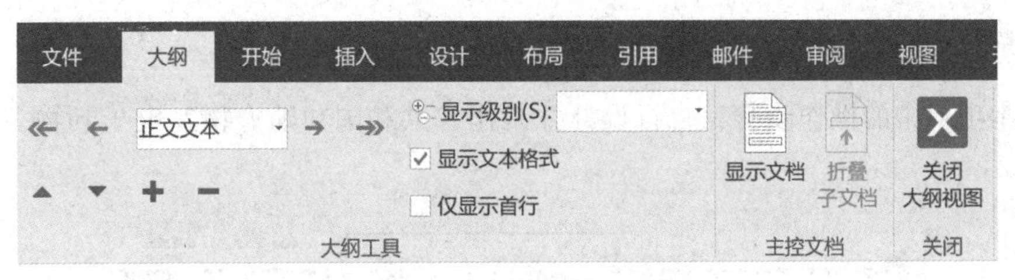

图 4－101　“大纲工具”功能区

大纲视图对于排版有非常重要的作用：一方面，大纲视图可帮助用户制作思维导图，理清文档结构；另一方面，它对于大文档或者团队文档是一个相当有用的工具。

文档的分割如图 4－102 所示。在大纲视图中，选定某个章节，只需要单击“创建”按钮，再保存，文档就会自动分割开来。分开的文档如图 4－103 所示。

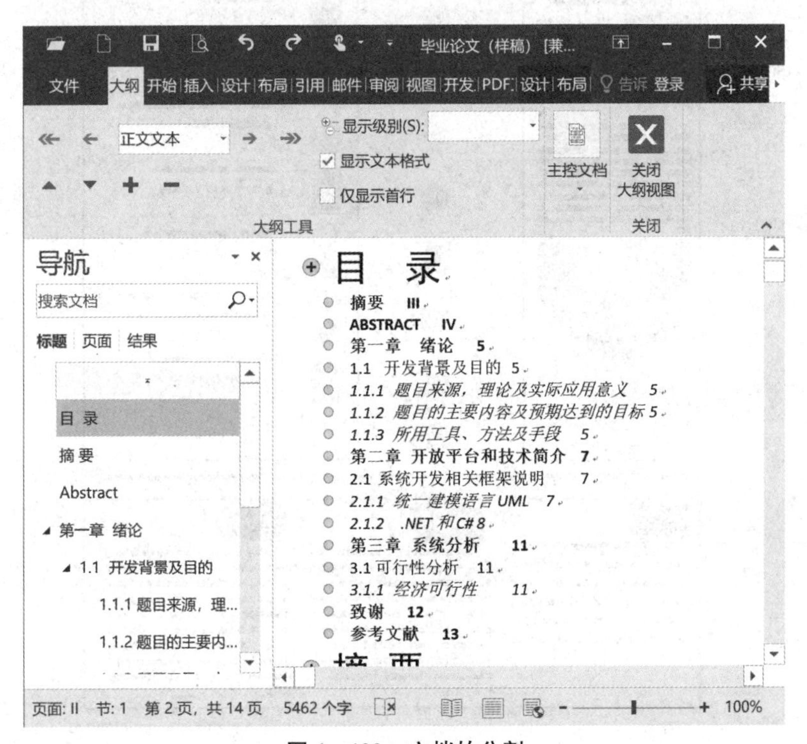

图 4－102　文档的分割

图 4－103　分开的文档

文档分割完毕，单击“取消链接”按钮恢复到原始状态，当然也可以将其他子文档插入。

对于章节编号，如果按照前面所述设置，则新文档的添加并不影响整体的格式及编号自动排序。

【实战演练】

参照本项目中的操作步骤，自行设计并制作“共和国功勋人物”电子刊物，效果如图 4－104 所示。

图 4－104　电子刊物效果

【课后习题】

1. Word 2016 有哪几种显示模式？
2. Word 2016 默认的页面尺寸是 A4，写出制作 B5 尺寸文档的操作步骤。
3. 为一张表格中不同的行和列套上粗细不同的外框，应如何操作？
4. 什么是样式？样式主要有什么作用？

项目五

电子表格处理软件 Excel 2016

5.1 Excel 2016 基础

Excel 2016 是一款功能强大的电子表格处理软件，可以完成许多复杂的数据运算，可用它管理账务、制作报表、对数据进行排序和分析，或者将数据转换为直观的图表等。本项目主要对 Excel 2016 的基本操作、文件操作、工作簿和工作表、表格操作、图表与图形、数据操作、数据打印等相关内容进行详细讲解。

Microsoft Excel 是由微软公司推出的一种电子表格软件，可以进行烦琐的表格处理和数据分析，主要应用于财务管理、工程数据等方面，是微软公司办公软件 Microsoft Office 的组件之一。直观的界面、出色的计算功能和图表工具，再加上成功的市场营销，使 Excel 成为最流行的数据处理软件，其目前最新版本是 Excel 2020。

一、功能

1. 整理数据

整理数据即制作数据表。在收集到数据之后，要进行数据整理，Excel 可将数据以数据表的形式呈现。

2. 处理数据

对数据表中的数据进行处理与分析，可以使用“函数”与“公式”对数据进行复杂的处理与计算。

3. 数据统计分析

在 Excel 中有大量的统计图表，可进行数据的统计分析，从而为决策提供有力的依据。用户可以方便地将数据表生成各种二维或三维图表，如柱形图、条形图、折线图等。

二、基本术语

1. 列标

Excel 中给每一列编的序号，用大写英文字母表示（如 A，B，C，…）。

2. 行号

Excel 中给每一行编的序号，用数字表示（如 1，2，3，…）。

3. 单元格

单元格是组成工作表的最基本单位，它通过对应的行号和列标进行命名和引用。单个单元格地址可表示为“列标+行号”（如A1、B5、C8等），例如第3行第3列的单元格地址为C3。多个连续的单元格称为单元格区域，其地址表示为“单元格：单元格”，如A2单元格与C5单元格之间连续的单元格可表示为A2：C5单元格区域。

4. 活动单元格

活动单元格是当前可以直接输入内容的单元格，在屏幕中表示为用粗黑框围住的区域。

5. 工作表

工作表是用来显示和分析数据的工作场所，它存储在工作簿中。工作表的名称为Sheet1等。工作表是由多个单元格连续排列形成的一张表格。可以随意对工作表进行添加、删除、重命名等操作，在一个工作簿中至少有一张工作表。

6. 工作簿

工作簿就是Excel文件，是用来存储和处理数据的主要文档，也称为电子表格。在默认情况下，新建的工作簿以“工作簿1”命名，若继续新建工作簿则将以“工作簿2”“工作簿3”……命名，且工作簿名称将显示在标题栏的文档名处。Excel 2016创建的工作簿文件扩展名为“. xlsx”。一个工作簿默认带3张工作表，分别为Sheet1、Sheet2、Sheet3。

7. 工作簿、工作表、单元格的关系

工作簿中包含一张或多张工作表，工作表又是由排列成行或列的单元格组成的。在计算机中工作簿以文件的形式独立存在，而工作表依附在工作簿中，单元格则依附在工作表中，因此它们三者之间的关系是包含与被包含的关系。

三、工作界面

Excel 2016工作界面主要由标题栏、快速访问工具栏、控制按钮栏、功能区、名称框、编辑栏、工作区、状态栏组成，如图5-1所示。每一部分还会涉及一些选项卡、命令等，下面对此进行介绍。

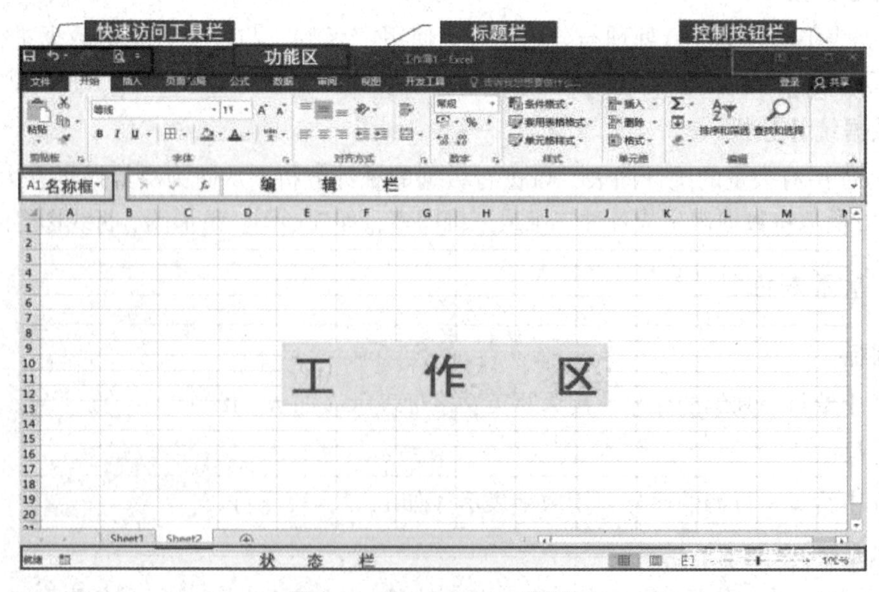

图5-1 Excel 2016工作界面

1. 快速访问工具栏

快速访问工具栏（图5-2）是一个可自定义的工具栏，为了方便用户快速执行常用命令，将功能区选项卡中的一个或几个命令在此区域独立显示，以减少在功能区查找命令的时间，提高工作效率。自定义快速访问工具栏如图5-3所示。

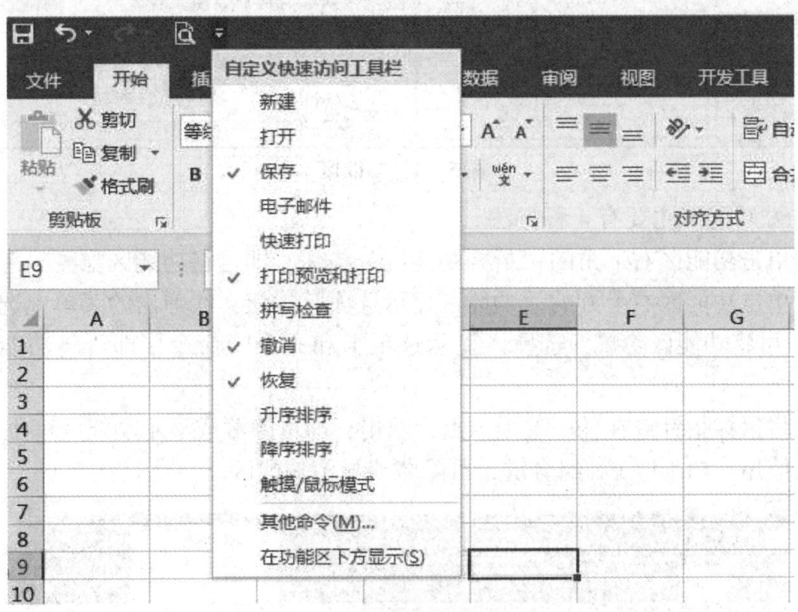

图5-2　快速访问工具栏

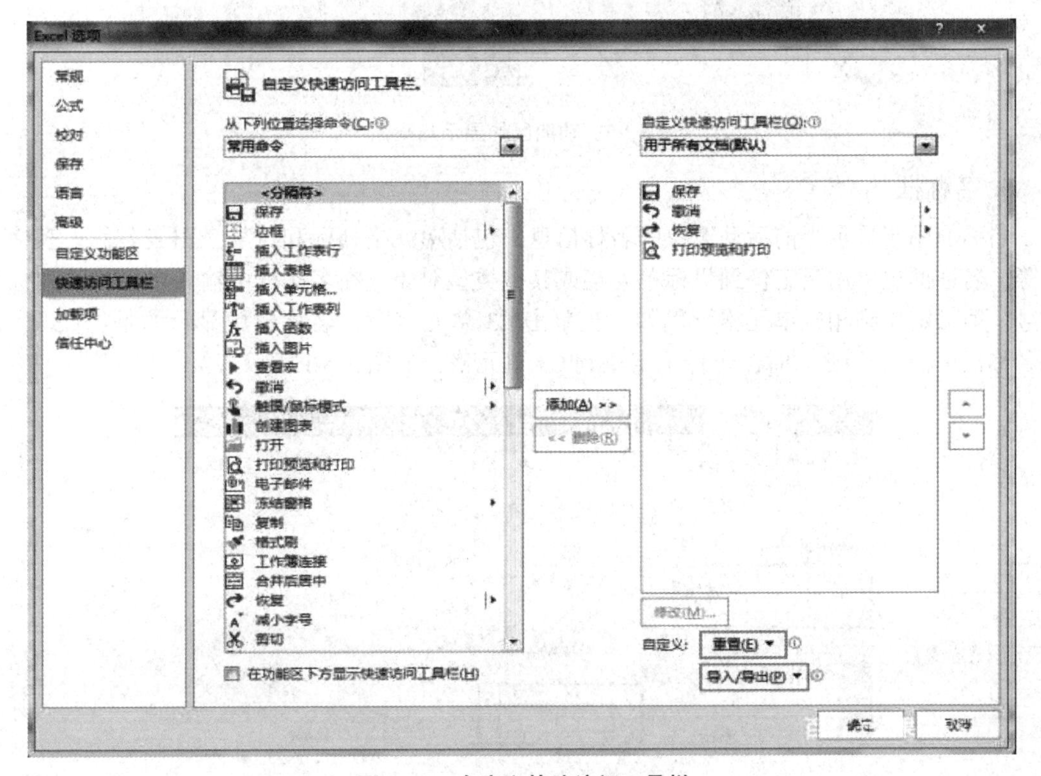

图5-3　自定义快速访问工具栏

2. 功能区

功能区位于标题栏的下方，默认由 9 个选项卡组成，每个选项卡分为多个组，每个组包含多个命令，如图 5－4 所示。

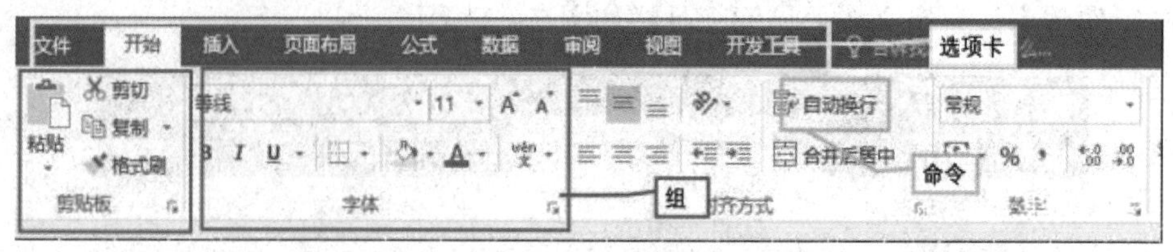

图 5－4　功能区

显示或隐藏功能区主要有 4 种方法。

方法 1：单击功能区右下角的“折叠功能区”按钮，即可将功能区隐藏起来。

方法 2：单击功能区右上方的“功能区显示选项”按钮，在弹出的菜单中选择“显示选项卡”命令，可将功能区隐藏，选择“显示选项卡和命令”命令，即可将功能区显示出来（图 5－5）。

方法 3：将鼠标指针放在任一选项卡上，双击，即可隐藏或显示功能区（图 5－5）。

方法 4：使用“Ctrl + F1”组合键，可隐藏或显示功能区。

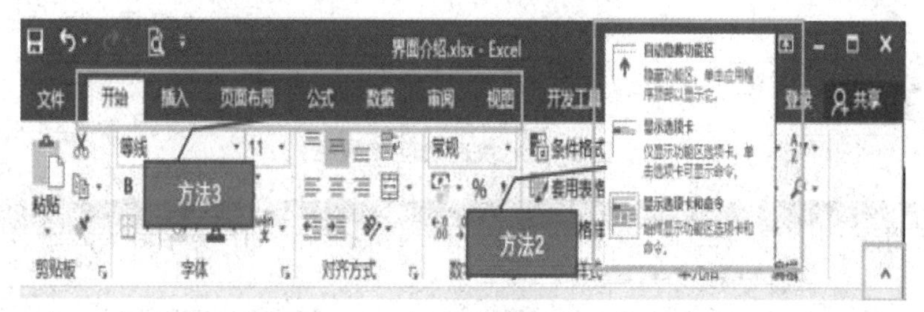

图 5－5　功能区的显示与隐藏

3. 名称框

名称框用于显示当前活动对象的名称信息，包括单元格列标和行号、图表名称、表格名称等。名称框也可用于定位到目标单元格或其他类型对象。在名称框中输入单元格的列标和行号，即可定位到相应单元格。例如：当单击 C3 单元格时，名称框中显示的是“C3”，而在名称框中输入“C3”时，光标也定位到 C3 单元格，如图 5－6 所示。

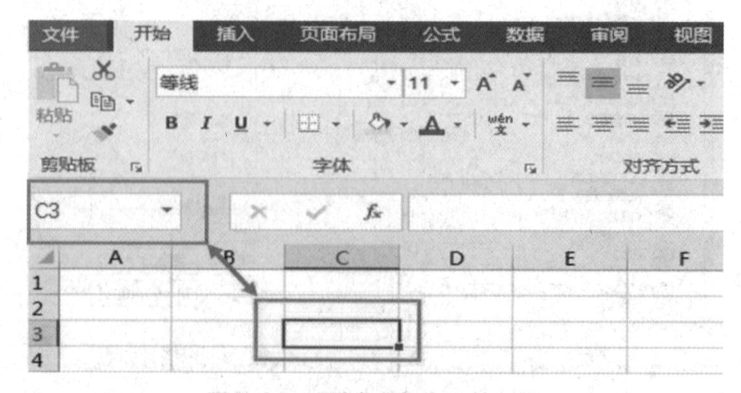

图 5－6　通过名称框定位单元格

4. 编辑栏

编辑栏用于显示当前单元格内容或编辑所选单元格，如图 5－7 所示。

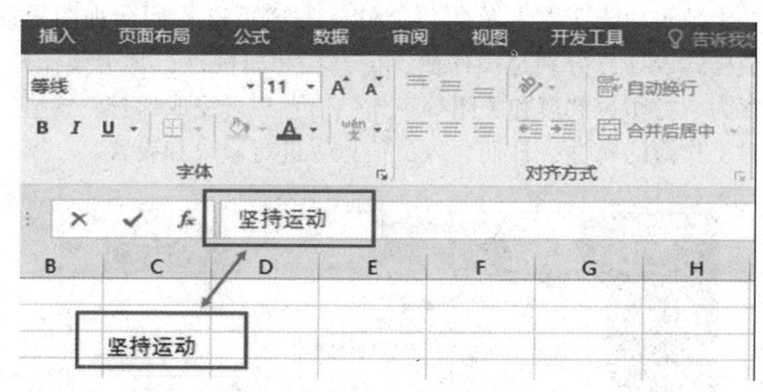

图 5－7　编辑栏

5. 工作表区域

工作表区域用于编辑工作表中各单元格内容，如图 5－8 所示。一个工作簿包含多个工作表。双击工作表名称或右击，可对工作表进行重命名、删除、复制、移动等操作。单击工作表，拖动鼠标，可更改工作表的位置。按 Ctrl 键＋鼠标左键，拖动鼠标，可复制选中的工作簿。

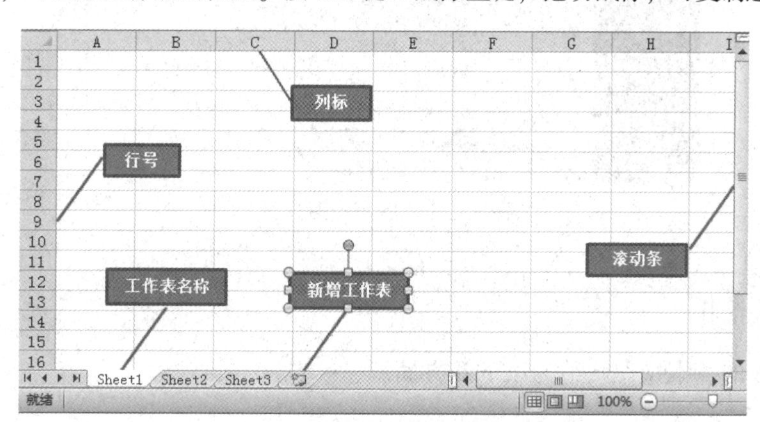

图 5－8　工作表区域

6. 状态栏

状态栏用于显示当前的工作状态，包括公式计算、选中区域的汇总值、平均值、当前视图模式、显示比例等，如图 5－9 所示。

年度	粉丝数量	年度净增计划
2019年	1000	1000
2020年	30000	29000
2021年	100000	70000
2022年	500000	400000
2023年	1000000	500000

当前状态　选中区域汇总值等　视图快捷键　显示比例

Sheet1　Sheet2　Sheet3

就绪　平均值: 200000　计数: 6　求和: 1000000　100%

图 5－9　状态栏

如需更改状态栏的显示内容，将光标放在状态栏中，右击，即可自定义状态栏。

7. 后台视图

在 Excel 2016 中单击功能区左上角的“文件”按钮可进入后台视图界面（图 5－10）。后台视图采用三栏样式设计，分别是操作栏、信息栏和属性栏，其中操作栏可以完成新建、打开、保存、另存为、打印、共享和关闭等工作；信息栏可完成保护、检查、管理工作簿等工作；属性栏可对工作簿的属性、日期、人员信息等进行修改和设置。

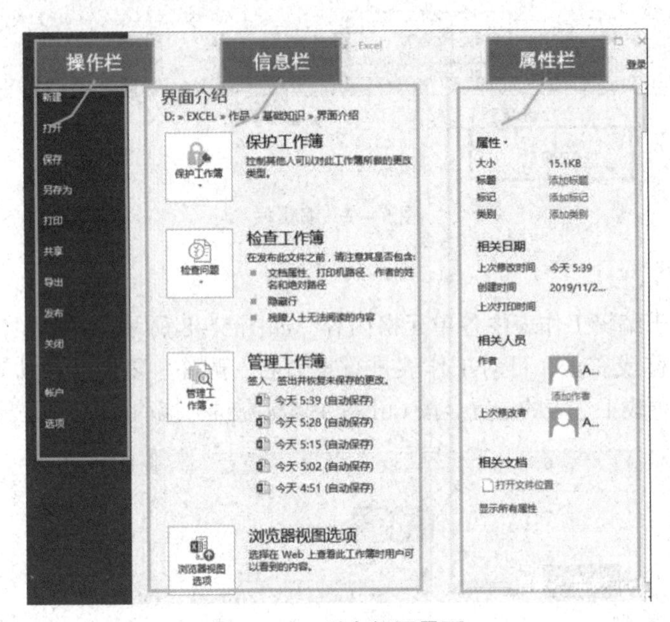

图 5－10　后台视图界面

四、基本操作

Excel 2016 的基本操作归纳为以下几方面。

1. 启动

（1）选择“开始”→“程序”→“Microsoft Excel 2016”选项；

（2）双击桌面上的快捷方式；

（3）双击扩展名为“. xlsx”的文件。

2. 退出

（1）按“Alt + F4”组合键；

（2）直接单击标题栏中的“关闭”按钮；

（3）选择“文件”→“退出”命令；

（4）双击标题栏中的“控制图标”按钮。

3. 行的选择

将鼠标指针移到该行的行号上，鼠标指针会变成向右的黑色箭头，如图 5－11 所示。

此时单击，可以选中该行；按住鼠标左键向下拖，可以选中连续的若干行；按住 Ctrl 键

不松开，再单击行标，可以选择不连续的若干行；按住 Shift 键不松开，单击选择行的起始行与结束行，可以选择连续的若干行。

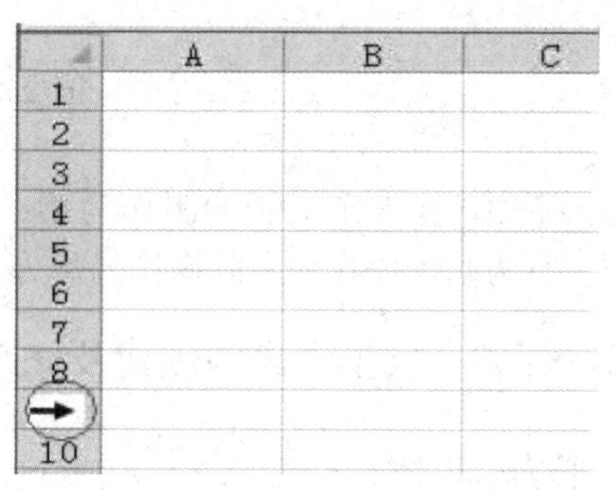

图 5－11　行的选择

4. 列的选择

将鼠标指针移到该列的列标上，鼠标指针会变成向下的黑色箭头，此时单击，可以选中该列；按住鼠标左键向左或向右拖，可以选中连续的若干列；按住 Ctrl 键不松开，再单击列标，可以选择不连续的若干列；按住 Shift 键不松开，单击选择列的起始列与结束列，可以选择连续的若干列。

5. 保存工作簿

选择“文件”→“保存”命令可以实现保存操作，在工作中要注意随时保存工作成果。

在“文件”菜单中还有一个“另存为”命令。对于已经保存过的工作簿，如果再使用“保存”命令就不会弹出“保存”对话框，而是直接以原文件名保存到原位置。有时希望对当前工作簿做一个备份，或者不想改动当前的工作簿只是想把所做的修改保存到另外的工作簿中，这时就要用到“另存为”命令。选择“文件”→“另存为”命令，弹出“另存为”对话框，如图 5－12 所示。这个对话框“保存”对话框是相同的，即如果想把文件保存到某个文件夹中，则在“保存位置”下拉列表中选择相应目录，进入对应的文件夹，在“文件名”文本框中输入名称，单击“保存”按钮，这个文件就保存到指定的文件夹中了。

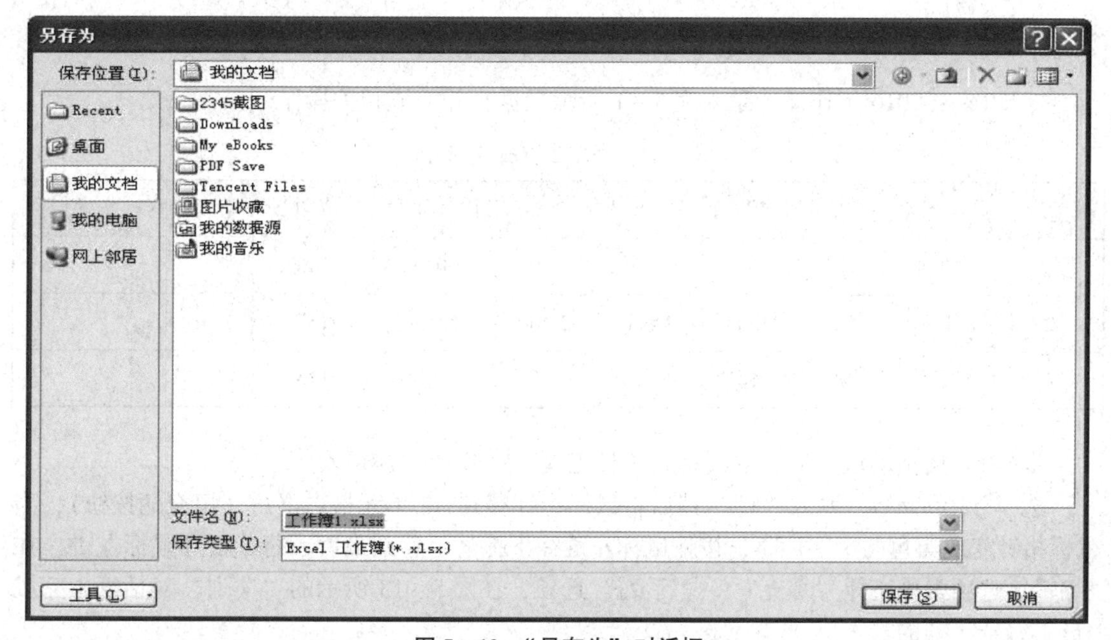

图 5－12　“另存为”对话框

5.2 企业工资表的创建及修改

下面以企业工资表的制作为例，介绍 Excel 2016 中数据的录入、编辑、修改等基本操作，分为基本操作和进阶操作的部分。

任务一 工资表的创建及修改

任务描述

工资表的创建及修改是数据处理的基础。请根据表 5－1 制作一个 Excel 2016 表格并保存。

任务目的

通过本任务的练习，掌握 Excel 2016 表格创建的基本步骤和数据格式的修改方法。

知识点介绍

(1) 单元格的数据类型、对齐方式、边框、底纹的设置；
(2) 表格标题的合并居中的设置；
(3) *N* 行/*N* 列的插入、删除；
(4) 行高、列宽的设置；
(5) 工作表的重命名、复制、移动、删除；
(6) 条件格式的设置和删除。

操作步骤

打开 Excel 2016 工作簿，录入表 5－1 所示数据，并完成相关操作。

表 5－1 员工工资表（部分） 元

员工编号	员工姓名	性别	所在部门	基本工资	奖金	住房补助	车费补助	应发工资	实发工资
1	袁振业	男	人事科	966	1 000	200. 60	146		
2	石晓珍	女	人事科	1 030	2 400	155. 20	155		
3	杨圣滔	男	教务科	1 094	1 200	160. 80	176		

步骤 1：用拖动填充柄的方法完成“员工编号”列的数据录入。

选择 A2 单元格，输入“1”，然后将鼠标指针移到 A2 单元格右下角（填充柄按钮），当鼠标指针变成黑色的十字形时，按住鼠标左键往下拖动，直到最后一行，松开鼠标左键，在“编辑”选项卡中选择“填充”→“系列”选项，在图 5－13 所示的“序列”对话框中完成“员工编号”列的输入。

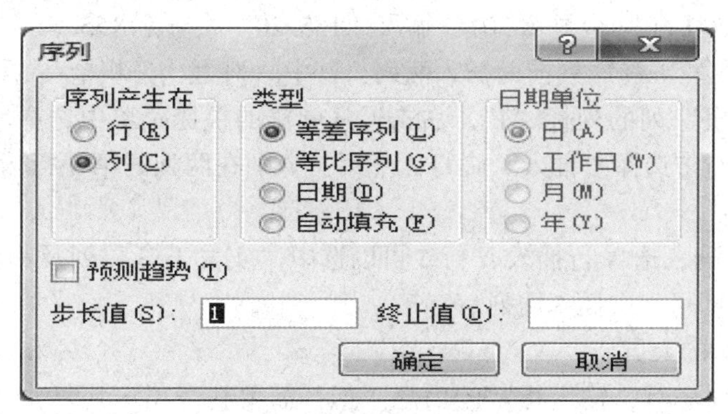

图 5-13 “序列”对话框

步骤 2：设置“基本工资”列的格式——在数字前添加货币符号￥，显示两位小数。

单击“基本工资”列的列标“E”，单击“开始”选项卡上“常规”旁的下三角按钮，选择“货币”格式，如图 5-14 所示。

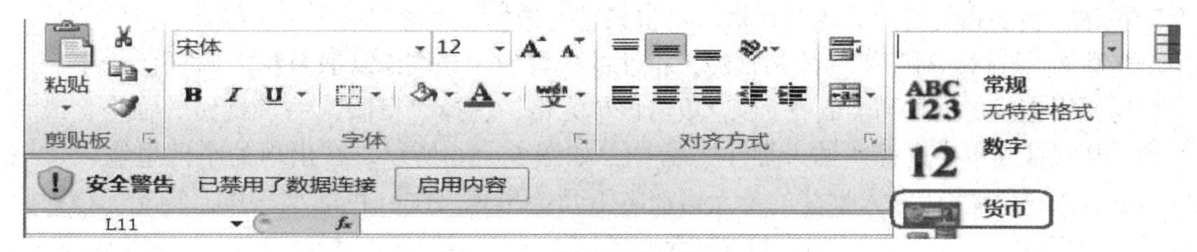

图 5-14 选择“货币”格式

注意事项

若要添加其中的货币单位，或其他要求的小数点位数，右击，选择“设置单元格格式”命令，会出现更多选项。

如果选择“开始”→“常规”下拉列表中的“其他数字格式”，将弹出图 5-15 所示的对话框，在这个对话框中，数值类型的设置更加丰富，用户可根据实际情况进行设置。

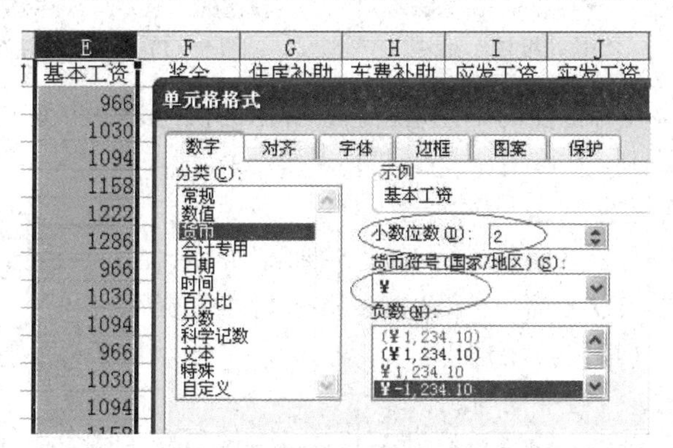

图 5-15 货币型数据设置界面

步骤 3：住房补助用整数显示，即不显示小数点。

选择“住房补助”列的数字部分，在步骤 2 的“常规”下三角按钮下面有“添加小数点位数”“减少小数点位数”按钮，单击即可。可以看到这个操作的结果，数值是四舍五入

显示的，如输入“200.60”会显示201，输入“155.20”会显示155。

步骤4：在“实发工资”列前面插入两列，其中一列为“公积金”，另一列为“税款”。

选择“实发工资”列的列标“J”，右击，从弹出的快捷菜单中选择“插入”命令，在新插入的列上，再右击选择“插入”命令。然后，分别在两列的第一行输入标题“公积金”“税款”。

选*N*列插入*N*列，选*N*行插入*N*行。可以选中“实发工资”列及其后面一列，右击选择“插入”命令，即可一次插入两列。

步骤5：调入新的人员。

在表格末尾新建一行，输入指定的信息。如：需要在表格末尾增加一行，输入“高小雨”，“所在部门”是“教务科”，其他数据随意。

步骤6：有员工调走时需要将此员工的信息删除。

如人事科袁振业已离岗，则需要删除该员工的所有信息。选择“开始”→“查找与选择”→“查找”命令，在弹出的对话框中输入查找内容“袁振业”，然后单击“查找下一个”按钮，找到相关行后关闭对话框，右击该行，选择“删除”命令。

步骤7：给财务科石平和添加批注，批注的内容为“该同志从教务科借调”。

同样用查找功能找到“石平和”，单击该单元格，选择“审阅”→“批注”命令；或者右击，从快捷菜单中选择“插入批注”命令，如图5-16所示。在出现的小框里输入“该同志从教务科借调”。输入批注的单元格在右上角会出现一个红色的小三角，将光标移到此处，才会将批注显示出来，如图5-17所示。

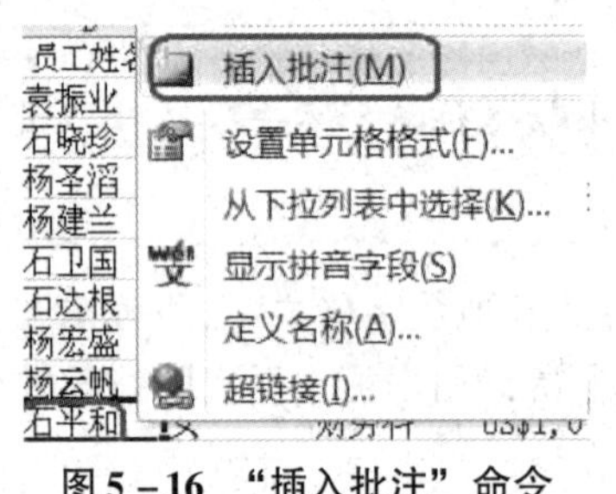

图5-16 “插入批注”命令

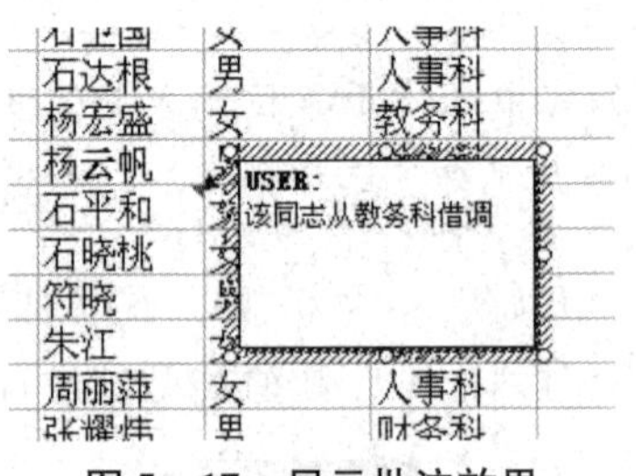

图5-17 显示批注效果

插入批注后，再次在有批注的单元格右击，弹出的快捷菜单将变成图5-18所示，在此可以对批注进行编辑处理。

步骤8：输入表格标题。

选择第一行和第二行，然后右击，选择“插入”命令，可以完成插入两行的操作。在第一行输入表格标题“工资表”，在第二行输入“（单位：元）”。

步骤9：表格标题进行居中处理。

通过选择合适的单元格，将表格标题合并后进行居中处理。选择第一行中的A1：J1单元格区域，即与表格等宽的所有单元格，单击“对齐方式”功能区的“合并后居中”按钮即可，如图5-19所示。

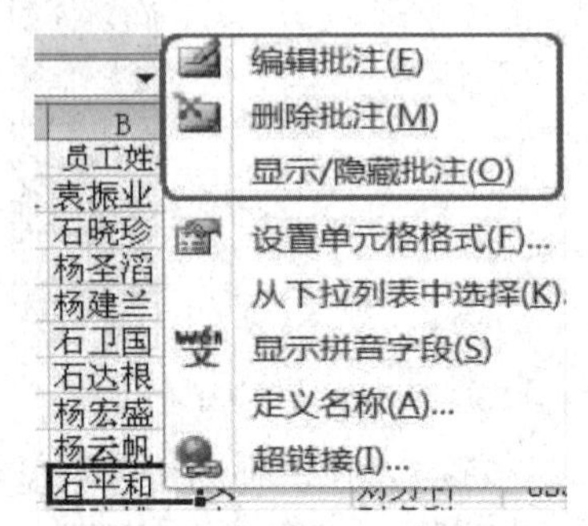

图5-18 对批注进行编辑处理

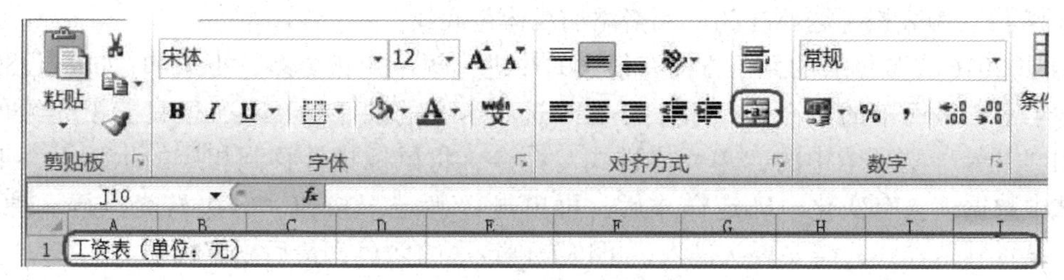

图 5-19　单元格合并后居中

步骤 10：设置表格标题的格式。

选中表格标题，选择第一行，直接在“开始”选项卡中设置为黑体、22 号字，如图 5-20 所示。

步骤 11：设置行高。

选择需要设置行的行号，选择“开始”→“格式”→“行高”选项，如图 5-21 所示，调整该行行高为 30 即可完成设置操作。

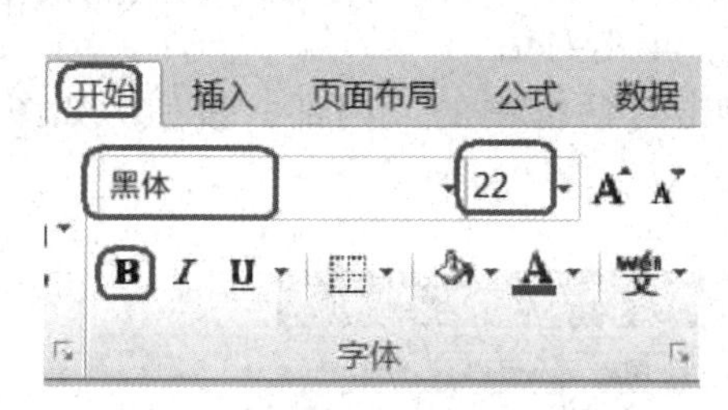

图 5-20　设置单元格字体和字号

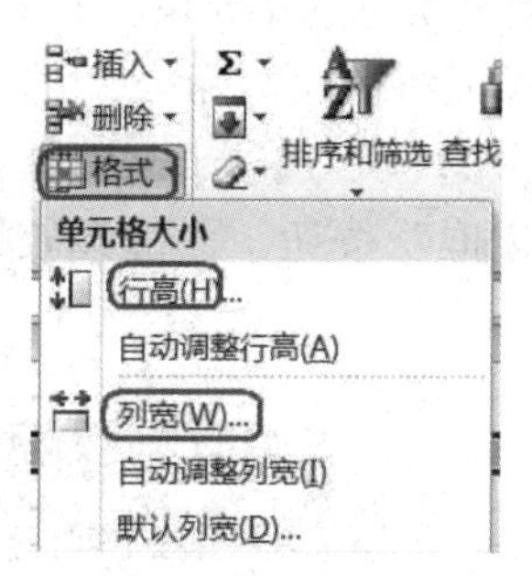

图 5-21　选择“行高”选项

虽然“开始”选项卡中有调整行高和列宽的命令，但使用鼠标右键更方便，可通过右键快捷菜单进行行高的设置。选中该行，然后右击，从弹出的快捷菜单（图 5-22）中选择“行高”选项，即可弹出图 5-23 所示的对话框，在“行高”文本框中输入数值“30”即可。

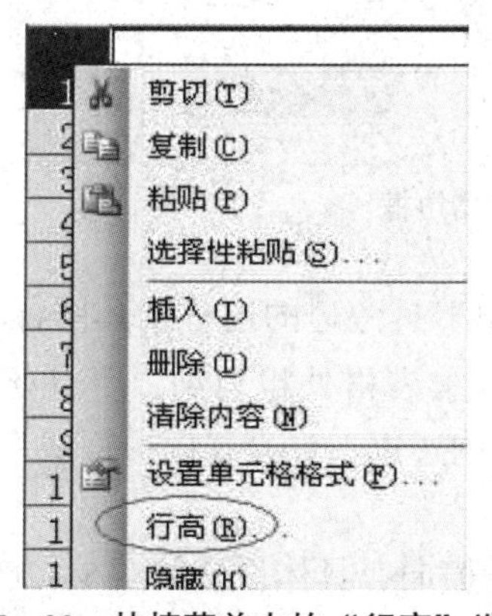

图 5-22　快捷菜单中的“行高”选项

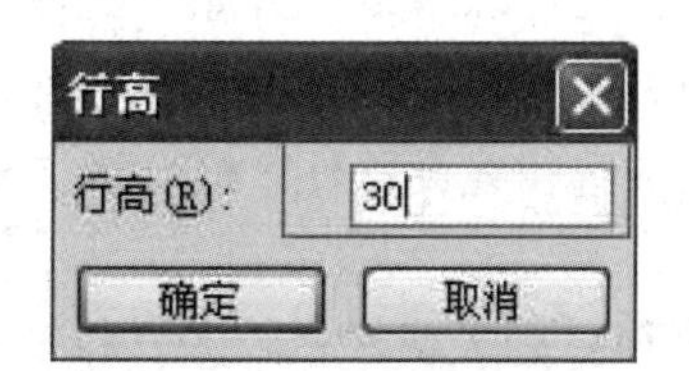

图 5-23　“行高”对话框

尽量使用精确的数字调整行高和列宽的值，也可以通过鼠标拖动进行调整。方法是将鼠标指针移到行号处（行与行的分隔线处），当鼠标指针变成 4 个方向的黑色箭头时，拖动鼠标即可。调整列宽的方法类似。

步骤12：为表格标题所在的单元格添加浅蓝色底纹。

Excel 2016在数据表的颜色方面有很大的改进，颜色变化更多、更柔和，进行设置的命令也很丰富。最简单的填充可以用“开始”选项卡中的油漆桶工具，但只能填充纯色。也可以用“开始”选项卡中的“单元格样式”命令，将鼠标指针移到相应的示例上，工作表中的选中数据就会有变化，确定样式后，再单击“确定”按钮。一次只能执行一种样式，若还要设置其他样式，需要再次进入。可以先确定底纹颜色，最后确定标题。

右键快捷菜单中的“设置单元格格式”命令包含了油漆桶的所有功能，而且能填充渐变色。选中标题行与表格等宽的单元格，右击，从快捷菜单中选择“设置单元格格式”命令，在弹出的图5－24所示的对话框中选择“填充”选项卡，再选择相应颜色。

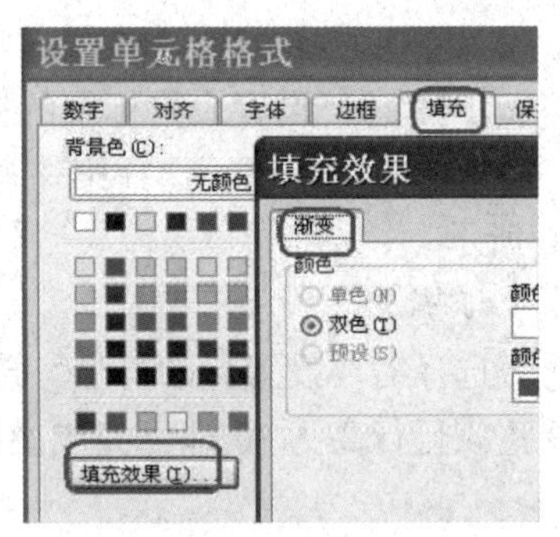

图5－24　单元格底纹填充

步骤13：设置表格边框。

设置表格边框，要求边框为“外粗内细”，颜色为蓝色系列。选中带有数据的单元格，右击，从弹出的快捷菜单中选择“设置单元格格式”命令，在“设置单元格格式”对话框中选择“边框”选项卡，选择蓝色、粗线，单击对话框中的“外边框”按钮，再选择较细的线，单击对话框中的“内部”按钮，如图5－25所示。

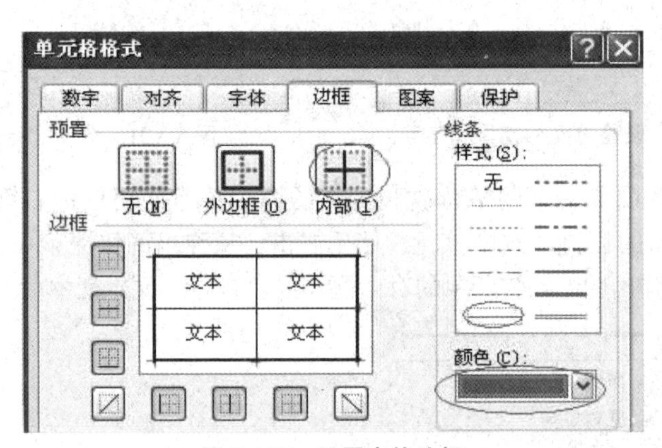

图5－25　设置表格边框

同样，也可以单击“开始”选项卡中的油漆桶工具旁边的边框工具图标 ，从弹出的下拉列表中选择“其他边框”命令进行设置。要求表格外粗内细，所以要分两步进行设置，第一步选粗线设置外边框，第二步选细线设置内边框，先设置内边框或先设置外边框都可以。

步骤14：因表格栏目较多，将纸张方向设置为横向，具体设置如图5－26所示。也可通过调整页边距和表格列宽，尽量让表格所有栏目在一页显示。图5－27中的粗线在普通视图中是分页的表示，表示表格较宽，需要两页才能显示完毕。单击窗口右下方的“页面布局”按钮，可以很直观地看到两页显示的情况。在此处，将纸张方向设置为横向。

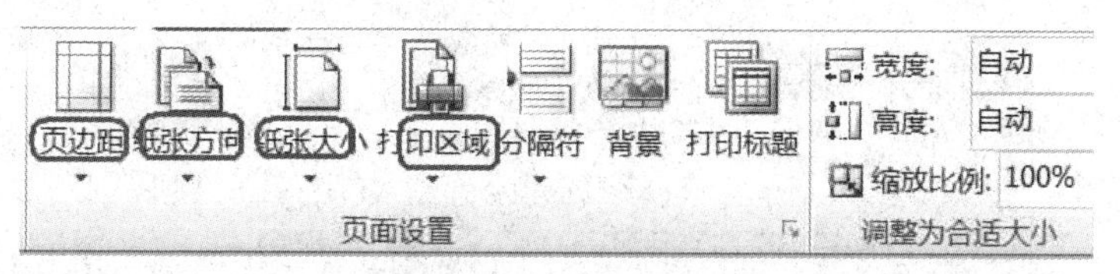

图 5－26　页面布局

工资表（单位：元）									
员工编号	员工姓名	性别	所在部门	基本工资	奖金	住房补助	车费补助	应发工资	实发工资
1	袁振业	男	人事科	US$966.0	￥1,000.00	200.6	146.0		
	石晓珍	女	人事科	US$1,030.0	￥2,400.00	155.2	155.0		
	杨圣滔	男	教务科	US$1,094.0	￥1,200.00	160.8	176.0		
	杨建兰	女	教务科	US$1,158.0	￥4,200.00	205.0	187.0		

图 5－27　页面布局显示效果

在图 5－26 中，选择“纸张方向”→“横向”选项，单击“页边距”按钮，弹出图 5－28 所示的下拉列表，可选择已经设置好的相关格式，也可以选择“自定义边距”选项，弹出图 5－29 所示对话框。一般左边距要大于右边距，上边距要大于下边距，以便于装订。

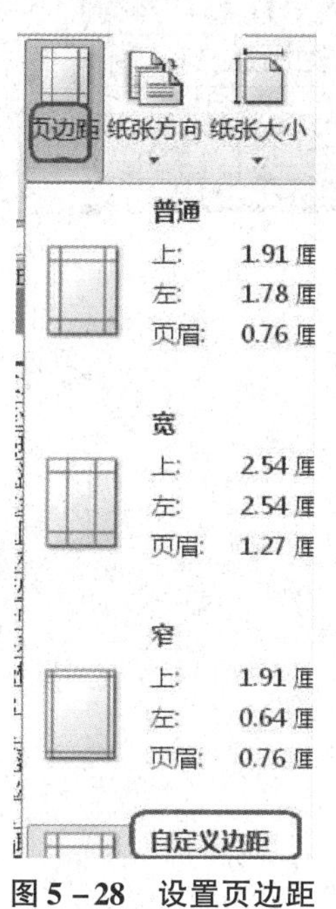

图 5－28　设置页边距

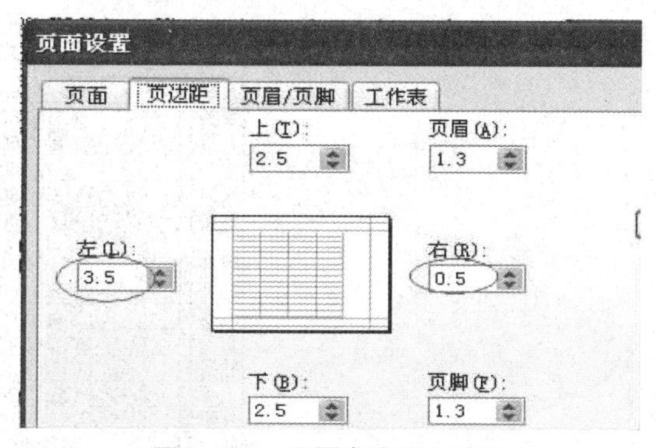

图 5－29　设置自定义页边距

步骤 15：将基本工资为 1 000～2 000 元的数据用红色显示出来。选中“基本工资”列，在“开始”选项卡中选择“条件格式”选项，按图 5－30 所示进行选择，然后在弹出的对话框中分别输入“1 000”“2 000”，如图 5－31 所示。

单击图 5－31 中的“确定”按钮，即设置完成，选中的数据区域中所有在 1 000～2 000 范围内的数据均变成红色，如图 5－32 所示。

注意事项

当数据表的数据发生变化时，比如不在 1 000～2 000 的范围内时，红色会自然消失，直到条件符合，红色又会自动显示出来。

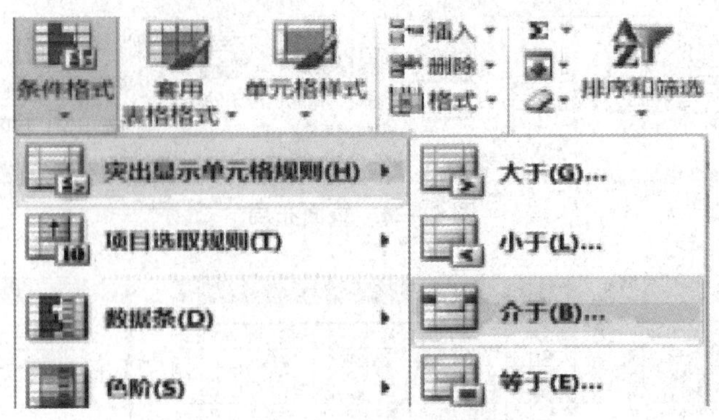

图 5-30　选择条件格式

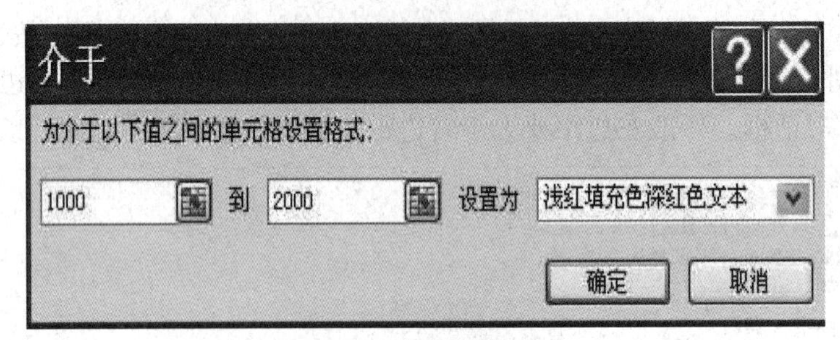

图 5-31　设置条件格式

工资表（单位：元）

所在部门	基本工资	奖金	住房补
人事科	966	100000	200.
财务科	966	280000	265.
人事科	1030	200000	200.
教务科	1094	260000	155.
人事科	1158	280000	160.
财务科	1222	300000	205.
财务科	966	150000	265.
教务科	1030	300000	155.
人事科	1030	240000	155.
教务科	1094	120000	160.
教务科	1158	420000	205.
人事科	1222	80000	265.
人事科	1286	270000	200.
教务科	966	290000	155.

图 5-32　条件格式设置效果

步骤 16：将 Sheet1 命名为“工资表”，并将该表复制一份，命名为“工资表备份”，放在 Sheet2 前面，将 Sheet2 删除。

【知识进阶】

对工作表的操作包括移动、复制、重命名、删除，基本都可以用右键快捷菜单来完成。

（1）工作表的重命名：在需要重命名的工作表上双击，出现黑色的底纹后，输入新工作表名即可。本例中，将 Sheet1 的名称改为“工资表”。

（2）工作表的移动：按住鼠标左键拖动某个工作表到指定位置即可。

(3) 工作表的复制：在按住 Ctrl 键的同时，按住鼠标左键，拖动需要复制的表到指定位置，松开鼠标左键再重命名即可，如给副本重命名为“工资表备份”。在拖动的过程中，在鼠标指针附近会出现一个小页面，内有一个加号，表示复制。

(4) 工作表的删除：选择指定的工作表，右击，选择“删除”命令。本任务中将 Sheet2 删除。

【说明】

(1) 为什么此处放一个没有什么用的 Sheet2，最后又将其删除呢？这里是想说明一个问题：Excel 2016 工作簿中的工作表，每一张都可以不同。

(2) 给工作表重命名的操作非常重要，若没有进行重命名的操作，即使其他操作都完成了，由于计算机找不到重命名后的工作表，在要求重命名的工作表中的操作都白做了。

上述步骤完成了 Excel 2016 表格的常用操作，可以根据实际应用完成基本的电子表格格式设置等效果。

任务二　数据录入技巧

任务描述

在工资表的创建及修改过程中，如何保证数据录入的准确性和效率？在本任务中通过实例来进一步学习。

任务目的

通过本任务的练习，掌握 Excel 2016 数据表创建过程中涉及的一些技巧和技能。

知识点介绍

(1) 长数字的输入；
(2) 同值数据的批量输入；
(3) 等差数列或等比数列的产生；
(4) 行的互换、列的互换；
(5) 行或列的冻结。

操作步骤

步骤 1：查找名为“石卫国”的人，并将其改为自己的姓名。通过“编辑”菜单的查找功能，找到“石卫国”这个单元格后，在其中直接输入新的内容。

在 Excel 2016 中，单击单元格，输入的内容为完全替换原内容；双击单元格，会出现一个光标，可以修改原内容。

步骤 2：在表中“姓名”列后面插入一列，名为“身份证”，输入每个人的身份证号。

提示：输入长数字，数字会自动变成科学计算法的形式，若在录入前将该列的格式设为“文本”，将输入的数字当作文字看待，就不会出现这个问题。选中“身份证”列，在“开始”选项卡中选择“常规”→“文本”选项，然后将鼠标指针移动到单元格中，再输入身份证号码。先输入英文状态下的单引号字符，然后再输入长数字，这样也可顺利输入长数字。

步骤3：在“公积金”列产生初始值为200、步长为20的等差数列。

在“公积金”栏目下的单元格输入初始值200，再将鼠标指针移到该单元格右下角，当变为十字形时，按住鼠标右键向下拖动，拖到该表最后一个单元格，松开鼠标右键，在弹出的快捷菜单中选择“序列”选项，在出现的对话框中单击“等差数列”单选按钮，在“步长值”文本框中输入“20”，单击“确定”按钮即可，如图5－33所示。

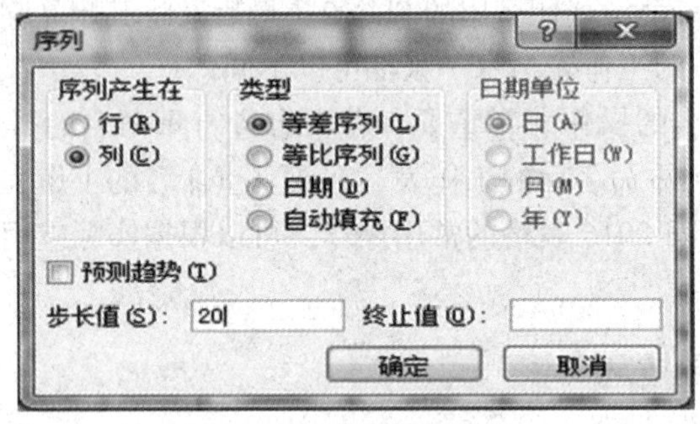

图5－33 “序列”对话框

注意事项

执行了填充柄一拖到底的操作时，填充柄带有复制功能，会破坏外边框的粗线，此时可以选择“开始”选项卡中的“框线”命令，将线型、颜色调好后，在最下边的边框线破损处画一下，即可修复。

步骤4：将所有姓“石”的员工的税款都改为20，其他的设为30。按住Ctrl键，单击表中姓“石”的员工对应的税款的单元格，如图5－34所示。松开Ctrl键，输入“20”，然后再按住Ctrl键，按Enter键，可以一次在多个单元格中输入相同的内容。

步骤5：将教务科的两个人的数据放到人事科“石达根”的后面，将所有人员的“编号”重新设置。选中表中第三和四个员工，她们是教务科的员工，选中该两行，右击，选择“剪切”命令，选中“石达根”后面的行，右击，从快捷菜单中选择“插入已剪切的单元格”命令，如图5－35所示。插入类命令都是将对象插到当前行或列的前面。

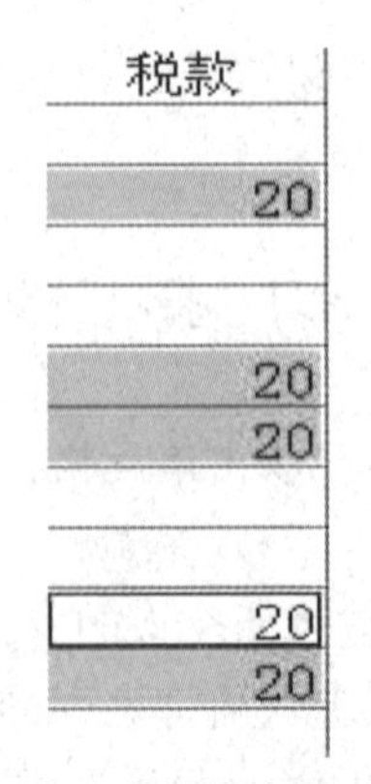

图5－34 在多单元格中同时输入数据

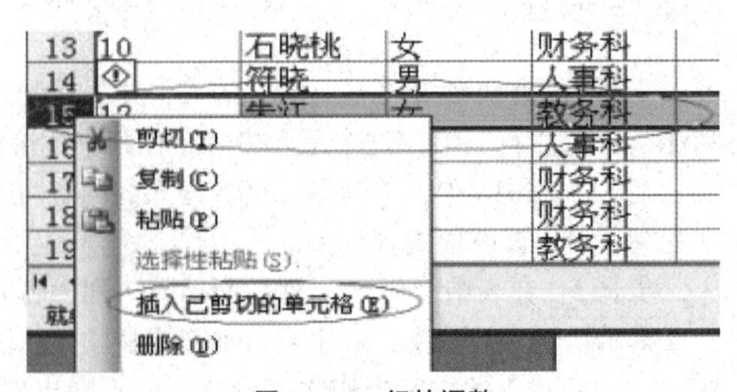

图5－35 行的调整

步骤6：将“姓名”列与“所在部门”列互换。选中“所在部门”列，右击，选择“剪切”命令，再选中“姓名”列，右击，选择“插入已剪切的单元格”命令。

步骤7：将表的栏目头和表的“姓名”列冻结。选中某个单元格，该单元格为表的栏目头的下一行和“姓名”列的下一列交叉的单元格，然后选择“视图”选项卡中的“冻结窗格”命令，如图5－36所示。

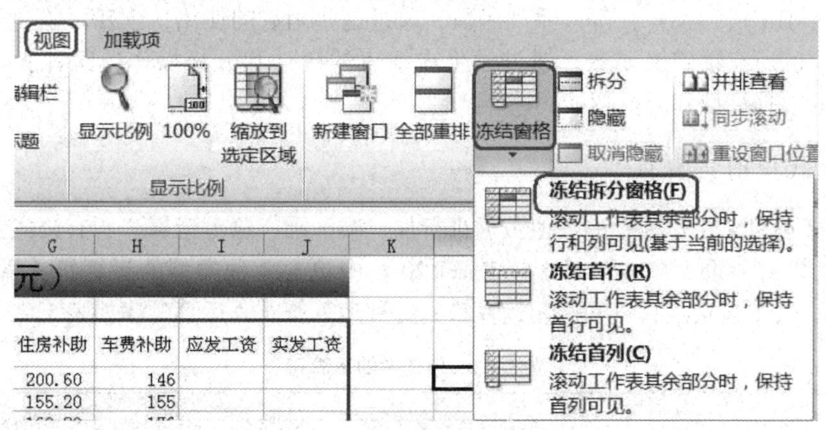

图5－36　“冻结窗格”命令

注意事项

当表中记录很多时，往下、往右拖动窗口中的滚动条只能看到数字，而看不到这些数字是哪个员工的，代表的是费用，这时“冻结窗格”命令就起作用了，它可以将栏目头和“姓名”列冻结在屏幕上，不会随着表格内容的滚动而消失。

选择从哪个单元格执行“冻结窗格”命令需加以分析。对某单元格执行“冻结窗格”命令，将会冻结该单元格的前一行和前一列。

【实战演练】

打开Excel 2016，在Sheet1中完成图5－37所示的表格框架的输入和设置。

员工工资表

编号	姓名	部门	应发金额													应扣金额									实发工资(元)	签字
			基本工资				绩效工资			加班栏					应发合计(元)	代缴费用			请假栏		迟到栏		其他扣款(元)	应扣合计(元)		
			岗位工资	全勤奖	补助	合计(元)	绩效标准	比例	合计(元)	平时加班		假日加班		合计(元)		社保(元)	住房公积金(元)	个税(元)	天数(天)	扣款(元)	迟到(次)	扣款(元)				
							业务量(元)	%		工时(h)	金额(元)	工时(h)	金额(元)													
1																										
2																										
3																										
4																										
5																										
6																										
7																										
8																										
9																										
10																										
11																										
12																										
13																										
14																										
15																										
16																										
17																										
分栏合计																										

复核：　　　　　　　　出纳：　　　　　　　　制表：

图5－37　员工工资表制作练习

5.3　利用 Excel 2016 的计算功能解决实际问题

统计和分析数据以及将数据转换为图表，在 Excel 2016 中都是最常用的操作，也是 Excel 2016 的核心功能之一。在学生成绩表的处理中会使用到 SUM( )、AVERAGE( )、MIN( )、COUNTIF( )、IF( )、AND( ) 等一系列函数，通过这些函数的使用，读者可以学会如何使用 Excel 2016 中的所有预定义函数。通过学生成绩表的统计和分析操作，读者能很好地掌握 Excel 2016 的数据统计和分析功能。

一、公式中的运算符

使用公式可以对工作表中的数值数据进行加、减、乘、除等运算。所有公式必须以等号“=”、正号“+”、负号“-”开始。Excel 2016 中包含 4 种类型的运算符：算术运算符、比较运算符、文本连接运算符和引用运算符。各种运算符及其运算顺序如表 5-2 所示。

表 5-2　公式中的运算符

运算符	说明	运算顺序
区域（:），联合（,）	引用运算符	↓
( )	括号	
^	乘方	
×，/	算术运算符	
+，-	算术运算符	
&	文本连接运算符	
=，>，<,，>=，<=，< >	比较运算符	

二、创建公式

输入一个公式的时候总是以一个等号“=”作为开头。

1. 直接输入公式

步骤 1：选中要输入公式的单元格，输入“=”表示开始输入公式。

步骤 2：输入包含要计算的单元格地址以及相应的运算符。

步骤 3：按 Enter 键或单击编辑栏中的“输入”按钮✓确认输入。

步骤 4：完成输入后，在单元格中显示公式计算的结果，公式显示在编辑栏中，如图 5-38 所示。

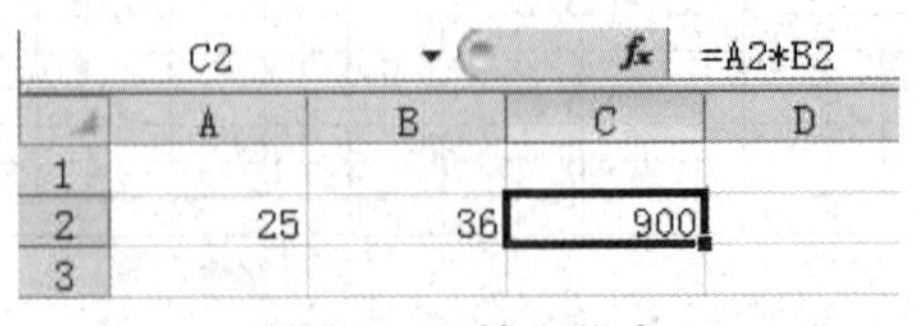

图 5-38　输入公式

2. 选择单元格地址输入公式

步骤1：选中要输入公式的单元格，输入“=”表示开始输入公式。

步骤2：单击要在公式中加入的单元格地址，如“A2”，此时A2单元格周围出现虚线框，同时“A2”出现在等号后面，如图5-39所示。

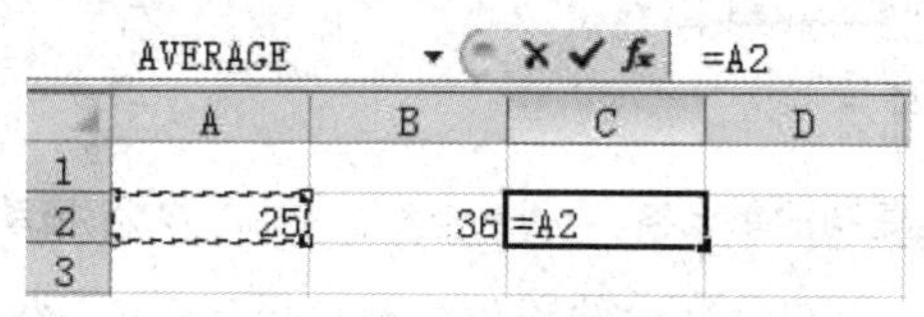

图5-39　选择单元格

步骤3：输入运算符，例如“+”。

步骤4：单击B2单元格，完成公式输入。

步骤5：按Enter键确认输入。

3. 显示公式

使用完公式后，如果需要在单元格中直接显示公式而不是显示计算后的结果，可进行如下操作。在Excel 2016工作界面，单击“公式”→“显示公式”按钮，如图5-40所示，即可将此表格中所有使用公式计算的单元格全部以公式的形式显示。

F4　=SUM(C4:E4)

2016级会计班五学期期末考试成绩总评表					
学号	姓名	电子会计	出纳管理	工资管理	总分
001	王华	65	98	75	=SUM(C4:E4)
002	刘衣英	98	75	81	=SUM(C5:E5)
003	张小建	63	56	85	=SUM(C6:E6)
004	利秀娟	74	34	92	=SUM(C7:E7)
005	张铁军	28	68	63	=SUM(C8:E8)
006	吴永蒲	52	82	75	=SUM(C9:E9)
007	付雪岂	96	46	53	=SUM(C10:E10

图5-40　显示公式的设置

三、编辑公式

公式和一般的数据一样可以进行编辑，与编辑普通单元格的数据类似，也包括修改内容、删除、移动与复制，但方法有所不同，这里重点介绍修改和复制公式的方法。

1. 修改公式

步骤1：选定要修改公式的单元格。

步骤2：在编辑栏上定位光标，或按F2键；或双击单元格，进入编辑状态。

步骤3：修改公式。

步骤4：单击编辑栏中的“输入”按钮或按Enter键，接受修改。

2. 复制公式

复制公式就是将一个单元格中的公式应用到其他需要相似公式的单元格中。复制公式时可以使用拖动填充柄的方式，也可以使用一般的“复制”→“粘贴”的方式。拖动填充柄复制公式的操作方法如下。

步骤1：选中包含要复制公式的单元格（如 C2 单元格），将鼠标指针移动至其填充柄处，如图 5－41 所示。

步骤2：按住鼠标左键向下拖动至目标单元格 C3、C4 和 C5，如图 5－42 所示。

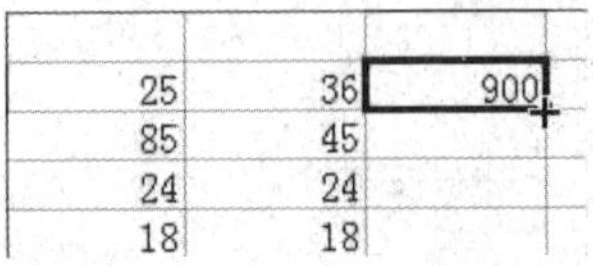

25	36	900
85	45	
24	24	
18	18	

图 5－41　选中要复制的单元格

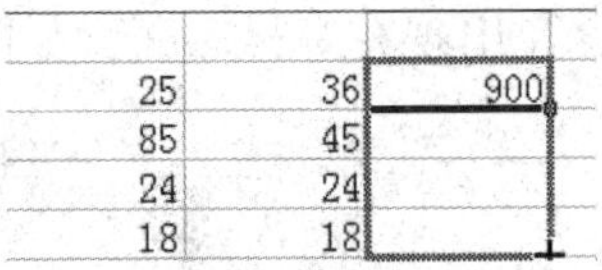

25	36	900
85	45	
24	24	
18	18	

图 5－42　拖动填充柄复制公式

步骤3：松开鼠标左键完成公式的复制，将原单元格 C2 中的公式复制到了目标单元格中。

四、相对地址、绝对地址与混合地址

在计算公式中单元格地址有 3 种表示方法，分别是相对地址、绝对地址和混合地址。

1. 相对地址

相对地址由列标和行号组成，如 C4、C8 等。如果公式中使用了相对地址，则在公式被复制到其单元格时，地址将发生变化。

2. 绝对地址

绝对地址是在列标和行号前分别加上字符 $，如 $C、$9。如果公式中使用了绝对地址，则在公式被复制时，地址将不会发生变化。

3. 混合地址

混合地址是在列标或行号前加上字符 $，如 $F4、E$3 等。在复制公式时，如果行号为绝对地址，则行地址不变，若列号为绝对地址，则列地址不变。

五、使用函数

函数是 Excel 2016 预定义的能够完成某些特定计算的公式，使用函数可以很方便地完成各种计算处理。

1. 常用函数介绍

1）SUM 函数

功能：求参数中所有数值之和。

语法：SUM（Number1，Number2，…，Number*n*）

说明：Number1，Number2，…，Number 为 1～*n* 个需要求和的参数。

2）AVERAGE 函数

功能：求参数中所有数值的平均值。

语法：AVERAGE（Number1，Number2，…，Number*n*）

说明：Number1，Number2，…，Number 为 1～*n* 个需要求平均值的参数。

3）MAX 函数

功能：返回参数中所有数值的最大值。

语法：MAX（Number1，Number2，…，Number*n*）

说明：Number1，Number2，…，Number 为 1～*n* 个需要求最大值的参数。

4）COUNT 函数

功能：返回参数中的数值参数和包含数值参数的个数。

语法：COUNT（Number1，Number2，…，Numbern）

说明：Number1，Number2，…，Number 为 1 ~ n 个参数，但只能对数值型数据进行统计，不能对非数值型数据进行统计。

5）COUNTIF 函数

功能：计算指定区域中满足条件的单元格数目。

语法：COUNTIF（Range，Criteria）

说明：Range 为指定的条件区域；Criteria 为查找单元格需满足的条件。

6）IF 函数

功能：根据逻辑值返回一定的信息。

语法：IF(p,t,f)

说明：p 是能产生逻辑值 TRUE 或 FALSE 的逻辑表达式，若 p 为真，则返回 t 表达式的值；若 p 为假，则返回 f 表达式的值。

7）RANK 函数

功能：返回某数值在一列数值中相对于其他数值的大小排位。

语法：RANK(Number,Ref,Order)

说明：Number 是指定排位的数值；Ref 是排位的范围，即一组数值；Order 是排位的方式，0 或不输入表示降序排位方式，非零值则表示升序排位方式。

8）SUMIF 函数

功能：根据指定的条件对若干单元格求和。

语法：SUMIF(Range,Criteria,Sum_range)

说明：Range 为用于条件判断的单元格区域，Criteria 为确定哪些单元格将被相加求和的条件，Sum_range 为需要求和的实际单元格。

2. 使用自动求和功能

步骤 1：选定存放结果的单元格。

步骤 2：单击“常用”功能区中的“自动求和”按钮，Excel 2016 将自动出现求和函数 SUM 以及求和数据区域，如图 5-43 所示。同时还可以使用此功能进行平均值、计数、最大值、最小值的快速计算。

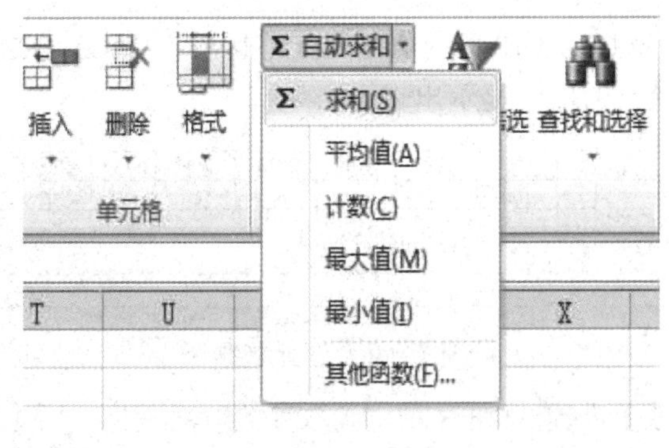

图 5-43　自动求和

步骤3：如果 Excel 2016 推荐的数据区域并不是自己想要的，请选择新的数据区域；如果 Excel 2016 推荐的数据区域正是自己想要的，按 Enter 键确认，如图5－44所示。

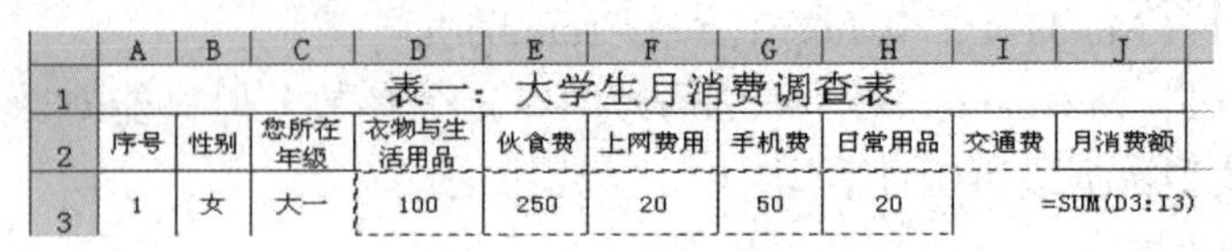

	A	B	C	D	E	F	G	H	I	J
1	表一：大学生月消费调查表									
2	序号	性别	您所在年级	衣物与生活用品	伙食费	上网费用	手机费	日常用品	交通费	月消费额
3	1	女	大一	100	250	20	50	20		=SUM(D3:I3)

图5－44　自动求和应用

3. 插入函数

函数可以在单元格中直接输入，但在多数情况下用户可能并不清楚所要使用的函数的参数类型及其排列顺序，因此需要使用“插入函数”对话框来插入函数。下面通过求最小值函数的使用来说明“插入函数”对话框的使用方法。

步骤1：选定需要插入函数的单元格，选择“公式”→“插入函数”命令。

步骤2：在“插入函数”对话框的“搜索函数”文本框中输入“MIN”并单击“转到”按钮，对话框下方的“选择函数”列表框中会出现函数 MIN，单击“确定”按钮。

步骤3：在弹出的“函数参数”对话框中，可以看到 MIN 函数所能使用的参数 Number1 和 Number2，…，对话框中参数下方还有对参数意义的解释，如图5－45所示。单击“Number1”文本框右侧的按钮将对话框最小化。

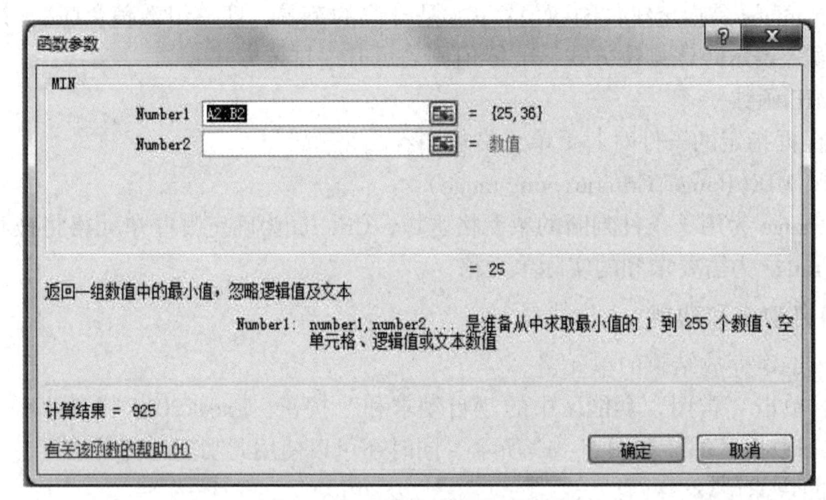

图5－45　“函数参数”对话框

步骤4：在工作表中选择需要求平均值的单元格区域，如C2：G2，如图5－46所示，所选单元格区域会在上方的对话框中显示出来。

学号	姓名	数学	语文	英语	物理	化学	总分	最低分	总评
01001	欧阳	100	99	99	85	100	483	C2:G2)	NO

函数参数
C2:G2

图5－46　选择参数

步骤5：按 Enter 键或单击按钮返回“函数参数”对话框，所选区域被填入“Number1”文本框中。重复操作，完成参数的选择。

步骤6：单击“确定”按钮或单击编辑栏中的“输入”按钮，即可完成计算。

任务一　制作教师信息表

任务描述

Excel 2016是一款用来存储和管理数据的办公自动化软件，我们经常会用它来制作学生信息表、工资表、成绩表等存储数据信息。下面通过制作教师信息表，了解Excel 2016的使用方法，如图5－47所示。

教师信息表

教师编号	姓名	性别	学历	政治面貌	参加工作时间	职称	系别	联系电话	E-mail
j001	李云清	男	研究生	群众	1982/8/15	副教授	计算机	82801678	lyp@163.com
j002	张南明	男	本科	群众	2001/8/10	讲师	计算机	6619联系电话	znm@163.com
j003	李娜	女	研究生	党员	2006/3/21	讲师	计算机	67123456	ln@163.com
j004	钱茜	女	研究生	党员	1989/12/2	副教授	计算机	6619联系电话	qx@163.com
j005	陈一晨	男	研究生	群众	1999/7/2	讲师	计算机	64321566	chch@ygi.edu.cn
w001	李华	男	研究生	党员	1985/8/2	副教授	外语	6619联系电话	lh@tup.edu.cn
w002	颜萍	男	研究生	群众	2002/12/9	讲师	外语	6619联系电话	yp@sina.com.cn
z001	杨阳	男	本科	群众	1999/9/6	讲师	政治	81234567	yy@sina.com.cn
z002	郭英美	女	本科	党员	2003/8/10	讲师	政治	88661234	gym@sia.com.cn
z003	杨磊萍	男	研究生	党员	1967/12/3	教授	政治	6619联系电话	ylp@163.com

图5－47　教师信息表

任务目的

（1）熟悉Excel 2016的启动和退出方法，了解Excel 2016的工作界面组成；
（2）掌握工作簿的建立、保存、打开和关闭的方法；
（3）掌握工作簿、工作表、单元格的基本概念；
（4）掌握向工作表中输入内容的方法；
（5）掌握数据类型的基本概念；
（6）掌握编辑工作表和格式化工作表的基本方法。

知识点介绍

Excel 2016工作界面的组成如图5－48所示。

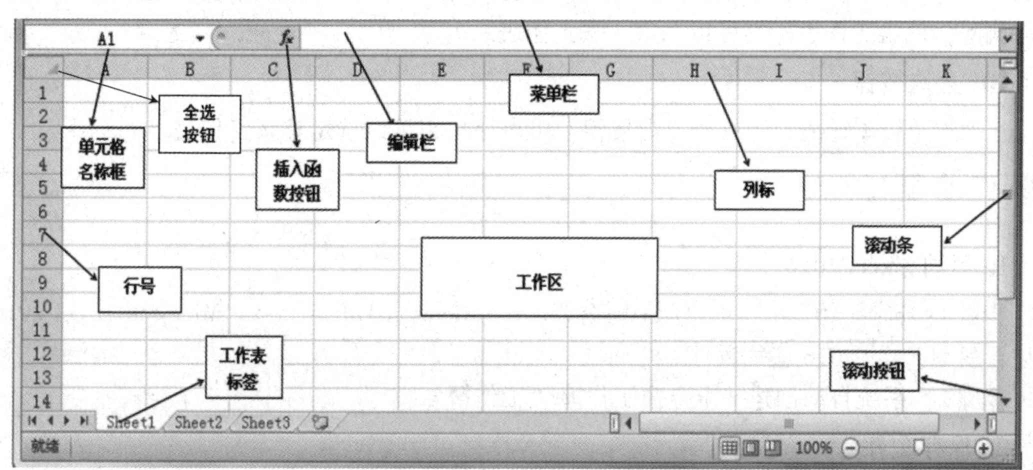

图5－48　Excel 2016工作界面的组成

1. 标题栏（图中未显示）

标题栏显示应用程序名称及工作簿名称，默认名称为工作簿 1，其他按钮的操作类似 Word 2016。

2. 菜单栏

菜单栏中 10 个选项卡，依次为“文件”“开始”“插入”“页面布局”“公式”“数据”“审阅”“视图”“开发工具”“With Me”。Excel 2016 的工作状态不同，菜单栏会随之发生变化。菜单栏包含了所有针对该软件的操作命令。

3. 编辑栏

编辑栏左侧是单元格名称框，显示单元格名称，中间是插入函数按钮以及插入函数状态下显示的 3 个按钮，右侧用于编辑单元格计算需要的公式与函数或显示编辑单元格里的内容。

4. 工作区

工作区是用户输入和处理数据的地方。

5. 列标

列标对表格的列命名，以英文字母排列。

6. 行号

行号对表格的行命名，以阿拉伯数字排列。

7. 单元格名称

行列交错形成单元格，单元格的名称为列标加行号，如 H20。

8. 滚动条

水平（垂直）拖动滚动条可显示屏幕对象。

9. 工作表标签

工作表标签位于水平滚动条的左边，以 Sheet1、Sheet2 等命名。Excel 2016 启动后默认形成工作簿 1，每个工作簿可以包含多张工作表，默认 3 张，可以根据需要进行工作表的添加与删除，单击工作表标签可以选定一张工作表。

10. 全选按钮

A 列左边第 1 行的上边有个空白按钮，单击该按钮可以选定整张工作表。

操作步骤

1. 启动 Excel 2016

步骤 1：选择“开始”→“所有程序”→“Microsoft Office”→“Microsoft Excel 2016”选项，启动 Excel 2016 应用程序。

步骤 2：系统自动创建一个空白工作簿“工作簿 1”。

2. 保存文件

步骤 1：单击快速访问工具栏中的“保存”按钮，弹出“另存为”对话框。

步骤2：在“保存位置”下拉列表中，选择文件的保存位置“桌面”；在“文件名”文本框中输入文件的名称“教师信息表”；在“保存类型”下拉列表中，保持默认的“Excel工作簿”类型；单击“保存”按钮。

3. 录入数据

（1）输入“教师编号”列的内容。

步骤1：在A1单元格中输入标题字段“教师编号”。

步骤2：在A2单元格中输入“001”，鼠标指针指向右下角的填充柄处，此时鼠标指针呈细十字形状，用鼠标左键拖曳填充柄到A6单元格，松开鼠标左键，则A2～A6单元格中，以递增的规律，填充了从001～005的数字。

（2）输入教师姓名及表中相关内容。

4. 编辑数据表信息

1）将列名字体加粗

步骤1：选中第一行，即选中“A1：J1”单元格区域。

步骤2：单击“开始”选项卡“字体”功能区中的加粗按钮。

2）添加表头

步骤1：右击第一行，在弹出的快捷菜单中选择“插入”命令，此时在数据表的最顶部会插入新的一行。

步骤2：选中A1：J1单元格区域，在“开始”选项卡的“对齐方式”功能区中单击“合并后居中”按钮，将A1：J1的单元区域合并为一个单元格A1。

3）设置行高

右击第一行，在弹出的快捷菜单中选择“行高”选项，在弹出的“行高”对话框中将行高的值设置为25，如图5－49所示。

4）添加表头信息

在单元格A1处添加表头信息“教师信息表”，并设置字号为14磅，字体加粗。

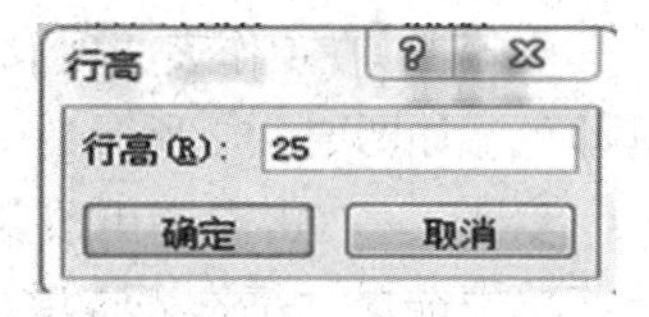

图5－49 设置行高

5. 为表格添加边框

步骤1：选中数据所在区域A2：J12。

步骤2：在“开始”选项卡中的“字体”功能区中单击“边框”下三角按钮，在弹出的下拉列表中选择“所有框线”选项。

【知识进阶】

1. 工作表的基本操作

1）新建工作表

在新建的工作簿中默认只有3个工作表，当用户存储数据分类过多时，3个工作表往往难以满足用户的需求，这时可以在工作簿中新建工作表。新建工作表主要有以下3种方法。

（1）使用新建工作表按钮快速添加工作表

在工作簿中最后一个工作表选项卡后，有一个新建工作表按钮，用户只需要单击该按钮便可添加一张新的工作表，如图5－50所示。

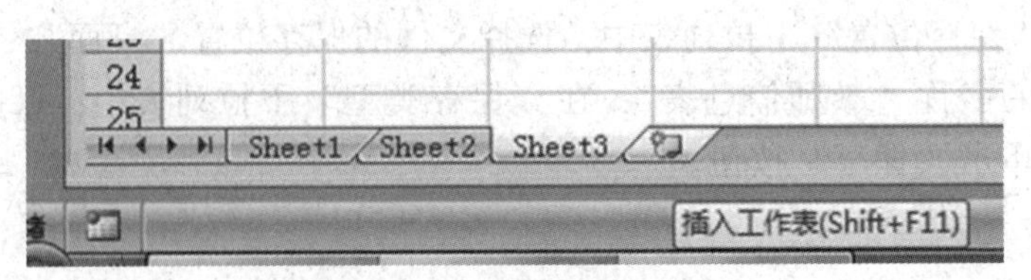

图 5－50　新建工作表按钮

（2）使用“开始”选项卡中的插入功能

用户只需在“开始”选项卡中单击插入功能按钮，在弹出的下拉列表中选择“插入工作表”命令即可。

（3）通过右键快捷菜单插入工作表

在需要插入工作表的选项卡上右击，弹出快捷菜单，然后选择“插入”命令。在弹出的“插入”对话框中选择“常用”选项卡，在该选项卡中选择“工作表”选项。

插入完成之后在工作表 Sheet2 之前就会新增工作表 Sheet4，如图 5－51 所示。

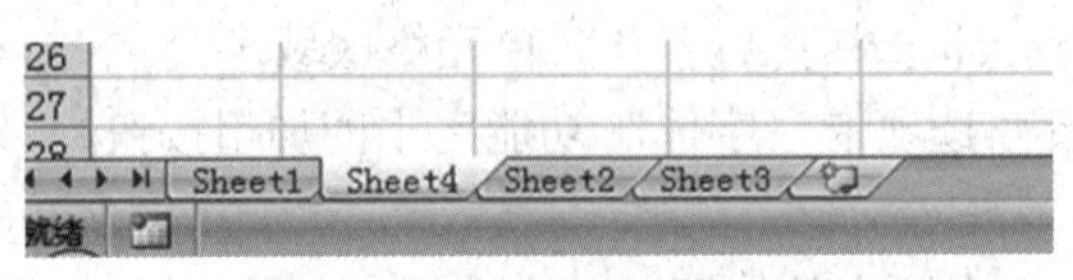

图 5－51　插入工作表 Sheet4

2）重命名工作表

在 Excel 2016 中，工作表的命名方式默认是 Sheet1 ~ Sheet255，这样的命名方式在使用过程中不利于数据的分类和管理，在通常情况下用户会为数据表重新定义一个有具体意义的名字。重命名的步骤如下。

步骤 1：右击需要重命名的工作表，弹出快捷菜单，在快捷菜单中选择“重命名”命令。此时工作表的选项卡处于可编辑状态。

步骤 2：在工作表选项卡中输入需要重命名的内容（例如“学生信息表”），然后按 Enter 键即可，如图 5－52 所示。

步骤 3：右击需要更改颜色的工作表选项卡，在弹出的快捷菜单中选择“工作表选项卡颜色”选项。使鼠标指针悬停在选项上不动就会弹出调色板，选择需要的颜色即可。这样用户就可以通过工作表选项卡颜色区分不同的工作表了。

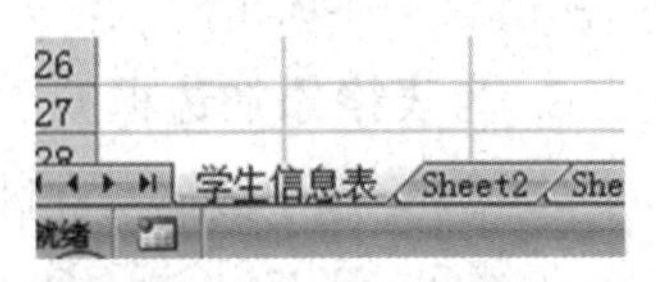

图 5－52　输入新名称

3）移动或复制工作表

移动和复制工作表也是常用的操作。假如想对“学生信息表”进行备份，就需要进行复制操作。如果工作簿中有很多工作表，想把经常使用的放在最前面，就需要进行移动操作。工作表的移动和复制通常分为两种情况：一种是在同一个工作簿中进行移动和复制，另一种是在不同的工作簿中进行移动和复制。

（1）在同一工作簿中移动工作表。

在同一个工作簿中移动工作表的操作非常简单，例如想将“学生信息表”移动到“学生成绩表”后面，只需要进行如下操作：用鼠标左键按住需要移动的工作表选项卡，然后拖动鼠标，此时在目的位置会出现一个下三角形图标，在到达指定的位置后松开鼠标左键即可。

（2）在同一工作簿中复制工作表。

在同一工作簿中复制工作表的方法有多种，在这里介绍最常用的一种方法。例如想对“学生信息表”进行备份，可以通过以下操作实现：以鼠标左键按住需要复制的工作表选项卡，同时按住 Ctrl 键，然后拖动鼠标，此时在目的位置会出现一个下三角形图标，在到达指定的位置后松开鼠标左键即可。

4）隐藏工作表

用户经常会在工作表中存储一些重要的数据，如果这些数据不想被其他人浏览，可以将数据所在的工作表隐藏起来，在自己需要使用的时候再将其显示即可。右击需要隐藏的工作表，在弹出的快捷菜单中选择“隐藏”命令，如图 5－53 所示。此时的目标工作表被隐藏不再显示了，如图 5－54 所示。

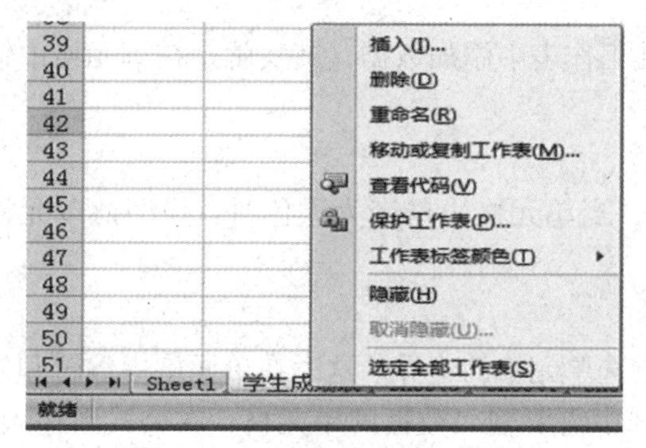

图 5－53　选择“隐藏”命令

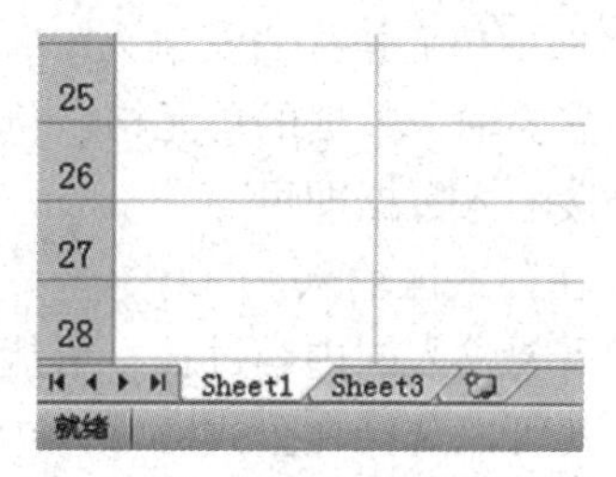

图 5－54　目标工作表被隐藏

如果需要显示被隐藏的工作表，选择“取消隐藏”命令即可，在任意工作表选项卡右击，在弹出的快捷菜单中选择“取消隐藏”命令，选择需要重新显示的工作表并单击“确定”按钮即可，如图 5－55 和图 5－56 所示。

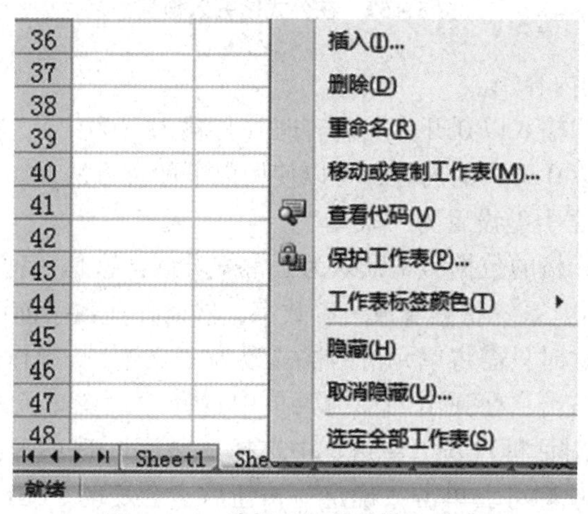

图 5－55　选择“取消隐藏”命令

2. 向工作表中输入数据

Excel 2016 最主要的功能是帮助用户存储和处理数据信息，所有操作都是在有数据内容的前提下才有效。这里介绍数据录入的一些常用技巧，让用户在输入数据的时候更加高效。

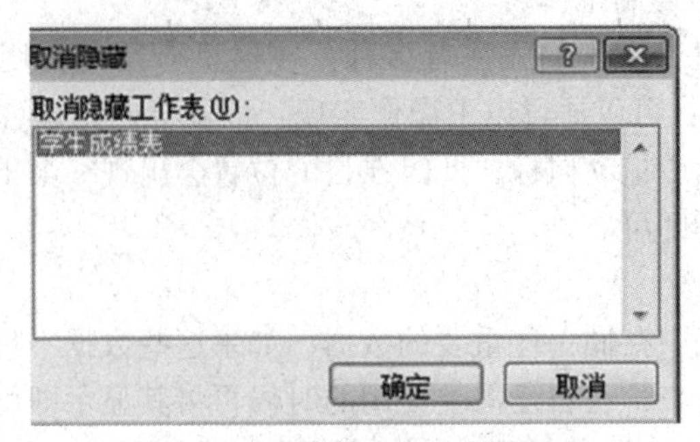

图 5-56　选择需要恢复的工作表

1）输入数据的方法

工作表是由一个个的单元格组成的，在工作表中添加数据，其实就是在单元格中输入数据。在单元格中输入数据有以下两种方法。

（1）选中单元格后直接输入。

选中需要输入数据的单元格，例如 A1。当单元格边框变为黑色时，说明此单元格已被选中，直接输入数据即可。

（2）在公式区输入。

有时需要输入的内容过长，可能超出所选单元格的边界。这时在单元格中编辑和修改不太方便，就可以选择在公式区输入内容。选中需要输入数据的单元格，在公式区输入数据，如图 5-57 所示。

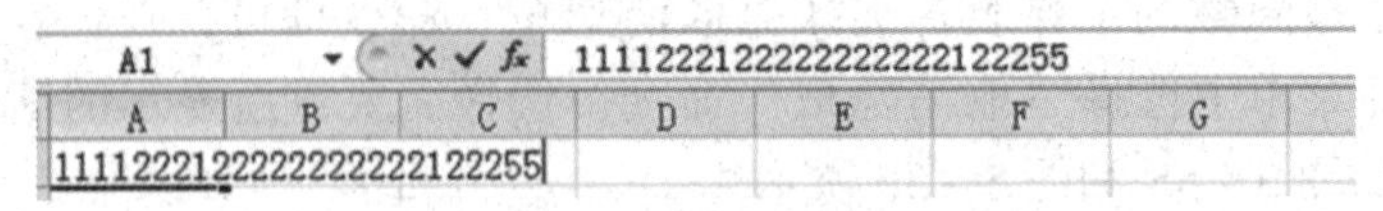

图 5-57　在公式区输入数据

2）输入以 0 开头的内容

在很多情况下当用户输入以 0 开头的内容时（如输入“001”），在单元格里将显示为 1。如果想在单元格中输入以 0 开头的内容，可以使用以下两种方法。

（1）将单元格的数据类型设置为“文本”。

在 Excel 2016 中单元格的数据类型默认为是常规类型，这是一种常用的数字格式。当向单元格中输入“001”时，系统将它看成一串数字，然而任何数字前面的 0 都没有数学意义，所以系统会将其省略，这时只需将单元格的格式改为“文本”，操作步骤为：选中需要更改的单元格或单元格区域右击，在弹出的快捷菜单中选择“设置单元格格式”命令。在弹出的“设置单元格格式”对话框（图 5-58）中选择“数字”选项卡，在下面的“分类”列表框中选择“文本”选项即可。单击“确定”按钮后，会发现“001”已正常显示。

（2）在需要输入的内容前加上“撇号”。

在需要输入的内容前加上“撇号”，用以注释当前所输入的内容按文本格式处理。

第一种方法适用于需要预设格式的单元格区域，比如“学号”列；第二种方法适用于单个单元格的输入。

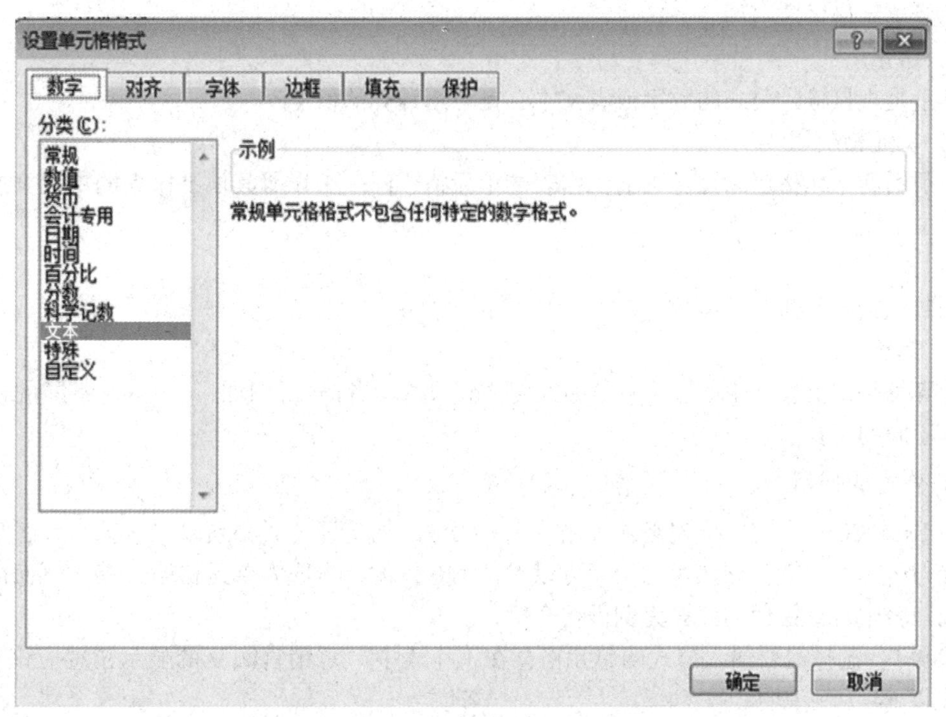

图5-58　“设置单元格格式”对话框

任务二　对学生成绩表进行成绩分析

任务描述

在上一个任务中，学习了如何使用 Excel 2016 输入和编排数据。输入数据只是第一步，Excel 2016 的强大之处在于数据的分析和计算能力。本任务通过对学生成绩表的数据内容进行计算，介绍公式和函数的使用方法。

任务目的

(1) 掌握公式的组成结构和使用方法；

(2) 掌握公式的引用方法；

(3) 掌握函数的基本结构；

(4) 掌握 Excel 2016 中常用函数的使用方法；

(5) 掌握函数的嵌套使用方法。

知识点介绍

1. 认识公式

Excel 2016 的公式是对工作表数值进行计算的等式，可以帮助用户快速地完成各种复杂的运算。公式以“=”开始，其后是公式的表达式，如“=A1+A2”，利用公式可以对工作表中的数据进行加、减、乘、除等运算。公式中包含的元素有运算符、函数、常量、单元格引用及单元格区域引用。

1）常量

常量是直接输入公式的数字或者文本，是不用计算的值。

2）单元格引用

被引用的单元格可以是：当前工作表的单元格、同一工作簿其他工作表的单元格或其他工作簿中工作表的单元格。

3）函数

函数包括函数体及其参数。

4）运算符

运算符是连接公式中的基本元素并完成特定计算的符号，例如 +、/等。不同的运算符可完成不同的运算。

2. 公式的使用

在 Excel 2016 中使用公式必须遵循特定的语法结构，即公式必须以“=”开头，后面跟的是参与运算的运算符和元素，元素可以是之前介绍的常量或者单元格引用等。下面以商品销售统计表中总销售额的计算为例进行介绍。

步骤 1：选择需要输入公式的单元格，在工作表中“总销售额”的显示位置应该是 E4：E7，先以 E4 为例说明。

步骤 2：在 E4 单元格中输入“=”号。

步骤 3：对需要参与运算的单元格进行引用，可以直接单击需要引用的单元格，也可以在 E4 单元格中直接输入，如图 5-59 所示。

	A	B	C	D	E
1	上海凤凰商厦销售统计表				
2					单位：元
3	季度	日用品	服饰	首饰	总销售额
4	第一季度	234567.5	2345678	2258697	=B4
5	第二季度	4567543	4568.8	7895245	
6	第三季度	765432	248596.6	896325.3	
7	第四季度	2345679	2256321	45896324	

图 5-59　引用单元格

步骤 4：使用运算符将需要引用的单元格连接起来，可以从不同颜色的边框看到本次公式引用了多少个单元格，如图 5-60 所示。

	A	B	C	D	E
1	上海凤凰商厦销售统计表				
2					单位：元
3	季度	日用品	服饰	首饰	总销售额
4	第一季度	234567.5	2345678	2258697	=B4+C4+D4
5	第二季度	4567543	4568.8	7895245	
6	第三季度	765432	248596.6	896325.3	
7	第四季度	2345679	2256321	45896324	

图 5-60　连接引用单元格

3. 函数的使用

Excel 2016 所提的函数其实是一些预定义的公式，其使用一些称为参数的特定数值按特定的顺序或结构进行计算。简单地说，函数是一组功能模板，函数能帮助用户实现某个功

能。函数一般包含 3 个部分：等号（=）、函数名和参数。例如在“=SUM（A1：A5）”中，SUM 是求和函数的函数名，后面（A1：A5）是函数的参数，告诉函数求 A1～A5 所有单元格中数据的和。

Excel 2016 中常用的函数有求和（SUM）、求平均数（AVERAGE）、求最大值（MAX）、求最小值（MIN）、计数（COUNT）等，这些函数的使用方法都比较简单，和上述实例基本相同，只需选择不同的函数名。读者可以尝试完成对商品销售统计表中数据的平均值、最大值、最小值的计算。

操作步骤

1. 使用公式求学生总分

步骤 1：打开学生成绩表，如图 5－61 所示。

C10

	A	B	C	D	E	F	G	H	I	J	K
1	2016级会计班五学期期末考试成绩总评表										
2	学号	姓名	电子会计	出纳管理	工资管理	总分	等级				
3	001	王华	65	98	75						
4	002	刘衣英	98	75	81						
5	003	张小建	63	56	85						
6	004	利秀娟	74	34	92						
7	005	张铁军	28	68	63						
8	006	吴永蒲	52	82	75						
9	007	付雪岂	96	46	53						
10	最高分										
11	最低分										
12	平均分										
13	85分以上的人数										
14	不及格人数										
15											
16											
17											
18											
19											

2016级 / Sheet2 / Sheet3　就绪　100%

图 5－61　学生成绩表

步骤 2：选中表中第一位同学“总分”所在单元格 F3。

步骤 3：在单元格中输入公式“=C3+D3+E3”，如图 5－62 所示。

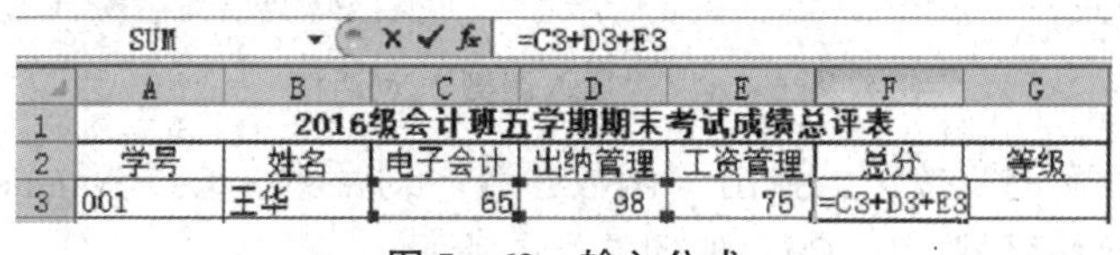

SUM　=C3+D3+E3

	A	B	C	D	E	F	G
1	2016级会计班五学期期末考试成绩总评表						
2	学号	姓名	电子会计	出纳管理	工资管理	总分	等级
3	001	王华	65	98	75	=C3+D3+E3	

图 5－62　输入公式

步骤 4：输入公式后按 Enter 键，此时总分已算出。

步骤 5：选中已求出总分的单元格 F3，在单元格右下角拖动填充柄向下填充，完成所有同学的总分的计算。

2. 使用函数对最高分进行计算

步骤 1：选中需要进行最高分计算的单元格 C10。

步骤 2：在“公式”选项卡中单击“插入函数”按钮，如图 5－63 所示。

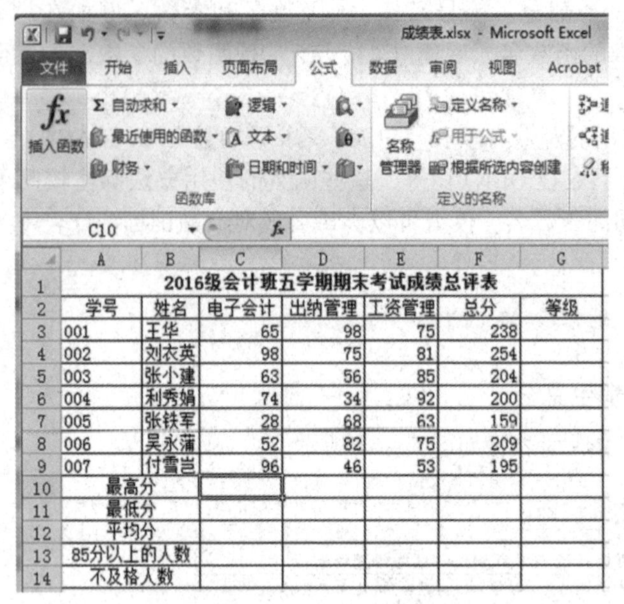

	A	B	C	D	E	F	G
1	2016级会计班五学期期末考试成绩总评表						
2	学号	姓名	电子会计	出纳管理	工资管理	总分	等级
3	001	王华	65	98	75	238	
4	002	刘衣英	98	75	81	254	
5	003	张小建	63	56	85	204	
6	004	利秀娟	74	34	92	200	
7	005	张铁军	28	68	63	159	
8	006	吴永蒲	52	82	75	209	
9	007	付雪岂	96	46	53	195	
10	最高分						
11	最低分						
12	平均分						
13	85分以上的人数						
14	不及格人数						

图 5－63 单击“插入函数”按钮

步骤3：在弹出的“插入函数”对话框中（图 5－64）选择 MAX 函数。

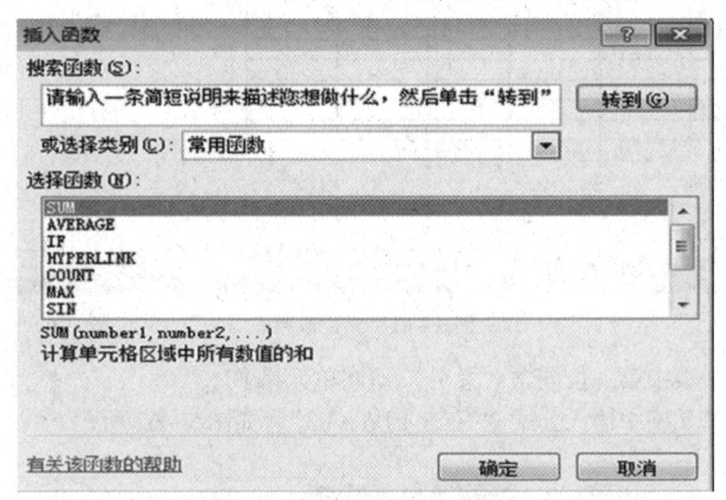

图 5－64 “插入函数”对话框

步骤4：单击“确定”按钮，弹出“函数参数”对话框，在“Number1”文本框中输入需要求最大值的单元格区域 C3：C9，如图 5－65 所示。

步骤5：单击“确定”按钮后，在 C10 单元格中显示这门学科的最高分为 98。

步骤6：分别使用 MIN 函数和 AVERAGE 函数求最低分和平均分，结果如图 5－66 所示。

3. 使用函数对 85 分以上的人数和不及格的人数进行统计

步骤1：选中单元格 C13，在“公式”选项卡中单击“插入函数”按钮。

步骤2：在弹出的“插入函数”对话框的“搜索函数”文本框中输入 COUNTIF，单击“转到”按钮，如图 5－67 所示。

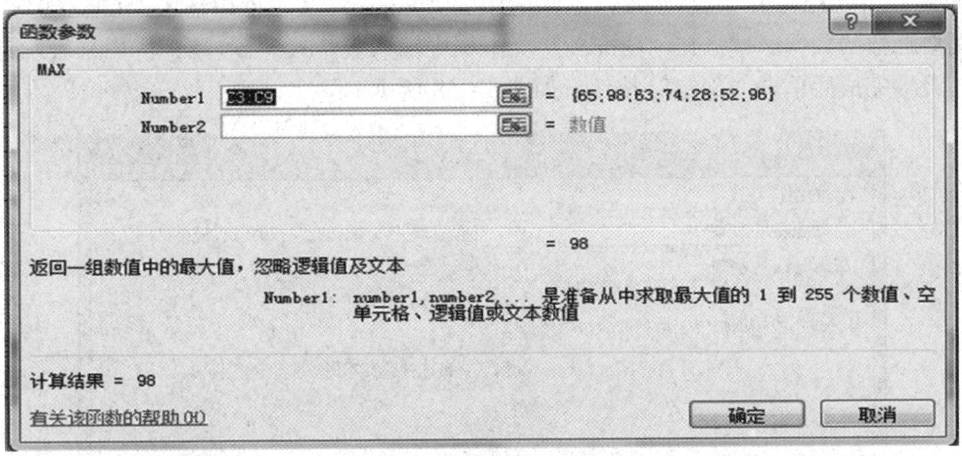

函数参数

MAX

Number1 C3:C9 = {65;98;63;74;28;52;96}

Number2 = 数值

= 98

返回一组数值中的最大值，忽略逻辑值及文本

Number1: number1,number2,... 是准备从中求取最大值的 1 到 255 个数值、空单元格、逻辑值或文本数值

计算结果 = 98

有关该函数的帮助(H)　确定　取消

图 5－65　“函数参数”对话框

F12　=AVERAGE(F3:F9)

	A	B	C	D	E	F	G
1	2016级会计班五学期期末考试成绩总评表						
2	学号	姓名	电子会计	出纳管理	工资管理	总分	等级
3	001	王华	65	98	75	238	
4	002	刘衣英	98	75	81	254	
5	003	张小建	63	56	85	204	
6	004	利秀娟	74	34	92	200	
7	005	张铁军	28	68	63	159	
8	006	吴永蒲	52	82	75	209	
9	007	付雪岂	96	46	53	195	
10	最高分		98	98	92	254	
11	最低分		28	34	53	159	
12	平均分		68	66	75	208	
13	85分以上的人数						
14	不及格人数						

图 5－66　求最低分和平均分结果

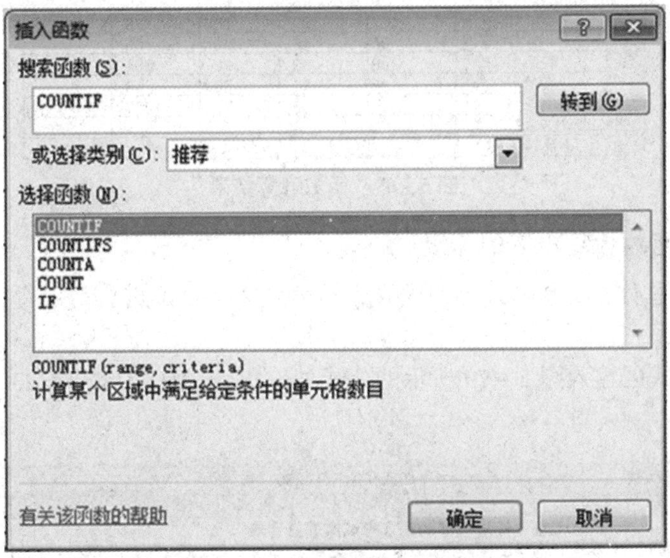

插入函数

搜索函数(S):

COUNTIF　转到(G)

或选择类别(C): 推荐

选择函数(N):

COUNTIF
COUNTIFS
COUNTA
COUNT
IF

COUNTIF(range,criteria)

计算某个区域中满足给定条件的单元格数目

有关该函数的帮助　确定　取消

图 5－67　“插入函数”对话框

步骤3：在弹出的“函数参数”对话框中的“Range”文本框中输入“C3：C9”，用来表示需要计数的数据区域；在“Criteria”文本框中输入表达式“> =85”，用来表示计数的条件，设置完成后单击“确定”按钮，如图5－68所示。

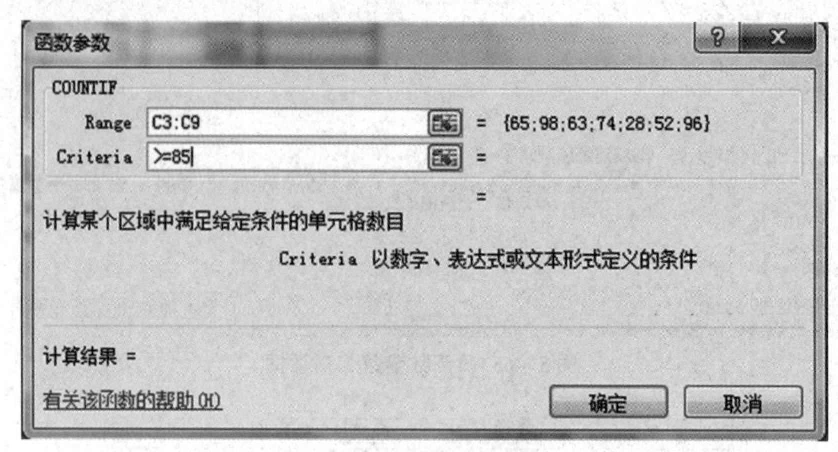

图5－68 设置条件格式

步骤4：要统计“不及格的人数”请重复操作步骤2和步骤3，将在“Criteria”文本框中输入的条件表达式改为“<60”即可。

步骤5：使用填充的方法计算出每门课程成绩在85分以上的人数和不及格的人数，如图5－69所示。

C14 =COUNTIF(C3:C9,"<60")

	A	B	C	D	E	F	G
1	2016级会计班五学期期末考试成绩总评表						
2	学号	姓名	电子会计	出纳管理	工资管理	总分	等级
3	001	王华	65	98	75	238	
4	002	刘衣英	98	75	81	254	
5	003	张小建	63	56	85	204	
6	004	利秀娟	74	34	92	200	
7	005	张铁军	28	68	63	159	
8	006	吴永蒲	52	82	75	209	
9	007	付雪岂	96	46	53	195	
10	最高分		98	98	92	254	
11	最低分		28	34	53	159	
12	平均分		68	66	75	208	
13	85分以上的人数		2	1	2		
14	不及格人数		2	3	1		

图5－69 函数计算结果

4. 使用嵌套函数计算相应的等级

步骤1：设定总分在230分以上为优秀，不满足230分不进行等级评定。选中需要计算等级的单元格G3。

步骤2：在公式区输入图5－70所示的公式“＝IF(SUM(C3:E3)>230,"优秀","")，完成等级的填写。

COUNTIF =IF(SUM(C3:E3)>230,"优秀"," ")

	A	B	C	D	E	F	G	H	I
1	2016级会计班五学期期末考试成绩总评表								
2	学号	姓名	电子会计	出纳管理	工资管理	总分	等级		
3	001	王华	65	98	75	238	=IF(SUM(C3:E3)>230,"优秀"," ")		

图5－70 输入嵌套函数

步骤3：输入公式后按Enter键后得到结果。第一个同学的“等级”为“优秀”，拖动填充柄向下到G9单元格，完成所有同学等级的评定，结果如图5－71所示。

G3　fx　=IF(SUM(C3:E3)>230,"优秀"," ")

	A	B	C	D	E	F	G
1	2016级会计班五学期期末考试成绩总评表						
2	学号	姓名	电子会计	出纳管理	工资管理	总分	等级
3	001	王华	65	98	75	238	优秀
4	002	刘衣英	98	75	81	254	优秀
5	003	张小建	63	56	85	204	
6	004	利秀娟	74	34	92	200	
7	005	张铁军	28	68	63	159	
8	006	吴永蒲	52	82	75	209	
9	007	付雪岂	96	46	53	195	
10	最高分		98	98	92	254	
11	最低分		28	34	53	159	
12	平均分		68	66	75	208	
13	85分以上的人数		2	1	2		
14	不及格人数		2	3	1		

图5－71　等级评定结果

【知识进阶】

1. 运算符

Excel 2016的运算符包括算术运算符、比较运算符、文本连接运算符和引用运算符，共4种类型。

1）算术运算符

算术运算符的简单说明如表5－3所示。

表5－3　算术运算符

算术运算符	含义	示例
+	加	2＋1＝3
－	减	2－1＝1
×	乘	3×5＝15
/	除	4/2＝2
%	取余数	10%3＝1
^	乘幂	2^4＝16

2）比较运算符

该类运算符能够比较两个或者多个数字、文本串、单元格内容、函数结果的大小关系，比较的结果为逻辑值TRUE或者FALSE，如表5－4所示。

表5－4　比较运算符

比较运算符	含义	示例
=	等于	A2＝B1
>	大于	A2>B1

续表

比较运算符	含义	示例
<	小于	A2 < B1
>=	大于等于	A2 >= B1
<=	小于等于	A2 <= B1
<>	不等于	A2 <> B1

3）文本连接运算符

文本连接运算符用“&”表示，用于将两个文本连接起来合并成一个文本。例如，“江西 & 萍乡”的结果就是“江西萍乡”。又例如，A1 单元格的内容为“Excel 2016”，B2 单元格的内容为“教程”，要使 C1 单元格的内容为“Excel 2016 教程”，公式应该是“=A1&B2”。

4）引用运算符

引用运算符可以把两个单元格或者单元格区域结合起来，生成一个联合引用，如表 5-5 所示。

表 5-5　引用运算符

引用运算符	含义	示例
：(冒号)	区域运算符，生成对两个引用之间所有单元格的引用	A5：A8
，(逗号)	联合运算符，将多个引用合并为一个引用	SUM (A5：A10，B5：B10)，引用 A5：A10 和 B5：B10 两个单元区域
(空格)	交集运算符，产生对两个引用共有的单元格的引用，即相交的单元格	SUM (A1：F1 B1：B3)，引用 A1：F1 和 B1：B3 两个单元格区域相交的部分——B1 单元格

2. 单元格的引用

在使用公式进行计算时，除了直接使用常量外，还会引用单元格，所谓引用就是在本公式中所使用到的数据元素来源于其他单元格。在 Excel 2016 中引用分为相对引用、绝对引用和混合引用。

1）相对引用

从前面商品销售统计表的实例中读者可能纠结于一个问题，那就是计算第一季度总销售额的公式为“=B4+C4+D4”，如果把它复制到第二季度计算，那么得到的结果应该也是第一季度的结果才对，但为什么会得到第二季度的销售总额呢？

这是因为在复制公式并粘贴的时候，Excel 2016 默认使用的是相对引用。相对引用，就是引用当前单元格与公式所在单元格的相对位置。以相对引用的方法填充第二季度的“总销售额”单元格，如图 5-72 所示。

	A	B	C	D	E
1	上海凤凰商厦销售统计表				
2					单位：元
3	季度	日用品	服饰	首饰	总销售额
4	第一季度	234567.5	2345678	2258697	4838942.5
5	第二季度	4567543	45682.8	7895245	12508470.8
6	第三季度	765432	248596.6	896325.3	
7	第四季度	2345679	2256321	45896324	

图 5－72　填充第二季度的“总销售额”单元格

可以看到，对公式进行相对引用的时候，公式其实已经发生了变化。

产生这种变化的原因在于，第一季度的总销售额是它左边的 3 个数相加的结果。将公式向下填充，到了第二季度的单元格，由于使用相对引用，第二季度的总销售额即左边的 3 个数相加的结果，自然也就是正确的了。

2）绝对引用

绝对引用是指公式复制到新的位置后，公式中的单元格地址不会随着位置的改变而改变，它与公式位置无关。绝对引用是通过冻结单元格地址来达到引用效果的。在 Excel 2016 中想要使用绝对引用，就必须在单元格地址的行号和列标的前面添加“&”符号。下面通过实例介绍绝对引用。

这里使用产品销售表对产品的销售额进行计算。现在假设所有产品都以单价 183 元出售，如图 5－73 所示。

在单元格 D2 输入公式“＝B2 × $C $8”，对 183 所在单元格进行绝对引用，如图 5－74 所示。

	A	B	C	D
1	产品	销售（箱）	产品单价	销售额
2	PX-001	225	125	
3	PX-002	345	236	
4	PX-003	526	175	
5	PX-004	177	263	
6	PX-005	360	142	
7	PX-006	93	361	
8	PX-007	256	183	
9	PX-008	412	114	
10	PX-009	115	324	
11	PX-010	286	218	

图 5－73　产品销售表

D2　fx =B2*C8

	A	B	C	D
1	产品	销售（箱）	产品单价	销售额
2	PX-001	225	125	41175
3	PX-002	345	236	
4	PX-003	526	175	
5	PX-004	177	263	
6	PX-005	360	142	
7	PX-006	93	361	
8	PX-007	256	183	
9	PX-008	412	114	
10	PX-009	115	324	
11	PX-010	286	218	

图 5－74　对单元格 C8 进行绝对引用

当对单元格 C8 进行绝对引用后，无论公式被移动到哪个位置，这个参数永远都不会发生变化。向下填充单元格，如图 5－75 所示。

可以看出，填充到第二个销售额的时候，公式的第一个参数已经发生了变化，但第二个参数由于是绝对引用还是 C8。

3）混合引用

绝对引用是在单元格的行号和列标之前都加上“&”符号，用来固定单元格的位置。混合引用则是只固定行和列的其中一个，如果公式所在单元格的位置改变，则相对引用改变，而绝对引用不变，以下完

D2　fx =B2*C8

	A	B	C	D
1	产品	销售（箱）	产品单价	销售额
2	PX-001	225	125	41175
3	PX-002	345	236	63135
4	PX-003	526	175	96258
5	PX-004	177	263	32391
6	PX-005	360	142	65880
7	PX-006	93	361	17019
8	PX-007	256	183	46848
9	PX-008	412	114	75396
10	PX-009	115	324	21045
11	PX-010	286	218	52338

图 5－75　向下填充单元格

成九九乘法表的填充。

步骤 1：在 B3 单元格中输入公式“ = $A3 × B $2”，如图 5 – 76 所示。

SUM =$A3*B$2

	A	B	C	D	E	F	G	H	I	J
1					九九乘法表					
2		1	2	3	4	5	6	7	8	9
3	1	=$A3*B$2								
4	2									
5	3									
6	4									
7	5									
8	6									
9	7									
10	8									
11	9									

图 5 – 76　在 B3 单元格中输入公式

步骤 2：依次向右和向下填充即可，结果如图 5 – 77 所示。

	A	B	C	D	E	F	G	H	I	J
1					九九乘法表					
2		1	2	3	4	5	6	7	8	9
3	1	1	2	3	4	5	6	7	8	9
4	2	2	4	6	8	10	12	14	16	18
5	3	3	6	9	12	15	18	21	24	27
6	4	4	8	12	16	20	24	28	32	36
7	5	5	10	15	20	25	30	35	40	45
8	6	6	12	18	24	30	36	42	48	54
9	7	7	14	21	28	35	42	49	56	63
10	8	8	16	24	32	40	48	56	64	72
11	9	9	18	27	36	45	54	63	72	81

图 5 – 77　混合引用的填充结果

任务三　对教师信息表进行数据管理

任务描述

在教师信息表中通过排序和筛选的方式找到符合要求的数据。

任务目的

（1）掌握排序的使用方法；

（2）掌握筛选的使用方法；

（3）掌握条件格式的使用方法。

知识点介绍

1. 什么是筛选

在进行数据管理时经常需要从众多数据中挑选出一部分满足条件的数据进行处理，即进行条件查询。如挑选能参加兴趣小组的学生，需从学生成绩表中筛选出符合条件的记录。

对于筛选数据，Excel 2016 提供了自动筛选和高级筛选两种方法：自动筛选是一种快速的筛选方法，可以方便地将那些满足条件的记录显示在工作表中；高级筛选是一种复杂的筛选方法，可挑选出满足多重条件的记录。

2. 自动筛选

自动筛选一般用于简单的条件筛选，筛选时不满足条件的数据暂时隐藏起来，只显示符合条件的数据。

3. 高级筛选

高级筛选一般用于条件较复杂的筛选操作，其筛选结果可显示在原数据表中，也可在新的位置显示，更加便于进行数据的比对。

操作步骤

1. 按系别排序

步骤1：选定需要排序的列名（H2），选择“排序和筛选”→“筛选”命令，如图5－78所示。

H2　系别

教师信息表

教师编号	姓名	性别	学历	政治面貌	参加工作时间	职称	系别	联系电话	E-mail
j001	李云清	男	研究生	群众	1982/8/15	副教授	计算机	82801678	lyp@163.com
j004	钱茜	女	研究生	党员	1989/12/2	副教授	计算机	6619联系电话	qx@163.com
j002	张南明	男	本科	群众	2001/8/10	讲师	计算机	6619联系电话	znm@163.com
j003	李娜	女	研究生	党员	2006/3/21	讲师	计算机	67123456	ln@163.com
j005	陈一晨	男	研究生	群众	1999/7/2	讲师	计算机	64321566	chch@ygi.edu.cn
w001	李华	男	研究生	党员	1985/8/2	副教授	外语	6619联系电话	lh@tup.edu.cn
w002	颜萍	男	研究生	群众	2002/12/9	讲师	外语	6619联系电话	yp@sina.com.cn
z003	杨磊萍	男	研究生	党员	1967/12/3	教授	政治	6619联系电话	ylp@163.com
z001	杨阳	男	本科	群众	1999/9/6	讲师	政治	81234567	yy@sina.com.cn
z002	郭英美	女	本科	党员	2003/8/10	讲师	政治	88661234	gym@sia.com.cn

图5－78　选中单元格H2

步骤2：在“数据”选项卡中的“排序和筛选”功能区中单击“降序”按钮，排序结果如图5－79所示。

H2　系别

教师信息表

教师编号	姓名	性别	学历	政治面貌	参加工作时间	职称	系别	联系电话	E-mail
z003	杨磊萍	男	研究生	党员	1967/12/3	教授	政治	6619联系电话	ylp@163.com
z001	杨阳	男	本科	群众	1999/9/6	讲师	政治	81234567	yy@sina.com.cn
z002	郭英美	女	本科	党员	2003/8/10	讲师	政治	88661234	gym@sia.com.cn
w001	李华	男	研究生	党员	1985/8/2	副教授	外语	6619联系电话	lh@tup.edu.cn
w002	颜萍	男	研究生	群众	2002/12/9	讲师	外语	6619联系电话	yp@sina.com.cn
j001	李云清	男	研究生	群众	1982/8/15	副教授	计算机	82801678	lyp@163.com
j004	钱茜	女	研究生	党员	1989/12/2	副教授	计算机	6619联系电话	qx@163.com
j002	张南明	男	本科	群众	2001/8/10	讲师	计算机	6619联系电话	znm@163.com
j003	李娜	女	研究生	党员	2006/3/21	讲师	计算机	67123456	ln@163.com
j005	陈一晨	男	研究生	群众	1999/7/2	讲师	计算机	64321566	chch@ygi.edu.cn

图5－79　按系别排序的结果

2. 按职称排序

步骤1：选择“文件”→“选项”→“高级”→“编辑自定义列表”命令，打开“自定义序列”对话框。在对话框的“输入序列”文本框中输入“教授”并按Enter键，随后依次输入“副教授”和“讲师”，如图 5－80 所示。

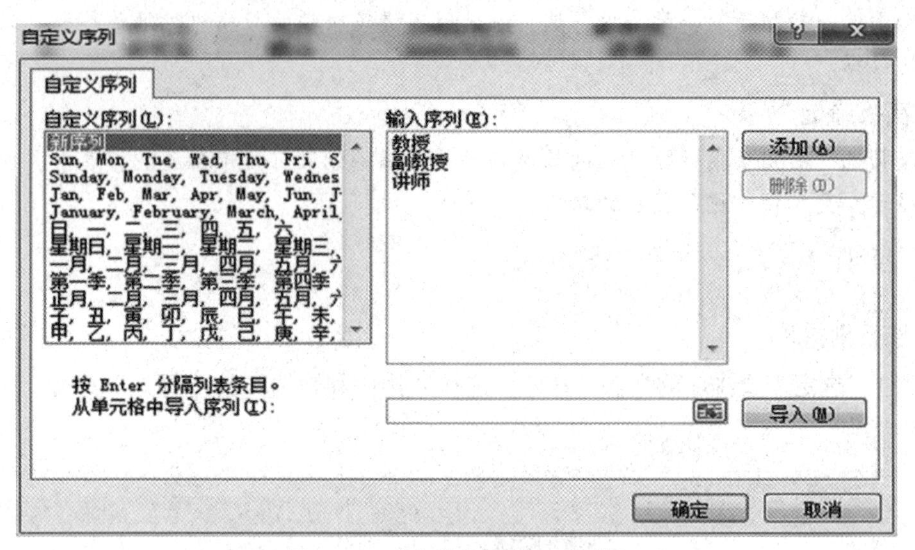

图 5－80　“自定义序列”对话框

步骤 2：输入完成后单击“添加”按钮，可以看到所输入的序列已经添加到了“自定义序列”列表框中，如图 5－81 所示。

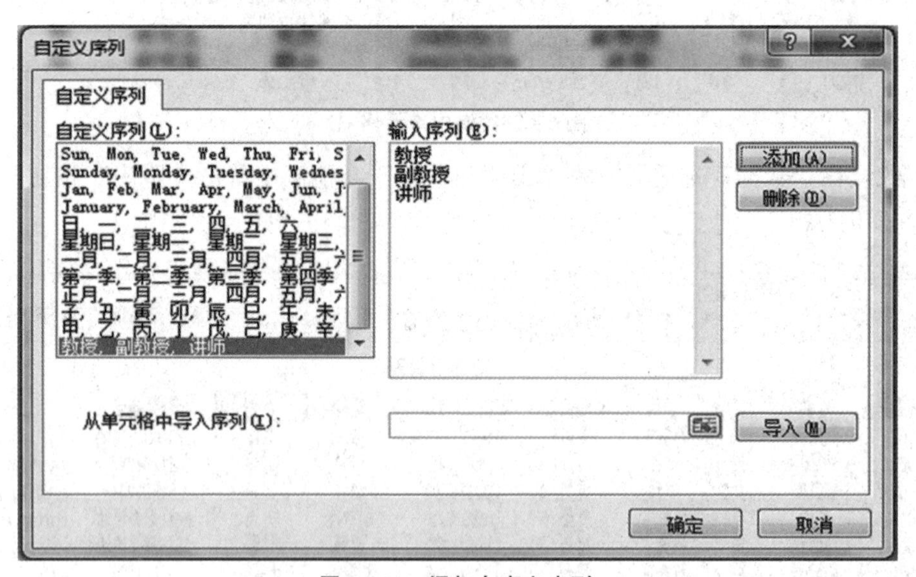

图 5－81　添加自定义序列

步骤 3：单击“确定”按钮后回到工作表，单击“数据”选项卡中的“排序”按钮，弹出“排序”对话框。在“主要关键字”下拉列表中选择“职称”选项，在“次序”下拉列表中选择“自定义序列”选项，找到刚才添加的序列，如图 5－82 所示。

步骤 4：单击“确定”按钮，发现教师信息表的“职称”列已经按照预设的序列进行了排序，结果如图 5－83 所示。

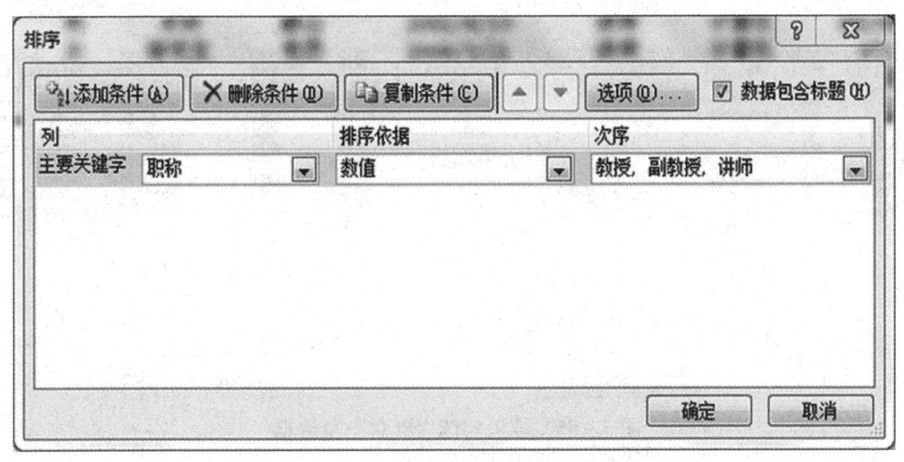

图 5－82　按自定义序列进行排序

P7

	A	B	C	D	E	F	G	H	I	J
1	教师信息表									
2	教师编号	姓名	性别	学历	政治面貌	参加工作时间	职称	系别	联系电话	E-mail
3	z003	杨磊萍	男	研究生	党员	1967/12/3	教授	政治	6619联系电话	ylp@163.com
4	w001	李华	男	研究生	党员	1985/8/2	副教授	外语	6619联系电话	lh@tup.edu.cn
5	j001	李云清	男	研究生	群众	1982/8/15	副教授	计算机	82801678	lyp@163.com
6	j004	钱西	女	研究生	党员	1989/12/2	副教授	计算机	6619联系电话	qx@163.com
7	z001	杨阳	男	本科	群众	1999/9/6	讲师	政治	81234567	yy@sina.com.cn
8	z002	郭英美	女	本科	党员	2003/8/10	讲师	政治	88661234	gym@sia.com.cn
9	w002	颜萍	男	研究生	群众	2002/12/9	讲师	外语	6619联系电话	yp@sina.com.cn
10	j002	张南明	男	本科	群众	2001/8/10	讲师	计算机	6619联系电话	znm@163.com
11	j003	李娜	女	研究生	党员	2006/3/21	讲师	计算机	67123456	ln@163.com
12	j005	陈一晨	男	研究生	群众	1999/7/2	讲师	计算机	64321566	chch@ygi.edu.cn

图 5－83　排序结果

3. 使用自动筛选功能筛选“政治面貌”为“党员”的教师

步骤 1：单击“数据”选项卡中的“筛选”按钮，如图 5－84 所示。

	A	B	C	D	E	F	G	H	I	J
1	教									
2	教师编号	姓名	性别	学历	政治面貌	参加工		系别	联系电话	E-mail
3	z003	杨磊萍	男	研究生	党员	196		政治	6619联系电话	ylp@163.com
4	w001	李华	男	研究生	党员	198		外语	6619联系电话	lh@tup.edu.cn
5	j001	李云清	男	研究生	群众	198		计算机	82801678	lyp@163.com
6	j004	钱西	女	研究生	党员	1989/12/2		计算机	6619联系电话	qx@163.com
7	z001	杨阳	男	本科	群众	1999/9/6	讲师	政治	81234567	yy@sina.com.cn
8	z002	郭英美	女	本科	党员	2003/8/10	讲师	政治	88661234	gym@sia.com.cn
9	w002	颜萍	男	研究生	群众	2002/12/9	讲师	外语	6619联系电话	yp@sina.com.cn
10	j002	张南明	男	本科	群众	2001/8/10	讲师	计算机	6619联系电话	znm@163.com
11	j003	李娜	女	研究生	党员	2006/3/21	讲师	计算机	67123456	ln@163.com
12	j005	陈一晨	男	研究生	群众	1999/7/2	讲师	计算机	64321566	chch@ygi.edu.cn

对所选单元格启用筛选。

如果启用了筛选，则单击列标题中的箭头可选择列筛选器。

有关详细帮助，请按 F1。

图 5－84　单击“筛选”按钮

步骤 2：单击“政治面貌”字段的下三角按钮，在弹出的列表框中取消勾选“群众”复选框，如图 5－85 所示。单击“确定”按钮得到筛选结果，如图 5－86 所示。

4. 使用高级筛选功能，筛选 2000 年以前参加工作、“学历”为“研究生”、“职称”为“副教授”的教师

步骤 1：首先在工作表的 A18：C19 处设置条件区域，如图 5－87 所示。

	A	B	C	D	E	F	G	H	I	J
1						教师信息表				
2	教师编号	姓名	性别	学历	政治面貌	参加工作时间	职称	系别	联系电话	E-mail
3	z003	杨磊				1967/12/3	教授	政治	6619联系电话	ylp@163.com
4	w001	李				1985/8/2	副教授	外语	6619联系电话	lh@tup.edu.cn
5	j001	李云				1982/8/15	副教授	计算机	82801678	lyp@163.com
6	j004	钱				1989/12/2	副教授	计算机	6619联系电话	qx@163.com
7	z001	杨				1999/9/6	讲师	政治	81234567	yy@sina.com.cn
8	z002	郭英				2003/8/10	讲师	政治	88661234	gym@sia.com.cn
9	w002	颜				2002/12/9	讲师	外语	6619联系电话	yp@sina.com.cn
10	j002	张南				2001/8/10	讲师	计算机	6619联系电话	znm@163.com
11	j003	李				2006/3/21	讲师	计算机	67123456	ln@163.com
12	j005	陈一				1999/7/2	讲师	计算机	64321566	chch@ygi.edu.cn

升序(S)
降序(O)
按颜色排序(T)
从"政治面貌"中清除筛选(C)
按颜色筛选(I)
文本筛选(F)
搜索
(全选)
党员
群众
确定 取消

图 5-85 取消勾选"群众"复选框

N17 fx

	A	B	C	D	E	F	G	H	I	J
1						教师信息表				
2	教师编号	姓名	性别	学历	政治面貌	参加工作时间	职称	系别	联系电话	E-mail
3	z003	杨磊萍	男	研究生	党员	1967/12/3	教授	政治	6619联系电话	ylp@163.com
4	w001	李华	男	研究生	党员	1985/8/2	副教授	外语	6619联系电话	lh@tup.edu.cn
6	j004	钱茜	女	研究生	党员	1989/12/2	副教授	计算机	6619联系电话	qx@163.com
8	z002	郭英美	女	本科	党员	2003/8/10	讲师	政治	88661234	gym@sia.com.cn
11	j003	李娜	女	研究生	党员	2006/3/21	讲师	计算机	67123456	ln@163.com

图 5-86 筛选结果

	A	B	C	D	E	F	G	H	I	J
1						教师信息表				
2	教师编号	姓名	性别	学历	政治面貌	参加工作时间	职称	系别	联系电话	E-mail
3	z003	杨磊萍	男	研究生	党员	1967/12/3	教授	政治	6619联系电话	ylp@163.com
4	w001	李华	男	研究生	党员	1985/8/2	副教授	外语	6619联系电话	lh@tup.edu.cn
5	j001	李云清	男	研究生	群众	1982/8/15	副教授	计算机	82801678	lyp@163.com
6	j004	钱茜	女	研究生	党员	1989/12/2	副教授	计算机	6619联系电话	qx@163.com
7	z001	杨阳	男	本科	群众	1999/9/6	讲师	政治	81234567	yy@sina.com.cn
8	z002	郭英美	女	本科	党员	2003/8/10	讲师	政治	88661234	gym@sia.com.cn
9	w002	颜萍	男	研究生	群众	2002/12/9	讲师	外语	6619联系电话	yp@sina.com.cn
10	j002	张南明	男	本科	群众	2001/8/10	讲师	计算机	6619联系电话	znm@163.com
11	j003	李娜	女	研究生	党员	2006/3/21	讲师	计算机	67123456	ln@163.com
12	j005	陈一晨	男	研究生	群众	1999/7/2	讲师	计算机	64321566	chch@ygi.edu.cn
18	参加工作时间	职称	学历							
19	<2000-1-1	副教授	研究生							

图 5-87 设置条件区域

步骤 2：单击"数据"选项卡中的"高级"按钮，弹出"高级筛选"对话框，如图 5-88 所示，"列表区域""条件区域"自动显示数值。

步骤 3：在"方式"选项组中单击"将筛选结果复制到其他位置"单选按钮，在"复制到"文本框中输入"A21"，如图 5-89 所示。

步骤 4：单击"确定"按钮得到筛选结果为李华、李云清和钱茜 3 条记录。

5. 使用条件格式标识表中的女教师

步骤 1：选中"性别"列。选择"开始"→"条件格式"→"突出显示单元格规则"→"文本包含"选项，如图 5-90 所示。

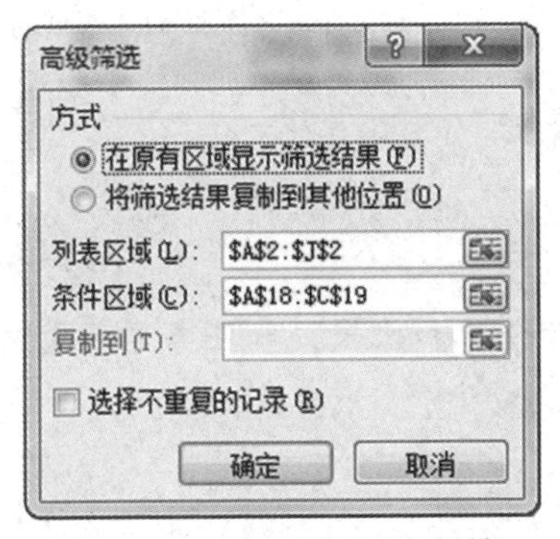

图 5－88　“高级筛选”对话框

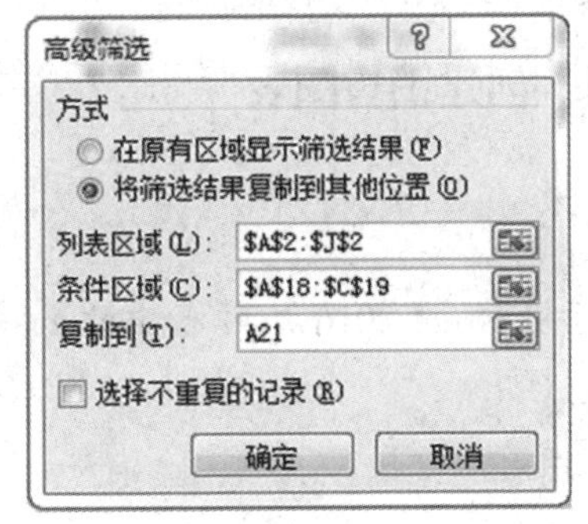

图 5－89　设置筛选参数

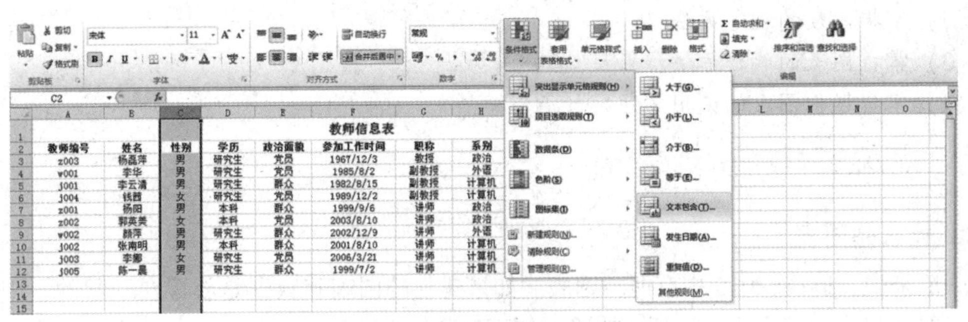

图 5－90　突出显示单元格规则

步骤 2：在弹出的“文本中包含”对话框中输入“女”，在“设置为”下拉列表中选择“浅红填充色深红色文本”选项，如图 5－91 所示，单击“确定”按钮，表中“性别”列的“女”已被标红。

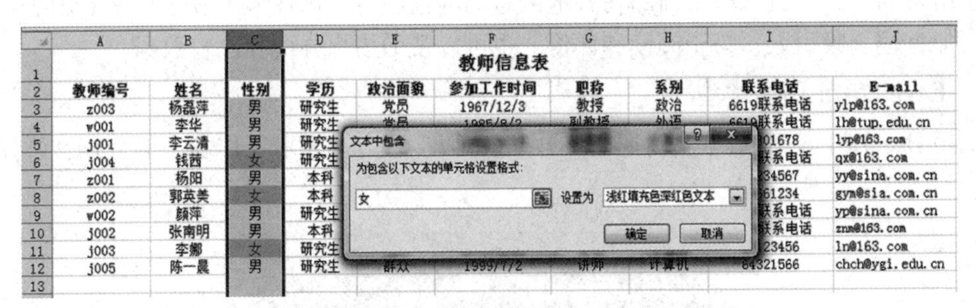

图 5－91　选择“浅红填充色深红色文本”选项

【知识进阶】

1. 自动筛选和高级筛选的区别

（1）同一字段的多个条件，无论是“与”还是“或”，不同字段的“与”的条件都可以使用自动筛选完成，而不同字段的“或”的条件就只有使用高级筛选来完成。

（2）自动筛选的结果都是在原有区域上显示，即隐藏不符合条件的记录。高级筛选的结果可以在原有区域上显示，也可以复制到其他指定区域显示，即复制符合条件的记录。

2. 高级筛选的条件设定

在输入高级筛选条件时，如果是“与”的条件，则条件在同一行输入；如果是“或”

的条件，则条件必须在不同行输入。

任务四　创建销售图表

任务描述

为了便于对Excel 2016工作表中的数据进行分析和比较，本任务学习创建Excel 2016图表。

任务目的

（1）了解Excel 2016图表的各种类型；

（2）掌握图表的创建方法；

（3）掌握图表的编辑方法；

（4）掌握迷你图表的使用方法。

知识点介绍

1. 什么是图表

一般来说，Excel 2016中有两类图表。如果建立的图表和数据是放置在一起的，则这样图和表的结合就比较紧密、清晰、明确，便于对数据进行分析和预测，称为内嵌图表。如果建立的图表不和数据放在一起，而是单独占用一个工作表，则称为图表工作表，也叫作独立工作表。Excel 2016图表可以将数据图形化，更直观地显示数据，使数据的比较或趋势变得一目了然，从而更容易表达作者的观点。在Excel 2016中，图表是指将工作表中的数据用图形表示出来的工具。例如将某商品在各地区每周的销售情况用柱形图表示出来。图表可以使数据更加有趣、吸引人、易于阅读和评价，也可以帮助用户分析和比较数据。

2. Excel 2016图表类型

利用Excel 2016可以创建各种类型的图表，以多种方式表示工作表中的数据，常用的图表类型如图5-92所示。

图5-92　常用的图表类型

（1）柱形图：用于显示一段时间内的数据变化或显示各项之间的比较情况。在柱形图中，通常沿水平轴组织类别，而沿垂直轴组织数据。

（2）折线图：可显示随时间变化的连续数据，非常适合显示在相等时间间隔下数据的趋势。在折线图中，类别数据沿水平轴均匀分布，所有数据沿垂直轴均匀分布。

（3）饼图：显示一个数据系列中各数值的大小与各数值总和的比例。饼图中的数据点显示为整个饼图的百分比。

（4）条形图：显示各项目之间的比较情况。

（5）面积图：强调数量随时间变化的程度，用于表示总值趋势。

（6）散点图：显示若干数据系列中各数值之间的关系，或者将两组数绘制为 *xy* 坐标的一个系列。

（7）股价图：显示股价的波动和走势。

（8）曲面图：显示两组数据之间的最佳组合。

（9）圆环图：像饼图一样，显示各个部分与整体之间的关系，可以包含多个数据系列。

（10）气泡图：排列在工作表列中的数据可以绘制在气泡图中。

（11）雷达图：比较若干数据系列的聚合值。

对于大多数 Excel 2016 图表，如柱形图和条形图，可以将工作表的行或列中排列的数据绘制在图表中。而有些图形类型，如饼图和气泡图，则需要特定的数据排列方式。

操作步骤

1. 创建图表

步骤 1：打开销售统计表，按住 Ctrl 键分别选择图表中需要用到的两列数据——季度和总销售额，如图 5－93 所示。

	A	B	C	D	E
1	上海凤凰商厦销售统计表				
2					单位：元
3	季度	日用品	服饰	首饰	总销售额
4	第一季度	234567.5	2345678	2258697	4838942.5
5	第二季度	4567543	45682.8	7895245	12508470.8
6	第三季度	765432	248596.6	896325.3	1910353.9
7	第四季度	2345679	2256321	45896324	50498324
8					

图 5－93　选择创建图表所用数据

步骤 2：选择"插入"选项卡，单击"柱形图"图表，在弹出的列表中选择"二维柱形图"→"簇状柱形图"选项。

步骤 3：选择该选项后，图表会出现在工作表的空白区域，如图 5－94 所示。

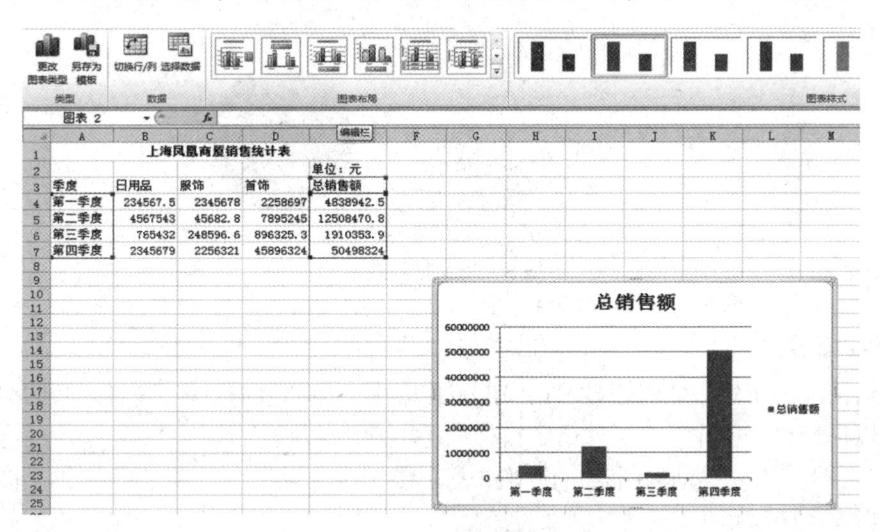

图 5－94　图表效果

2. 更改图表类型

步骤 1：首先选择已经创建好的柱形图，选择“设计”选项卡，单击“更改图表类型”按钮。

步骤 2：在弹出的“更改图表类型”对话框中选择“饼图”选项。

步骤 3：单击“确定”按钮后可以看到原来的柱形图已经更改为饼图，如图 5－95 所示。

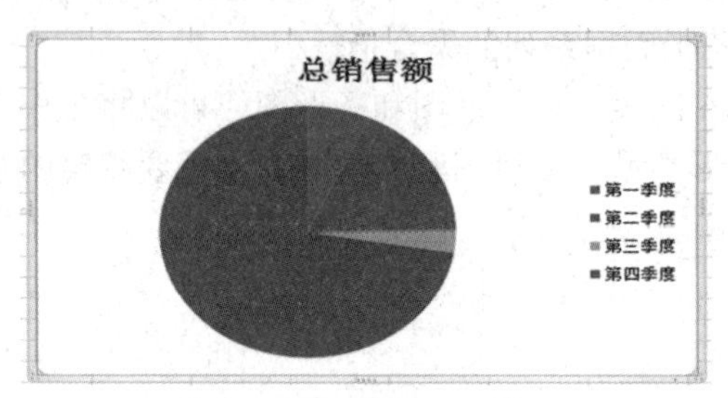

图 5－95　饼图显示效果

3. 更改图表布局

步骤 1：选中之前创建的饼图。

步骤 2：在“图标工具”选项卡中选择“图表布局”功能区中的“布局 1”选项，将饼形图按照百分比的方法显示，如图 5－96 所示。

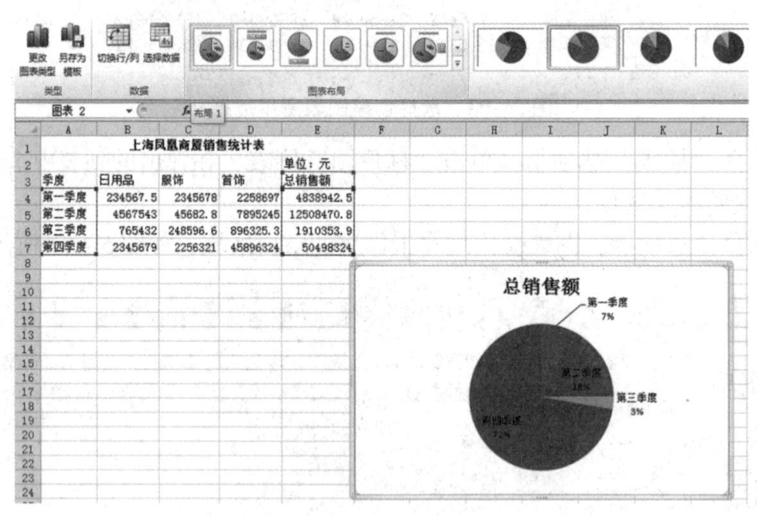

图 5－96　布局效果

4. 移动图表

在默认情况下所建立的图表显示在当前工作表中，但如果需要将图表移动到其他工作表中，则可以进行以下操作。

步骤 1：选定需要移动的图表，在“图表工具”→“设计”选项卡下单击“移动图表”按钮，如图 5－97 所示。

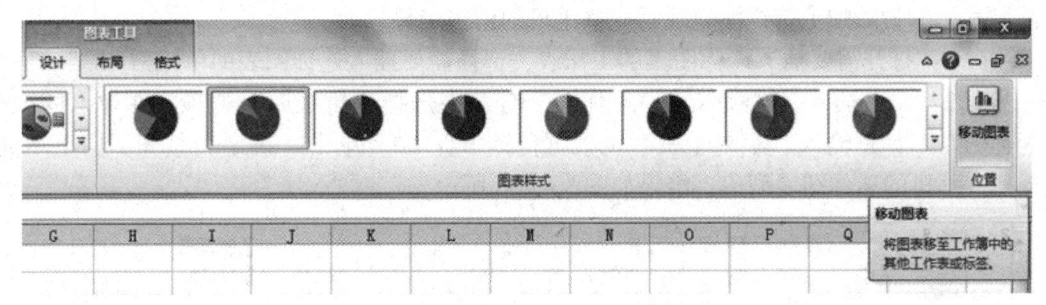

图 5－97 单击“移动图表”按钮

步骤2：在弹出的“移动图表”对话框中，单击“新工作表”单选按钮，新建表名为“图表”，在“对象位于”下拉列表中选择工作簿中需要移动的工作表即可，如图 5－98 所示。

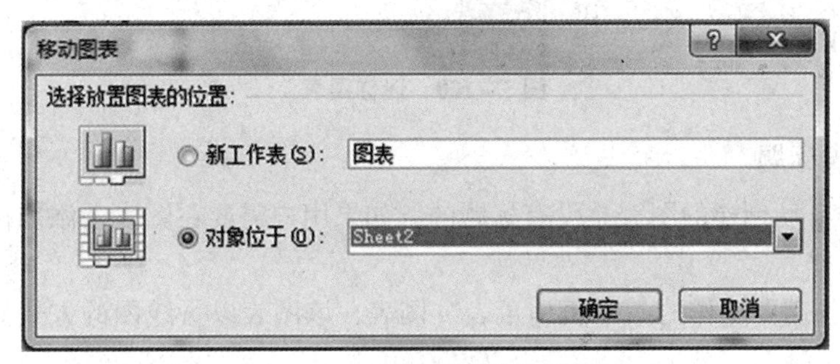

图 5－98 “移动图表”对话框

步骤3：工作簿中已经新建了一个“图表”工作表，图表移动到了所选定位置，如图 5－99 所示。

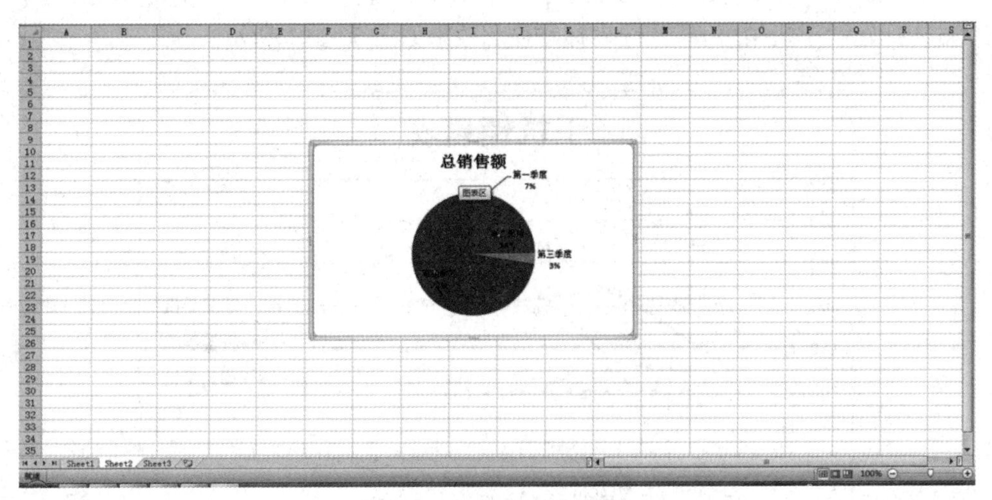

图 5－99 移动图表结果

【知识进阶】

1. 创建迷你图表

迷你图表是显示在单元格中的一个微型图表，可提供数据的直观表示。例如希望在“手

机销售表”的最后加上折线图以表示此款手机的销售走势。

步骤1：打开需要插入迷你图表的工作表，选择需要插入迷你图表的单元格F2。

步骤2：在“插入”选项卡的“迷你图”分组中选择“折线图”选项。在弹出的“创建迷你图”对话框输入“苹果手机”的数据范围B2：E2，单击“确定”按钮。向下填充，完成所有手机的迷你图表创建，结果如图5－100所示。

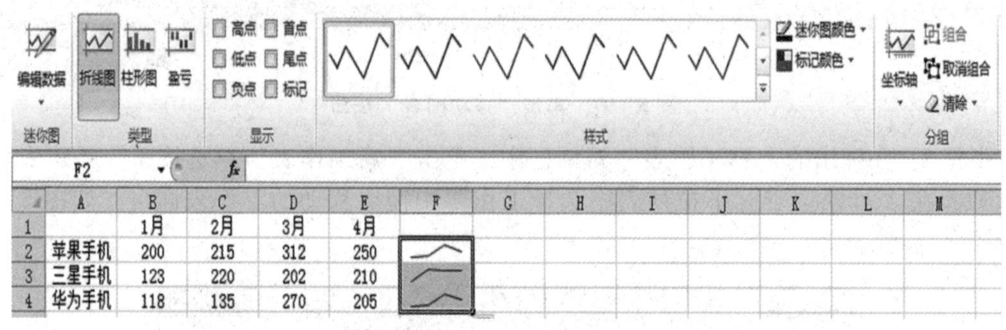

图5－100　迷你图表

2. 添加图表标题

在很多时候自动创建的图表是没有标题的，如果用户需要在图表上添加标题，可以通过以下步骤进行操作。

步骤1：选择需要操作的“手机销量表”图表，该图表以折线图的方式显示各品牌手机在1—4月份的销量。

步骤2：在“图表工具”→“布局”选项卡中单击“图表标题”按钮，在弹出的列表中选择“图表上方”选项。

步骤3：选择“图表上方”选项之后，在图表上方就会出现一个可编辑的文本框，在文本框中输入标题“手机销售表”，图表标题显示效果如图5－101所示。

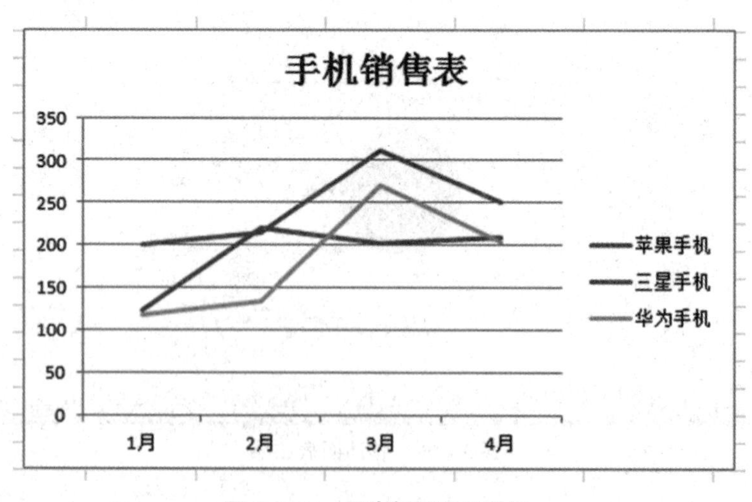

图5－101　图表标题显示效果

3. 设置坐标轴标题

在默认情况下图表的坐标轴标题也是不显示的，如果用户希望显示坐标轴标题，可按以

下步骤操作。

步骤1：在“图表工具”→“布局”选项卡中单击“坐标轴标题”按钮。在列表中依次选择“主要横坐标轴标题”→“坐标轴下方标题”选项和“主要纵坐标轴标题”→“竖排标题”选项。

步骤2：执行上述操作后，在图表的横坐标轴下方和纵坐标轴的左边会出现两个可编辑的文本框，添加文本即可。

4. 显示数据选项卡

在默认情况下创建的图表中是没有数据选项卡的。例如上面的“手机销售表”图表，只能通过纵坐标轴来估计每一个节点大概的数值，通过如下方法可以显示数据选项卡。

步骤1：在“图表工具”→“布局”选项卡中单击“数据标签”按钮，在弹出的列表中选择“值”选项。

步骤2：完成上一步的操作后，图表中的每一个节点都显示其数据选项卡，结果如图5－102所示。

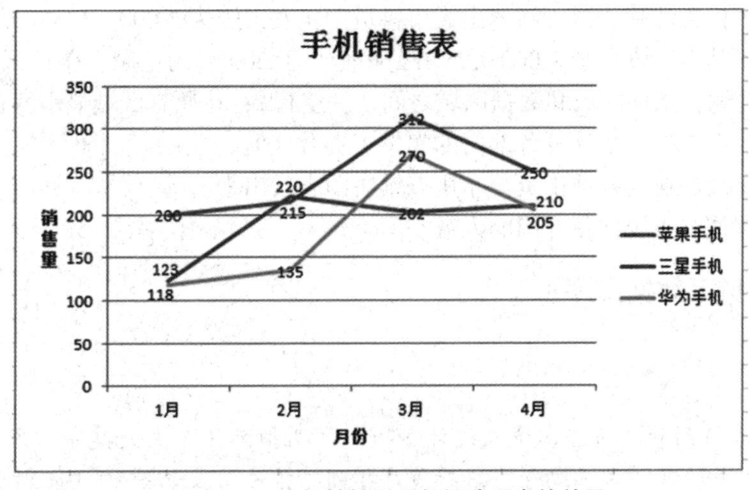

图5－102　坐标轴标题和数据选项卡的效果

【实战演练】

小明接到学校教务处的一个任务：学期快要结束了，把全校学生的成绩用Excel 2016表格进行统计。要求每门课的成绩都大于或等于60分为及格，小于60分的以红色显示并统计出来，同时统计每个学生的各个学期的成绩，并使用图表的形式表现每一位同学在不同学期的成绩变化。

5.4　员工工资表的数据处理及统计分析

使用Excel 2016表格的目的是对数据进行处理和分析，例如需要分析某种特定的数据，需要对数据进行排序和汇总等。本节以一个实际案例介绍多种数据处理方法。

针对图5－103所示表格实现7个数据处理目标。

员工工资表											
员工编号	员工姓名	性别	所在部门	基本工资	奖金	住房补助	车费补助	应发工资	税款	公积金	实发工资
001	袁振业	男	人事科	966	1000	200	146		52	115	
002	石晓珍	女	人事科	1030	2400	155	155		66	135	
003	杨圣滔	男	教务科	1094	1200	160	176		60	145	
004	杨建兰	女	教务科	1158	4200	205	187		55	235	
005	石卫国	女	人事科	1222	800	265	166		50	200	
006	石达根	男	人事科	1286	2700	200	146		57	247	
007	杨宏盛	女	教务科	966	2900	155	155		52	274	
008	杨云帆	男	财务科	1030	2500	160	176		57	301	
009	石平和	女	财务科	1094	3200	205	187		49	328	
010	石晓桃	女	财务科	966	2800	265	166		51	355	
011	符晓	男	人事科	1030	2000	200	146		51	382	
012	朱江	女	教务科	1094	2600	155	155		49	115	
013	周丽萍	女	人事科	1158	2800	160	176		42	135	
014	张耀炜	男	财务科	1222	3000	205	187		46	145	
015	张艳	女	财务科	966	1500	265	166		46	235	
016	符瑞聪	男	教务科	1030	3000	155	146		60	200	

图 5－103　员工工资表

（1）计算每个人的应发工资和实发工资。

（2）以“所在部门”为主要关键字（升序），以“实发工资”为次要关键字（降序）进行排序。

（3）建立表格自动筛选器，筛选出人事科员工实发工资为 2 000～3 000 元的记录。

（4）筛选出基本工资小于 1 000 元或者公积金小于 200 元的记录，条件区域设置在数据区域的顶端（注意：条件区域和数据区域之间留一空行），在原有区域显示筛选结果。

（5）用分类汇总的方法计算各部门的实发工资合计值。

（6）把员工袁振业的各项工资分布用三维饼图表示出来。

（7）用数据透视表统计各部门的人数。

任务一　员工数据排序

●任务描述

根据图 5－103 所示的员工工资表统计各项工资明细，并以主关键字“所在部门”进行升序排列，以次关键字“员工编号”进行降序排列。排序结果如图 5－104 所示。

员工工资表											
员工编号	员工姓名	性别	所在部门	基本工资	奖金	住房补助	车费补助	应发工资	税款	公积金	实发工资
014	张耀炜	男	财务科	1222	3000	205	187	4614	46	145	4423
009	石平和	女	财务科	1094	3200	205	187	4686	49	328	4309
010	石晓桃	女	财务科	966	2800	265	166	4197	51	355	3791
008	杨云帆	男	财务科	1030	2500	160	176	3866	57	301	3508
015	张艳	女	财务科	966	1500	265	166	2897	46	235	2616
004	杨建兰	女	教务科	1158	4200	205	187	5750	55	235	5460
016	符瑞聪	男	教务科	1030	3000	155	146	4331	60	200	4071
007	杨宏盛	女	教务科	966	2900	155	155	4176	52	274	3850
012	朱江	女	教务科	1094	2600	155	155	4004	49	115	3840
003	杨圣滔	男	教务科	1094	1200	160	176	2630	60	145	2425
013	周丽萍	女	人事科	1158	2800	160	176	4294	42	135	4117
006	石达根	男	人事科	1286	2700	200	146	4332	57	247	4028
002	石晓珍	女	人事科	1030	2400	155	155	3740	66	135	3539
011	符晓	男	人事科	1030	2000	200	146	3376	51	382	2943
005	石卫国	女	人事科	1222	800	265	166	2453	50	200	2203
001	袁振业	男	人事科	966	1000	200	146	2312	52	115	2145

图 5－104　排序结果

●任务目的

通过本任务的训练，复习函数的使用方法，了解排序关键字的含义，掌握主关键字排序

操作，并学会保存排序结果。

操作步骤

本任务分为两部分操作，先使用函数计算员工的工资信息，然后对计算后的数据进行排序处理。

1. 计算

步骤1：启动 Excel 2016，打开“工资表数据处理 . xlsx”。

步骤2：通过工具栏中的自动求和按钮 Σ 计算 I3 单元格的值，再使用填充柄填充，如图 5－105 所示。

COUNTIF　=SUM(E3:H3)

员工工资表											
员工编号	员工姓名	性别	所在部门	基本工资	奖金	住房补助	车费补助	应发工资	税款	公积金	实
001	袁振业	男	人事科	966	1000	200	146	=SUM(E3:H3)		115	
002	石晓珍	女	人事科	1030	2400	155	155	SUM(number1, [number2], ...)		[illegible]	
003	杨圣滔	男	教务科	1094	1200	160	176		60	145	
004	杨建兰	女	教务科	1158	4200	205	187		55	235	
005	石为国	女	人事科	1222	800	265	166		50	200	
006	石达根	男	人事科	1286	2700	200	146		57	247	
007	杨宏盛	女	教务科	966	2900	155	155		52	274	
008	杨云帆	男	财务科	1030	2500	160	176		57	301	
009	石平和	女	财务科	1094	3200	205	187		49	328	
010	石晓桃	女	财务科	966	2800	265	166		51	355	
011	符晓	男	人事科	1030	2000	200	146		51	382	
012	朱江	女	教务科	1094	2600	155	155		49	115	
013	周丽萍	女	人事科	1158	2800	160	176		42	135	
014	张耀伟	男	财务科	1222	3000	205	187		46	145	
015	张艳	女	财务科	966	1500	265	166		46	235	
016	符瑞聪	男	教务科	1030	3000	155	146		60	200	

求和 (Alt+=)

紧接所选单元格之后显示所选单元格的求和值。

员工工资表 (2)　员工工资表　Sheet2　Sheet3

图 5－105　函数的使用

步骤3：使用公式计算“实发工资”列相应单元格结果（实发工资 = 应发工资 － 税款 － 公积金），如图 5－106 所示。

COUNTIF　=I3-J3=K3

员工工资表											
员工编号	员工姓名	性别	所在部门	基本工资	奖金	住房补助	车费补助	应发工资	税款	公积金	实发工资
001	袁振业	男	人事科	966	1000	200	146	2312	52	115	=I3-J3=K3
002	石晓珍	女	人事科	1030	2400	155	155	3740	66	135	
003	杨圣滔	男	教务科	1094	1200	160	176	2630	60	145	
004	杨建兰	女	教务科	1158	4200	205	187	5750	55	235	
005	石为国	女	人事科	1222	800	265	166	2453	50	200	
006	石达根	男	人事科	1286	2700	200	146	4332	57	247	
007	杨宏盛	女	教务科	966	2900	155	155	4176	52	274	
008	杨云帆	男	财务科	1030	2500	160	176	3866	57	301	
009	石平和	女	财务科	1094	3200	205	187	4686	49	328	
010	石晓桃	女	财务科	966	2800	265	166	4197	51	355	
011	符晓	男	人事科	1030	2000	200	146	3376	51	382	
012	朱江	女	教务科	1094	2600	155	155	4004	49	115	
013	周丽萍	女	人事科	1158	2800	160	176	4294	42	135	
014	张耀伟	男	财务科	1222	3000	205	187	4614	46	145	
015	张艳	女	财务科	966	1500	265	166	2897	46	235	
016	符瑞聪	男	教务科	1030	3000	155	146	4331	60	200	

员工工资表 (2)　员工工资表　Sheet2　Sheet3

图 5－106　公式的使用

2. 排序

排序就是按照某种设置好的顺序将数据显示出来。排序的方向包括升序和降序。升序是数字由小到大，字母由 A 到 Z，汉字根据拼音字母由 a 到 z，降序与升序相反。

步骤 1：启动 Excel 2016，打开“工资表数据处理 . xlsx”。

步骤 2：将活动单元格位于表格数据区的任一位置。

步骤 3：选择“开始”→“排序和筛选”→“自定义排序”命令，在弹出的对话框中进行设置，如图 5－107 所示。设置完成后单击“确定”按钮，即完成排序操作。

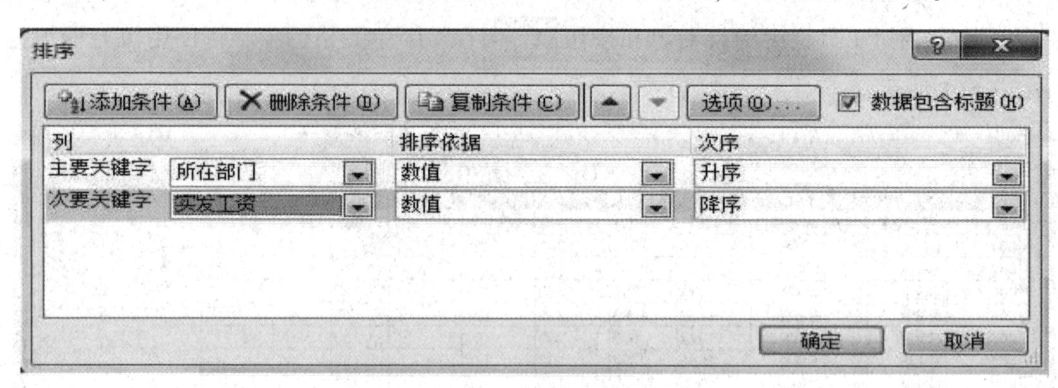

图 5－107 “排序”对话框

任务二　员工数据筛选

任务描述

小明计划针对员工工资表进行自动筛选，查看“实发工资”为 2 000～3 000 元的员工信息，同时对员工工资表进行高级筛选，筛选出“基本工资”小于 1 000 元，“公积金”小于 200 元的员工信息，且结果从 A5 单元格开始显示。

任务目的

通过本任务的训练，了解自动筛选与高级筛选的区别，掌握自动筛选的操作过程、筛选条件的设置方法、高级筛选的条件布局与结果显示位置的设置方法。

操作步骤

筛选分为自动筛选和高级筛选两种。自动筛选简单明了，操作过程轻松易懂；高级筛选需要添加筛选条件、设置筛选结果的存放位置，相对复杂。在实际应用中，根据需要选择筛选方式。下面分别讲解自动筛选和高级筛选的操作过程。

1. 自动筛选

筛选人事科所有员工实发工资大于 2 000 元且小于 3 000 元的记录。

步骤 1：启动 Excel 2016，打开“工资表数据处理 . xlsx”。

步骤 2：将活动单元格位于表格数据区的任一位置。

步骤 3：选择“数据”→“排序和筛选”→“筛选”选项，仔细观察表格的标题行，会

发现标题行的各个单元格右侧多了一个下拉箭头按钮。单击标题行中“所在部门”单元格右侧的下拉箭头按钮，在下拉列表中选择“人事科”选项，再单击标题行中“实发工资”单元格右侧的下拉箭头按钮，在下拉列表中选择“自定义”选项，在“自定义自动筛选方式”对话框中设置筛选条件如图5－108所示。

图5－108　设置筛选条件

步骤4：设置完成后单击“确定”按钮，自动筛选效果如图5－109所示。

员工工资表											
员工编	员工姓	性别	所在部门	基本工	奖金	住房补	车费补	应发工	医保	公积金	实发工
001	袁振业	男	人事科	966	1000	200	146	2312	52	115	2145
005	石卫国	女	人事科	1222	800	265	166	2453	50	200	2203
011	符晓	男	人事科	1030	2000	200	146	3376	51	382	2943

图5－109　自动筛选结果

2. 高级筛选

高级筛选必须在工作表中空白处建立条件区域，首先将条件涉及的列名分别输入两个同行的单元格中，再在所在列的下一单元格中设置筛选条件。

步骤1：选择“数据”→“排序和筛选”→“筛选”选项，取消自动筛选设置。

步骤2：根据要求在该表格的前3行建立一个条件区域，如图5－110所示。

	A	B	C	D	E	F	G
1	基本工资	公积金					
2	<1000						
3		<200					
4	员工工资表						
5	员工编号	员工姓名	性别	所在部门	基本工资	奖金	住房补助
6	001	袁振业	男	人事科	966	1000	200
7	002	石晓珍	女	人事科	1030	2400	155
8	003	杨圣滔	男	教务科	1094	1200	160
9	004	杨建兰	女	教务科	1158	4200	205
10	005	石卫国	女	人事科	1222	800	265
11	006	石达根	男	人事科	1286	2700	200

图5－110　条件区域

步骤3：选择表格中的原始数据，再选择“数据”→“排序和筛选” －“高级”选项，在弹出的“高级筛选”对话框中进行数据区域、条件区域、方式的设置，如图5－111所示。

步骤4：设置完成后单击“确定”按钮，高级筛选结果如图5－112所示。

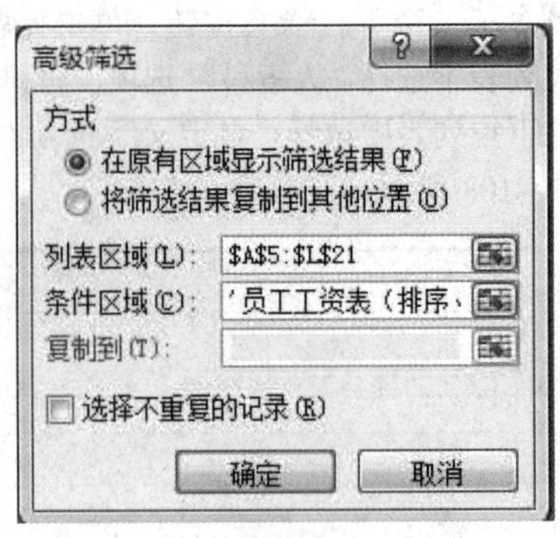

图 5－111 “高级筛选”对话框

	A	B	C	D	E	F	G	H	I	J	K	L
1	基本工资	公积金										
2	<1000											
3		<200										
4	员工工资表											
5	员工编号	员工姓名	性别	所在部门	基本工资	奖金	住房补助	车费补助	应发工资	医保	公积金	实发工资
6	001	袁振业	男	人事科	966	1000	200	146	2312	52	115	2145
7	002	石晓珍	女	人事科	1030	2400	155	155	3740	66	135	3539
8	003	杨圣滔	男	教务科	1094	1200	160	176	2630	60	145	2425
12	007	杨宏盛	女	教务科	966	2900	155	155	4176	52	274	3850
15	010	石晓桃	女	财务科	966	2800	265	166	4197	51	355	3791
17	012	朱江	女	教务科	1094	2600	155	155	4004	49	115	3840
18	013	周丽萍	女	人事科	1158	2800	160	176	4294	42	135	4117
19	014	张耀炜	男	财务科	1222	3000	205	187	4614	46	145	4423
20	015	张艳	女	财务科	966	1500	265	166	2897	46	235	2616
22												

图 5－112 高级筛选结果

任务三 员工信息分类汇总

任务描述

员工信息分类汇总也是企业实际应用中的常用操作。本任务用分类汇总的方法统计各部门的“实发工资”之和。

任务目的

通过本任务的训练，了解分类汇总的含义，掌握其操作过程，区别“分类字段”和“汇总方式”等关键字的含义，能熟练应用分类汇总操作解决实际问题。

操作步骤

分类汇总各部门的“实发工资”之和的步骤如下。

步骤 1：启动 Excel 2016，打开“工资表数据处理 . xlsx”。

步骤 2：依据“所在部门”字段进行升序排序，排序结果如图 5－113 所示。

步骤 3：选择“数据”→“分类汇总”选项，在弹出的“分类汇总”对话框中进行相应设置，“分类字段”选择“所在部门”，“汇总方式”选择“求和”，“选定汇总项”选择“实发工资”，如图 5－114 所示。

员工工资表											
员工编号	员工姓名	性别	所在部门	基本工资	奖金	住房补助	车费补助	应发工资	医保	公积金	实发工资
008	杨云帆	男	财务科	1030	2500	160	176	3866	57	301	3508
009	石平和	女	财务科	1094	3200	205	187	4686	49	328	4309
010	石晓桃	女	财务科	966	2800	265	166	4197	51	355	3791
014	张耀炜	男	财务科	1222	3000	205	187	4614	46	145	4423
015	张艳	女	财务科	966	1500	265	166	2897	46	235	2616
003	杨圣滔	男	教务科	1094	1200	160	176	2630	60	145	2425
004	杨建兰	女	教务科	1158	4200	205	187	5750	55	235	5460
007	杨宏盛	女	教务科	966	2900	155	155	4176	52	274	3850
012	朱江	女	教务科	1094	2600	155	155	4004	49	115	3840
016	符瑞聪	男	教务科	1030	3000	155	146	4331	60	200	4071
001	袁振业	男	人事科	966	1000	200	146	2312	52	115	2145
002	石晓珍	女	人事科	1030	2400	155	155	3740	66	135	3539
005	石卫国	女	人事科	1222	800	265	166	2453	50	200	2203
006	石达根	男	人事科	1286	2700	200	146	4332	57	247	4028
011	符晓	男	人事科	1030	2000	200	146	3376	51	382	2943
013	周丽萍	女	人事科	1158	2800	160	176	4294	42	135	4117

图 5－113　排序结果

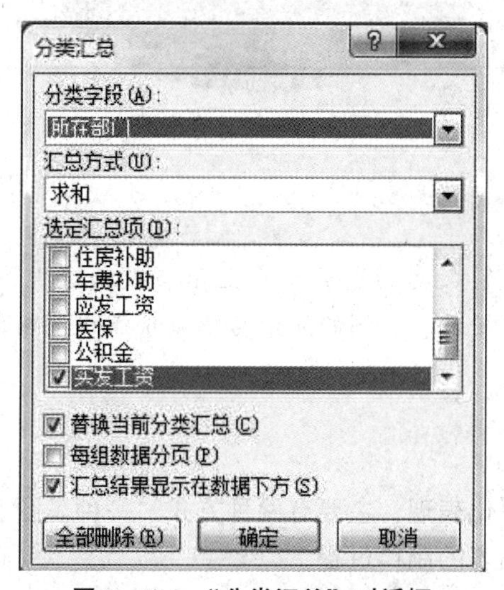

图 5－114　“分类汇总”对话框

步骤 4：设置完成后单击“确定”按钮，分类汇总结果如图 5－115 所示。

	A	B	C	D	E	F	G	H	I	J	K	L
1	员工工资表											
2	员工编号	员工姓名	性别	所在部门	基本工资	奖金	住房补助	车费补助	应发工资	医保	公积金	实发工资
3	008	杨云帆	男	财务科	1030	2500	160	176	3866	57	301	3508
4	009	石平和	女	财务科	1094	3200	205	187	4686	49	328	4309
5	010	石晓桃	女	财务科	966	2800	265	166	4197	51	355	3791
6	014	张耀炜	男	财务科	1222	3000	205	187	4614	46	145	4423
7	015	张艳	女	财务科	966	1500	265	166	2897	46	235	2616
8				**财务科 汇总**								18647
9	003	杨圣滔	男	教务科	1094	1200	160	176	2630	60	145	2425
10	004	杨建兰	女	教务科	1158	4200	205	187	5750	55	235	5460
11	007	杨宏盛	女	教务科	966	2900	155	155	4176	52	274	3850
12	012	朱江	女	教务科	1094	2600	155	155	4004	49	115	3840
13	016	符瑞聪	男	教务科	1030	3000	155	146	4331	60	200	4071
14				**教务科 汇总**								19646
15	001	袁振业	男	人事科	966	1000	200	146	2312	52	115	2145
16	002	石晓珍	女	人事科	1030	2400	155	155	3740	66	135	3539
17	005	石卫国	女	人事科	1222	800	265	166	2453	50	200	2203
18	006	石达根	男	人事科	1286	2700	200	146	4332	57	247	4028
19	011	符晓	男	人事科	1030	2000	200	146	3376	51	382	2943
20	013	周丽萍	女	人事科	1158	2800	160	176	4294	42	135	4117
21				**人事科 汇总**								18975
22				**总计**								57268

图 5－115　分类汇总结果

任务四　制作员工信息图表

任务描述

根据员工工资表中的数据，根据员工袁振业的各项工资信息制作一个三维饼图，如图5－116所示。对部门建立数据透视表。

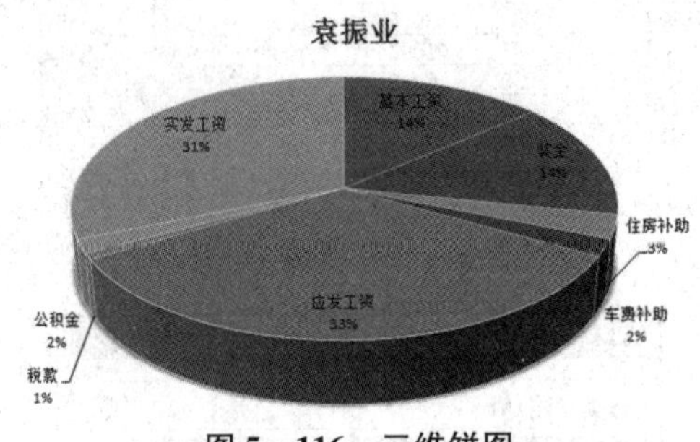

图5－116　三维饼图

任务目的

通过本任务的训练，了解数据的图表形式显示与数据透视图表的含义，掌握图表的制作、标题的添加、数据值的显示、图例的显示与隐藏等操作，熟悉数据透视图与透视表的制作方法。

操作步骤

图表是数据的一种形象化表现，主要有两种方式，一种是图表形式，另一种就是数据透视图与透视表。下面讲解图表的制作过程。

制作图表的步骤如下。

步骤1：启动Excel 2016，打开“工资表数据处理.xlsx”。

步骤2：把工资分布用三维饼图表示出来。按住Ctrl键，选中B2：B3和E2：L3单元格区域。

步骤3：选择“插入”→“饼图”选项，在下拉列表中进一步选择细化的类型“三维饼图”。

步骤4：图表的基本轮廓如图5－117所示。

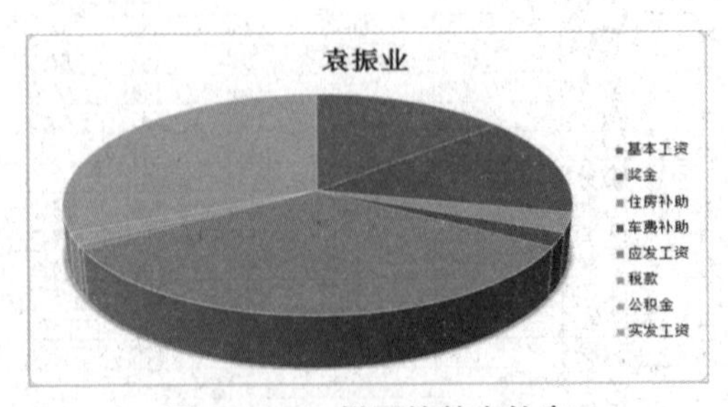

图5－117　饼图的基本轮廓

步骤5：此时工具栏中自动出现一个“图表工具”，它共有3个选项卡，可以切换这些选项卡对图表进行编辑。在此例中，选择“设计”选项卡中的布局1，布局1不会显示图例，但会在饼图中显示数据标志和百分比，这样有关“袁振业”的工资分布图就完成了。

注意事项

在创建图表的过程中，任意时候右击图表，都可以很轻松地重新选择图表类型和制作图表需要的数据范围；对图表进一步美化的命令除了上面介绍的“图表工具”所包含的3个选项卡，还有其他操作方式。对于图表中的任何一个组成部分，如果需要更改其格式等，都可以直接双击该组成部分，弹出其格式设置对话框，在对话框中进行更改。如需要更多的命令进行更多的修改，可以选择图表的相应部分后右击。

任务五　数据透视表

任务描述

用数据透视表统计各部门的人数。

任务目的

数据透视表是分类汇总的延伸，是进一步的分类汇总。一般的分类汇总只能针对一个字段进行，而数据透视表可以按多个字段进行分类汇总，并且分类汇总前不用排序。

操作步骤

步骤1：启动Excel 2016，打开“工资表数据处理.xlsx”。

步骤2：在表格中任意单击。

步骤3：选择“插入”→“数据透视表”选项，弹出“创建数据透视表”对话框，在该对话框中进行相应的设置，如图5－118所示。

	A	B	C	D	E	F	G	H	I	J	K	L
1	员工工资表											
2	员工编号	员工姓名	性别	所在部门	基本工资	奖金	住房补助	车费补助	应发工资	税款	公积金	实发工资
3	1	袁振业	男	人事科	966	1000	200	146	2312	52	115	2145
4	2	石晓珍	女	人事科	1030	2400	155	155	3740	66	135	3539
5	3	杨圣滔	男	教务科	1094	1200	160	176	2630	60	145	2425
6	4	杨建兰	女	教务科	1158	4200	205	187	5750	55	235	5460
7	5	石卫国	女	人事						50	200	2203
8	6	石达根	男	人事						57	247	4028
9	7	杨宏盛	女	教务						52	274	3850
10	8	杨云帆	男	财务						57	301	3508
11	9	石平和	女	财务						49	328	4309
12	10	石小桃	女	财务						51	355	3791
13	11	符晓	男	人事						51	382	2943
14	12	朱江	女	教务						49	115	3840
15	13	周丽萍	女	人事						42	135	4117
16	14	张耀炜	男	财务						46	145	4423
17	15	张燕	女	财务						46	235	2616
18	16	符瑞聪	男	教务						60	200	4071

图5－118　创建数据透视表

步骤4：在图5－118右下角粗线标出的方框处单击，然后在工作表的空白处，预计放置数据透视表的第一个单元格单击，再在图5－119右下角框外单击，最后单击“确定”按钮。

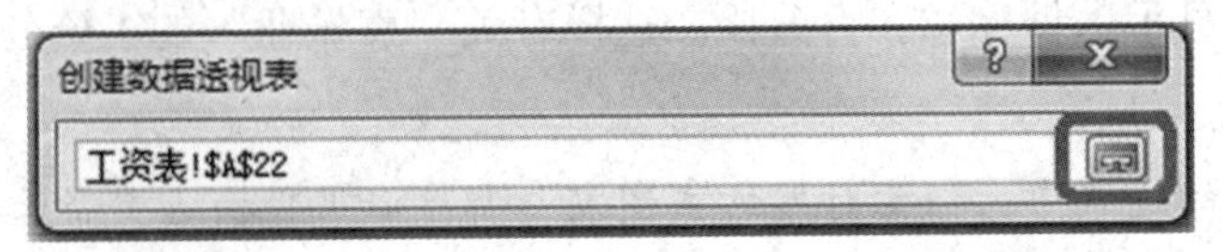

图5－119 选择数据透视表在现有工作表中的位置

步骤5：工作表中出现图5－120、图5－121所示的虚框和数据透视表的字段列表。

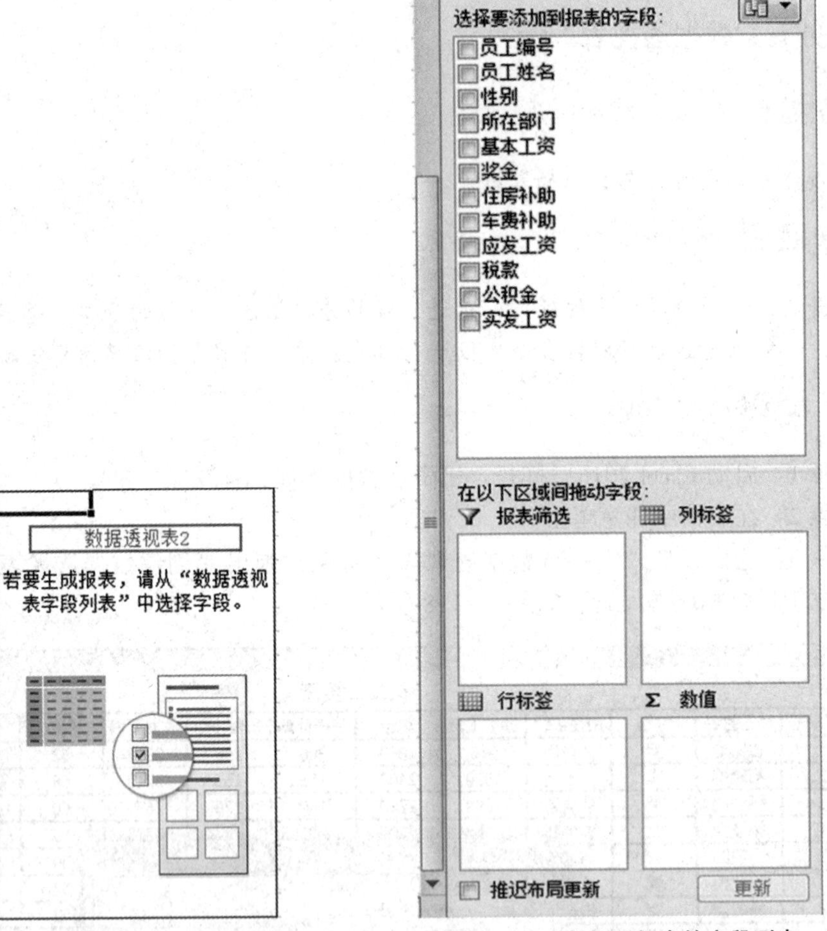

图5－120 数据透视表布局设置图

图5－121 数据透视表的字段列表

步骤6：制作数据透视表的关键，就是拖动正确的字段到正确的位置。在本例中，能作为分类字段的只有“性别”和“所在部门”，因此根据题意，将“性别”字段拖动到“行标签”处，将“所在部门”字段拖到“列标签”处，将“员工姓名”字段作为值字段拖到“数值”处，此时“值字段设置”对话框中的计算类型默认为“计数”，如图5－122所示。最后数据透视表如图5－123所示。

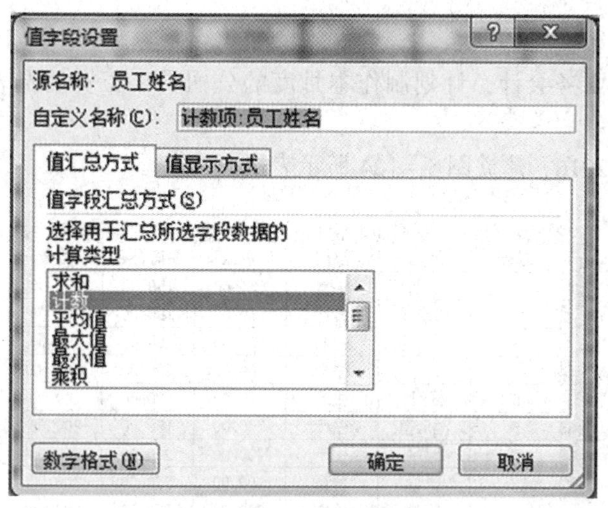

图5－122　值字段设置

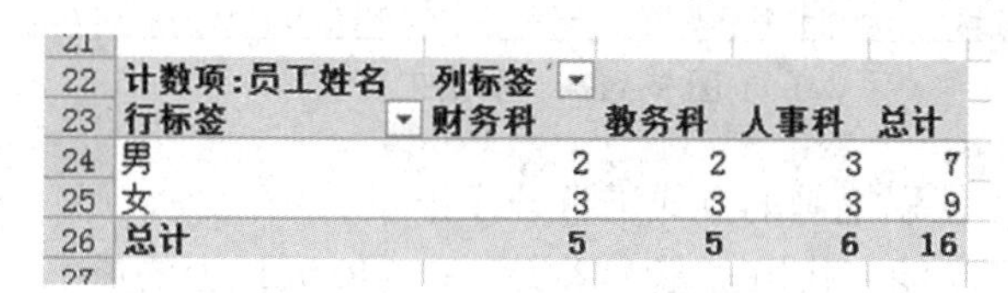

21					
22	计数项:员工姓名	列标签			
23	行标签	财务科	教务科	人事科	总计
24	男	2	2	3	7
25	女	3	3	3	9
26	总计	5	5	6	16
27					

图5－123　数据透视表样例

注意事项

在进行排序和自动筛选时，如果出现错误信息提示框，必须检查活动单元格是否已位于数据区域内。

【知识进阶】

1. “与”“或”关系

在自定义自动筛选方式时，“与”表示需要同时满足两个条件，“或”表示只需要满足其中任一条件。

2. 高级筛选条件设置

高级筛选条件中“与”“或”关系的表示：在高级筛选条件设置中，如果要使条件同时满足（“与”的关系），则条件必须放在同一行中；如果条件是“或”的关系，则条件必须放在不同行中。

3. 分类汇总结果显示

在分类汇总结果中，可以通过单击表格左侧的“+”“－”按钮来隐藏或显示明细数据。如果取消此次分类汇总结果，只需要单击“分类汇总”对话框中的“全部删除”按钮。常用的分类汇总方式还有计算平均值、求最大或求最小值等。

【实战演练】

小王是某公司的财务会计，计划制作本月度的公司员工工资情况表，请帮小王完成该任务。

（1）启动 Excel 2016，建立图 5－124 所示表格。

	A	B	C	D	E	F
1	编号	姓名	部门	基本工资	住房补贴	奖金
2	1	李明	销售	650.00	150.00	700.00
3	2	白成飞	设计	850.00	180.00	900.00
4	3	马中安	企划	900.00	200.00	850.00
5	4	谢平	生产	600.00	250.00	1000.00
6	5	王菲	生产	800.00	320.00	780.00
7	6	潘庆雷	生产	750.00	150.00	800.00
8	7	赵平	生产	700.00	200.00	800.00
9	8	王华	销售	900.00	220.00	700.00
10	9	陈威	销售	850.00	300.00	780.00
11	10	丽元锴	销售	700.00	200.00	800.00
12	11	杨芳	企划	900.00	180.00	800.00
13	12	于晓萌	生产	750.00	300.00	750.00

图 5－124　员工工资表

（2）对“姓名”字段以笔画的方式进行升序排序。

（3）利用自动筛选功能，找出“基本工资”在 740 元以上的员工。

（4）利用高级筛选功能，找出“生产”部门中“基本工资”在 750 元以上的员工，以及“企划”部门中“住房补贴”在 180 元以上的员工。

（5）利用分类汇总功能，统计各部门奖金发放合计值。

【课后习题】

1. 建立图 5－125 所示表格，并完成相应操作。

	A	B	C	D	E
1	奖学金获得情况表				
2	奖项	金额	A系人数	B系人数	合计金额
3	一等奖	5500	2	3	
4	二等奖	4500	20	13	
5	三等奖	2500	21	28	
6	总计				

图 5－125　课后练习表格（1）

（1）将工作表的 A1～E1 单元格合并为一个单元格，水平对齐方式设置为居中；计算各奖项奖学金的合计金额（合计金额＝金额×（A 系人数＋B 系人数））及合计金额的总计。

（2）选中“奖项”列（A2：A5）和“A 系人数”“B 系人数”列（C2：D5）数据区域的内容建立三维簇状条形图，系列产生在“列”，图表标题为“奖学金获得情况统计图”；将图表插入 A8：E20 单元格区域，将工作表命名为“奖学金获得情况统计表”。

2. 建立工作簿文件“EXA. xlsx”，对图 5－126 所示的数据清单按主要关键字“系别”的升序次序和次要关键字“总成绩”的降序次序进行排序，对排序后的数据进行自动筛选，条件为总成绩大于或等于 80 分并且小于或等于 100 分，工作簿名称不变。

系别	学号	姓名	考试成绩	实验成绩	总成绩
信息	991021	李新	77	16	77.6
计算机	992032	王文辉	87	17	86.6
自动控制	993023	张磊	75	19	79
经济	995034	郝心怡	86	17	85.8
信息	991076	王力	91	15	87.8
数学	994056	孙英	77	14	75.6
自动控制	993021	张在旭	60	14	62
计算机	992089	金翔	73	18	76.4
计算机	992005	扬海东	90	19	91
自动控制	993082	黄立	85	20	88
信息	991062	王春晓	78	17	79.4
经济	995022	陈松	69	12	67.2
数学	994034	姚林	89	15	86.2
信息	991025	张雨涵	62	17	66.6
自动控制	993026	钱民	66	16	68.8
数学	994086	高晓东	78	15	77.4
经济	995014	张平	80	18	82
自动控制	993053	李英	93	19	93.4
数学	994027	黄红	68	20	74.4

图 5－126　课后练习表格（2）

3. 统计出总成绩在 80 分以上的学生人数和学生信息。

4. 按系别对总成绩进行分类汇总，分类汇总条件为平均分。

5. 建立工作簿文件“EXB. xlsx”，并完成相应操作。

（1）将工作表（图 5－127）的 A1～D1 单元格合并为一个单元格，内容水平居中；计算“全年总量”行的内容（数值型），计算“所占百分比”列的内容（所占百分比＝月销售量/全年总量，百分比型，保留小数点后两位）；如果“所占百分比”列的内容大于或等于 8%，则在“备注”列中给出信息“良好”，否则内容空白（利用 IF 函数）。

（2）选中“月份”列（A2：A14）和“所占百分比”列（C2：C14）数据区域的内容，建立“带数据标记的折线图”（系列产生在“列”），标题为“销售情况统计图”，清除图例；将图表插入 A17：F30 单元格区域，将工作表命名为“销售情况统计表”，保存文件。

	A	B	C	D
1	某产品08年销量统计表 (单位:个)			
2	月份	08年	所占百分比	备注
3	1月	332		
4	2月	156		
5	3月	180		
6	4月	421		
7	5月	679		
8	6月	934		
9	7月	631		
10	8月	388		
11	9月	464		
12	10月	290		
13	11月	288		
14	12月	175		
15	全年总量			

图 5－127　课后练习表格（3）

6. 查阅我国脱贫攻坚相关数据，使用 Excel 2016 作为工具进行数据分析。

项目六

演示文稿制作软件 PowerPoint 2016

PowerPoint 2016 是微软公司的 Office 办公套装中的演示文稿制作软件。利用 PowerPoint 2016 可以通过投影仪、计算机等设备进行演示说明，应用于多种场合。

一套完整的 PowerPoint 2016 演示文稿一般包含：片头、前言、目录、过渡页、图表页、图片页、文字页、封底、片尾动画等；所采用的素材有：文字、图片、图表、动画、声音、影片等。

随着信息化水平的逐步提高，演示文稿的应用领域越来越广，在工作汇报、企业宣传、会议演说、产品推介、婚礼庆典、项目竞标、教育培训等领域占据举足轻重的地位。

图 6 - 1 所示为演示文稿应用案例。

图 6 - 1　演示文稿应用案例

6.1　PowerPoint 2016 基础

一、工作窗口

PowerPoint 2016 拥有典型的 Office 应用程序的窗口风格。PowerPoint 2016 是在自己的应用程序窗口中运作的。

PowerPoint 2016 工作窗口主要包括快速访问工具栏、标题栏、功能区（选项卡和命令组）、功能区显示选项、命令搜索框、标尺、工作区和状态栏、视图控制区组成，如图 6 - 2 所示。

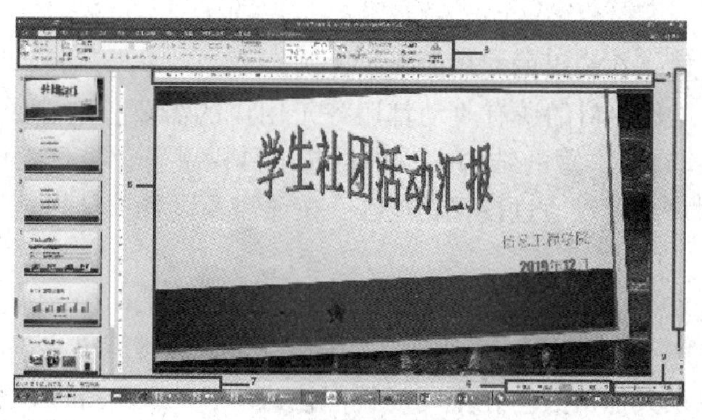

图 6－2　PowerPoint 2016 工作窗口

1. 标题栏

标题栏位于工作窗口的最上方。用鼠标按住标题栏区域拖动，可以移动整个工作窗口；双击标题栏，可以将工作窗口放大或将缩小。标题栏显示软件的名称和正在编辑的文件名称，对于新建文件，则默认为演示文稿。

2. 快速访问工具栏

快速访问工具栏位于标题栏的左侧，包括常用命令如“保存”“撤销”“取消撤销”等。

3. 功能区

功能区位于标题栏的下方。“文件”下拉菜单包括“新建”“保存”“另存为”“打开”“关闭”“打印”等常用文件操作命令。

一些最为常用的命令按钮，按选项卡分组，显示在功能区中，以方便调用。常用的选项卡有“开始”“插入”“设计”“切换”“动画”“幻灯片放映”“审阅”“视图”“PDF 工具集”和“百度网盘”。

4. 标尺

标尺分为水平标尺和垂直标尺，这两个标尺起到显示或隐藏操作界面上的水平或垂直对齐辅助线的功能。通过它们，可以准确定位和对齐要操作的元件，对用户的操作非常有利。

5. 滚动条

如果操作的演示文稿大于屏幕，滚动条会自动显示出来。滚动条有两个，分别位于工作窗口的右侧和底边，拖动滚动栏上的滚动块或单击上、下方的箭头可以翻转到另一部分。

6. 视图控制区

视图控制区可以在 PowerPoint 2016 的 6 种视图模式间进行切换，包括普通视图、备注视图、批注视图、幻灯片浏览视图、阅读视图和幻灯片放映视图。

7. 状态栏

状态栏位于工作窗口的底部信息栏中，显示有关命令或操作过程的信息。

8. 工作区

工作区用于编辑幻灯片，一张图文并茂的幻灯片就在这里制作。

9. 缩放滑块

缩放滑块用于设置正在编辑的文档的显示比例。

PowerPoint 2016 工作窗口的所有改动都服务于用户的需要。细心的用户会发现，PowerPoint 2016 的工作窗口有较丰富的结构，菜单栏与工具栏融合，更具立体感。另外，许多工具没有直接显示，用户是可以通过设置功能区，按照需要设置工具的显示。

二、视图模式

在 PowerPoint 2016 所提供的每个视图模式中，都包含该视图模式下的特定的工作区、功能区、相关的按钮以及其他工具。在不同的视图模式中，PowerPoint 2016 显示演示文稿的方式是不同的，并可以对演示文稿进行不同的加工。无论是在哪种视图模式中，对演示文稿的改动都会对编辑的演示文稿生效，所做的改动都会反映到其他视图模式中。

PowerPoint 2016 有 6 种不同的视图模式。单击 PowerPoint 2016 视图方式切换按钮可在各视图模式之间轻松切换，如图 6 –3 所示。

图 6 –3　PowerPoint 2016 视图切换按钮

（1）普通视图：其包含 3 个工作区，即大纲区、幻灯片区和备注区。这些工作区使用户可以在同一位置使用演示文稿的各种特征。拖动工作区边框可调整不同工作区的大小，如图 6 –4 所示。

（2）备注视图：备注区使用户可以添加与观众共享的演说者备注或信息。如果需要使备注含有图形，必须向视图中添加备注页。

（3）批注视图：可以添加批注，如图 6 –5 所示。

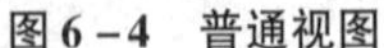

图 6 –4　普通视图

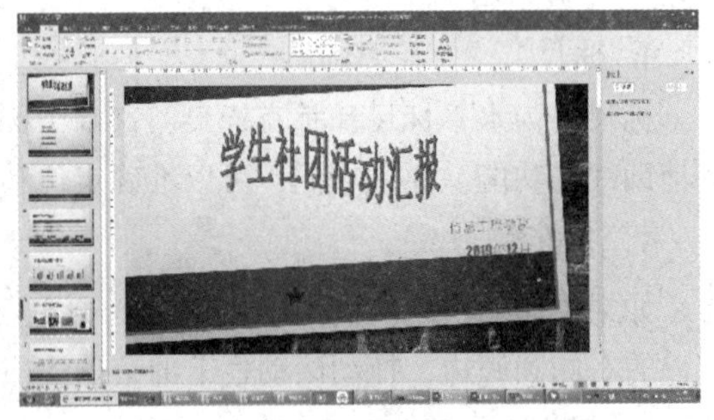

图 6 –5　批注视图

（4）幻灯片放映视图：在该视图中，整张幻灯片的内容占满整个屏幕，能像播放真实的幻灯片那样，一幅一幅动态地显示演示文稿的幻灯片。在放映幻灯片时，可以加入许多特效（例如动画、声音等），使显示演示文稿的过程更加有趣，如图 6 –6 所示。

（5）幻灯片浏览视图：在幻灯片浏览视图中，可看到演示文稿中的所有幻灯片，它们以缩略图显示，因此可以轻松地按顺序组织幻灯片，插入过渡动作，添加、删除或移动幻灯片，如图 6 –7 所示。

图 6-6　幻灯片放映视图

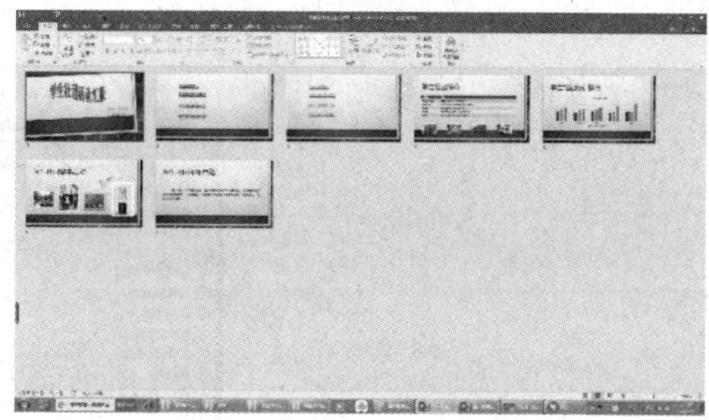

图 6-7　幻灯片浏览视图

（6）阅读视图：在该视图中将演示文稿作为适应工作窗口大小的幻灯片放映查看。

（7）幻灯片编辑区：在幻灯片编辑区中，可以查看每张幻灯片中的文本外观，可以在单张幻灯片中添加图形、影片和声音，并创建超级链接以及向其中添加动画，如图 6-8 所示。

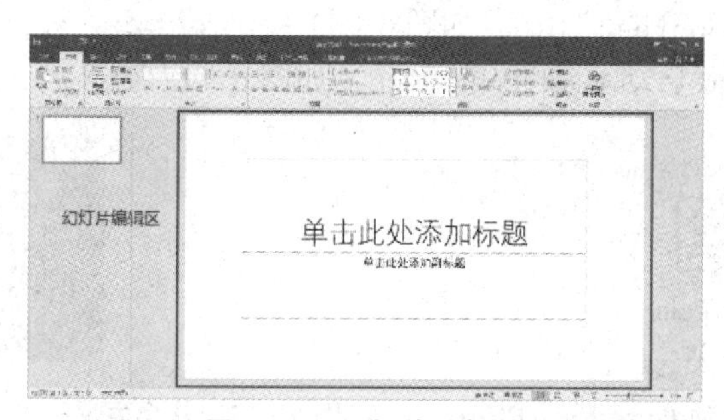

图 6-8　幻灯片编辑区

三、PowerPoint 2016 功能区的使用

在 PowerPoint 2016 有 11 个功能区，它们位于工作窗口的顶端，标题栏的下方。功能区同其他 Office 2016 工具一样，具有典型的 Window 风格。功能区包含创建或编辑演示文稿所需要的所有命令和选项，如图 6-9 所示。

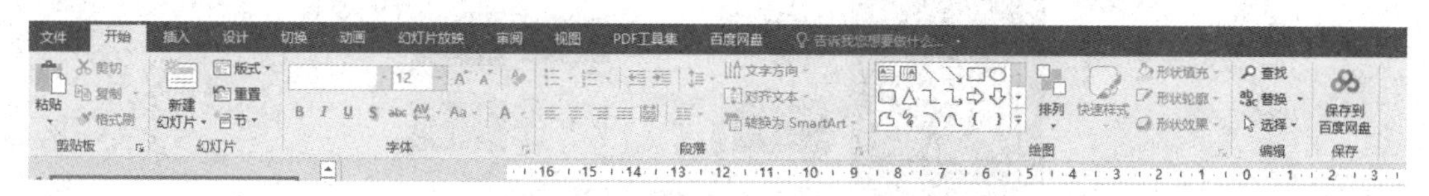

图 6-9　PowerPoint 2016 功能区

功能区是菜单栏和工具栏的融合，如果要选择某个功能区的工具，可以在功能区选项卡上单击，这时，功能区选项卡下即呈现相应的工具，用户单击工具就可以使用。当然，也可以使用快捷键控制各种命令。

四、PowerPoint 2016 常用应用

1. 启动 PowerPoint 2016

（1）选择“开始”→“PowerPoint 2016”选项，如图 6-10 所示。

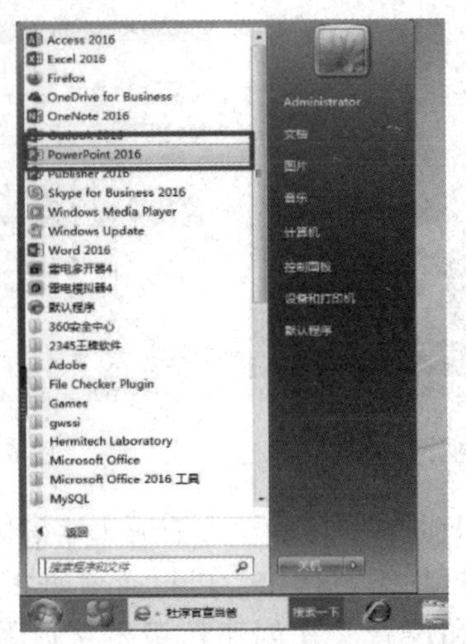

图 6－10　从“开始”菜单启动 PowerPoint 2016

（2）从文档启动 PowerPoint 2016，如图 6－11 所示。

（3）从桌面快捷方式启动 PowerPoint 2016，如图 6－12 所示。

图 6－11　从文档启动 PowerPoint 2016

图 6－12　从桌面快捷方式启动 PowerPoint 2016

（4）单击 PowerPoint 2016 文档右上角的 × 按钮可退出 PowerPoint 2016。

（5）PowerPoint 2016 启动界面如图 6－13 所示。

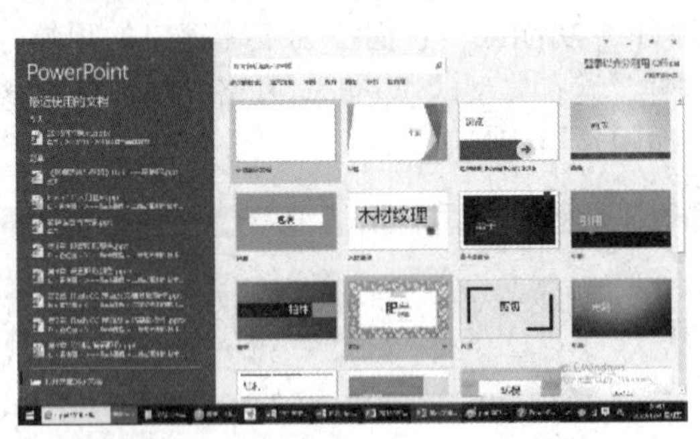

图 6－13　PowerPoint 2016 启动界面

2. Power Point 2016 添加幻灯片

在当前演示文稿中添加新的幻灯片有 3 种方法。

（1）组合键法。按“Ctrl＋M”组合键。

（2）Enter 键法。在普通视图下，将鼠标指针定位在左侧的窗格中，然后按 Enter 键。

（3）命令法。选择“开始”→“新建幻灯片”命令，可以添加一张幻灯片，同时可以选择预设的 Office 主题，如图 6－14 所示。

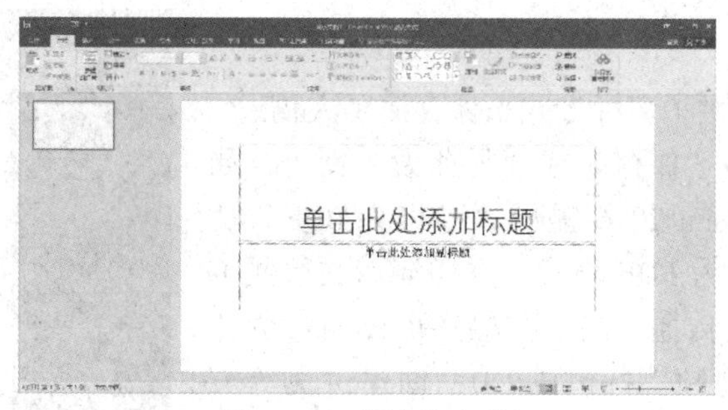

图 6－14　添加幻灯片

3. 幻灯片版式

新建一张幻灯片或插入新的一页时，在“开始”选项卡的“幻灯片”功能区中，单击“版式”的下三角按钮，会弹出下拉列表，其中有预设的 Office 主题，如图 6－15 所示。

或者单击“幻灯片”功能区中的“新建幻灯片”的下三角按钮，也会弹出下拉列表供用户选择幻灯片版式，如图 6－16 所示。

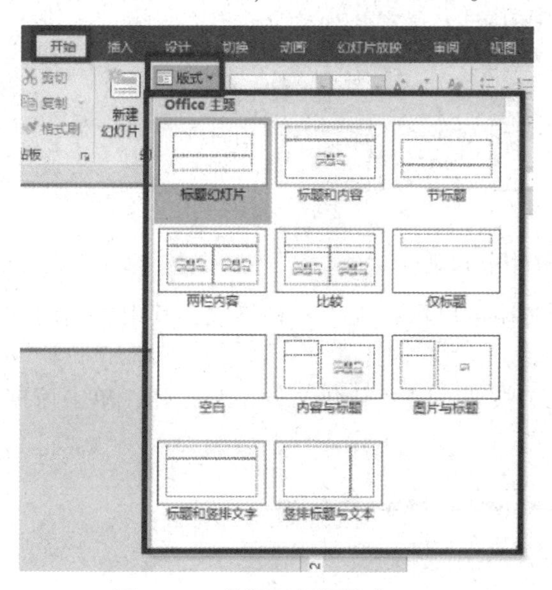

图 6－15　选择幻灯片版式（1）

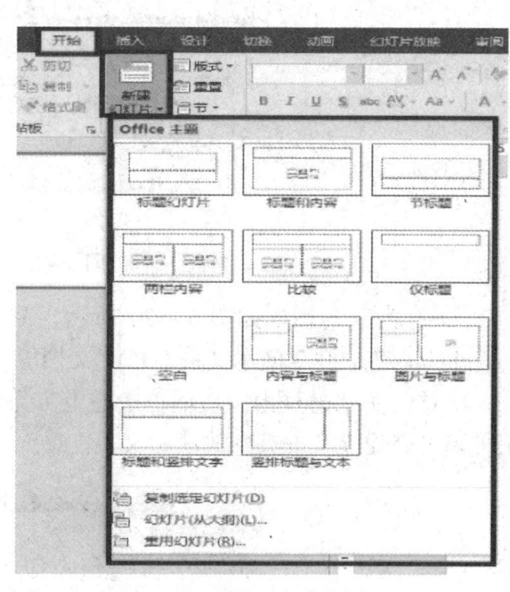

图 6－16　选择幻灯片版式（2）

4. 幻灯片设计风格

在打开的演示文稿中，单击“设计”选项卡就可以在相应功能区中选择预设的设计风格，如图 6－17 所示。

图 6－17　幻灯片设计风格

5. 保存

PowerPoint 2016 提供了多种方式来保存演示文稿。

可选择“文件”→“保存”或“另存为”命令，如图 6 – 18 所示。PowerPoint 2016 提供“导出为 PDF”功能，能将演示文稿保存为 PDF 格式，这样演示文稿便可方便灵活地在阅读器上传播。演示文稿还可以通过创建 PDF/XPS 文档、创建视频、打包成 CD、创建讲义等方式保存。

可以单击图 6 – 19 所示的保存快捷按钮或按“Ctrl + S”组合键保存演示文稿。

图 6 – 18 “保存”和“另存为”命令

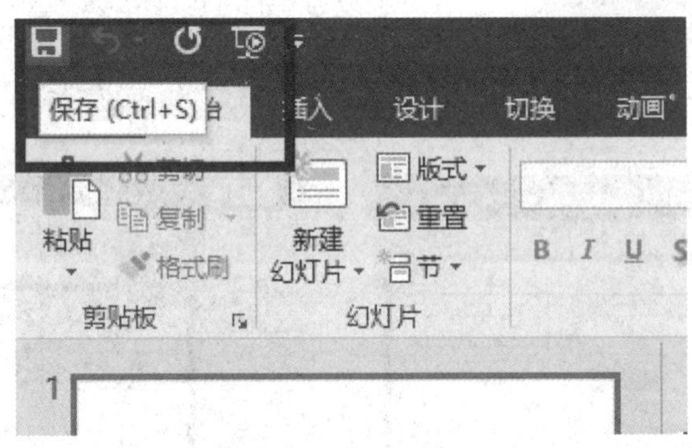

图 6 – 19 保存快捷按钮

“另存为”对话框如图 6 – 20 所示，演示文稿可以保存为十几种格式，其中常用的有 PowerPoint 97 – 2003 演示文稿、PDF 文档等。

注意：在“另存为”对话框的左上方第二个按钮，是“新建文件夹”按钮，单击该按钮可以另外建立文件夹存放演示文稿。

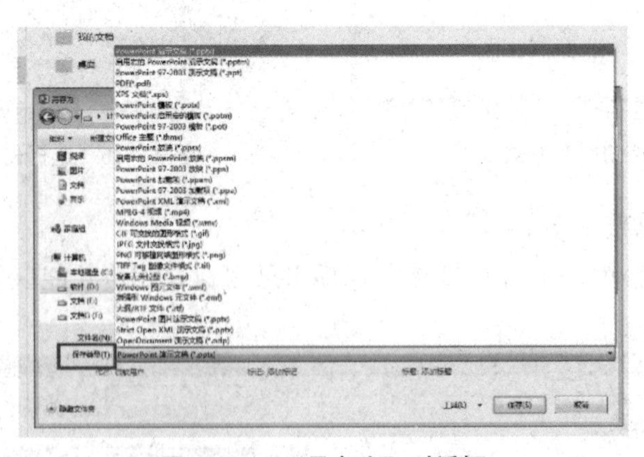

图 6 – 20 “另存为”对话框

6. PowerPoint 2016 绘制文本框

1）添加横排文本框

打开需要加入文本框的演示文稿，选择“插入”选项卡，“插入”选项卡用竖线分隔开

10个分组，单击第8个分组“文本”中的“文本框”下三角按钮，弹出下拉列表，选择“横排文本框”选项，如图6-21所示。

2）添加竖排文本框

在已打开的演示文稿中，选中要插入文字的幻灯片页面，操作同上，选择“竖排文本框”选项，效果如图6-22所示。

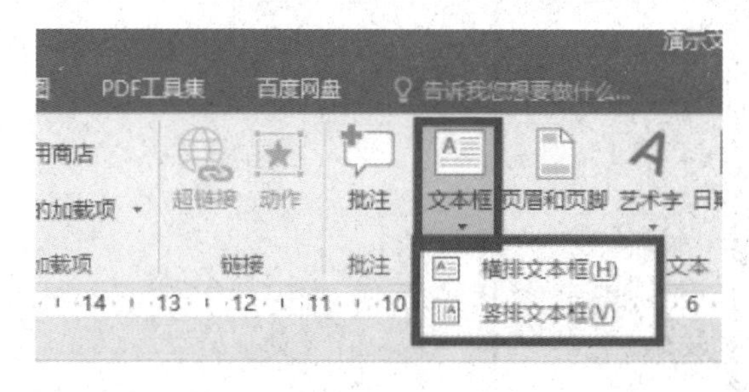

图6-21　横排文本框

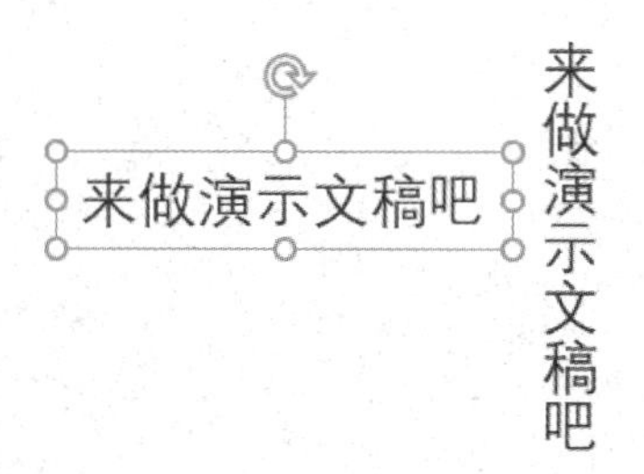

图6-22　横排和竖排文本框效果

3）添加艺术字

选中要插入文字的幻灯片页面，单击“插入”选项卡“文本”分组中的“艺术字”下三角按钮，弹出下拉列表，选择自己满意的预设艺术字效果，如图6-23所示。选中艺术字效果后，既会出现艺术字格式设置界面，如图6-24所示。

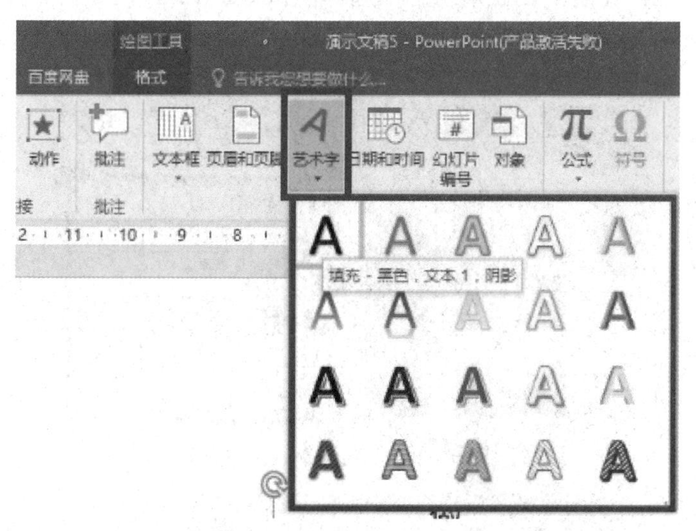

图6-23　艺术字效果列表

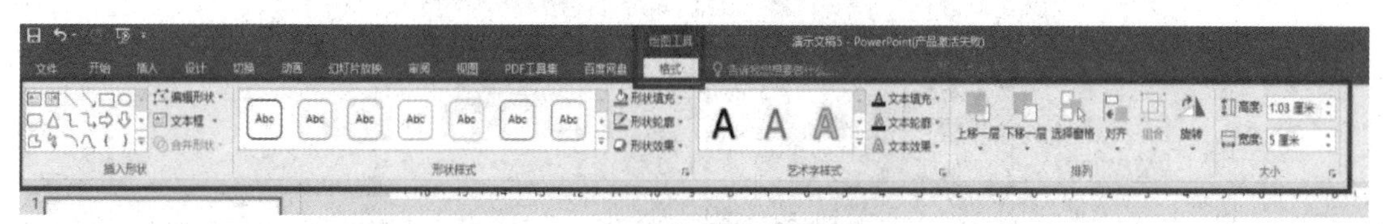

图6-24　艺术字格式设置界面

7. PowerPoint 2016的图形

1）形状

选中要插入形状的幻灯片页面，单击“插入”选项卡“插图”分组中的“形状”下三角按钮，弹出下拉列表，有线条、矩形、基本形状、箭头总汇、公式形状、流程图、星与旗帜、标注和按钮动作等图形，如图 6－25 所示。用户可以随心所欲地使用这些形状进行创作。

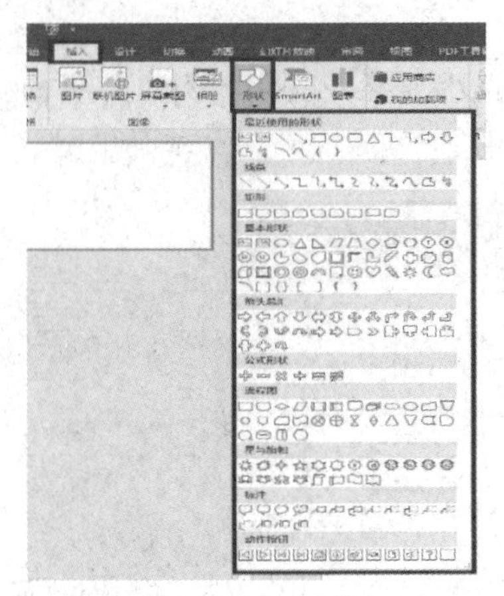

图 6－25　形状

2）SmartArt 图形

选中要插入 SmartArt 图形的幻灯片页面，单击“插入”选项卡“插图”分组中的“SmartArt”按钮，弹出“选择 SmartArt 图形”对话框，其中有列表、流程、循环、层次结构、关系、矩阵等已经组合好的图形组合供选择，如图 6－26、图 6－27 所示。

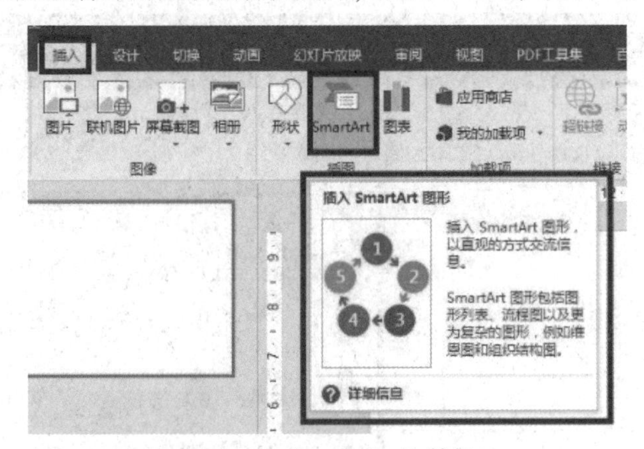

图 6－26　“SmartArt”按钮

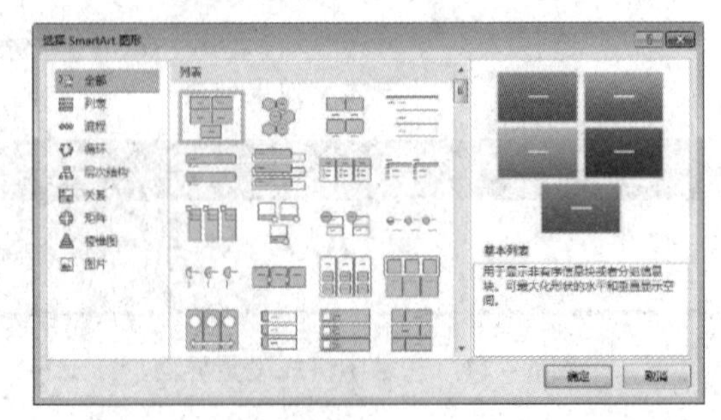

图 6－27　“选择 SmartArt 图形”对话框

3）图表

选中要插入图表的幻灯片页面，单击“插入”选项卡“插图”分组中的“图表”按钮，

弹出“插入图表”对话框，对话框中有柱形图、折线图等图形类型可供选择，如图 6－28、图 6－29 所示。图表一般以演示文稿页面上的表格数据为依据，可以十分直观地展示相应的数据变化。

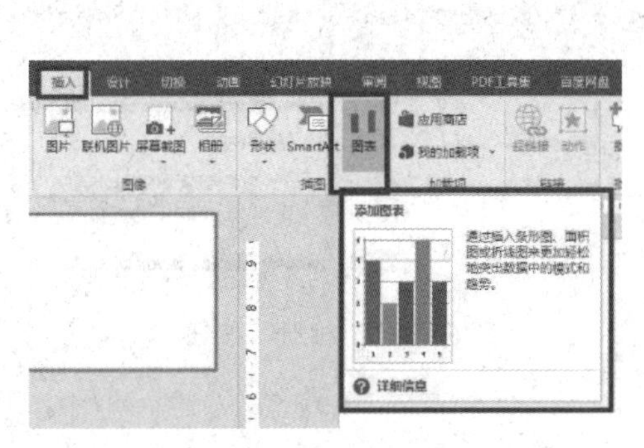

图 6－28　“图表”按钮

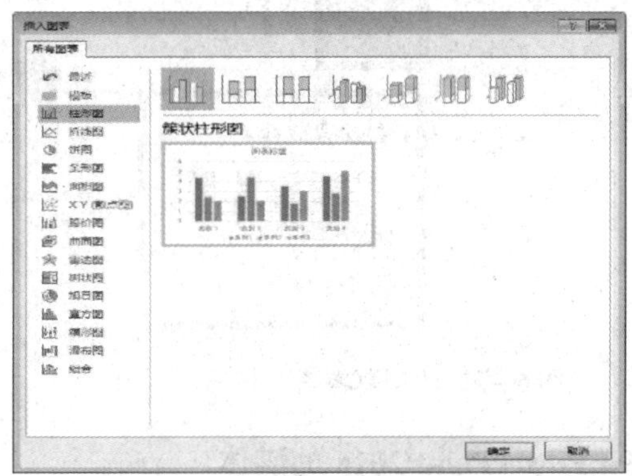

图 6－29　“插入图表”对话框

8. PowerPoint 2016 的图像

1）图片

选中要插入图片的幻灯片页面，单击“插入”选项卡“图像”分组中的“图片”按钮，弹出“插入图片”对话框，可以从本地计算机上选择相应的图片，如图 6－30 所示。

2）联机图片

选中要插入图片的幻灯片页面，单击“插入”选项卡“图像”分组中的“联机图片”按钮，弹出“插入图片”对话框，可以从互联网上选择相应的图片，如图 6－31 所示。

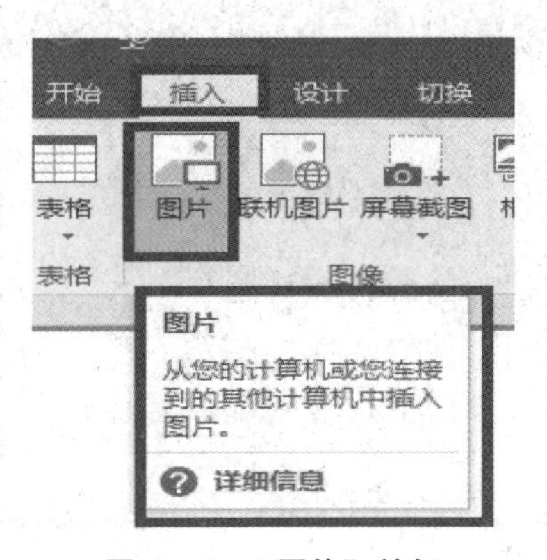

图 6－30　“图片”按钮

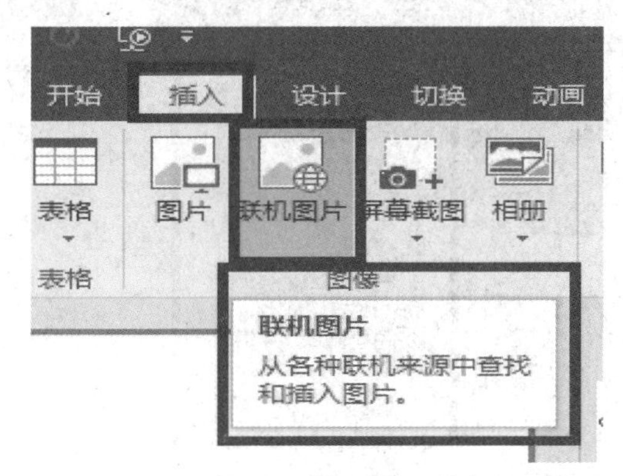

图 6－31　“联机图片”按钮

3）屏幕截图

选中要插入图片的幻灯片页面，单击“插入”选项卡“图像”分组中的“屏幕截图”按钮，弹出屏幕剪辑工具，用鼠标拖动框选出要剪辑的屏幕内容即可，被剪辑的图片自动插入演示文稿的幻灯片，如图 6－32 所示。

4）相册

选中要插入图片的幻灯片页面，单击“插入”选项卡“图像”分组中的“相册”按钮，弹出“相册”对话框，可以从本地计算机上选中若干图片组成相册，直接创建一个包含图片的新演示文稿，如图 6－33 所示。

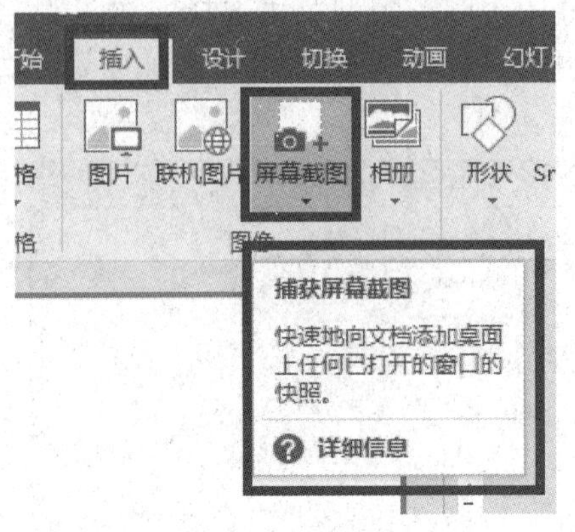

图 6－32 “屏幕截图”按钮

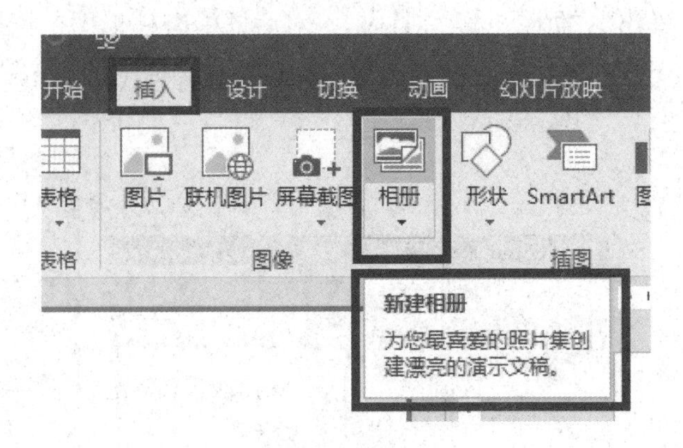

图 6－33 “相册”按钮

9. PowerPoint 2016 的媒体

1）添加声音

选中要插入声音的幻灯片页面，单击“插入”选项卡“媒体”分组中的“音频”按钮，在弹出的下拉列表中可以选择本地计算机上的音频或者录制音频，这里的录制音频提供了更大的灵活性和方便性，如图 6－34 所示。

2）添加视频

选中要插入视频的幻灯片页面，单击“插入”选项卡“媒体”分组中的“视频”按钮，在弹出的下拉列表中可以选择本地计算机上的视频或者联机视频，如图 6－35 所示。

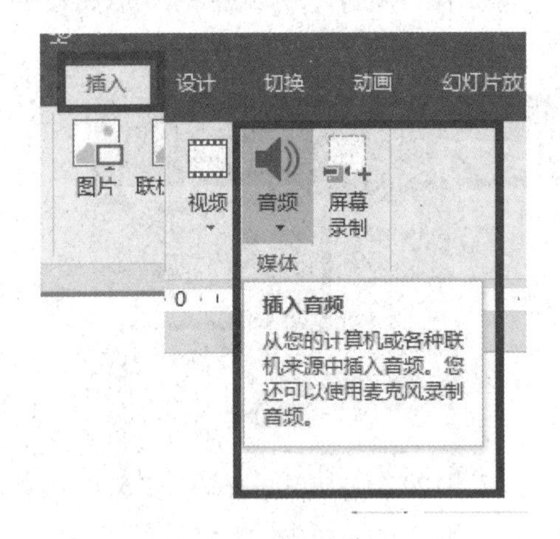

图 6－34 插入音频

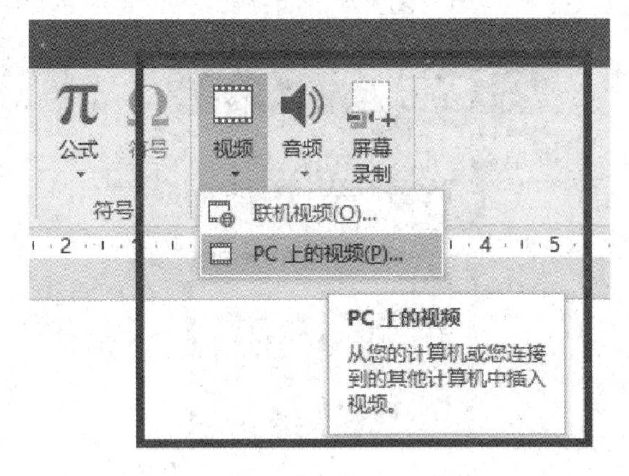

图 6－35 插入视频

3）添加屏幕录制

选中要插入的幻灯片页面，单击“插入”选项卡“媒体”分组中的“屏幕录制”按钮，弹出录制屏幕工具栏，单击录制即可，如图 6－36 所示。

10. PowerPoint 2016 图形、动画、超链接和放映

1）PowerPoint 2016 图形的叠放、组合

选中操作对象，在选中的区域内右击，选择“置于顶层”命令，弹出级联菜单，可以选择置于等层还是上移一层，如图 6－37 所示。

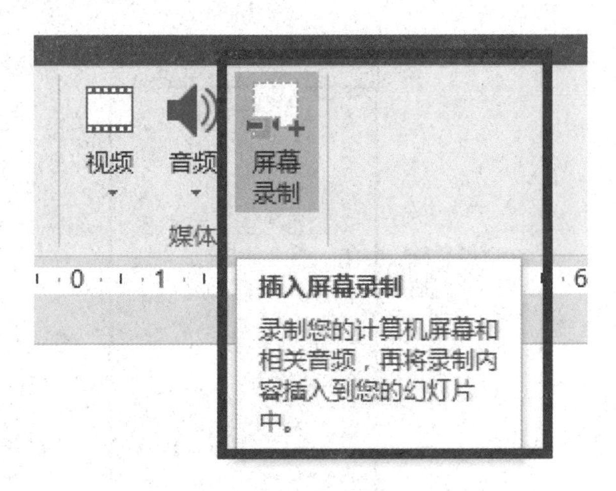

图 6－36　插入屏幕录制

选中两个及以上形状时，在选中的区域内右击，选择“组合”命令，即可将两个形状组合成一个形状，如图 6－38 所示。

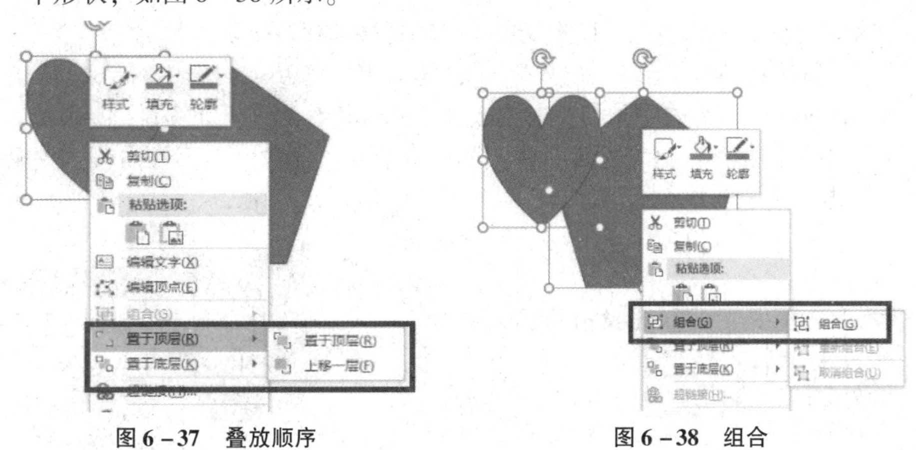

图 6－37　叠放顺序　　　　**图 6－38　组合**

2）PowerPoint 2016 的自定义动画

自定义动画可以使幻灯片中的文本、图像、图表等对象具有动画效果，这样可以突出重点，控制信息流程，增强趣味。

选中操作对象，单击“动画”选项卡，即可选择相应的动画效果。动画效果分为预览、动画、高级动画、计时 4 个部分，如图 6－39 所示，还可以单击“高级”按钮，选择更多预设动画效果，如图 6－40 所示。

图 6－39　动画效果

3）PowerPoint 2016 的超链接

在演示文稿放映过程中，若希望从某张幻灯片中快速切换到另外一张不连续的幻灯片，可以通过超链接来实现。通过超链接可以切换到其他文档、程序、网页。

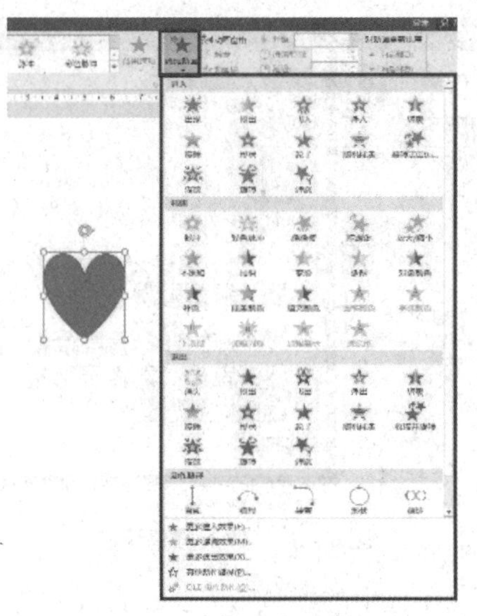

图 6-40　预设动画效果

（1）在幻灯片中，用文本框、图形制作一个超链接按钮。

（2）选中相应的按钮，选择“插入”→“超链接”选项，打开“插入超链接”对话框，如图 6-41 所示。或者选中按钮，右击选择“超链接”选项，如图 6-42 所示。

（3）在左侧“链接到”区域选择“本文档中的位置”选项，然后在右侧选中需要链接的幻灯片，单击“确定”按钮返回即可，如图 6-43 所示。

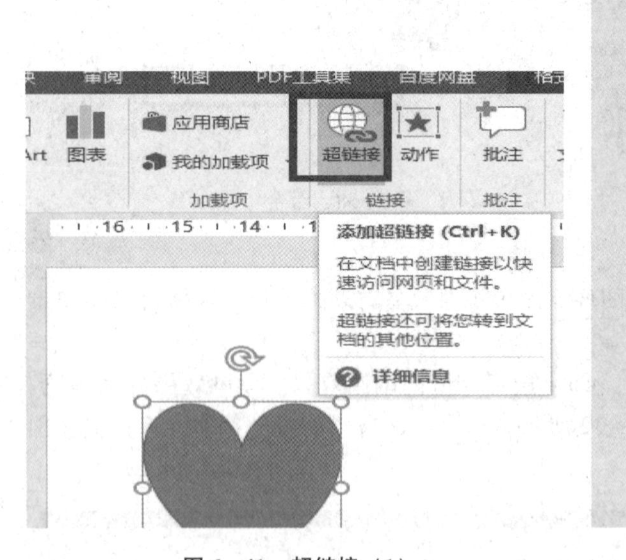

图 6-41　超链接（1）

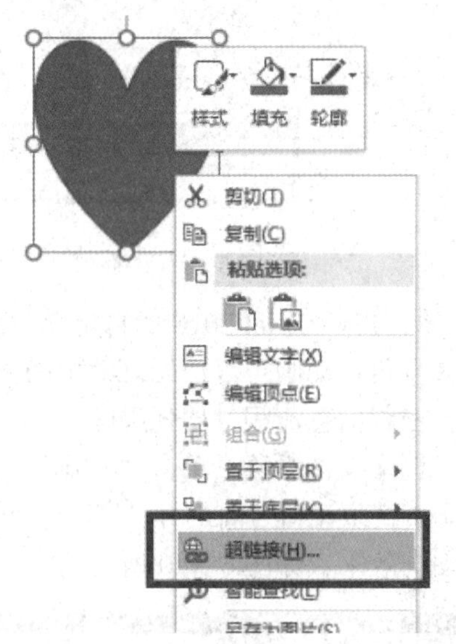

图 6-42　超链接（2）

4）PowerPoint 2016 的幻灯片放映

在“幻灯片放映”选项卡中有“开始放映幻灯片”“设置”“监视器”3 个功能区，如图 6-44 所示。

关于放映方式，可以选择“从头开始”，也可以选择“从当前幻灯片开始”。

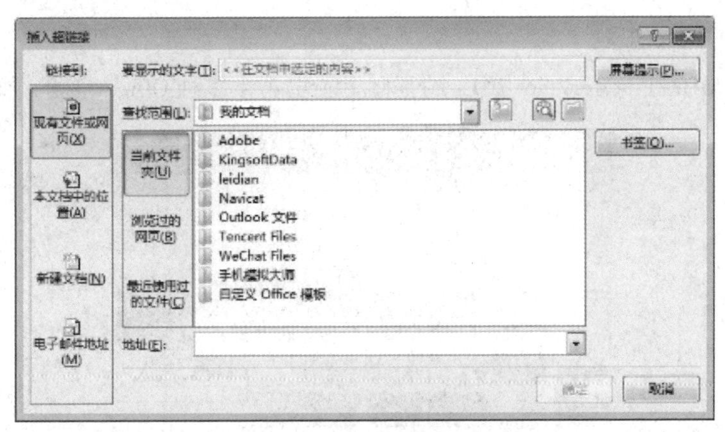

图 6－43　“插入超链接”对话框

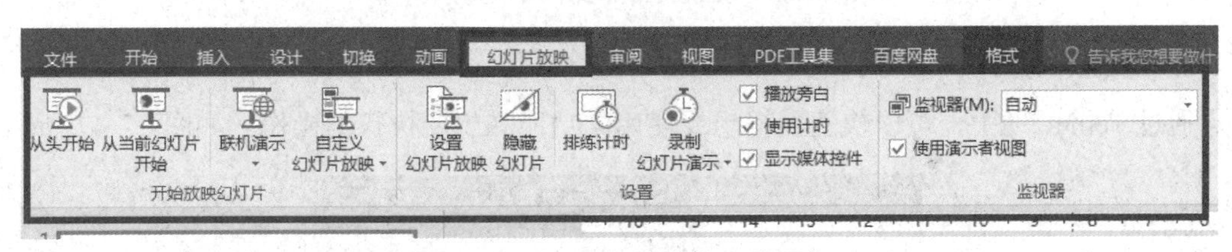

图 6－44　“幻灯片放映”选项卡

5）PowerPoint 2016 的屏幕提示

PowerPoint 2016 有一个非常实用的功能，即屏幕提示。它能帮助用户使用功能区中的所有按钮和屏幕上的其他部件。如果要知道某按钮的功能，只要把鼠标指针放到该按钮上一会，按钮旁边便会出现一个小窗口，即“屏幕提示”窗口，它会提示该按钮的名称，并临时显示一些简短的文字，对该按钮加以说明，如图 6－45 所示。

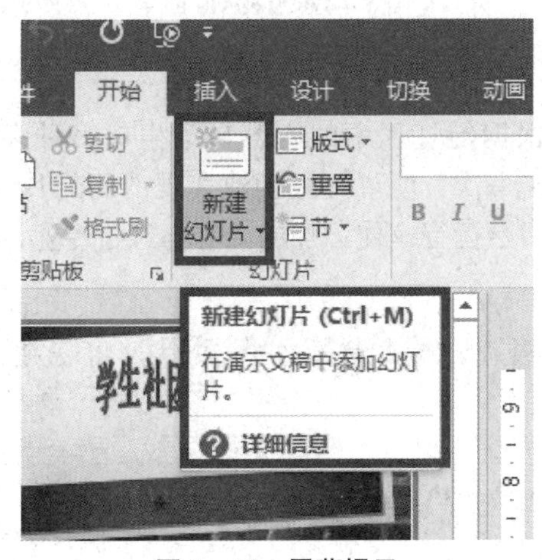

图 6－45　屏幕提示

如果不熟悉 PowerPoint 2016 中的新工具，也可以利用屏幕提示功能来熟悉它们。

五、PowerPoint 2016 的新功能

相对于 PowerPoint 2013 来说，PowerPoint 2016 新增了许多功能，以帮助用户快速完成更多工作。

1. 丰富的 Office 主题

PowerPoint 2016 在 PowerPoint 2013 的基础上新增了十多种 Office 主题，如图 6－46 所示。

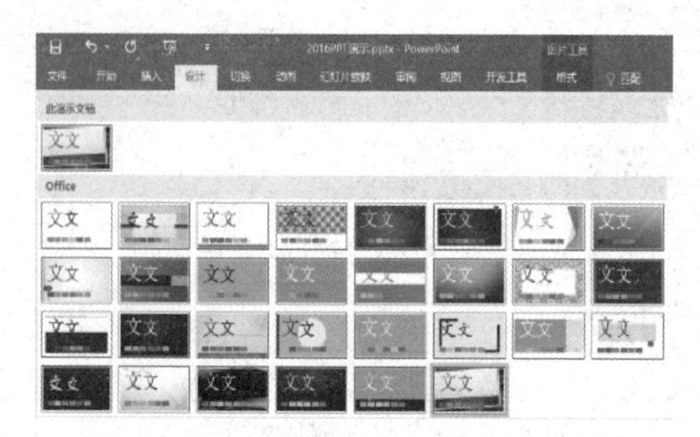

图 6－46　PowerPoint 2016 的 Office 主题

2. TellMe 助手

通过 TellMe 助手，可以快速获得想要使用的功能和想要执行的操作，如图 6－47 所示。

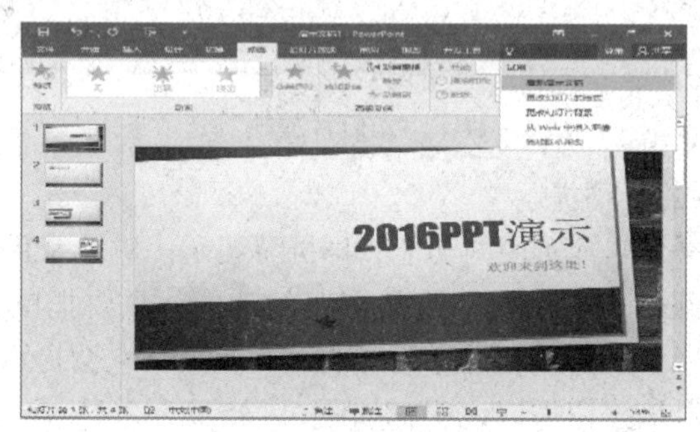

图 6－47　TellMe 助手

3. PowerPoint 设计器

PowerPoint 设计器能够根据幻灯片中的内容自动生成多种多样的设计版面效果。借助 PowerPoint 设计器，只需单击一次，便可轻松创建美观的幻灯片。用户在幻灯片中添加内容时，PowerPoint 设计器将在后台运行，使添加的内容与经过专业设计的布局匹配。

4. 墨迹公式

PowerPoint 2016 提供了墨迹公式功能，通过它可快速将需要的公式手写出来，并将其插入幻灯片，如图 6－48 所示。

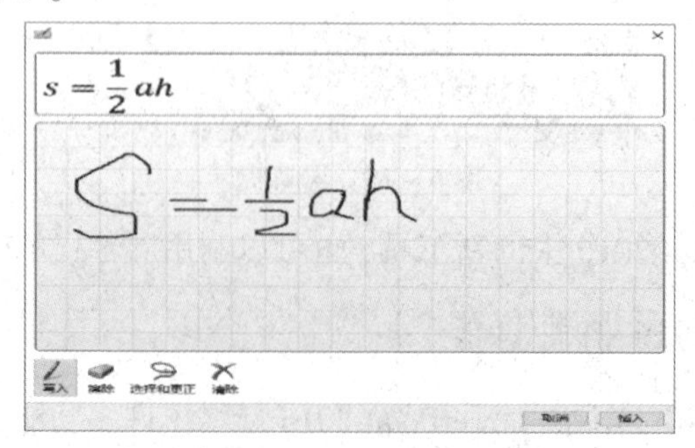

图 6－48　墨迹公式

5. 屏幕录制

PowerPoint 2016 提供了屏幕录制功能，通过该功能可以录制计算机屏幕中的任何内容，如图 6－49 所示。

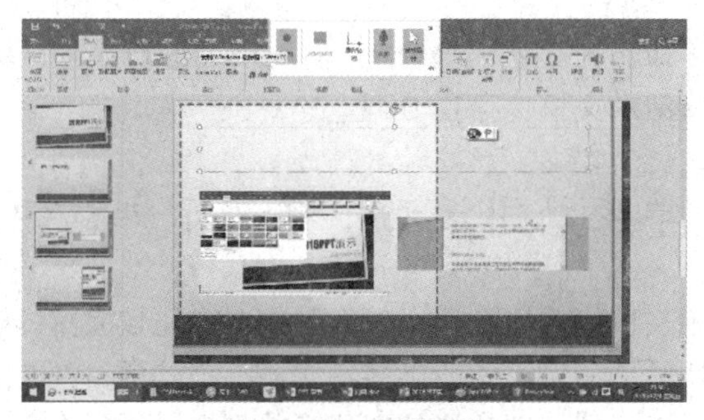

图 6－49　屏幕录制

6. 墨迹书写

墨迹书写使用户可以手动绘制一些规则或不规则的图形，以及书写需要的文字内容，它让 PowerPoint 2016 慢慢实现了一些画图软件的功能，如图 6－50 所示。

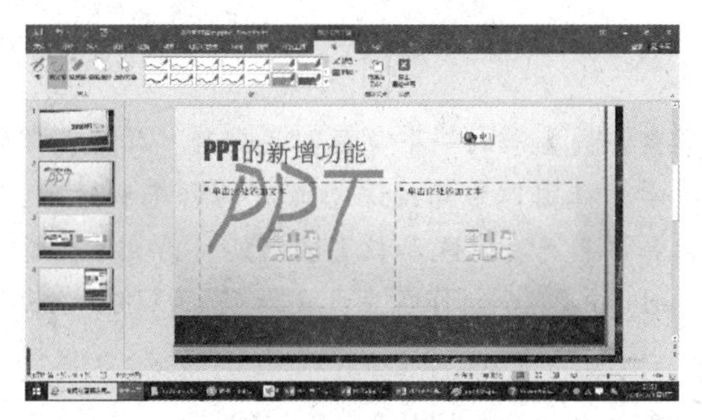

图 6－50　墨迹书写

六、PowerPoint 2016 的设计原则

（1）提炼重点、关注内容。

利用 PowerPoint 2016 进行演示的目的在于传达信息，因此不能将文字稿直接复制到幻灯片中，也不能将幻灯片设计得让人眼花缭乱。幻灯片是辅助传达演讲信息的，只列出要点即可。

（2）组织结构化。

PowerPoint 2016 演示文稿的结构逻辑要清晰、简明，只用“并列”“递进”两类逻辑关系已经足够；通过不同层次的标题，标明逻辑关系；在章节之间插入标题。一定要有内容大纲，每张幻灯片传达 4～5 个概念效果最好，过多则会让人感觉负担重。

（3）保持简单版式布局。

简明是第一原则，尽量少放置文字，充分借助图表；恰当的留白可以凸显图文效果；可在母版中定义演示文稿风格。

（4）表胜于文，图胜于表。

（5）好的演讲者应能控制时间，因此最好利用 PowerPoint 2016 的排练功能，预估演示时间。

【课后练习】

新建一个演示文稿，命名为“我的班级”，输入相关的班级生活的宣传内容，要求符合演示文稿的设计原则。将演示文稿保存在 D 盘。

6.2 学生社团活动汇报演示文稿的制作

项目汇报经常以演示文稿为载体，那么怎么制作一个比较完整的、比较清晰的项目汇报演示文稿呢？以学生社团活动为例，一般以演示文稿汇报的项目都有效果图，这些直观的图示都是平时积累下来的学生社团活动的素材图片。接下来，做一个目录，整理大纲，包括学生社团活动的简介、频次、成果等。如果效果图比较多，且比较好看，可多展示一些经过修饰的效果图，更能直观地表达出学生社团的成绩。

任务 制作学生社团活动汇报演示文稿

任务描述

学生社团活动是大学生在校生活的一个重要组成部分，学生社团活动的健康开展，有利于促进大学生全面发展。学生社团作为高校课堂教育的补充和延伸，其因为专业的交叉性、活动的实践性、组织的社会性而具有实践和教育的功能，为大学生综合素质的提高提供了广阔的舞台。本任务用 PowerPoint 2016 制作学生社团活动汇报演示文稿，来总结学生社团活动的情况。

任务目的

（1）学会创建和保存演示文稿。

（2）学会使用幻灯片版式。

（3）认识幻灯片中的对象，掌握其参数设置操作。

（4）掌握在幻灯片中插入图片、表格、SmartArt 图形等基本操作。

知识点介绍

1. 基本概念

1）演示文稿的概念

在 PowerPoint 2016 中，一个完整的演示文件被称为演示文稿。

2）幻灯片的概念

幻灯片是演示文稿的核心部分，一个小的演示文稿由几张幻灯片组成，而一个大的演示文稿由几百甚至更多张幻灯片组成。

3）占位符

占位符是幻灯片上的一个虚线框，其内部有“单击此处添加标题”之类的添加内容文

字提示，单击可以添加相应的文字内容，并且提示会自动消失。占位符可以移动、改变大小、删除，还可以自行添加。

2. 幻灯片基本对象

1）幻灯片对象的概念

每张幻灯片都由对象组成，这些对象包括标题、文本、表格、图形、图像、图表、音频、视频等。插入对象会使幻灯片更加生动形象，使幻灯片效果更具感染力。

2）插入文本

在幻灯片中插入文本最常用的方式是使用占位符，若想在占位符以外的其他位置插入文本，则必须插入文本框并在其中输入文字内容。

3）插入图形对象

PowerPoint 2016 中可以插入的图形对象很丰富，常用的图形对象有表格、图片、SmartArt 图形、图表、艺术字等。

单击“插入”选项卡，会显示常用图形对象的选项，如图 6 - 51 所示，选择不同的选项可以插入不同的图形对象，并能对其进行编辑。

图 6 - 51　“插入”选项卡

可以使用占位符插入这些常用图形对象，也可以在“插入”选项卡下选择“图像”分组中的任一选项。另外，单击“插图”分组中的“形状”“SmartArt”“图表”按钮，可插入相应的图形对象。还可以单击“文本”分组中任一按钮，插入文本内容；单击“媒体”分组中的相应按钮，插入视频和音频；在“媒体”分组中增加了视频录制功能。

3. 幻灯片基本操作

1）插入新幻灯片

插入新幻灯片一般可在普通视图和幻灯片浏览视图下进行操作，常用的有以下 3 种方法。

（1）在“开始”选项卡中选择“新建幻灯片”命令。

（2）在普通视图下，在左边的幻灯片列表区按 Enter 键。

（3）在幻灯片列表区右击，在弹出的快捷菜单中选择“新建幻灯片”命令。

2）删除幻灯片

常用的删除幻灯片的方法有以下两种。

（1）在幻灯片列表区选定要删除的幻灯片后，按 Backspace 键或 Delete 键。

（2）在幻灯片列表区选定要删除的幻灯片后右击，在弹出的快捷菜单中选择“删除幻灯片”命令。

3）移动幻灯片

移动幻灯片可以调整幻灯片的排列顺序，常用的移动幻灯片的方法有以下两种。

（1）在幻灯片列表区选中幻灯片后拖动到目标位置。

（2）在幻灯片列表区选中幻灯片后执行剪切操作，选中目标位置后再执行粘贴操作。

4）复制幻灯片

常用的复制幻灯片的方法有以下两种。

（1）在幻灯片列表区选中幻灯片后按住 Ctrl 键拖动到目标位置。

（2）在幻灯片列表区选中幻灯片后执行复制操作，选中目标位置后再执行粘贴操作。

说明：选中一张幻灯片，则移动或复制一张幻灯片；如果选中多张幻灯片，再按上面的步骤操作，就可以移动或复制多张幻灯片。

操作步骤

步骤1：创建新演示文稿。双击桌面快捷方式或选择“开始”→“所有程序”→“Microsoft Office 2016”→“Microsoft PowerPoint 2016”选项启动 PowerPoint 2016，创建一个新演示文稿，出现一张“标题”版式的幻灯片，如图 6－52 所示。

图 6－52 “标题”版式的幻灯片

步骤2：制作幻灯片标题。单击“单击此处添加标题”占位符，输入“学生社团活动汇报”。接下来，单击“单击此处添加副标题”占位符，输入学院名称和汇报时间，如“信息工程学院，2019 年 12 月”，分两行录入，如图 6－53 所示。

图 6－53 输入标题

步骤3：制作目录幻灯片。选择“开始”→“幻灯片”→“新建幻灯片”命令，插入一张“空白”版式幻灯片。单击“插入”选项卡“插图”分组中的“形状”按钮，选择“矩形”，在工作区拖拽出矩形。选中矩形，在矩形边框上右击，在弹出的快捷菜单中选择“编辑文字”命令，输入“学生社团简介”，文字默认为白色，选中文字，将颜色设置为黑色，左对齐。选中矩形，单击“绘图工具”→“形状填充”按钮，设置为无填充颜色，单击“形状轮廓”按钮，设置为无轮廓。选中上面的矩形，右击复制并粘贴 3 次，把矩形分别

拖拽排列成一列，拖拽时，有虚线框显示对齐位置。再单击每个矩形的文字，分别修改为“学生社团培训情况”“学生社团赛事活动”“学生社团学年总结”，如图 6－54 所示。

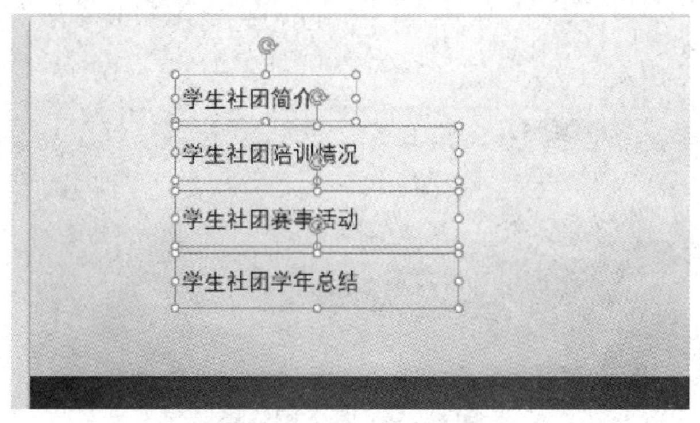

图 6－54　目录幻灯片

步骤4：插入内容幻灯片。选择“开始”→“插入幻灯片”命令，设置版式为“标题和内容”，连续插入 4 张幻灯片，并在每张幻灯片的“单击此处添加标题”位置分别输入“学生社团简介”“学生社团培训情况”“学生社团赛事”和“学生社团学年总结”，如图 6－55 所示。

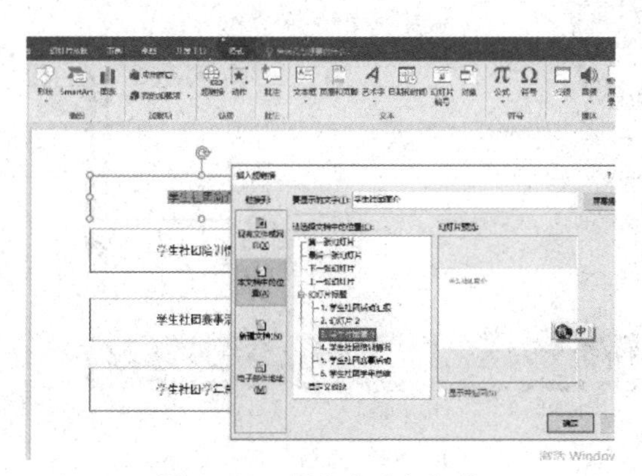

图 6－55　插入内容幻灯片

步骤5：为目录添加超链接。①单击第二张幻灯片，选中文字“学生社团简介”，单击“插入”选项卡“超链接”分组中的“超链接”按钮，在弹出的快捷菜单中选择“在本文档中的位置”选项，选中“学生社团简介”幻灯片，如图 6－56 所示。②单击第二张幻灯片，选中文字“学生社团培训情况”。单击“插入”选项卡“超链接”分组中的“超链接”按钮，在弹出的快捷菜单中选择“在本文档中的位置”选项，选中“学生社团培训”幻灯片。③单击第二张幻灯片，选择文字“学生社团赛事”。单击“插入”选项卡“超链接”分组中的“超链接”按钮，在弹出的快捷菜单中选择“在本文档中的位置”选项，选中“学生社团赛事”幻灯片。④单击第二张幻灯片，选中文字“学生社团学年总结”。单击“插入”选项卡“超链接”分组中的“超链接”按钮，在弹出的快捷菜单中选择“在本文档中的位置”选项，选中“学生社团学年总结”幻灯片。

步骤6：为目录设置位置。选择文字“学生社团简介”，右击，弹出快捷菜单，选择“大小和位置”选项，设置水平位置为 6. 4 厘米，垂直位置为 2. 5 厘米。继续设置“学生社团培训情况”（水平位置为 6. 4 厘米，垂直位置为 5. 3 厘米）、“学生社团赛事活动”（水平位

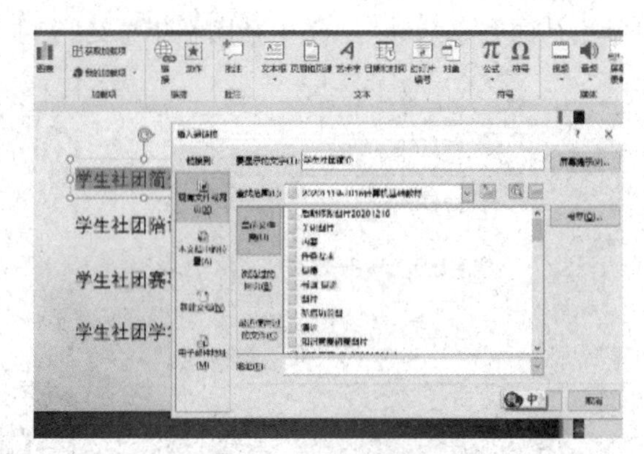

图 6 – 56　插入超链接

置为 6.4 厘米，垂直位置为 8 厘米）、“学生社团学年总结”（水平位置为 6.4 厘米，垂直位置为 10.8 厘米），如图 6 – 57 所示。

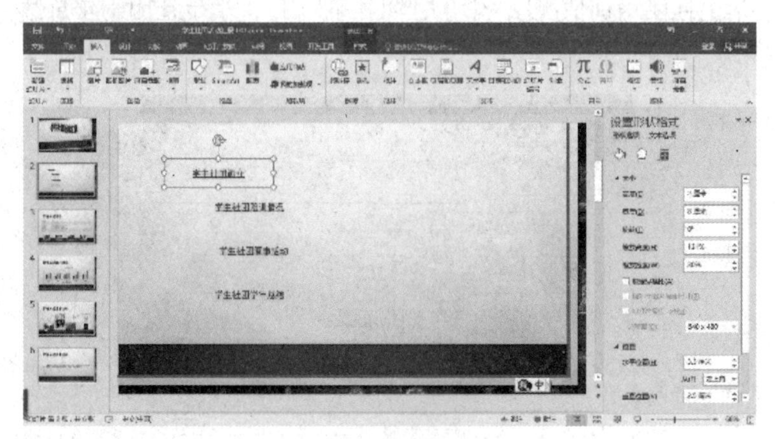

图 6 – 57　为目录设计位置

步骤 7：插入表格。单击第三张幻灯片，在占位符中右击选择“插入表格”命令，弹出“插入表格”对话框，输入 6 行 2 列。选中表格边框，选择“表格工具”→“布局”选项，设置高度为 6.2 厘米，宽度为 28 厘米，如图 6 – 58 所示。

学生社团简介

社团名	简介
平面设计团队	拍摄和后期设计制作的团队。
彩绘精灵	设计钻研制作各种材料上的彩绘技巧。
篮球队	表达篮球运动精神的社团。
合唱团	运用合唱的技巧，表现精神风貌。
演讲队	锤炼自我表达自我表现的平台。

图 6 – 58　插入表格

步骤 8：添加 SmartArt 图形。选中第三张幻灯片，在“插入 SmartArt 图形”中的快照图片列表（图 6 – 59）中，按 3 次 Enter 键，呈现 4 个图片占位符。单击 SmartArt 图形的边框，右击，弹出快捷菜单，选择“大小和位置”选项，参数设置如图 6 – 60 所示。

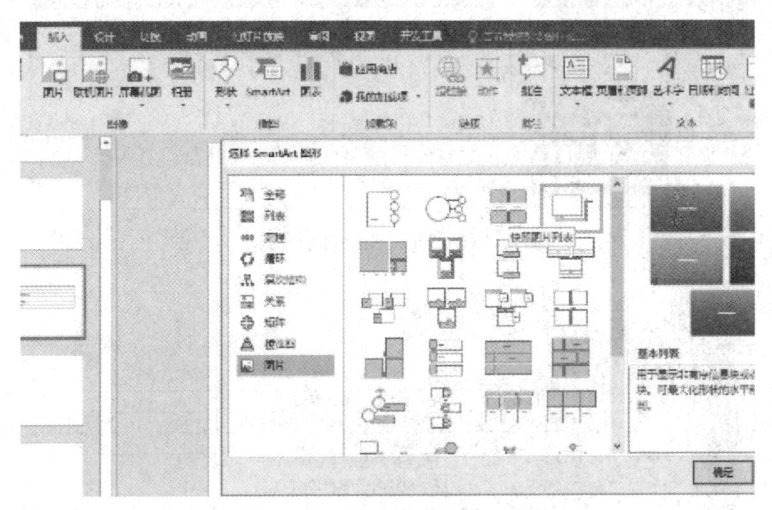

图 6－59　快照图片列表（1）

图 6－60　SmartArt 图形的大小和位置设置

①在“插入”选项卡的“图片”分组中选择“彩绘 2”“彩绘 4”“活动 1”“作品 3”，在图片格式面板上修改参数，设置宽度为 6 厘米，如图 6－61 所示。②右击“彩绘 2”进行剪切，单击快照图片列表中的第一个图片，按“Ctrl＋V”组合键并在快照图片列表文本区输入文字“接待外宾”。③重复第②步，分别把剩下的 3 张图片放入快照图片列表，并输入相应文字，如图 6－62 所示。

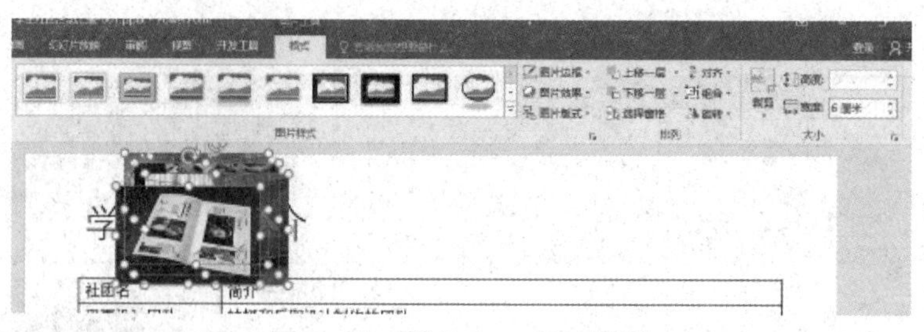

图 6-61　插入 SmartArt 图形

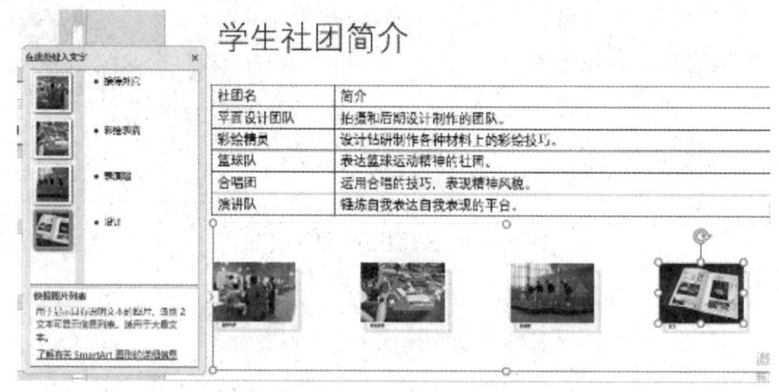

图 6-62　快照图片列表（2）

步骤 9：添加图表。在内容占位符中选中第四张幻灯片，在“插入”选项卡的“图表”分组中选择簇状柱形图，如图 6-63 所示，弹出图表数据表格，如图 6-64 所示。

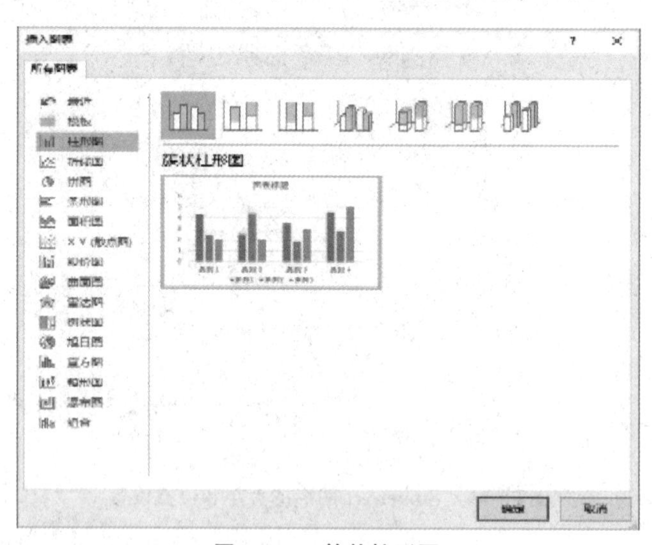

图 6-63　簇状柱形图

选择“图表工具”→“设计”→“添加图表元素”→“图表标题”→“图表上方”选项，如图 6-65 所示。选择“图表工具”→“设计”→“添加图表元素”→“图例”→“底部”选项，如图 6-66 所示。选择“图表工具”→“格式”→“大小”选项，设置高为 9 厘米，宽为 28 厘米。效果如图 6-67 所示。

Microsoft PowerPoint 中的图表

	A	B	C	D	E	F	G	H
1		2017年	2018年	2019年				
2	平面设计	5	6	7				
3	彩绘精灵	4	6	6				
4	篮球队	5	6	7				
5	合唱团	4	5	8				
6	演讲队	5	5	9				
7								

图 6－64　图表数据表格

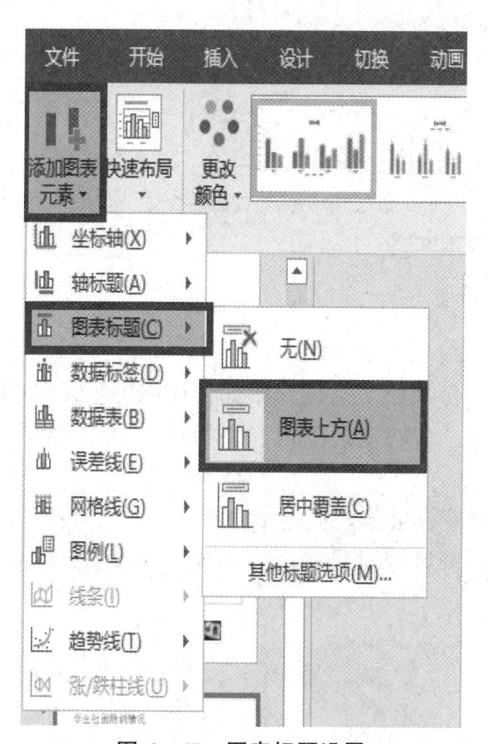

图 6－65　图表标题设置

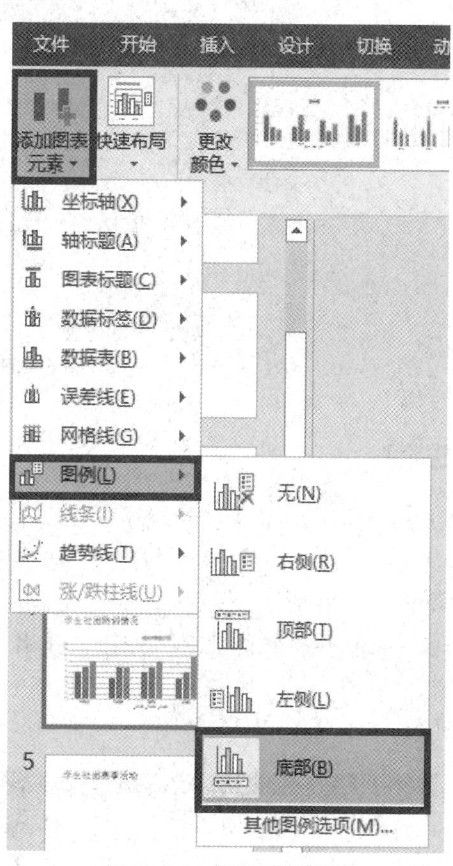

图 6－66　图表图例设置

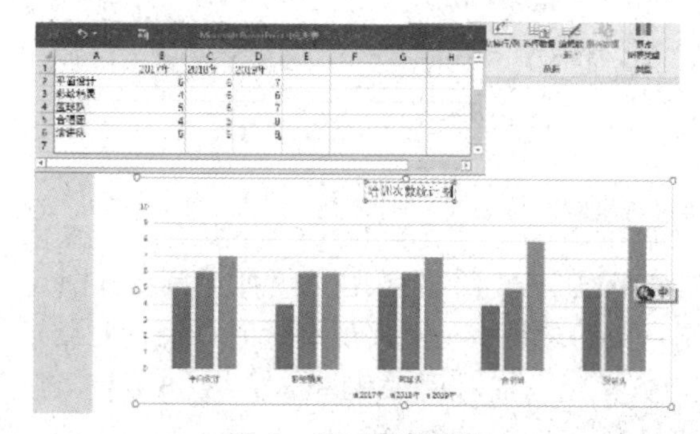

图 6－67　图表效果

步骤10：添加图片。选中第五张幻灯片。在内容占位符中分别插入“比赛1”“活动2”“活动3”“演讲1”“作品1”“作品4”。选中全部图片，在“图片工具”功能区，设置宽度为6厘米。图片排版如图6－68所示。单击图片上方的旋转按钮，调整角度。

图6－68　图片排版

步骤11：添加文字。选中第六张幻灯片。在内容占位符中直接输入文字，如图6－69所示。

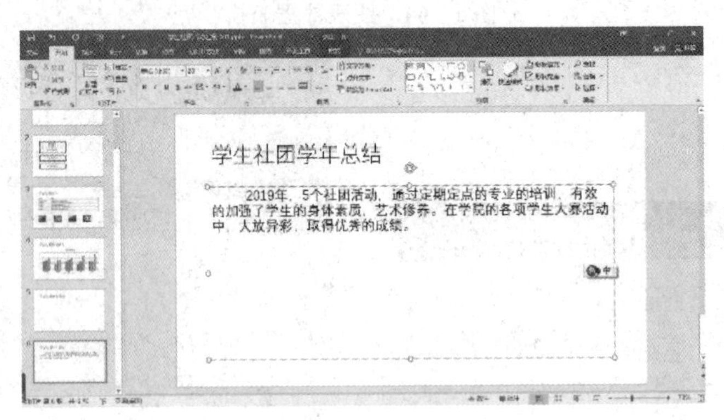

图6－69　添加文字

【知识进阶】

在PowerPoint 2016中，新增了一项功能：屏幕录制。下面介绍如何使用屏幕录制功能。

步骤1：屏幕录制功能在“插入”选项卡下，在功能区的最右侧可以看到“屏幕录制”按钮，如图6－70所示。

步骤2：单击“屏幕录制”按钮，弹出一个带有录制按钮的小方框，单击中间的“选择区域”按钮，在屏幕上用红色的虚线圈定一块录屏区域，只有录屏区域内发生的操作被录下来，如图6－71所示。

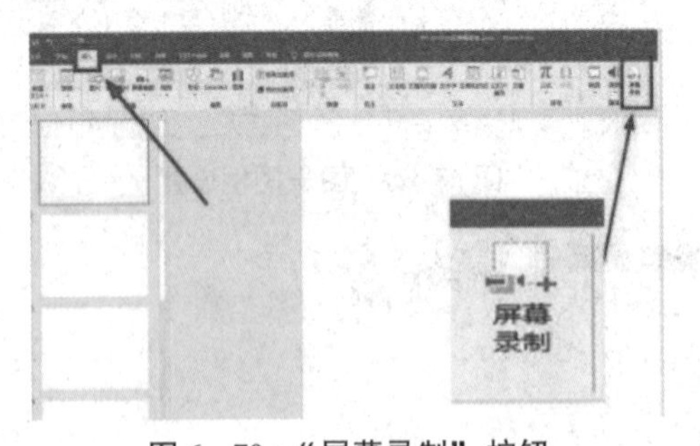

图6－70　“屏幕录制”按钮

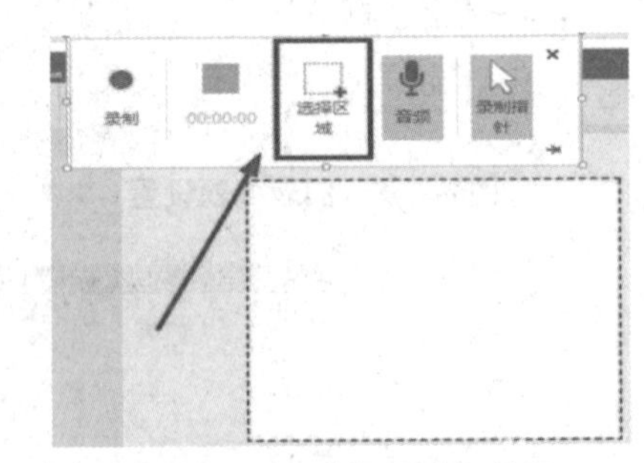

图6－71　“选择区域”按钮

步骤3：单击小方框最左边的“录制”按钮，开始录制，如图6－72所示。

步骤4：单击“录制”按钮之后，马上出现倒计时，倒计时结束即开始录制，如图6－73所示。在倒计时的红色方框里，提示用“Windows＋Shift＋Q”组合键来结束录制，一定要记住按该组合键来结束录制，如图6－74所示。

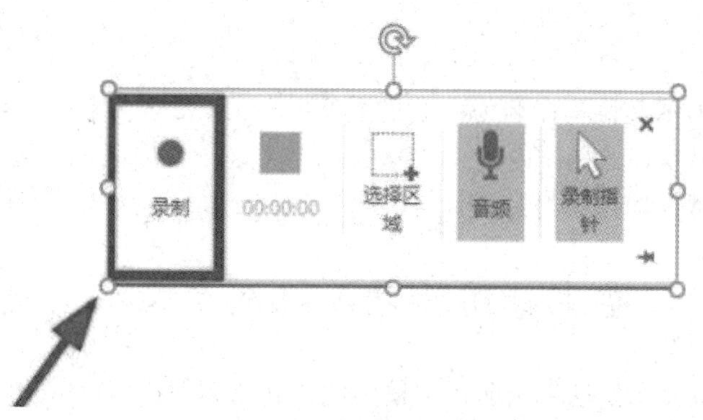

图6－72　屏幕录制开始

图6－73　弹出倒计时

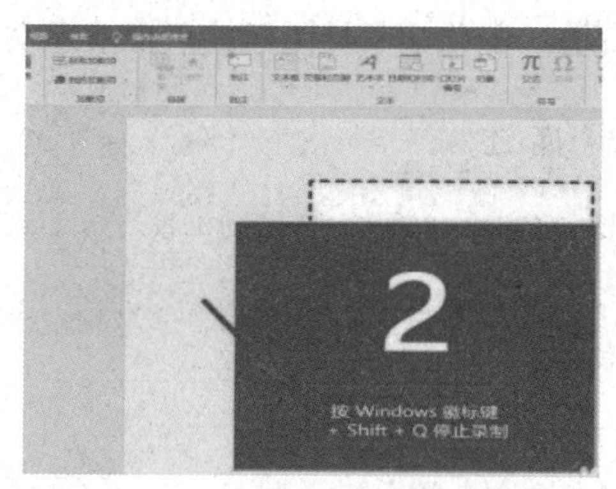

图6－74　结束屏幕录制组合键提示

步骤5：录制结束后，视频就在刚才选定的区域，在视频的下方有操作按钮，在“视频工具”→“格式”选项卡下，还可以调整视频的颜色、对比度，选择视频样式，为视频加边框，添加视频效果等，如图6－75所示。

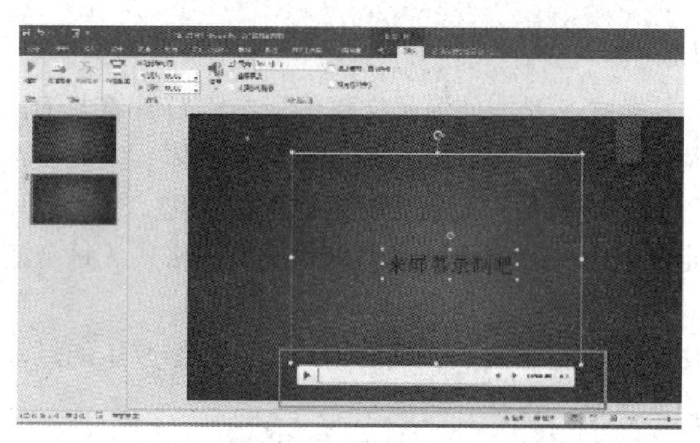

图6－75　录制结束

【实战演练】

请使用PowerPoint 2016制作一个计算机相关企业的宣传演示文稿，需要完成的内容有公司简介、产品介绍、拥有的实力、做过的工程等并且完成初稿。可以添加图表、表格、幻灯片切换等元素。

【课后练习】

(1) 新建一个演示文稿，命名为“我的爱好”，插入表格、图片和视频，并分别用横排文本和竖排文本介绍爱好的具体内容。

(2) 在演示文稿上应用幻灯片设计。

6.3 学生社团活动汇报演示文稿的美化

下面以美化学生社团活动汇报演示文稿为例，介绍如何进行 PowerPoint 2016 演示文稿的美化工作。

任务 美化学生社团活动汇报演示文稿

任务描述

上一任务中对学生社团活动汇报演示文稿进行了简单的创建，下面对该演示文稿进行美化和修饰。

任务目的

(1) 学会使用幻灯片母版。

(2) 学会应用主题。

(3) 学会设置幻灯片背景。

(4) 掌握常见的图片、SmartArt 图形、图表、表格的编辑操作。

知识点介绍

1. 创建幻灯片母版

PowerPoint 2016 的特色之一是能使演示文稿的所有幻灯片都具有一致的外观，通常有 3 种方法，即创建幻灯片母版、应用主题样式和调整主题变体。以上 3 种方法相互影响，如果其中一种方案被改变，则另外两种方案也会发生相应的变化。

幻灯片母版用于定义演示文稿中的所有幻灯片或页面格式。每个演示文稿的每个关键组件（如幻灯片、标题幻灯片、备注和讲义）都有一个母版。

幻灯片母版通常用来统一整个演示文稿的格式，一旦修改了幻灯片母版，则所有采用这一母版建立的幻灯片格式也随之改变。

单击“视图”→“母版视图”→“幻灯片母版”按钮，进入幻灯片母版视图，如图 6 - 76 所示。此时“幻灯片母版”选项卡自动打开，用户可以根据需要，在相应的幻灯片母版中添加对象，并对其编辑修饰，创建自己的幻灯片母版。设置母版标题样式字体为“叶根友毛笔行书 2.0 版”，对象设置完成后，单击“幻灯片母版”→“关闭母版视图”按钮，完成创建幻灯片母版的操作，如图 6 - 77 所示。

说明：在幻灯片母版视图中创建的对象，在幻灯片视图中无法编辑。

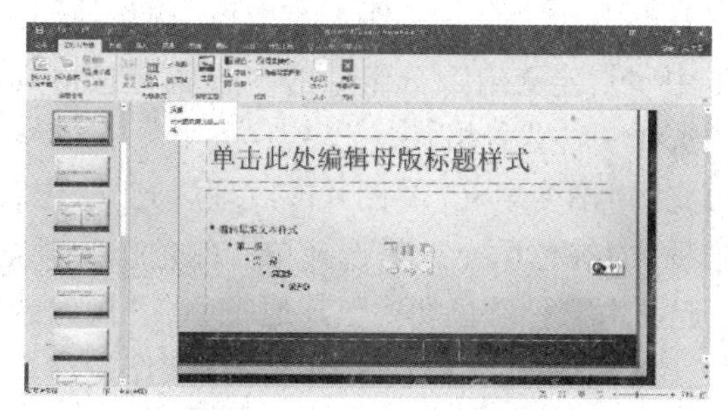

图 6－76　幻灯片母版视图

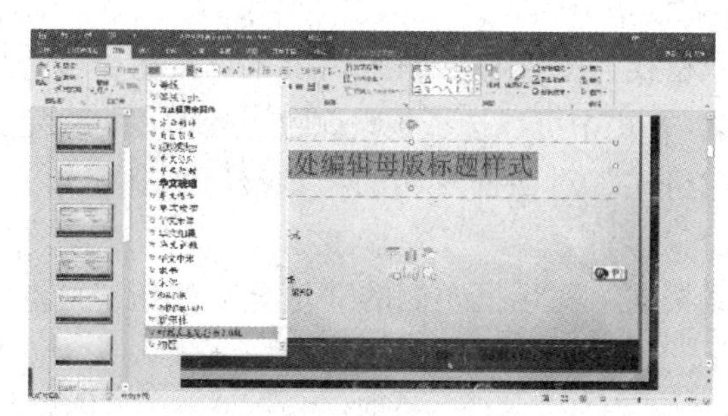

图 6－77　编辑幻灯片母版

2. 应用主题样式

PowerPoint 2016 提供了许多模板，它们将幻灯片的配色方案、背景和格式组合成各种主题。这些模板称为“幻灯片主题”。通过选择幻灯片主题并将其应用到演示文稿，可以让整个演示文稿的幻灯片风格一致。

在创建好演示文稿的初稿后，单击“设计”选项卡，出现可用主题的列表，当单击右侧“其他”按钮时，将会显示所有可用主题。将鼠标指针指向某一主题，则该主题应用于本演示文稿的所有幻灯片。

应用了一种主题样式后，如果用户觉得所套用主题样式的颜色不是自己喜欢的颜色，则可以更改主题颜色。主题颜色是指文件中使用的颜色集合，更改主题颜色对演示文稿效果的影响最为显著。用户可以直接从“变体”→“颜色”下拉列表中选择预设的主题颜色，也可以自定义主题颜色来快速更改演示文稿的主题颜色。

如果用户对于内置的主题颜色都不满意，则可以自定义主题的配色方案，并可以将其保存下来供以后的演示文稿使用，具体操作如下。

（1）选择“变体”→“颜色”→“自定义颜色”选项。

（2）弹出“自定义颜色”对话框，在该对话框中可以对幻灯片中各个元素的颜色进行单独设置。例如，单击“文字/背景－深色 1”右侧的下三角按钮，从展开的下拉列表中选择颜色。

（3）采用相同的方法，更换其他背景或文字颜色，设置完毕后，在“名称”文本框中输入新建主题的名称，如输入“自定义配色 1”，然后单击“保存”按钮。此时，当前演示文稿会自动应用刚自定义的主题颜色。

3. 设置幻灯片背景

PowerPoint 2016 的每个主题都提供了多种背景格式，用户可以选择一种背影样式来快速改变幻灯片背景。

选择“设计”选项卡中“自定义组”分组中的“设置背景格式”命令，会弹出“设置背景格式”对话框，从中选择一种背景格式。

背景颜色有“纯色填充”“渐变填充”“图片或纹理填充”“图案填充”4 种方式。另外有“隐藏背景图形”复选框。“纯色填充”是选择单一颜色作为背景，“渐变填充”是选择两种或多种颜色混合在一起，由某种颜色切换至其他颜色。“图片或纹理填充”是将计算机中的图片或纹理作为背景。“图案填充”是使用预设的图案作为背景。

(1) 选择“设计”选项卡中“自定义组”分组中的“设置背景格式”命令，弹出“设置背景格式”对话框。

(2) 单击“设置背景格式”对话框左侧的“填充”按钮，可选择“纯色填充”或“渐变填充”。在“渐变填充”方式中可以选择预设颜色，也可以自己定义渐变颜色。

(3) 单击“设置背景格式”对话框左侧的“填充”按钮，可选择“图案填充”，选择所需要的图案即可。

(4) 单击“设置背景格式”对话框左侧的“填充”按钮，可选择“图片或纹理填充”，选择所需图片或纹理即可。

4. 图片操作

在 PowerPoint 2016 中，可以插入图片，并且可以美化图片，以配合演示文稿的内容。对于文本，可以使用系统提供的艺术字来使文本具有特殊艺术效果。

在 PowerPoint 2016 中，可以插入的图片主要有 4 类，分别是联机图片、屏幕截图、相册、图片。

(1) 插入联机图片：单击“插入”选项卡“图像”分组中的“联机图片”按钮，弹出“联机图片”对话框，提示需要联网才能使用。

(2) 插入图片：单击“插入”选项卡“图像”分组中的“图片”按钮，出现“插入图片”对话框，选择存放在计算机中的图片插入即可。

(3) 插入屏幕截图：单击“插入”选项卡“图像”分组中的“屏幕截图”按钮，出现的对话框有两个选项，一个是可用的视窗，单击可以直接插入图片；另一个是屏幕截图，单击可以立刻进行截图操作，截图后马上插入。

(4) 调节图片：图片的大小和位置如果不合适，可以调节图片的大小和位置。

①调节图片的大小：选中图片，用鼠标拖动上、下、左、右边框的控制点可以实现缩放。

②调节图片的位置：选中图片，将鼠标指针移至图片上，按住鼠标左键并拖动，调节至目标位置。

(5) 旋转图片：单击图片，图片四周出现控制点，拖动图片上方绿色控制点即可实现图片的旋转。

(6) 美化图片：选中图片，单击“图片工具”→“格式”选项卡“图片样式”分组的“图片效果”按钮，从中可以选择阴影、映像、发光等特定效果。

5. 表格操作

在 PowerPoint 2016 中，可以插入表格，并且可以美化表格，以配合演示文稿的内容。

（1）插入表格：选择“插入”→“表格”选项，如图6－78所示，弹出“插入表格”对话框，可设置行数和列数。

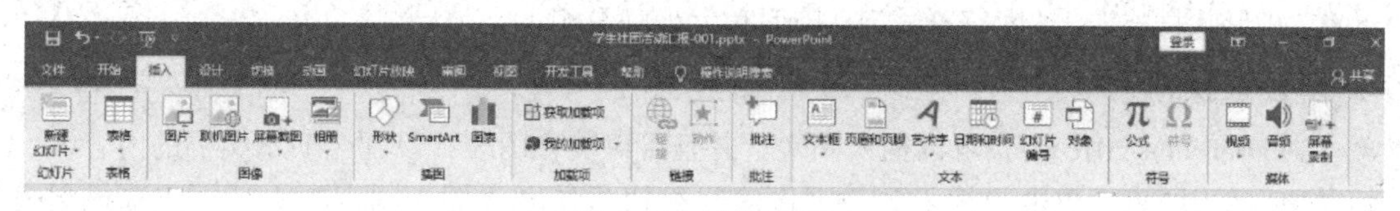

图6－78　插入表格

（2）表格工具设置：选中表格，“表格工具”下有“设计”和“布局”两个选项卡，在“设计”选项卡中有“表格样式选项”“表格样式”“艺术字样式”“绘制边框”分组。在“布局”选项卡中有“表”“行和列”“合并”“单元格大小”“对齐方式”“表格尺寸”和“排列”分组，如图6－79和图6－80所示。

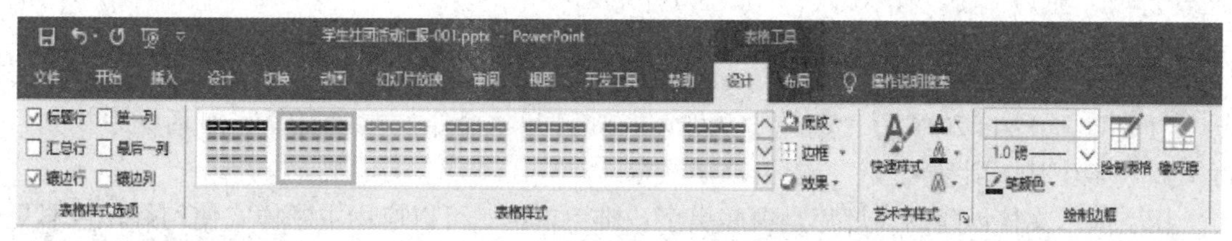

图6－79　“设计”选项卡

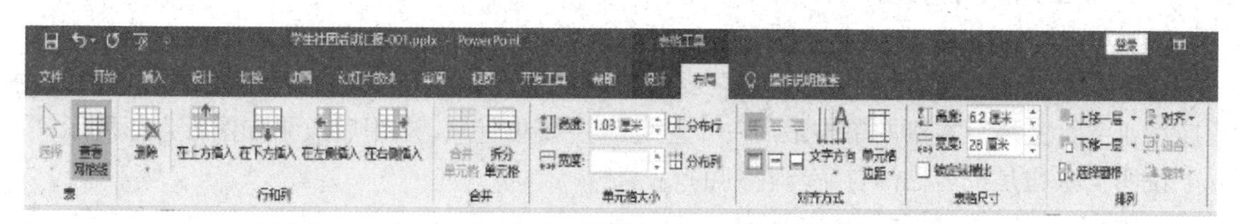

图6－80　“布局”选项卡

6. SmartArt图形操作

在PowerPoint 2016中，可以插入SmartArt图形，并且可以美化SmartArt图形，以配合演示文稿的内容。

（1）插入SmartArt图形。单击“插入”选项卡中的“SmartArt”按钮，弹出“选择SmartArt图形”对话框，可设置类型和详细格式，如图6－81所示。

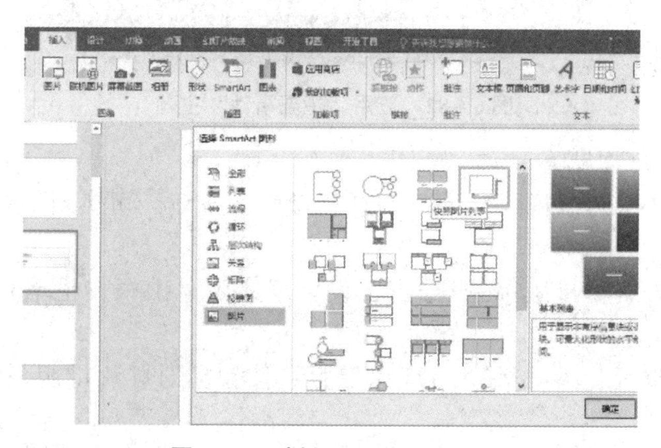

图6－81　插入SmartArt图形

（2）美化 SmartArt 图形。“SmartArt 工具”下有“设计”和“格式”两个选项卡。“设计”选项卡中有“创建图形”“版式”“SmartArt 样式”“重置”分组。“格式”选项卡中有“形状”“形状样式”“艺术字样式”“排列和大小”分组。

7. 图表操作

在 PowerPoint 2016 中，可以插入图表，并且可以美化图表，以配合演示文稿的内容。

（1）插入图表：单击“插入”→“图表”按钮，弹出“插入图表”对话框，选择图表类型输入相应的数据，即可显示对应的图表内容。

（2）图表工具：“图表工具”下有“设计”和“格式”两个选项卡。“设计”选项卡中有“图表布局”“图表样式”“数据”和“更改图表类型”分组。“格式”选项卡中有“当前所选内容”“插入形状”“艺术字样式”“排列和大小”“图表设置”分组。

操作步骤

步骤 1：应用主题样式。

启动 PowerPoint 2016 后，选择“文件”→“打开”命令，在“打开”对话框中找到目标文件“学生社团活动汇报 ”，打开演示文稿。

用空演示文稿创建的幻灯片是白底黑字，难免单调，可以应用主题样式使幻灯片色彩更鲜艳、画面更丰富，操作步骤如下。

（1）单击“设计”选项卡，单击“主题”右侧的“其他”按钮，显示所有主题。

（2）鼠标指针指向某种主题，将显示该主题的预览效果，挑选满意的主题后单击该主题应用于演示文稿。本例中单击最后一个主题“主要事件”，应用后效果如图 6－82 所示。

说明：主题是按名称的首字母排列的。

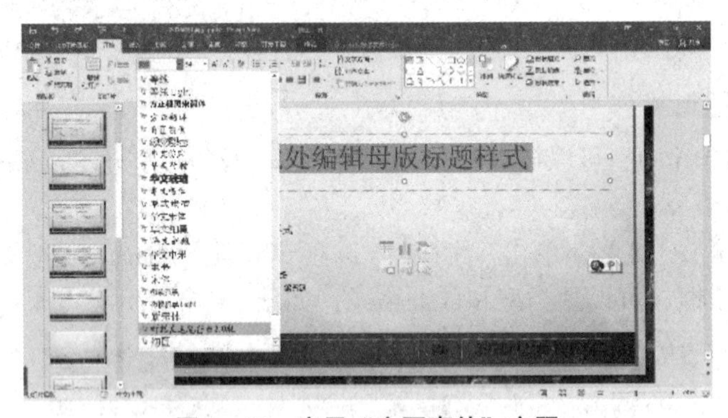

图 6－82　应用“主要事件”主题

步骤 2：设置幻灯片母版

单击“视图”→“母版视图”→“幻灯片母版”按钮，切换到幻灯片母版编辑状态，如图 6－83 所示。

选中“单击此处编辑母版标题样式”，设置字体为“山根友毛笔行书 2.0 版”，字号为 54。

单击“幻灯片母版”→“关闭幻灯片母版”按钮。幻灯片母版设置效果如图 6－84 所示。

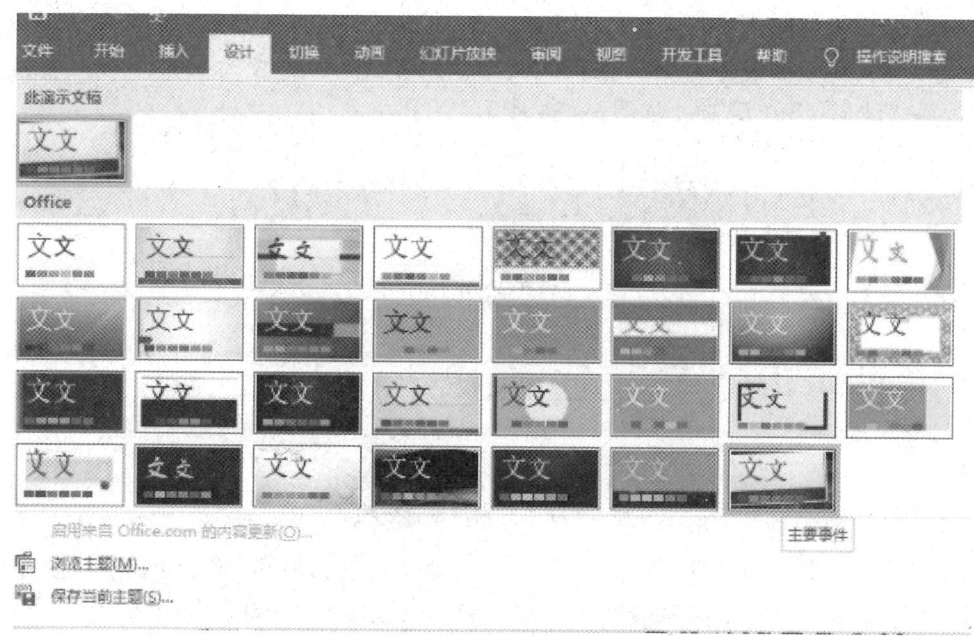

图 6－83　设置幻灯片母版

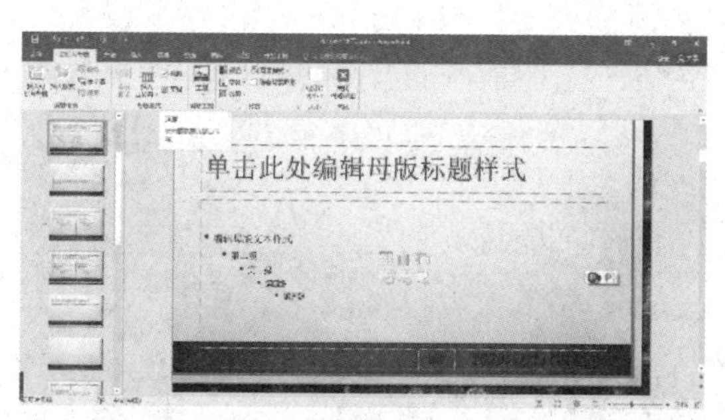

图 6－84　幻灯片母版设置效果

步骤 3：插入艺术字。

选中第一张幻灯片，单击“插入”→“艺术字”按钮，选择“图案填充－深红，个性色 1，50%，清晰阴影，性色 1”，输入“学生社团活动汇报”，如图 6－85 所示。

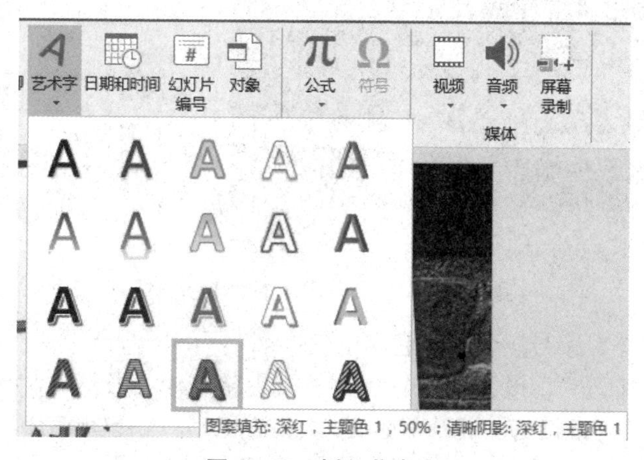

图 6－85　插入艺术字

选中艺术字，选择“绘图工具”→“格式”→“大小”→“高度”“宽度”选项，将高度设置为6，将宽度设置为16。选择“文字艺术样式”→“文本效果”→“转换”→“弯曲”→“波形：下”选项，如图6-86所示。

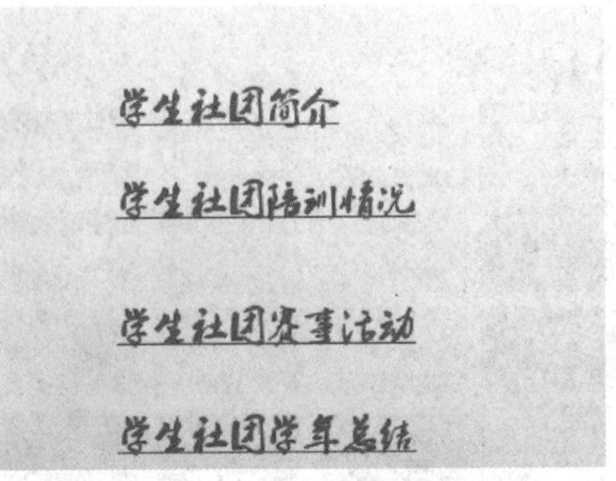

图6-86　艺术字设置效果

选中艺术字标题“学生社团活动汇报”，在艺术字边框上出现4个方向箭头时右击，弹出快捷菜单，选择“大小和位置”选项，设置水平位置为7，垂直位置为2.5，如图6-87所示。

图6-87　设置艺术字的大小和位置

步骤4：设置字体、字号、文字颜色。

选中“学生社团简介”，设置字体为“山根友毛笔行书2.0版”，字号为24，文字颜色为“深红，个性色1”。继续为“学生社团培训情况”“学生社团赛事”和“学生社团学年总结”设置相同的字体、字号和文字颜色，效果如图6-88所示。

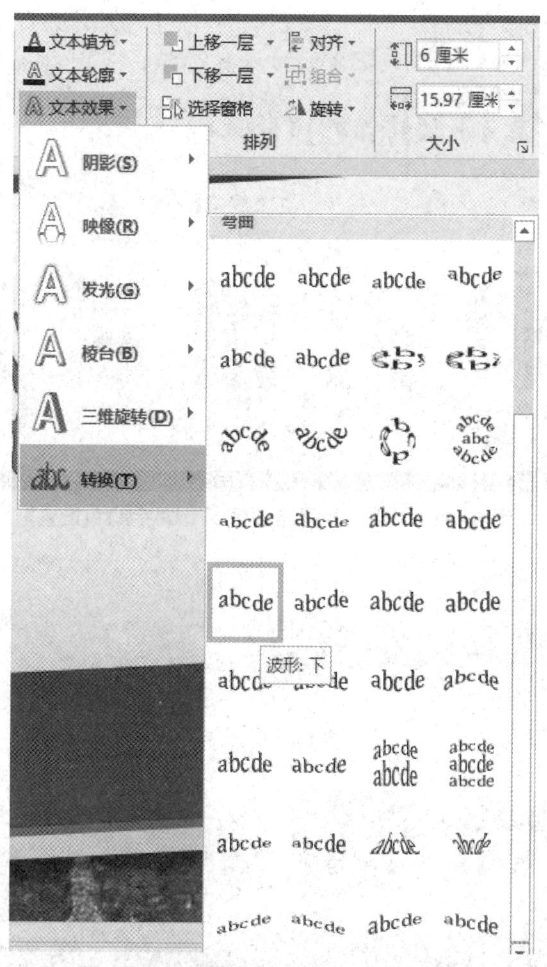

图 6－88　设置字体、字号、文字颜色

分别选中第三张幻灯片的标题“学生社团简介”、第四张幻灯片的标题“学生社团培训情况”、第五张幻灯片的标题“学生社团赛事活动”、第六张幻灯片的标题“学生社团学年总结”，设置文字颜色为“深红，个性色 1”，如图 6－89 ~ 图 6－92 所示。

学生社团简介

社团名	简介
平面设计团队	拍摄和后期设计制作的团队。
彩绘精灵	设计钻研制作各种材料上的彩绘技巧。
篮球队	表达篮球运动精神的社团。
合唱团	运用合唱的技巧，表现精神风貌。
演讲队	锤炼自我表达自我表现的平台。

图 6－89　“学生社团简介”文字颜色设置

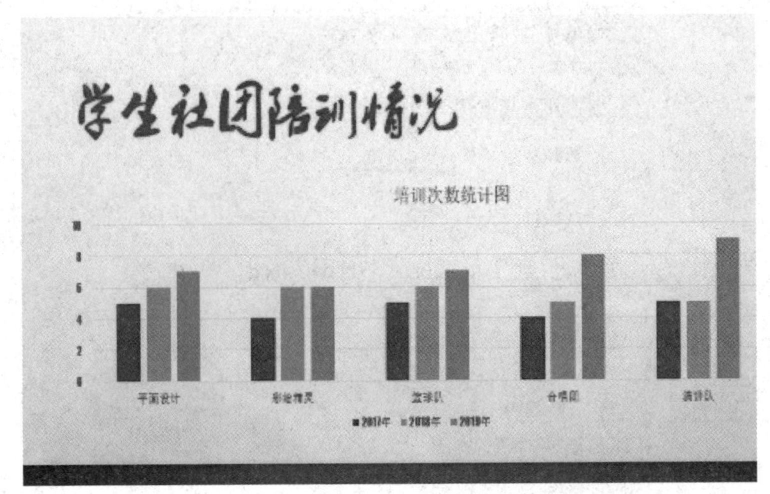

图 6 – 90　“学生社团培训情况”文字颜色设置

图 6 – 91　“学生社团赛事活动”文字颜色设置

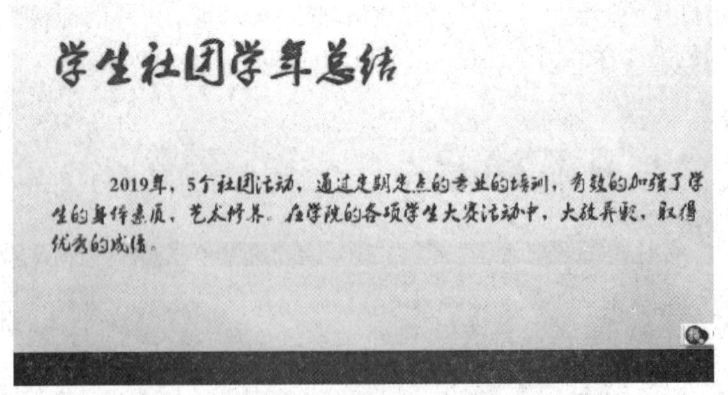

图 6 – 92　“学生社团学年总结”文字颜色设置

选中第六张幻灯片中文本区文字，设置字体为“山根友毛笔行书 2.0 版”，字号为 24，文字颜色为“深红，个性色 1”。选择“绘图工具”→“格式”→“文本效果”→“棱台”→“圆”选项，如图 6 – 93 所示。

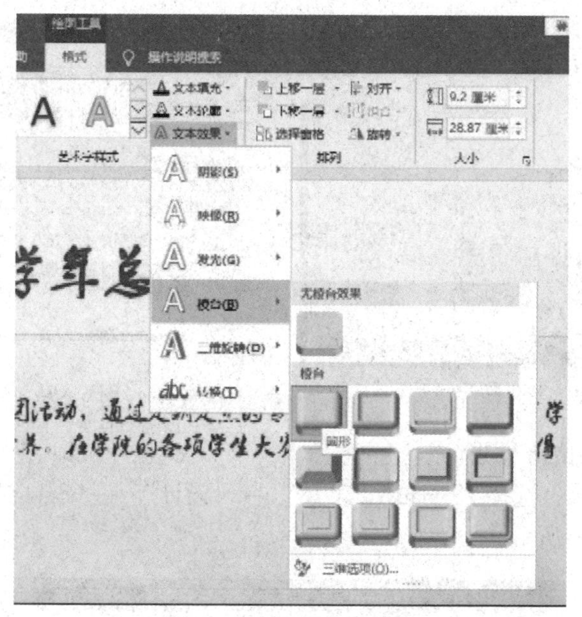

图6－93　设置文本效果

步骤5：美化图片。

单击第二张幻灯片，选择“彩绘1”→“图片工具”→“格式”→“图片样式”→“棱台形椭圆，黑色”选项。选择“作品2”→“图片工具”→“格式”→“图片样式”→“棱台亚光，白色”选项。调整“作品2”上的旋转按钮到合适的角度，如图6－94所示。

图6－94　图片旋转设置

选中第五张幻灯片，单击“插入”→“图片”按钮，在弹出的“插入图片”对话框中选择素材“比赛1”“活动2”“演讲1”“作品1”和“作品4”。

分别选中“比赛1”“活动2”“演讲1”“作品1”和“作品4”，选择“图片工具”→“格式”→“图片样式”，分别设置为“简单框架，白色”“棱台亚光，白色”“金属框架”“松散透视，白色”“简单框架”，如图6－95所示。

步骤6：装饰表格。

单击第三张幻灯片，选中表格，选择“表格工具”→“设计”→“表格样式”→“中度样式2－强调1”选项，如图6－96所示。

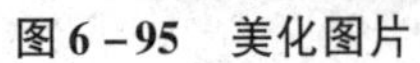

图 6－95　美化图片

图 6－96　美化表格

步骤 7：美化 SmartArt 图形。

选中 SmartArt 图形，选择“SmartArt 工具”→“设计”→“SmartArt 样式”→“白色轮廓”选项，如图 6－97 所示。

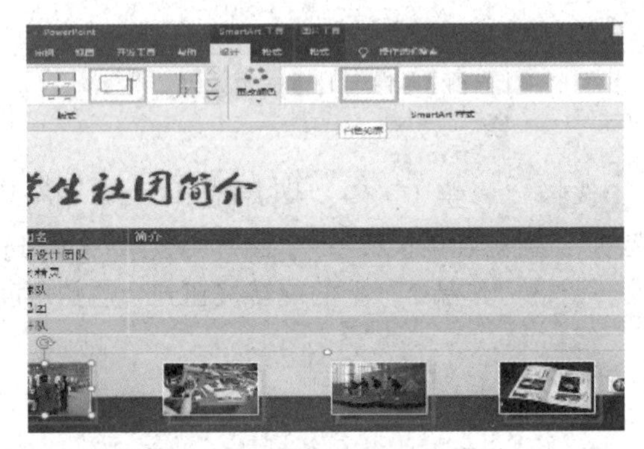

图 6－97　美化 SmartArt 图形

【知识进阶】

1. PowerPoint 2016 幻灯片放映方式

单击“幻灯片放映”选项卡，可以看到 PowerPoint 2016 有以下几种幻灯片放映方式：从头开始、从当前幻灯片开始、广播幻灯片、自定义幻灯片放映。启动广播幻灯片功能可以在 Web 浏览器中观看远程广播幻灯片。自定义幻灯片放映可以让播放者从演示文稿中挑选需要的幻灯片进行播放。选择“幻灯片放映”→“设置”→“设置幻灯片放映”命令，弹出“设置放映方式”对话框，显示幻灯片放映类型共 3 种。

（1）演讲者放映（全屏幕）：全屏幕显示演示文稿，这是最常用的播放方式，也是默认选项。演讲者具有完全的控制权，既可以自动或人工放映，也可以暂停放映。

（2）观众自行浏览（窗口）：采用标准窗口放映幻灯片，观众可以使用 PageUp、PageDown 键来控制幻灯片的放映。

（3）在展台浏览（全屏幕）：观众可以使用超链接和动作按钮，并可以按 Esc 键终止播放。

2. PowerPoint 2016 幻灯片放映设置

选择“幻灯片放映”→“设置”→“排练计时”选项，进入“排练计时”状态，此时手动播放一遍演示文稿，并可以利用“录制”对话框中的“暂停”和“重复”等按钮控制排练计时过程，以获得最佳的播放时间。播放结束后，系统会弹出一个询问是否保存计时结果的对话框，单击“是”按钮即可。

选择“幻灯片放映”→“设置”→“录制幻灯片演示”选项，可以设置“幻灯片和动画计时”“旁白和激光笔”。

保存的排练和录制结果，可以在“设置放映方式”对话框中进行设置。

3. 加入 Flash 动画

首先把需要插入的 Flash 动画文件和演示文稿放在同一个文件夹内。

查看 PowerPoint 2016 是否有“开发工具”选项卡。如果有，则省略下面一步。如果没有，则选择“文件”→“选项”选项，弹出“PowerPoint 选项”对话框。在“PowerPoint 选项”对话框中选择“自定义功能区”，勾选“开发工具”复选框，如图 6－98 所示，单击“确定”按钮返回。选择“开发工具”→“控件”→“其他控件”选项，如图 6－99 所示，弹出“其他控件”对话框。

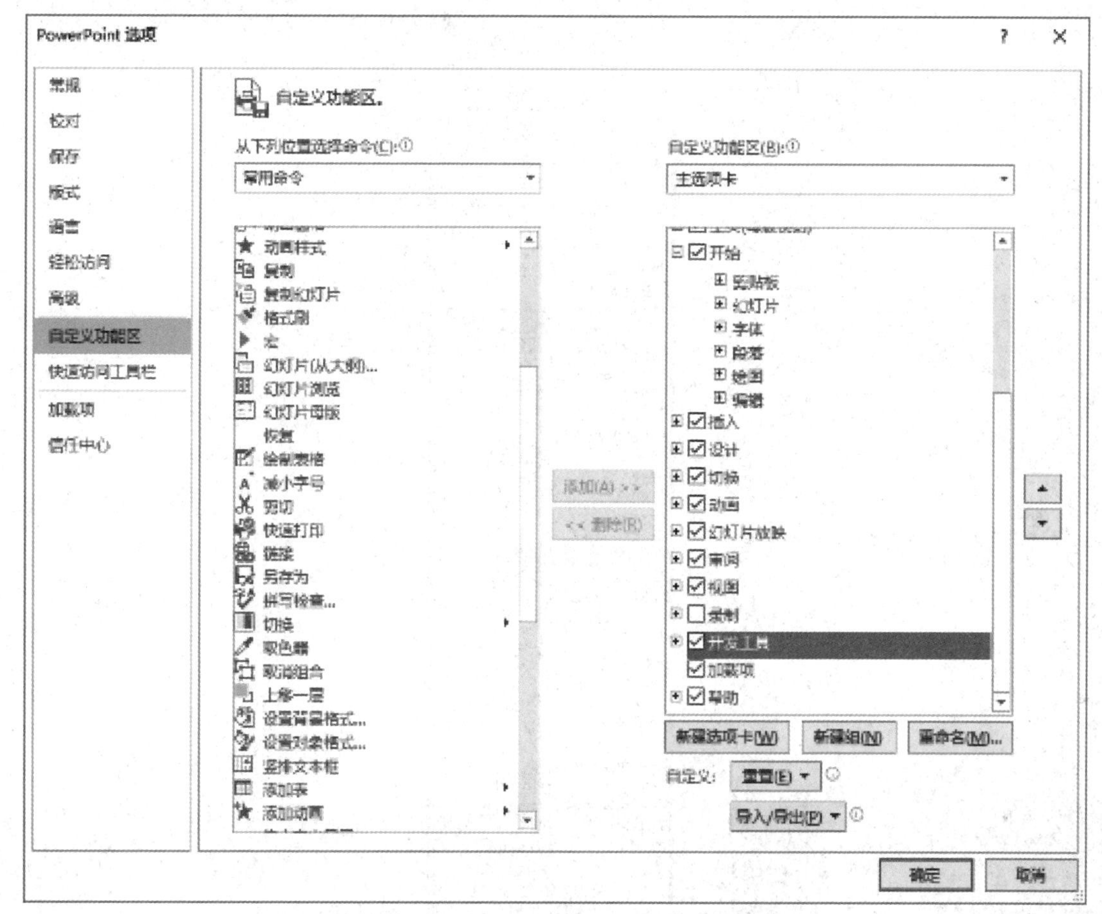

图 6－98 “PowerPoint 选项”对话框

选择“Shockwave Flash Object”对象，如图 6－100 所示，单击“确定”按钮返回，此时鼠标指针变成十字形，在需要的位置拖出想要的大小。

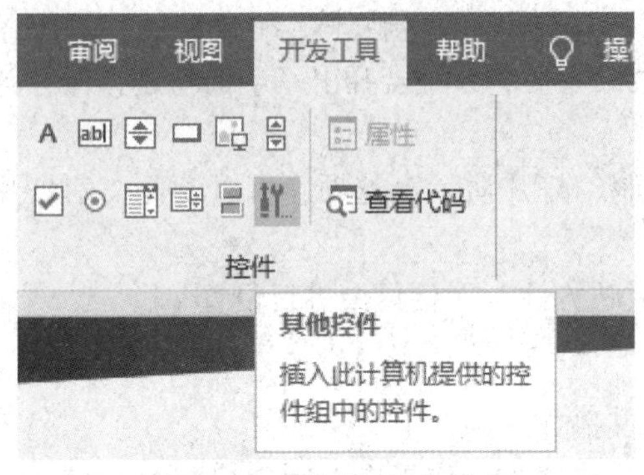

图 6－99 “其他控件”选项

图 6－100 “其他控件”对话框

在控件上右击，选择“属性”选项，弹出“属性”对话框，如图 6－101 所示，在 Movie 项中输入 Flash 动画文件的名称，该名称一定要包括扩展名，如“ss. swf”。将“Playing”属性设置为“True”。

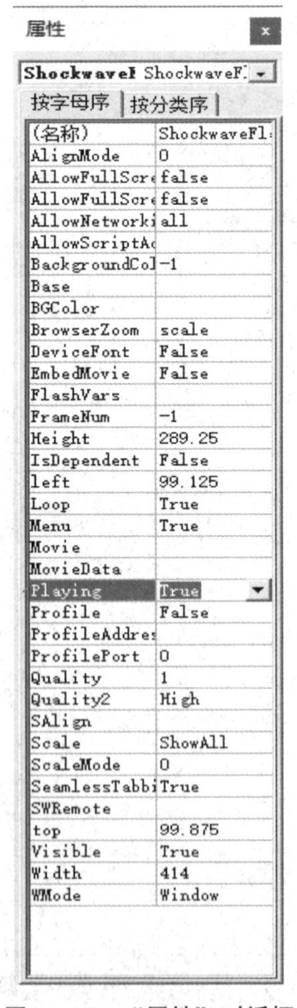

图 6－101 “属性”对话框

这时可能需要保存文件，有时调整控件即可看到空间的预览图。

至此，加入 Flash 动画的操作就完成了，可以随便调整控件的大小和位置。

【实战演练】

请使用 PowerPoint 2016 制作一个演示文稿，面向社会推广自己，需要完成的内容有个人简历、所学专业介绍、拥有的特长技能、期待的工作等并完成初稿。为了丰富演示文稿可以添加图表、表格、动画、幻灯片切换、视频、音频等元素，对演示文稿进行美化和修饰。

【课后习题】

1. 新建一个演示文档，名称为“篮球社团活动”，创建封面（封面标题用艺术字）、封底、社团介绍宣传（添加视频）、活动简介（屏幕录制）。

2. 美化“篮球社团活动”演示文稿，为标题和活动简介添加动画。

3. 以“推进文化自信自强，铸就社会主义文化新辉煌”为主题制作宣传演示文稿。

项目七

云计算技术基础及应用

7.1 云计算简介

一、云计算的起源

互联网自1960年开始兴起，主要用于军方、大型企业等之间的纯文字电子邮件或新闻集群组服务，直到1990年才开始进入普通家庭，随着Web网站与电子商务的发展，网络已经成为目前人们离不开的生活必需品之一。云计算这个概念首次在2006年8月的搜索引擎大会上提出，成为互联网的第三次革命。

2006年3月，亚马逊首先提出弹性计算云服务。2006年8月9日，谷歌首席执行官埃里克·施密特（Eric Schmidt）在搜索引擎大会（SES San Jose 2006）首次提出“云计算”（Cloud Computing）的概念。2007年以来，“云计算”成为计算机领域最令人关注的话题之一，同样也是大型企业、互联网公司着力研究的重要方向。因为云计算的提出，互联网技术和IT服务出现了新的模式，引发了一场变革。

二、云计算的概念

“云”实质上就是一个网络。从狭义上讲，云计算就是一种提供资源的网络，使用者可以随时获取“云”上的资源，按需求量使用，并且可以看成是无限扩展的，只要按使用量付费就可以。从广义上说，云计算是与信息技术、软件、互联网相关的一种服务，云计算把许多计算资源集合起来，称为计算资源共享池，这种计算资源共享池叫作“云”，它通过软件实现自动化管理，只需要很少的人参与，就能让资源被快速提供。因此，云计算有3种定义。

定义一：云计算是一种按使用量付费的模式，这种模式提供可用的、便捷的、按需的网络访问，进入可配置的计算资源共享池（资源包括网络、服务器、存储、应用软件、服务），只需投入很少的管理工作，或与服务供应商进行很少的交互，就可以让这些资源被快速提供。

定义二：云计算是一种计算模式，在这种模式下，动态可扩展而且通常是虚拟化的资源通过互联网以服务的形式提供。终端用户不需要了解“云”中基础设施的细节，不必具有相应的专业知识，也无须直接进行控制，而只需关注自己真正需要什么样的资源，以及如何通过网络得到相应的服务。

定义三：总结来说，云计算是一种模式，它实现了对共享可配置计算资源（网络、服务器、存储、应用软件、服务等）的方便、按需访问；这些资源可以通过极小的管理代价或者与服务提供者的很少的交互而被快速地准备和释放。

三、云计算的特点

（1）超大规模。大多数云计算数据中心都具有相当的规模，一些大企业的云计算中心已经拥有几百万台服务器。

（2）虚拟化。云计算支持用户在任意位置使用各种终端获取应用服务。用户所请求的资源来自云，而不是固定的有形的实体。资源以共享资源池的方式统一管理，利用虚拟化技术将资源分享给不同用户，资源的放置、管理与分配策略对用户透明。

（3）高可靠性。云计算中心在软、硬件层面采用了诸如数据多副本容错、心跳检测和计算节点同构可互换等措施来保障服务的高可靠性，使用云计算比使用本地计算机可靠。它还在设施层面的能源、制冷和网络连接等方面采用了冗余设计来进一步确保服务的可靠性。

（4）通用性与高可用性。云计算不针对特定的应用，云计算中心很少为特定的应用存在，但它有效支持业界的大多数主流应用，并且一个云可以支撑多个不同类型的应用同时运行，在云的支撑下可以构造出千变万化的应用，并保证这些服务的运行质量。

（5）高可扩展性。云计算系统是可以随着用户的规模进行扩张的，可以保证支持用户业务的发展。因为用户所使用的云资源可以根据其应用的需要进行调整和动态伸缩，再加上前面所提到的云计算数据中心本身的超大规模，所以云能够有效地满足应用和用户大规模增长的需要。

（6）按需服务。云是一个庞大的资源池，用户可以支付不同的费用，以获得不同级别的服务等。并且，服务的实现机制对用户透明，用户无须了解云计算的具体机制，就可以获得需要的服务。

（7）极其经济廉价。由于云的特殊容错措施，可以采用极其廉价的节点来构成云。云的自动化集中式管理使大量企业无须负担日益高昂的数据中心管理成本，云的通用性使资源的利用率较传统系统大幅提升，因此用户可以充分享受云的低成本优势。用户通常只要花费很少的资金、几天时间就能完成以前需要大量资金、数月时间才能完成的任务。

（8）自动化。在云中，不论是应用、服务和资源的部署，还是软、硬件的管理，都通过自动化的方式执行和管理，从而极大地降低了整个云计算中心的人力成本。

（9）节能环保。云计算技术能将许多分散在低利用率服务器上的工作负载整合到云中，以提升资源的使用效率，而且云由专业管理团队运维，其电源使用效率（Power Usage Effectiveness，PUE）比普通企业的数据中心高很多。

（10）提供高层次的编程模型。云计算系统提供高层次的编程模型。用户通过简单学习，就可以编写自己的云计算程序，在云系统上执行，以满足自己的需求。

（11）具有完善的运维机制。在云的另一端，有专业团队帮用户管理信息，有先进的数据中心帮助用户保存数据。同时，严格的权限管理策略可以保证这些数据的安全。这样，用户无须花费重金就可以享受最专业的服务。

正是基于云计算具有上述特点，用户得以通过云计算存储个人电子邮件、存储照片、从云计算服务提供商处购买音乐、存储配置文件和信息、与社交网站互动、查找路线、开发网站，以及与云计算中其他用户互动。这使用户处理生活、工作等事务更加便捷快速。这也是云计算能在短时间内迅速传播并流行发展起来的重要原因。

四、云计算的服务模型

云计算的服务模型（即应用层次）由 3 大服务组成：基础设施即服务（Infrastructure as

a Service，IaaS）、平台即服务（Platform as a Service，PaaS）和软件即服务（Software as a Service，SaaS），如图 7－1 所示。

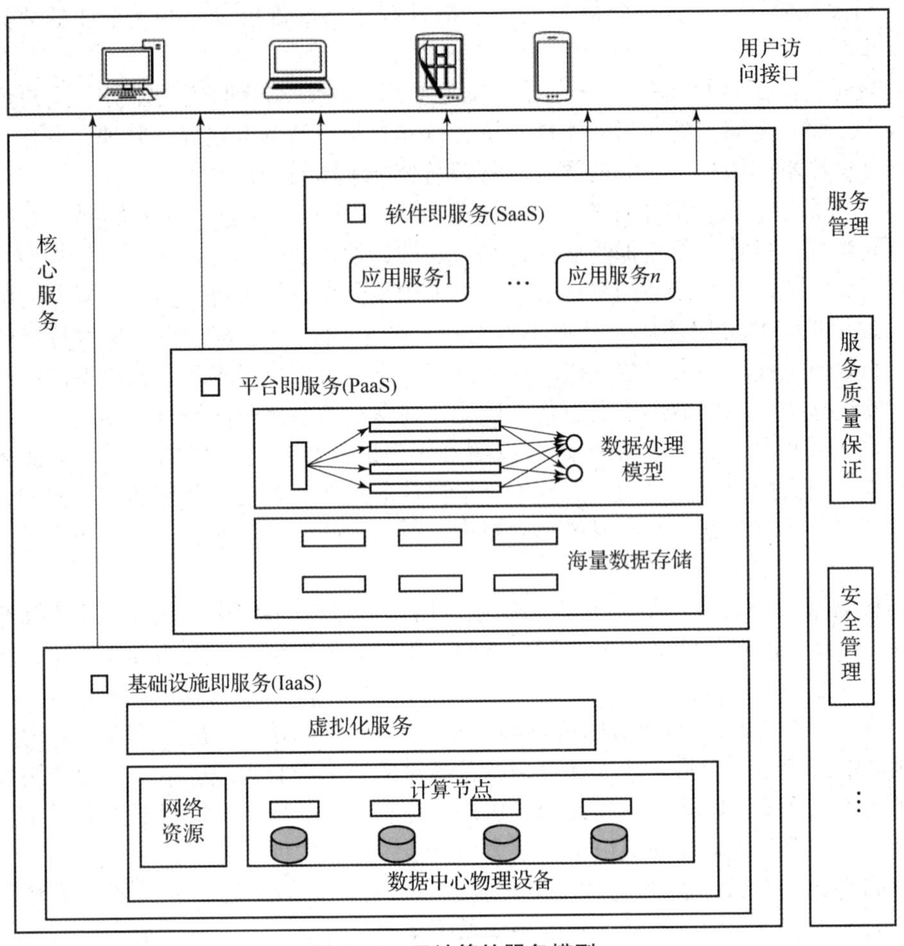

图 7－1　云计算的服务模型

1. 基础设施即服务

把硬件资源集中起来的关键技术突破就是虚拟化技术。虚拟化可以提高资源的有效利用率，使操作更加灵活，同时简化变更管理。单台物理服务器可以有多个虚拟机，同时提供分离和安全防护，每个虚拟机就像在自己的硬件上运行一样。

这种把主机集中管理，以市场机制通过虚拟化层对外提供服务，按使用量收费的盈利模式，形成了云计算的基础层，这就是基础设施即服务。

2. 平台即服务

平台即服务是指把一个完整的应用程序运行平台作为一种服务提供给客户。在这种服务模式中，客户不需要购买底层硬件和平台软件，只需要利用应用程序运行平台，就能够创建、测试和部署应用程序。

3. 软件即服务

在云计算推出之前，人们已经开始认识到软件与服务的关系，首先提出的概念就是“软件即服务”。它可以这样定义：把软件部署为托管服务，用户不需要购买软件，可以通过网

络访问所需要的服务，或者把各种服务综合成自己的需要，而客户按照使用量付费。在云计算上，软件即服务有了更大的发展空间。云计算的推出，给软件即服务提供了更好的生态环境，这就形成了云计算的第三层：软件即服务。云计算服务模型解析如表 7－1 所示。

表 7－1　云计算服务模型解析

标准写法		IaaS	PaaS	SaaS
英文全称		Infrastructure as a Service	Platform as a Service	Software as a Service
词语释义		基础设施即服务	平台即服务	软件即服务
词语理解	公司提供什么？	IaaS 公司提供场外服务器、存储和网络硬件等	PaaS 公司提供应用程序开发的环境或部分应用	SaaS 公司提供完整、可使用的应用程序
	使用者要做什么？	所有的环境配备、应用程序开发都由用户完成	用户自行开发部分或全部应用程序	通常用户登录浏览器即打开软件

五、云计算的部署类型

通常，依据云计算的服务范围可以将云计算系统分为私有云、公有云以及混合云。

1. 公有云

公有云是云基础设施由一个提供云计算服务的运营商（或称云供应商）所拥有，该运营商再将云计算服务销售给一般大众或广大的中小企业群体所共有，是现在最主流的，也是最受欢迎的一种云计算部署模式。

公有云在许多方面具有优越性，下面是其中的四个方面。

（1）规模大。公有云的公开性，使它能聚集来自整个社会并且规模庞大的工作负载，从而产生巨大的规模效应，如能降低每个负载的运行成本或者为海量的工作负载提供更多优化。

（2）价格低廉。由于对用户而言，公有云完全是按需使用的，无须任何前期投入，所以与其他模式相比，公有云在初始成本方面有非常大的优势。而且，就像前面提到的那样，随着公有云的规模不断增大，它将不仅使云供应商受益，也会相应地减少用户的开支。

（3）灵活。对用户而言，公有云在容量方面几乎是无限的。就算用户的需求量近乎疯狂，公有云也能非常快地予以满足。

（4）功能全面。公有云的功能非常丰富全面，如可支持多种主流的操作系统和成千上万的应用。

2. 私有云

私有云是云基础设施被某单一组织拥有或租用，可以坐落在本地或防火墙外的异地，该基础设施只为该组织服务。

私有云主要是为企业内部提供云服务，不对公众开放，大多在企业的防火墙内工作，并且企业 IT 人员能对其数据、安全性和服务质量进行有效的控制。与传统的企业数据中心相比，私有云可以支持动态灵活的基础设施，从而降低 IT 架构的复杂度，使各种 IT 资源得以整合和标准化。

3. 混合云

混合云是云基础设施由两种或两种以上的云（私有云、公有云）组成，每种云仍然保持独立实体，但用标准的或专有的技术将它们组合起来，具有数据和应用程序的可移植性，可通过负载均衡技术应对处理突发负载（Cloudburst）等。

除了上面的几种常规类别划分，还有很多云服务厂商根据云服务的产品特点和定位，推出了专有云、社区云、海外云等一系列云服务产品。

7.2 开源云计算平台

从构建云计算平台过程是否收费来看，云计算平台可分为开源云计算平台和商业云计算平台。云计算平台即云管理平台，它是具有集成工具的综合软件套件，企业可以使用它监视和控制云计算资源。云管理平台为编排和自动化提供了丰富的功能，还可以跨多个公有云和私有云以及虚拟服务器和裸机服务器进行操作、监控、管理、治理和成本优化。目前，较流行的开源云管理平台有 Apache CloudStack、OpenStack、ManageIQ、Cloudify 等。

1. Apache CloudStack

Apache CloudStack 是一种开源、多元管理程序、多租户、高可用性的基础架构即服务云管理平台，它通过为云环境提供完整的功能部件和组件堆栈来促进创建、部署和管理云服务。它使用现有的虚拟机管理程序进行虚拟化。Apache CloudStack 还可以协调服务交付的非技术元素，例如计费和计量。它提供了一系列 API，可以与任何其他平台集成。

2. OpenStack

OpenStack 是一个由 NASA（美国国家航空航天局）和 Rackspace 合作研发并发起的，以 Apache 许可证授权的自由软件和开放源代码项目。OpenStack 由一组软件工具组成，这些软件工具用于使用池化的虚拟资源为公有云和私有云构建和管理云计算平台。OpenStack 平台的工具处理计算、网络、存储、身份和图像服务的核心云计算服务。OpenStack 软件控制着整个数据中心的大型计算、存储和网络资源池，并通过仪表板或 OpenStack API 进行管理。

3. ManageIQ

ManageIQ 是用于混合 IT 环境的开源云管理平台，混合了公有云和私有云。它提供了用于管理小型和大型环境的工具，并支持多种技术，例如虚拟机、公有云和容器。它允许用户下载任何虚拟设备并将其副本部署到 OpenStack 或 VMware 等虚拟化平台中。ManageIQ 的 3 个主要变体是 Vagrant、Docker 和 Public Cloud。

4. Cloudify

Cloudify 是一个开源的、模型驱动的云管理工具，其目标是多云编排，包括自动化和抽象。它是一个单一用途的开源云管理工具。Cloudify 允许用户对应用程序的整个生命周期进行建模和自动化。这包括云或数据中心环境的部署、已部署应用程序的管理，故障检测和持续维护。Cloudify 非常适合希望在云中启动预构建应用程序而无须处理技术方面问题的用户。它将应用程序转换为以 YAML 格式编写的 blueprint 配置，并描述应如何部署、管理和自动化应用程序，它标识每个应用程序层的资源和事件。

7.3　国内外云服务厂商

云计算产业链的核心是云服务厂商，国内外主要的云服务厂商有亚马逊、微软、谷歌、Facebook、苹果、阿里、腾讯、华为等互联网企业，它们提供弹性计算、网络、存储、应用等服务。互联网数据中心（IDC）厂商为之提供基础的机房、设备、水电等资源。基础设备提供商将服务器、路由器、交换机等设备出售给IDC厂商或直接出售给云服务厂商，其中服务器是基础网络的核心构成，大约占硬件成本的60%～70%。CPU、BMC、GPU、内存接口芯片、交换机芯片等是基础设备的重要构成元素。光模块是实现数据通信的重要光学器件，广泛用于数据中心，光芯片是其中的核心硬件。云计算产业最终服务于互联网、政府、金融等广大传统行业与个人用户。

一、亚马逊的弹性计算云

亚马逊是互联网上最大的在线零售商，为了应付交易高峰，它不得不购买了大量的服务器。而在大多数时间，大部分服务器闲置，造成了很大的浪费，为了合理利用空闲服务器，亚马逊建立了自己的云计算平台——弹性计算云（Elastic Compute Cloud，EC2），并且是第一家将基础设施作为服务出售的公司。亚马逊将自己的弹性计算云建立在公司内部的大规模集群计算的平台上，而用户可以通过弹性计算云的网络界面操作在云计算平台上运行的各个实例（instance）。用户使用实例的付费方式由用户的使用状况决定，即用户只需为自己所使用的计算平台实例付费，运行结束后计费也随之结束。这里所说的实例即由用户控制的完整的虚拟机运行实例。通过这种方式，用户不必自己建立云计算平台，节省了设备与维护费用。

二、谷歌的云计算平台

谷歌的硬件条件优势、大型的数据中心、搜索引擎的支柱应用，促进其云计算技术迅速发展。谷歌的云计算平台主要由MapReduce、谷歌文件系统（GFS）、BigTable组成。它们是谷歌内部云计算基础平台的3个主要部分。谷歌还构建了其他云计算组件，包括一个领域描述语言以及分布式锁服务机制等。Sawzall是一种建立在MapReduce基础上的领域语言，专门用于大规模的信息处理。Chubby是一个高可用、分布式数据锁服务，当有机器失效时，Chubby使用Paxos算法来保证备份。

三、微软云计算平台：Windows Azure

Windows Azure是微软公司基于云计算的操作系统，和Azure Services Platform一样，是微软公司“软件和服务”技术的名称。Windows Azure的主要目标是为开发者提供一个平台，帮助开发可运行在云服务器、数据中心、Web和PC上的应用程序。云计算的开发者能使用微软全球数据中心的存储、计算能力和网络基础服务。Azure服务平台包括以下主要组件：Windows Azure、Microsoft SQL数据库服务、Microsoft .Net服务；用于分享、存储和同步文件的Live服务；针对商业的Microsoft SharePoint和Microsoft Dynamics CRM服务。

四、阿里云

阿里云成立于2009年，是全球领先的云计算及人工智能科技公司，致力于以在线公共服务的方式，提供安全、可靠的计算和数据处理能力，让计算机和人工智能成为普惠科技。

阿里云服务于制造、金融、政务、交通、医疗、电信、能源等众多领域的领军企业，包括中国联通、12306、中石化、中石油、飞利浦、华大基因等大型企业客户，以及微博、知乎等明星互联网公司。在天猫双11全球狂欢节、12306春运购票等极富挑战的应用场景中，阿里云保持着良好的运行纪录。

阿里云在全球各地部署了高效节能的绿色数据中心，利用清洁计算为万物互连的新世界提供源源不断的能源动力。目前阿里云开服的区域包括中国（华北、华东、华南、香港）、新加坡、美国（东部、西部）、欧洲、中东、澳大利亚、日本。

五、腾讯云

腾讯云具有深厚的基础架构，并且有着多年对海量互联网服务的经验，不管是社交、游戏还是其他领域，都有多年的成熟产品来提供产品服务。腾讯在云端完成重要部署，为开发者及企业提供云服务、云数据、云运营等整体一站式服务方案，具体包括云服务器、云存储、云数据库和弹性Web引擎等基础云服务；腾讯云分析（MTA）、腾讯云推送（信鸽）等腾讯整体大数据能力；QQ互联、QQ空间、微云、微社区等云端链接社交体系。

多年来，基于QQ、QQ空间、微信、腾讯游戏真正业务的技术锤炼，从基础架构到精细化运营，从平台实力到生态能力建设，腾讯云将之整合并面向市场，使之能够为企业和创业者提供集云计算、云数据、云运营于一体的云端服务体验。

六、华为云

华为云成立于2011年，隶属于华为公司，在北京、深圳、南京等多地设立有研发和运营机构，贯彻华为公司“云、管、端”的战略方针，汇集海内外优秀技术人才，专注云计算中公有云领域的技术研究与生态拓展，致力于为用户提供一站式云计算基础设施服务，目标成为中国最大的公有云服务与解决方案供应商。

从2017年3月起，华为专门成立了Cloud BU，全力构建并提供可信、开放、具有全球线上线下服务能力的公有云。截至2017年9月，华为公司共发布了13大类共85个云服务，除服务于国内企业，还服务于欧洲、美洲等全球多个区域的众多企业。

华为云立足于互联网领域，依托华为公司雄厚的资本和强大的云计算研发实力，面向互联网增值服务运营商、大中小型企业、政府、科研院所等广大企事业用户提供云主机、云托管、云存储等基础云服务，超算、内容分发与加速、视频托管与发布、企业IT、云电脑、云会议、游戏托管、应用托管等服务和解决方案。

7.4 我国云计算技术发展的现状及前景

一、我国云计算技术发展的现状

近年来，我国云计算产业发展迅猛，成为全球增速最快的市场之一，云计算应用领域正向制造、政务、金融、医疗、教育等企业级市场延伸拓展。目前，云计算应用的普及促使开源技术广受关注，并逐渐成为产业发展的重要支撑。在开源社区的驱动和引领下，云计算技术创新和产业格局的调整步伐不断加快。当前，中国企业对云计算开源软件的接受程度较

高，骨干云计算企业在国际主流开源社区中的作用日益突显。目前中国云计算处于快速发展期，基础设施即服务、平台即服务、软件即服务都具有广阔的前景。截至目前，国内竞争格局中，互联网巨头将保持优势，而对于汇聚创新型、成长型企业，可以在差异化竞争中建立优势，获得发展机会。公有云市场已经成为一片红海，云计算企业巨头竞争激烈。在国家战略指引下，云计算的高速发展趋势将传递到全产业链，无论是芯片、存储，还是云计算厂商、应用开发商都享受到云计算行业景气的风口。

“十三五”期间，国务院、工信部、发改委等提出推动中小企业业务向云端迁移、实现百万家企业上云以及《云计算发展三年行动计划（2017—2019 年）》等规划，计划云计算服务能力达到国际先进水平，云计算在制造、政务等领域的应用水平显著提升。央行则提出《中国金融业信息技术“十三五”发展规划》《金融科技（FinTech）发展规划（2019—2021 年）》等规划，加快云计算金融应用规范落地实施。

2020 年，中共中央、国务院发布关于构建更加完善的要素市场化配置体制机制的意见，鼓励运用大数据、人工智能、云计算等数字技术，在应急管理、疫情防控、资源调配、社会管理等方面更好地发挥作用。

二、我国云计算技术发展的前景

2020 年，在新型冠状病毒肺炎疫情下，云计算应用场景爆发，在线教育、远程办公、云看病、云上课等应运而生，依托云计算方式的业态也迎来了蓬勃增长。

在新型冠状病毒肺炎疫情下，闭门不出已成常态，云办公、云上课、云看病等成了最热门的概念。在抗击疫情的战场上，云计算成了战“疫”的精兵。比如，北京一中院的法官打开了“云法庭”，用远程视频展开案件的审判与质询；在线办公、在线授课的庞大需求，让钉钉、企业微信等 App 迎来凶猛的用户增长，云计算已经融入人们的生活。

疫情防控期间，云服务呈现出三大趋势：一是大大加速了信息化服务的扩散速度；二是对传统服务提供形式的替代作用已经呈现很高的水平，带动整个社会的数字化发展进程朝云化的方向转变；三是民众对云服务的受培训周期和接受周期变短，在线办公、在线会议等服务几乎即时变成了各企业组织的工作手段。

从发展趋势来看，未来云服务厂商将转向生态化发展，不同类型的服务商会选择不同的生态模式。随着云计算产业政策进一步落地，未来信息设备国产化的步伐有望进一步加快，云计算行业有望迎来爆发式增长。

在 2021 年 3 月召开的十三届全国人大第四次会议上，《中华人民共和国国民经济和社会发展第十四个五年规划和 2035 年远景目标纲要》审议通过并正式发布。十四五规划纲要指出“加快云操作系统迭代升级，推动超大规模分布式存储、弹性计算、数据虚拟隔离等技术创新，提高云安全水平。以混合云为重点培育行业解决方案、系统集成、运维管理等云服务产业”。这充分体现了国际前沿的最新脉动，也为中国云计算产业指明了发展方向。

【课后习题】

1. 什么是云计算？
2. 云计算服务模型包括几种？各有什么特点？
3. 云计算有哪些部署类型？
4. 云计算技术应用的优、缺点是什么？

项目八

物联网基础及应用

物联网（Internet of Things，IOT）的原始含义是物与物相连接的网络。过去没有一项技术在其完全成熟之前得到如此广泛的关注。今天物联网已经成为一个家喻户晓的热门话题，这既有科学技术发展的自然推动，也包含社会应对经济转型和保持经济持续发展的必然要求，是社会信息化深入发展的必然过程。因此它被美国、欧盟、日本、韩国，甚至全世界每一个国家所关注。同样，它被列为我国新兴产业规划五大重要领域之一，已经引起了政府、生产厂家、商家、科研机构，甚至普通老百姓的共同关注。

党的二十大报告指出，“加快发展物联网，建设高效顺畅的流通体系，降低物流成本”。这为我国物联网产业发展提出新的要求。目前，我国已建成全球最大的移动物联网，实现高中低速协同组网的良好局面。截至 2022 年 8 月末，我国移动物联网连接数达到 16.98 亿，产业规模不断壮大，产业供给能力显著提升，芯片、模组、终端出货量等方面全球领先。

那么究竟什么是物联网？物联网的本质是什么？本项目从物联网技术应用的角度阐述物联网的起源、基本概念，介绍物联网的体系结构和关键技术，最后讲述物联网的主要应用及发展前景，试图为读者呈现一个物联网的整体图景。

8.1　物联网的起源与发展

本节介绍物联网的起源与发展，包括物联网的发展历程、基本概念，物联网与互联网、泛在网的关系等。

一、物联网的发展历程

物联网是一个庞杂和仍然在发展中的概念，其研究内容和内涵一直在发展和完善过程中。最早的物联网概念来自美国麻省理工学院 Auto－ID 中心，其研究人员提出将射频识别技术与互联网相结合，从而可以实现在任何地点、任何时间、对任何物品进行标识和管理。随之发展起来的如欧盟的产品电子代码 EPC 服务于物流领域，主要目的在于增加供应链的可视、可控性，偏重于对物品的识别及流动控制和管理。2005 年国际电信联盟远程通信标准化组（ITU－T）在 ITU Internet Reports 2005：The Internet of Things 中正式提出物联网的概念，全面透彻地分析了物联网的可用技术、市场机会、潜在挑战和美好前景等内容。

随着射频识别技术、M2M 技术、传感网技术等的进一步发展，其共有的泛在网络（Pervasive Computing and Ubiquitous Networks）的特性使这些技术具有融合的趋势。2008 年国际电信联盟在 Ubiquitous Sensor Networks 中对泛在传感器网络阐述为通过传感器、执行器、射频识别技术等对物理世界进行感知和标识，感知的信息依靠网络进行传输和互连，在信息存储和信息处理后，实现各种具体的应用，其目标是使人们的环境变为不需要人类干预，并

能为人类服务的智能化世界。

2009 年 1 月，IBM 首席执行官彭明盛在一次与美国总统奥巴马参加的美国工商界领袖“圆桌会议”上，提出了“智慧地球”的概念。智慧地球就是把感应器嵌入和装备到电网、铁路、桥梁、隧道、公路、建筑、供水系统、大坝、油气管道等各种物体中，并且使其普遍连接，形成所谓“物联网”，并通过超级计算机和云计算等与现有的互联网整合起来，实现人类社会与物理系统的整合。在此基础上，人类可以用更加精细和动态的方式管理生产和生活，从而达到“智慧”状态。智慧地球进一步拓展了人们客观世界的信息化范围，将互联网和物联网融合，即智慧地球 = 互联网 + 物联网。

欧盟是世界范围内第一个系统提出物联网发展和管理计划的机构，建立了相对完善的物联网政策体系并致力于促进标准化的制定。2009 年 6 月，欧盟制定了《欧洲物联网行动计划》，该计划涵盖了物联网架构、硬件、软件与算法、标识、通信、网络、网络发现、数据与信号处理、知识发现与搜索引擎、关系网络管理、电能存储、安全与隐私保护、标准化等关键技术，对物联网未来发展以及重点研究领域给出了明确的路线图。其中，管理体制的制定、安全性保障和标准化是该行动计划的重点。此外，该计划还描绘了欧盟物联网技术的应用前景，提出了改善政府对物联网的管理，推动欧盟物联网产业发展的政策建议等。

2009 年 9 月，欧盟发布了《物联网战略研究路线图》研究报告，并进一步明确了欧盟 2010 年、2015 年、2020 年三个阶段的物联网战略研究路线图，同时列出包括识别技术、物联网架构技术、通信技术、网络技术、软件技术等在内的 12 项需要突破的关键技术，以及包括航空航天、汽车、医药、能源等在内的 18 个物联网重点应用领域。2010 年，欧盟确立了 2011—2012 年间 ICT（Information and Communication Technology）领域需要优先发展的项目，并指出对有关未来互联网的研究将加强云计算、服务型互联网、先进软件工程等相关协调与支持活动

日本历来重视信息技术的作用，发展物联网也比其他国家起步早。日本早在 2001 年就开始实施“E－Japan”（2001—2005 年）计划，致力基于互联网的信息化建设。2005 年随着“物联网”的概念在 ICT 科研界的流行，日本决定大力发展该技术，并提出“U－Japan”（2005—2010 年）战略。其中的“U”来自英文单词 ubiquitous（无所不在的），这就是当时“泛在网”的概念。U－Japan 试图解决：减少交通事故及拥堵问题；通过信息化降低政务成本；防御自然灾害，减少社会犯罪；加强理工科教育，增强大学教育竞争力；加强远程医疗及电子病历建设；发展可再生能源和生物技术；通过 ICT 应用增强日本工业的竞争力，推动日本文化和艺术的发展；提高日本的国际影响力；解决老年人、学生和妇女的就业问题，保证就业市场的公平等。

全球金融危机爆发后，为了尽快实现经济复苏，同时也作为 U－Japan 战略的后续发展战略，2009 年 7 月，日本提出了“I－Japan 战略 2015”。该战略旨在通过打造数字化社会，参与解决全球性的重大问题，提升国家的竞争力，确保日本在全球的领先地位。I－Japan 战略从“以人为本”的理念出发，致力于打造普遍为国民所接受的数字化社会。I－Japan 战略主要聚焦在 3 大公共事业方面，包括电子化政府治理、医疗健康信息服务、教育与人才培育。I－Japan 战略计划到 2015 年，使行政流程简化、效率化、标准化、透明化，推动现有行政管理的创新变革，同时促进电子病历、远程医疗、远程教育等应用的发展。I－Japan 战略中提出重点发展的物联网业务包括：通过对汽车远程控制、车与车之间的通信、车与路边

的通信，增强交通安全性的下一代 ITS 应用；推进老年与儿童监视、环境监测传感器组网、远程医疗、远程教学、远程办公等智能城镇项目；进行环境的监测和管理、控制碳排放量等，从而强化物联网在交通、医疗、教育和环境监测等领域的应用。

韩国很早就把物联网这一技术的发展纳入信息产业的范畴。2004 年 2 月，韩国发表了被视作 U－Korea 先导战略的“IT－839 计划”。随后，韩国成立了 U－Korea 策略规划小组，并提出为期 10 年的 U－Korea 战略，要实现“在全球最优的泛在基础设施上，将韩国建设成全球第一个泛在社会”。U－Korea 战略旨在通过部署智能网络（如 IPv6、BcN、USN）、推广最新的信息技术应用（如 DMB、Telematics、RFID）等信息基础环境建设，建立无所不在的信息化社会（Ubiquitous Society），运用 IT 为民众创造衣、食、住、行、体育、娱乐等各方面无所不在的便利生活服务，并通过扶植韩国 IT 产业发展新兴应用技术，强化产业优势与国家竞争力。

2009 年 10 月，韩国出台了《物联网基础设施构建基本规划》，明确了把物联网市场作为经济新增长动力的定位，提出到 2012 年实现“通过构建世界最先进的物联网基础设施，打造未来广播通信融合领域超一流的信息通信技术强国”的目标，并确定了构建物联网基础设施、发展物联网服务、研发物联网技术、营造物联网扩散环境等 4 大领域、12 项子课题。

物联网在我国的发展由来已久。早在 1993 年，我国开始实施“国家金卡工程”，非接触式智能卡被广泛用于停车收费、路桥管理、铁路机车识别管理，以及电子证照身份识别等方面，开展了成功试点和规模应用。我国在 2004 年启动了无线射频识别的行业应用试点工作，主要涉及农业领域的生猪、肉牛的饲养及食品加工的实时动态、可追溯的管理；工业领域的煤矿安全生产，即对矿工的安全监护；工业生产的托盘管理；物流领域的邮政包裹，民航行李、铁路货车调度监管；远洋运输集装箱管理；总后军用物资供给、军械管理；城市交通、公路、水运等交通管理以及智能交通综合应用等。

早在 1999 年中科院就开始启动对于传感网的研究，在无线智能传感器网络通信技术、微型传感器、传感器终端机、移动基站等方面取得重大进展，目前已拥有从材料、技术、器件、系统到网络的完整产业链。另外，中国与德国、美国、韩国一起，成为国际标准制定的主导国之一。

2009 年 8 月，温家宝总理在视察中科院无锡物联网产业研究所时，提出“感知中国”的概念。2010 年 9 月，国务院审议通过《国务院关于加快培育和发展战略性新兴产业的决定》，物联网作为战略性新兴产业的重要内容，被提高到国家战略层面予以重点关注和推进。2012 年 2 月，《物联网产业“十二五”发展规划》发布，重点确定了“智能工业、智能农业、智能物流、智能交通、智能电网、智能环保、智能安防、智能医疗、智能家居”等 9 个物联网重点示范应用领域。2012 年 8 月，国务院发布我国首个国家级物联网规划《无锡国家传感网创新示范区发展规划纲要（2012—2020 年）》，提出以应用带动产业发展，积极创新商业模式，重点突破关键核心技术，先行先试，探索经验，打造具有全球影响力的传感网创新示范区。另外，全国很多省市先后出台了物联网发展规划，成立了物联网产业联盟，物联网在我国的发展已经走在了全世界的前列

从上述物联网的发展历程可以看出，不论是“智慧地球”还是“感知中国”，随着全球一体化、工业自动化和信息化进程的不断深入，物联网技术和应用已经悄然诞生，并受到了人们的广泛关注。物联网被认为是继计算机、互联网之后，世界信息产业的第三次浪潮。

二、物联网的基本概念

物联网是物物相连的网络，但由于其发展时间还不长，目前还没有一个权威统一的概念，这里介绍目前比较认可的物联网的概念。

物联网是通过条码与二维码、射频标签、全球定位系统（GPS）、红外感应器、激光扫描器、传感器网络等自动标识与信息传感设备及系统，按照约定的通信协议，通过各种局域网、接入网、互联网将物与物、人与物、人与人连接起来，进行信息交换与通信，以实现智能化识别、定位、跟踪、监控和管理的一种信息网络。

图 8－1 所示为物联网的概念模型，最外圈是感知部分，包括射频标签、传感网、条码、二维码、全球定位系统、感应器、扫描器等。中间一层是接入网，通过网络直接将物品接入互联网，或者先组成局域网然后接入互联网等，从而形成人－物、物－人、物－物等进行信息交换的网络信息系统。

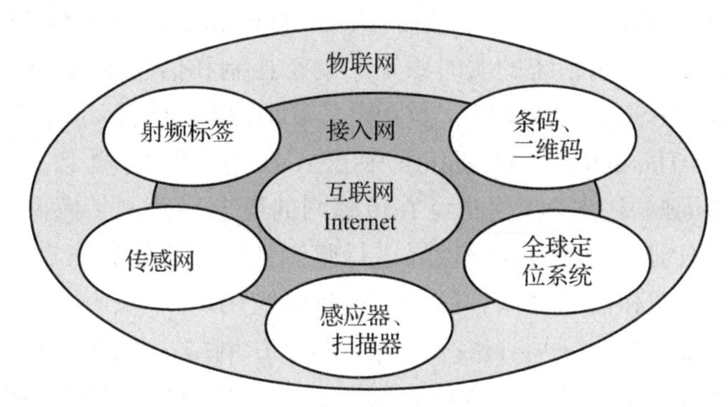

图 8－1　物联网的概念模型

三、互联网、物联网与泛在网

互联网起源于 20 世纪 60 年代中期，在今天彻底改变了人们的生活，物联网后来居上，在未来会不会像互联网一样彻底改变人们的生活呢？下面简述与互联网、物联网相关的一些概念，并揭示互联网、物联网与一个更大的泛在网概念之间的关系。

1. 几个相关的概念

（1）互联网：又称因特网（Internet），是一种将计算机通过连接形成的庞大网络，这些网络以一组通用的协议相连，形成逻辑上单一巨大的国际网络。这种将计算机网络连接在一起的方法可称作“网络互连”，在这个基础上发展出覆盖全世界的全球性互连网络，称为“互联网”，即“互相连接在一起的网络”。

（2）物联网：其原始含义是物与物相连接的网络。最早的物联网，实际上就是射频识别网络，该概念最早来自美国麻省理工学院的 Auto－ID 中心。该中心最早提出将射频识别技术与互联网相结合，实现在任何地点、任何时间，对任何物品进行标识和管理。随之发展起来的如欧盟的产品电子代码 EPC 服务于物流领域，主要目的在于增加供应链的可视、可控性，偏重于对物品的识别及流动控制和管理。

（3）传感网：传感器网络（Sensor Networks/Wireless Sensor Networks）的简称，通俗地讲，就是将传感器组成网络，可以通过有线方式连接，更多的是通过无线方式组成网络。传感器则是一种能够探测、感受外界的信号、物理条件（如光、热、湿度）或化学组成（如烟雾），并将探知的信息传递给其他装置的器件

传感网综合利用传感器技术、嵌入式技术、通信技术和分布式信息处理技术等，将分布在空间上的许多智能传感器节点通过无线通信方式组成一种多跳、无线自组织网络。

这种网络能够通过节点间的协作实时监测、感知和采集网络分布区域内的各类物理或化学信息（如温度、湿度、光照度、声音、振动、压力、移动），并对这些信息进行处理，将获取的经过处理的信息传送给需要这些信息的用户，此外传感网还可以对监控系统直接进行控制。

（4）M2M：最早来自诺基亚，其含义有 Machine - to - Machine、Man - to - Machine，或者 Machine - to - Man 等，其侧重点在于无线数据通信和信息技术的无缝连接，从而实现在其基础上的无线业务流程的自动化、集成化，并最终为用户提供增值服务。

（5）CPS：美国基金委员会近几年提出 CPS（Cyber Physical Systems）研究计划，该计划通过 3C 技术［即计算（Computation）、通信（Communication）和控制（Control）］的有机融合与深度协作，实现各种应用系统的实时感知、动态控制和信息服务。

（6）泛在传感网（USN）：2005 年，国际电信联盟远程通信标准化组（ITU - T）在 ITU Internet Reports 2005：The Internet of Things 中正式提出 IOT 的概念。2008 年，该组织在 Ubiquitous Sensor Networks 中进一步提出泛在传感网的概念（广义传感网），并阐述为通过传感器、执行器、射频识别技术等对物理世界进行感知和标识，然后依靠网络对信息进行传输和互连，再进行信息处理和信息存储，最后实现具体应用。

（7）泛在网（Ubiquitous Networking）：又简称为 U 网络，指基于个人和社会的需求，利用现有的网络技术和新的网络技术，实现人与人、人与物、物与物之间按需进行信息获取、传递、存储、认知、决策、使用等服务。它通过超强的环境感知、内容感知及智能性，为个人和社会提供泛在的、无所不含的信息服务和应用。

泛在网是在普适计算（Pervasive Computing）的基础上衍生出来的。普适计算或泛在计算（Ubiquitous Computing），又称 U 计算，是由美国 Xerox PAPC 实验室 的 Mark Weiser 在 1991 年首次提出的一种全新的计算模式。这种新型的计算模式建立在分布式计算、通信网络、移动计算、嵌入式系统、传感器等技术的飞速发展和日益成熟的基础上，体现了信息空间与物理空间的融合的趋势，反映了人们对信息服务模式的更高需求——希望能随时、随地、自由地享用计算能力和信息服务，使人类生活的物理环境与计算机提供的信息环境之间的关系发生革命性改变。

泛在网可以认为是普适计算或泛在计算的具体实现。建立一个泛在网社会，首先要建立起能够实现人与人、人与计算机、计算机与计算机、人与物、物与物之间信息交流的泛在网基础架构，然后在泛在网的基础上加载让人们生活更加便利的各种应用。在泛在网社会中，网络空间、信息空间和物理空间实现无缝连接，软件、硬件、系统、终端、内容、应用实现高度整合。现有的电信网、互联网和广电网之间；固定网、移动网和无线接入网之间；基础通信网、应用网和射频识别网之间都应该实现融合。对于用户而言，其能够感知到的是所需要的信息或服务，而不需要知道和关心所需要的是什么类型的网络。

2. 几个概念之间的关系

从以上内容可以看出，不论是射频识别网络、M2M、传感网，还是 CPS，随着它们的进

一步发展，其共有的普适计算和泛在网的特性，使这些技术具有融合的趋势。随之而热的物联网概念可以看作从普适计算和泛在网的应用角度对这些技术进行了融合和扩展。

前面给出了物联网的通俗定义，可以看出物联网作为泛在网的一种具体应用，强调将物体（可以是对应的实际物体，也可以是抽象化的虚拟物体）通过传感器、射频标签等进行感知，感知信息依靠网络（无线网络、有线网络等）相互连接，实现信息与人或物自动交互，最终使人们的环境变为不需要人类进行干预，并能为人类服务的智能化世界。

物联网还可以看作互联网的拓展应用，是互联网的“最后一公里”，是信息化的深化和新的发展。如果说计算机和互联网带来的是信息化的“温饱”阶段，未来物联网的应用实现可看作信息化的“小康”阶段，将来信息化可能会向更加智慧化的泛在网的“发达”阶段迈进。

传感网、物联网与泛在网的关系如图 8－2 所示。传感网可以看作物联网的一部分，属于一种末端网络，具有低速率、短距离、低功耗、自组织组网的特性。而物联网与泛在网的概念最为接近，物联网可以看作泛在网在目前的一种实现形式，或者是将来的泛在网的一部分。不过，传感网正在向着泛在传感网的方向发展，从这个意义上讲，传感网的概念比较接近物联网的概念。

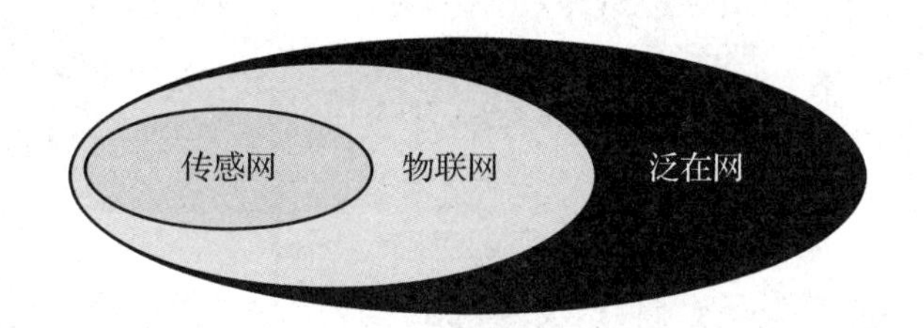

图 8－2　传感网、物联网与泛在网的关系

对于互联网与物联网的关系，物联网目前处于起步阶段，可以说互联网是为人而生，物联网是为物而生。互联网的产生是为了人通过网络交换信息，其服务的主体是人。而未来的物联网是为物而生，主要为了管理物，让物自主地交换信息，间接服务于人类。从信息进化的角度来说，从人的互连到物的互连，是一种自然的递进，本质上互联网和物联网都是人类智慧的物化而已，人的智慧对自然界的影响才是信息化进程的本质。

8.2　物联网的体系架构

物联网是物物相连的网络，各种物联网的应用依赖物联网自动连接形成的信息交互网络。物联网也可以比拟为一个虚拟的“人”，有类似眼睛和耳朵的感知系统，有用于信息传输的神经系统，有进行信息综合处理分析和管理的大脑系统，还有类似手脚的影响外界的执行应用系统。

目前物联网的体系架构一般分为 3 层，即感知层、网络层和应用层。也可如图 8－3 所示分为 4 层：感知层、传输层、服务管理层（也称智能层）和应用层。从本质上讲这两种体系架构是一样的。下面简单介绍各层的组成和功能。

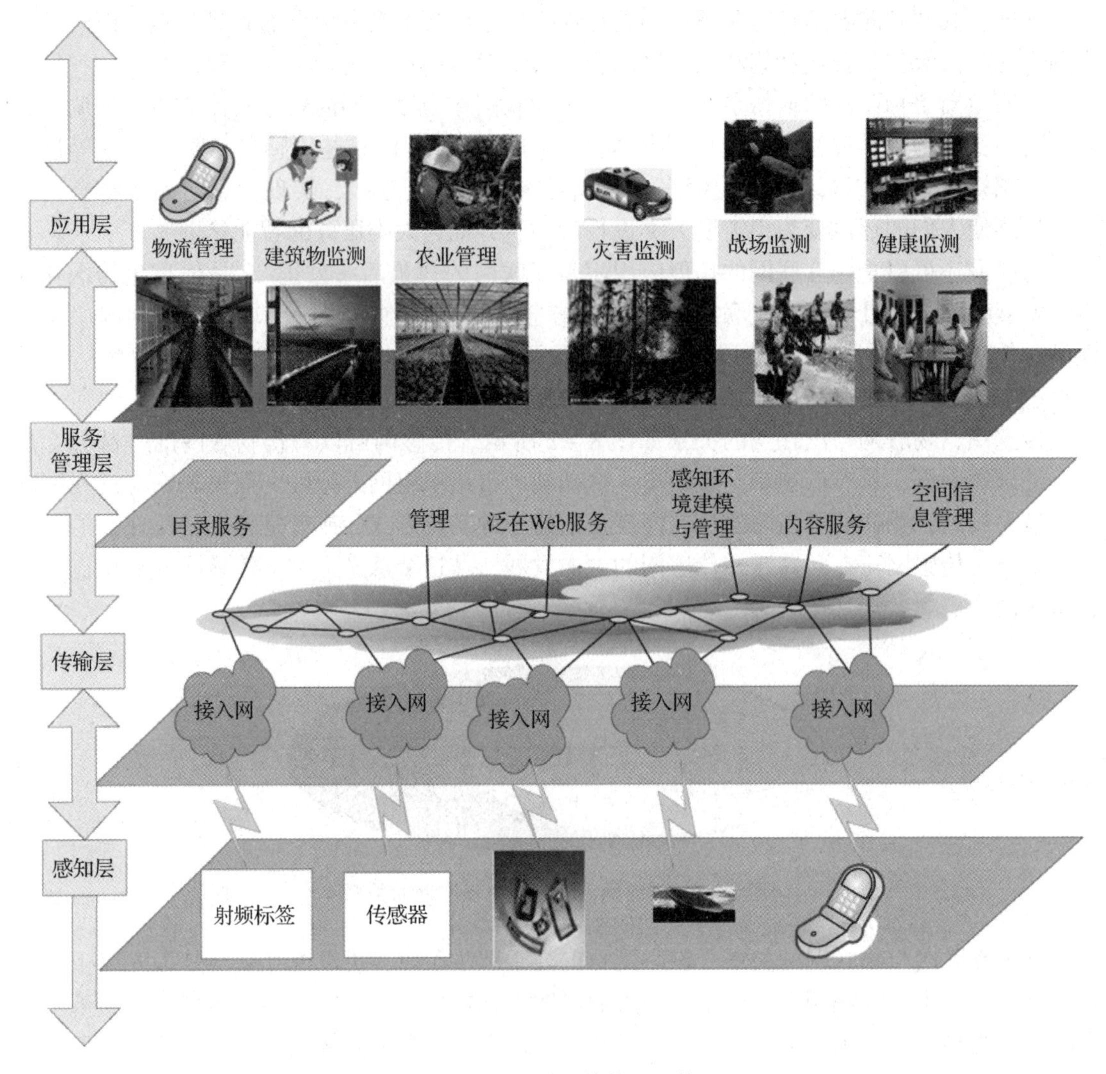

图 8－3　物联网的体系架构

（1）感知层：实现对外界的感知，识别或定位物体，采集外界信息等。主要包括二维码、射频标签、读写器、摄像头、各种终端、GPS 等定位装置、各种传感器或局部传感网等。

（2）传输层：负责感知信息或控制信息的传输，或者通过网络，将感知信息传输到更远的地方。传输层包括各种有线和无线组网技术、接入互联网的网关等。

（3）服务管理层：对感知层通过传输层传输的信息进行动态汇集、存储、分解、合并、数据分析、数据挖掘等智能处理，并为应用层提供物理世界所对应的动态呈现等。其主要包括数据库技术、云计算技术、智能信息处理技术、智能软件技术、语义网技术等。

（4）应用层：实现物联网的各种具体的应用并提供服务。物联网具有广泛的行业结合的特点，根据某一种具体的行业应用，应用层实际上依赖感知层、传输层和服务管理层共同完成所需要的具体服务。

8.3　物联网的关键技术

物联网的各种具体应用要完成全面感知、可靠传输、智能处理、自动控制四个方面的要求，涉及较多技术，如图8－4所示，主要有二维码技术、传感器技术、射频识别技术、红外感知技术、定位技术、无线通信与组网技术、互联网接入技术（如IPv6技术）、物联网中间件技术、云计算技术、语义网技术、数据挖掘技术、智能决策技术、信息安全与隐私保护技术、应用系统开发技术等（如嵌入式开发技术、系统开发集成技术等）。

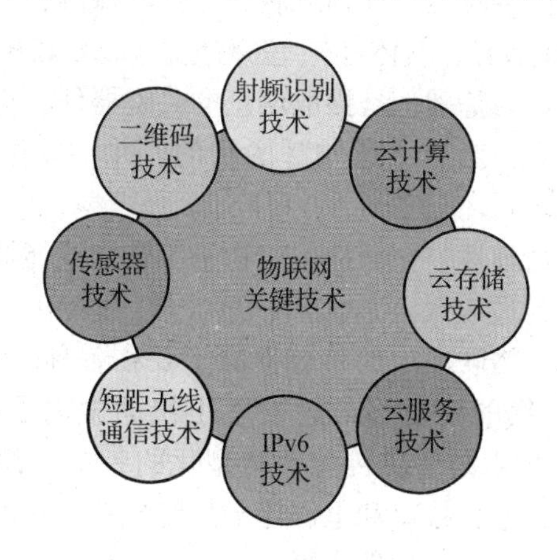

图8－4　物联网关键技术

上述物联网的关键技术与物联网的体系架构相对应，大致分为感知与识别技术、通信与组网技术和信息处理与服务技术3类。下面分别介绍。

一、感知与识别技术

物联网的感知与识别技术主要实现对物体的感知与识别。感知与识别技术属于自动识别技术，即应用一定的识别装置，通过被识别物品和识别装置之间的接近活动，自动地获取被识别物品的相关信息，并提供给后台的计算机处理系统完成相关后续处理的一种技术。

识别技术主要识别物体本身的存在，定位物体的位置、移动情况等，主要包括射频识别技术、GPS技术、红外感应技术、声音及视觉识别技术、生物特征识别技术等。

感知技术主要通过在物体上或物体周围嵌入各类传感器，感知物体或环境的各种物理或化学变化等。

下面主要介绍射频识别技术和传感器技术。

1. 射频识别技术

射频识别技术是一种非接触的自动识别技术，利用射频信号及其空间耦合传输特性，实现对静态或移动物体的自动识别。

射频识别技术可实现无接触的自动识别，具有全天候、识别穿透能力强、无接触磨损、可同时实现对多个物品的自动识别等诸多特点，将这一技术应用到物联网领域，使其与互联网、通信技术结合，可实现全球范围内物品的跟踪与信息的共享，在物联网“识别”信息和近距离通信的层面，它起着至关重要的作用。另一方面，产品电子代码（EPC）采用射频标签作为载体，大大推动了物联网的发展和应用。

射频识别技术市场应用成熟，射频标签成本低廉，但一般不具备数据采集功能，多用来进行物品的甄别和属性的存储。目前在国内射频识别技术已经在身份证、电子收费系统和物流管理等领域有了广泛应用。

2. 传感器技术

传感器技术是一门涉及物理学、化学、生物学、材料科学、电子学以及通信与网络技术等多学科交叉的高新技术。传感器是一种物理装置，能够探测、感受外界的各种物理量（如光、热、湿度）、化学量（如烟雾、气体等）、生物量，以及未定义的自然参量等。

传感器是物联网信息采集的基础，是摄取信息的关键器件，物联网就是利用传感器对周围的环境或物体进行监测，达到对外“感知”的目的，并将其作为信息传输和信息处理并最终提供控制或服务的基础。

传感器将物理世界中的物理量、化学量、生物量等转化成能够处理的数字信号，一般需要将自然感知的模拟电信号通过放大器放大后，再经模/数转化器转换成数字信号，从而被物联网所识别和处理。此外，物联网中的传感器除了要在各种恶劣环境中准确地进行感知，其低能耗和微小体积也是必然的要求。最近发展很快的微电子机械系统（Micro - Electro Mechanical System，MEMS）技术是解决传感器微型化的一个关键手段，其发展趋势是将传感器、信号处理、控制电路、通信接口和电源等部件组成一体化的微型器件系统，从而大幅度地提高系统的自动化、智能化和可靠性水平。

（1）温度传感器。温度传感器感知温度信息并将其转换成电压、电阻或电流等形式的输出信号。温度传感器广泛应用于工业控制、农业大棚、智能家居等领域，用于检测空气、土壤、水塘中的温度。温度传感器如图 8 - 5 所示。

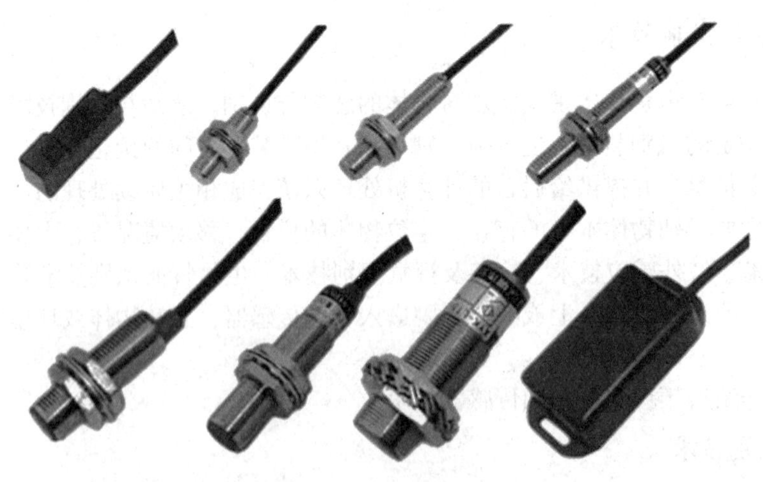

图 8 - 5　温度传感器

（2）压力传感器。压力传感器是工业实践中最为常见的一种传感器，其广泛应用于各种工业自控环境，涉及水利水电、铁路交通、智能建筑、生产自控、航空航天、军工、石油、油井、电力、船舶、机床、管道等众多行业。压力传感器如图 8 - 6 所示。

（3）重力传感器。重力传感器测量由重力引起的加速度，可以计算出设备相对于水平面的倾斜角度。重力传感器目前广泛地安装在运行 Android 或 iOS 的智能手机上，用于检测手机水平或垂直的位置，比如手机拿持方向变化的时候屏幕会自动旋转，就是由重力传感器实现的。

（4）光照度传感器。光照度传感器用于检测环境光照强度，检测单位为 lx（勒克斯）。光照度传感器如图 8－7 所示。光照度传感器的用途非常广泛，比如，可以安装在温室大棚中，用来检测作物需要的光照强度是否满足生长需要；安装在智能家居中，用来检测光线强度进而实现窗帘开关的自动控制等。

图 8－6　压力传感器

图 8－7　光照度传感器

（5）风速传感器。风速传感器一般由风速传感器、风向传感器、传感器支架组成，可以监测某一位置的风速、风向和风量。风速传感器的应用领域非常广泛，比如，在煤矿生产领域，为了预防瓦斯爆炸，会在矿井中安装风速传感器，检测风向和风量；在智慧农业生产中会用到风速传感器，检测风力和风速，进而实现通风的自动控制。

（6）烟雾传感器。烟雾传感器通过监测烟雾的浓度来实现火灾防范，广泛应用在城市安防、工业生产、智能家居等众多领域。烟雾传感器如图 8－8 所示。

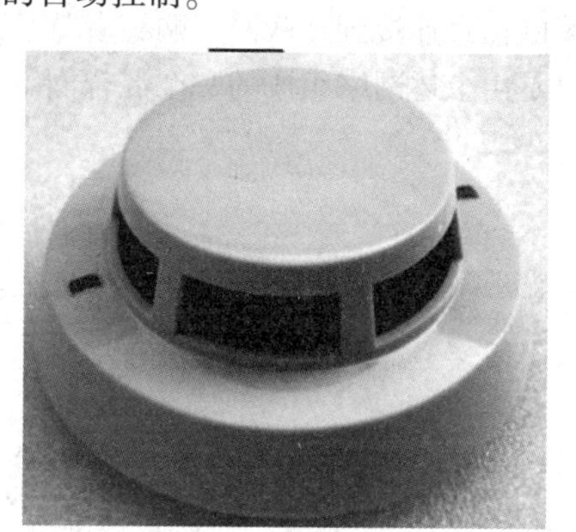

图 8－8　烟雾传感器

另外，传感器技术正与无线网络技术结合，综合传感器技术、纳米技术、分布式信息处理技术、无线通信技术等，使嵌入任何物体的微型传感器相互协作，实现对监测区域的实时监测和信息采集，形成一种集感知、传输、处理于一体的终端末梢网络。

图 8－9 所示是一种终端末梢网络的结构示意，其左侧显示了终端末梢网络的主要组成：主要由多个带有传感器或射频识别元件、读写器、控制器等组成，在该网络内部，不仅实现数据的采集和处理，还可以实现数据的融合和路由等。这些局部的节点经过汇聚节点（比如网关）将信息汇聚后，再利用核心承载网络如 3G、4G 移动网络，Wi－Fi，WiMAX，企业专网，互联网等连接到信息服务系统，从而形成一个更大的虚拟网络，或者将数据处理后用于应用服务。

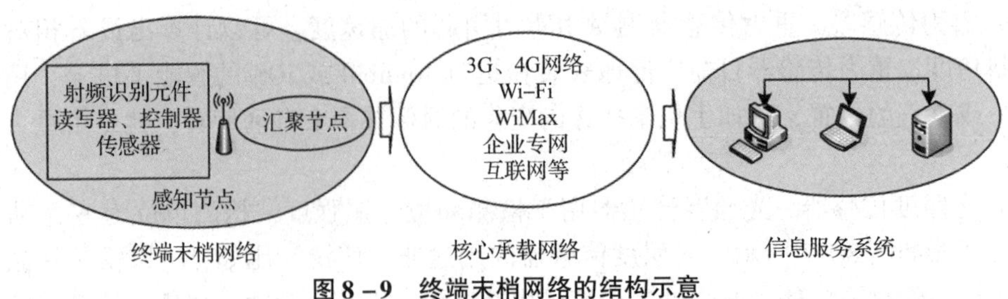

图 8-9　终端末梢网络的结构示意

二、通信与网络技术

物联网实现物与物的连接。从信息化的角度看，物联网本质上就是实现信息化的一种新的流动形式，其主要内容包括：信息感知、信息收集、信息处理和信息应用。信息流动需要网络的存在（更进一步实现信息融合、信息处理和信息应用等），没有信息流动，物和人就是孤立的，比如人们看不到更大区域的整体信息或者更远处的具体信息等。

物联网的实质是将物体的信息连接到网络，因此物联网中网络的作用在于使物体信息能够流通。信息的流通可以是单向的，比如可以监测一个区域的污染情况，污染信息流向信息终端。信息的流通也可以是双向的，比如智能交通控制，既能够监测交通情况，又可以实现智能交通疏导。网络的一个作用是可以把信息传输到很远的地方，另外一个作用是可以把分散在不同区域的物体连接到一起，形成一个虚拟的智能物体。

如图 8-10 所示，物联网中网络的形式，可以是有线网络、无线网络；可以是短距离网络和长距离网络；可以是企业专用网络、公用网络；可以是局域网、互联网等。物联网既可以通过有线网络将物体连接起来，比如飞机上的传感器可以使用有线网络将传感器连接起来；也可以使用无线连网，比如手机就使用无线连网方式。无线传感网也使用无线组网方式。物联网的网络可以是专用网络，比如企业内部网络，也可以是公用网络，比如将商店蔬菜的信息连接到互联网，购买者就可以使用互联网完成蔬菜的溯源任务。实际的物联网也可以是由上述网络组成的一个混合网络。

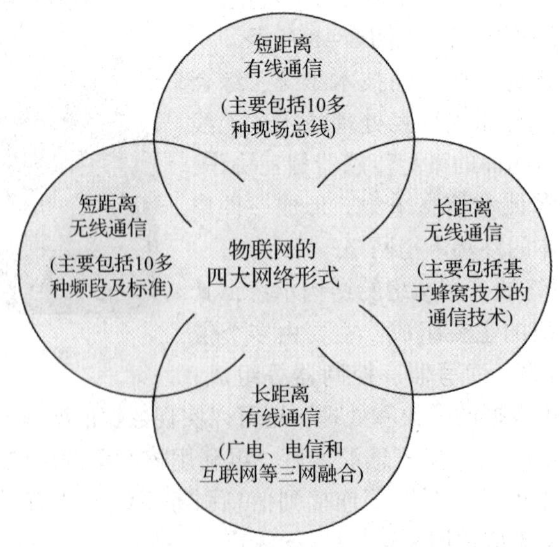

图 8-10　物联网的四大网络形式

对于物联网，无线网络具有特别的吸引力，比如不用部署线路并且特别适合移动物体。无线网络丰富多样，根据距离不同，可以组成个域网、局域网和城域网。

其中利用近距离的无线网络组成个域网是物联网最为活跃的部分。这主要因为，物联网被称作互联网的“最后一公里”，也称为末梢网络，其通信距离可能是几厘米到几百米之间，常用的主要有 Wi－Fi、蓝牙、ZigBee、射频识别、NFC 和 UWB 等技术。这些技术各有所长，但低速率意味着低功耗、节点的低复杂度和更低的成本，结合实际应用需要可以有所取舍。在物流领域，射频识别技术以其低成本占据核心地位。而在智能家居的应用中，ZigBee 逐步占据重要地位。对于安防高清摄像应用，使用 Wi－Fi 或者直接连接到互联网可能是唯一的选择。

物联网的许多应用，比如比较分散的野外监测点、市政各种传输管道的分散监测点、农业大棚的监测信息汇聚点、无线网关、移动的监测物体（如汽车等）等，一般需要长距离无线通信技术。常用的长距离无线通信技术主要有 GSM、GPRS、WiMAX、2G/3G/4G 移动通信，甚至卫星通信等。从能耗上看，长距离无线通信比短距离无线通信往往具有更高的能耗，但其移动性和长距离特点使物联网具有更大的监测空间和产生更多有吸引力的应用。

短距离无线通信网络和长距离无线通信网络往往涉及连接到互联网的技术。使用新的网络技术，如 IPv6 可以给每一个物体分配一个 IP 地址，这意味着得到 IP 地址的节点要额外产生较大的能耗。但在很多情况下可能不需要给每个物体分配一个 IP 地址，人们或许不关心每一个物体的情况，而仅关心多个物体所汇集的信息，一个区域的传感器节点可能仅需要一个网络接入点，比如使用一个网关。

三、信息处理与服务技术

信息处理与服务技术负责对数据信息进行智能信息处理并为应用层提供服务。信息处理与服务技术主要解决感知数据如何存储（如物联网数据库技术、海量数据存储技术）、如何检索（搜索引擎等）、如何使用（云计算、数据挖掘、机器学习等）、如何不被滥用的问题（数据安全与隐私保护等）。对于物联网而言，信息的智能处理是最为核心的部分。物联网不仅要收集物体的信息，更重要的在于利用这些信息对物体实现管理，因此信息处理与服务技术是提供服务与应用的重要组成部分。

物联网的信息处理与服务技术主要包括数据存储、数据融合与数据挖掘、智能决策、云计算、安全及隐私保护等。目前由于物联网处于发展的初级阶段，物联网的信息处理与服务技术也处于发展之中，对于大规模的物联网应用而言海量数据的处理以及数据挖掘、数据分析正是物联网的威力所在，但这些目前还处于发展阶段的初期。

下面简单介绍一些主要的信息处理与服务技术，如云计算技术、智能化技术、信息安全与隐私保护技术、中间件技术等。

1. 云计算技术

云计算技术是处理大规模数据的一种技术，它通过网络将庞大的计算处理程序自动拆分成无数个较小的子程序，再交给多台服务器所组成的庞大系统，经计算分析之后将处理结果回传给用户。通过这项技术，网络服务提供者可以在数秒之内处理数以千万计甚至亿计的信息，提供和超级计算机效能同样强大的网络服务。

云计算是分布式处理（Distributed Computing）、并行处理（Parallel Computing）和网格计算（Grid Computing）的发展，或者说是这些计算机科学概念的商业实现。云计算通过大量的分布式计算机，而非本地计算机或远程服务器来实现，这使用户能够将资源切换到需要的应用上，根据需求访问计算机和存储系统。

尽管物联网与云计算经常一块出现，但二者并不等同。云计算技术是一种分布式的数据处理技术，而物联网是利用云计算技术实现其自身的应用。但物联网与云计算的确关系紧密。首先，物联网的感知层产生了大量的数据，因为物联网部署了数量惊人的传感器，其采集到的数据量很大。这些数据通过无线传感网、宽带互联网向某些存储和处理设施汇聚，使用云计算来承载这些任务具有非常显著的性价比优势。其次，物联网依赖云计算设施对物联网的数据进行处理、分析、挖掘，可以更加迅速、准确、智能地对物理世界进行管理和控制，使人类可以更加及时、精细地管理物理世界，大幅提高资源利用率和社会生产力水平，实现“智慧化”的状态。

因此，云计算凭借其强大的处理能力、存储能力和极高的性价比，成为物联网理想的后台支撑平台。反过来讲，物联网将成为云计算最大的用户，将为云计算取得更大商业成功奠定基础。

2. 智能化技术

智能化技术将智能技术的研究成果应用到物联网中，实现物联网的智能化。比如可以将人工智能应用到物联网中。物联网的目标是实现一个智慧化的世界，它不仅感知世界，关键在于影响世界，智能化地控制世界。物联网根据具体应用结合人工智能技术，可以实现智能控制和决策。

人工智能或称机器智能，是研究如何用计算机来表示和执行人类的智能活动，以模拟人脑所从事的推理、学习、思考和规划等思维活动，并解决需要人类的智力才能处理的复杂问题，如医疗诊断、管理决策等。

人工智能一般有两种不同的方式：一种是采用传统的编程技术，使系统呈现智能的效果，而不考虑所用方法是否与人或动物机体所用的方法相同，这种方法叫作工程学方法（Engineering Approach）；另一种是模拟法（Modeling Approach），它不仅要看效果，还要求实现方法也和人类或生物机体所用的方法相同或相类似。

采用工程学方法，需要人工详细规定程序逻辑，在已有的实践中被多次采用。从不同的数据源（包含物联网的感知信息）收集的数据中提取有用的数据，对数据进行滤除以保证数据的质量，将数据转换、重构后存入数据仓库或数据集市，然后寻找合适的查询、报告和分析工具和数据挖掘工具对信息进行处理，最后转变为决策。

模拟法应用于物联网的一个方向是专家系统，这是一种模拟人类专家解决领域问题的计算机程序系统，不但采用基于规则的推理方法，而且采用诸如人工神经网络的方法与技术。根据专家系统处理的问题的类型，把专家系统分为解释型、诊断型、调试型、维修型、教育型、预测型、规划型、设计型和控制型等类型。

另外一个方向为模式识别，通过计算机用数学技术方法来研究模式的自动处理和判读，如用计算机实现模式（文字、声音、人物、物体等）的自动识别。计算机识别的显著特点是速度快、准确性好、效率高，识别过程与人类的学习过程相似，可使物联网在“识别端”——信息处理过程的起点就具有智能，保证物联网上的每个非人类的智能物体有类似人

类的“自觉行为”。

3. 信息安全与隐私保护技术

物联网是一种虚拟网络与现实世界实时交互的系统，其特点是无处不在的数据感知、以无线为主的信息传输、智能化的信息处理。正如互联网上的安全问题一样，随着物联网的发展，其安全问题摆在了重要位置。与互联网不同，从物联网的信息处理过程来看，感知信息经过采集、汇聚、融合、传输、决策与控制等过程，整个信息处理的过程体现了物联网的安全特征与传统的网络安全存在巨大的差异。

物联网一般涉及无线通信，由于无线信道的开放性，信号容易被截取并被破解干扰，并且物联网包含感知、信息传输、信息处理、控制应用等多个复杂的环节，物联网的安全保护更加复杂，一旦物联网的安全得不到保障，将是物联网发展的灾难。物联网也是双刃剑，在享用其好处的同时，人们的隐私也会由于物联网的安全性不够而暴露无遗，从而严重影响人们的正常生活。物联网实现对物体的监控，比如位置信息、状态信息等，而这些信息与人本身密切相关。如当射频标签被嵌入人们的日常生活用品时，那么这个物品可能被不受控制地扫描、定位和追踪，这就涉及隐私问题，需要利用技术保障安全与隐私。

由物联网的应用带来的隐私问题，也会对现有的一些法律法规政策形成挑战，如信息采集的合法性问题、公民隐私权问题等。如人们的信息在任何一个读卡器上都能随意读出，或者人们的生活起居信息、生活习性都可以被全天候监视而暴露无遗，这不仅需要相关技术来保障安全，也需要制定法律法规来保护物联网时代的安全与隐私。

因此，在发展物联网的同时，必须对物联网的安全问题更加重视，保证物联网的健康发展。对于物联网的安全，可以参照互联网所设计的安全防范体系，在感知层、传输层和应用层分别设计相应的安全防范体系。下面针对感知层、传输层、应用层的安全问题阐述如下。

（1）感知层的安全问题。在物联网的感知端，智能节点通过传感器提供感知信息，并且许多应用层的控制也在智能节点实现。一旦智能节点被替换，感知的数据和控制的有效性都成了问题。如物联网的许多应用可以代替人来完成一些复杂、危险和机械的工作，因此物联网的智能节点多数部署在无人监控的场景中。一旦攻击者轻易地接触到这些设备，并对它们造成破坏，甚至通过本地操作更换设备的软、硬件等，就会破坏物联网的正常应用。因此，需要在感知层加以防范。此外，对于物联网而言，智能节点的另外一个问题是功能单一、能量有限，数据传输没有特定的标准，这也为提供统一的安全保护体系带来了障碍。

（2）传输层的安全问题。处于网络末端的节点的传输如感知层的问题一样，节点功能简单，能量有限，这使它们无法拥有复杂的安全保护能力，这为传输层的安全保障带来困难。

对于核心承载网络而言，虽然它具有相对完整的安全保护能力，但物联网中节点数量庞大，且常以集群方式存在，对于事件驱动的应用，大量数据的同时发送可以致使网络拥塞，产生拒绝服务攻击。此外，现有通信网络的安全架构都是以人通信的角度设计的，对以物为主体的物联网需要建立新的传输与应用安全架构。

（3）应用层的安全问题。物联网的应用层是信息技术与行业应用紧密结合的产物，充分体现了物联网智能处理的特点，涉及业务管理、中间件、云计算、分布式系统、海量信息处理等部分。上述这些支撑平台要为上层服务管理和大规模行业应用建立起一个高效、可靠和可信的系统，而大规模、多平台、多业务类型使物联网业务层次的安全面临新的挑战。另外，考虑到物联网涉及多领域、多行业，海量数据信息处理和业务控制策略将在安全性和可靠性方面面临巨大挑战，特别是业务控制、管理和认证机制、中间件以及隐私保护等安全问题显得尤为突出。

从以上介绍可以看出，物联网的安全特征体现了感知信息的多样性、网络环境的多样性和应用需求的多样性，呈现出网络规模大和数据处理量大、决策控制复杂等特点，给物联网安全提出了新的挑战。同时，物联网的信息安全建设是一个复杂的系统工程，需要从政策引导、标准制定、技术研发等多方面向前推进，提出坚实的信息安全保障手段，保障物联网健康、快速地发展。

4. 中间件技术

中间件是一种位于数据感知设备和后台应用软件之间的应用系统软件。中间件具有两个关键特征：一是为系统应用提供平台服务；二是需要连接到网络操作系统，并且保持运行工作状态。中间件为物联网应用提供一系列计算和数据处理功能，主要任务是对感知系统采集的数据进行捕获、过滤、汇聚、计算、校对、解调、传送、数据存储和任务管理，减少从感知系统向应用系统中心传送的数据量。同时，中间件还可提供与其他支撑软件系统进行互操作等功能。

从本质上看，中间件是物联网应用的共性需求（如感知、互连互通和智能等层面），与信息处理技术，涉及信息感知技术、下一代网络技术、人工智能与自动化技术等的聚合与技术提升。由于受限于底层不同的网络技术和硬件平台，物联网中间件目前主要集中在底层的感知和互连互通方面，现实的目标包括屏蔽底层硬件及网络平台差异，支持物联网应用开发、运行时共享和开放互连互通，保障物联网相关系统的可靠部署与可靠管理等内容；另一方面，由于物联网的应用复杂度和应用规模还处于初级阶段，物联网中间件支持大规模物联网应用还存在环境复杂多变、异构物理设备、远距离多样式无线通信、大规模部署、海量数据融合、复杂事件处理、综合运营管理等诸多仍未克服的困难。

8.4 物联网的应用

物联网具有行业应用的特征，具有很强的应用渗透性，可以运用到各行各业，大致可以分为三类：行业应用、大众服务、公共管理。具体细分，主要有城市居住环境、智能交通、消防、智能建筑、家居、生态环境保护、智能环保、灾害监测避免、智慧医疗、智慧老人护理、智能物流、食品安全追溯、智能工业控制、智能电力、智能水利、精准农业、公共管理、智慧校园、公共安全、智能安防、军事安全等应用。

虽然物联网的应用领域很广泛，但其目前处于起步阶段，总体处于“政策引导示范先导应用期”。为了促进我国物联网产业的健康发展，2012 年 2 月出台的《物联网产业“十二五”发展规划》，重点确定了“智能工业、智能农业、智能物流、智能交通、智能电网、智能环保、智能安防、智能医疗、智能家居”等 9 个重点示范应用领域，如图 8－11 所示。下面结合 9 个重点示范应用领域简单介绍物联网的应用场景。

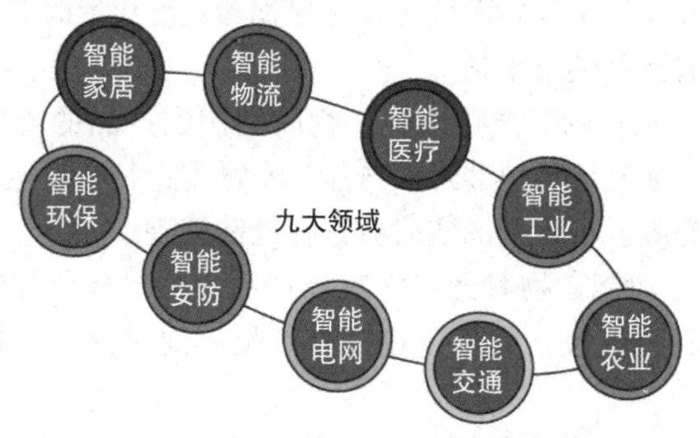

图 8－11　物联网的 9 个重点示范应用领域

1. 智能工业

工业是物联网应用的重要领域，把具有环境感知能力的各类终端、基于泛在技术的计算模式、移动通信等融入工业生产的各个环节，将劳动力从烦琐和机械的操作中解放出来，可大幅提高工业制造效率，改善产品质量，降低产品成本和资源消耗，将传统工业提升到智能工业。

物联网在工业领域的应用主要集中在以下几个方面。

（1）制造业供应链管理。物联网可以应用于企业原材料采购、库存、销售等领域，通过完善和优化供应链管理体系，提高供应链效率，降低成本。

（2）生产过程工艺优化。物联网通过对生产线过程检测、实时参数采集、生产设备监控、材料消耗监测，从而使生产过程的智能监控、智能控制、智能诊断、智能决策、智能维护水平不断提高。

（3）产品设备监控管理。通过各种传感技术与制造技术的融合，可以实现对产品设备的远程操作、对设备故障诊断的远程监控。

（4）环保监测及能源管理。物联网与环保设备进行融合可以实现对工业生产过程中的各种污染源及污染治理环节关键指标实现实时监控管理。

（5）工业安全生产管理。把感应器嵌入和装备到矿山设备、油气管道、矿工设备，可以感知危险环境中工作人员、设备、周边环境等方面的安全状态信息，将现有分散、独立、单一的网络监管平台提升为系统、开放、多元的综合网络监管平台，实现实时感知、准确辨识、快捷响应、有效控制。

2. 智能农业

智能农业运用遥感遥测、全球定位系统、地理信息系统、计算机网络和农业专家信息系统等技术，与土壤快速分析、自动灌溉、自动施肥给药、自动耕作、自动收获、自动采后处理和自动储藏等智能化农机技术结合，在微观尺度上直接与农业生产活动、生产管理结合，创造新型的农业生产方式。

物联网使农业生产的精细化、远程化、虚拟化、自动化成为可能，可以实现农业相关信息资源的收集、检测和分析，为农业生产者、农业生产流通部门、政府管理部门提供及时、有效、准确的资源管理和决策支持服务提供了有力保障。

物联网在农业领域的应用主要集中在以下几个方面。

（1）实现农产品的智能化培育控制。通过使用无线传感网和其他智能控制系统可以实现对农田、温室及饲养场等生态环境的监测，及时、精确地获取农产品信息，帮助农业人员及时发现问题，准确地锁定发生问题的位置，并根据参数变化适时调控诸如灌溉系统、保温系统等基础设施，确保农产品健康生长。

（2）实现农产品生产过程的智能化监控。物联网使农产品的流通过程及产品信息的可视化、透明化成为现实，如利用传感器对农产品生长过程进行全程监控和数据化管理，结合射频标签对农产品进行有效、可识别的实时数据存储和管理。

（3）加强农业的生态功能。物联网可实现农产品生产规模化与精细化的协调，使规模化农产品可以精细化培育、规模化发展，在提高产量的同时保持多样性，加强农业的生态功能。

（4）追溯食品安全。农产品安全智能监控系统用于对农产品生产的全程监控，实现从原材料到产成品、从产地到餐桌的全程供应链可追溯系统。

（5）农业设施智能管理系统主要通过农业设施工况监测、远程诊断和服务调度以及智能远程操控实现无人作业。

（6）通过物联网对农用土地资源、水资源、生产资料等信息进行收集和处理，以便为政府、企业及农民进行有效的农业生产规划提供客观合理的信息资料。

3. 智能物流

智能物流是指货物从供应者向需求者的智能移动过程，包括智能运输，智能仓储，智能配送，智能包装，智能装卸以及智能信息的获取、加工和处理等多项基本活动，一方面提供最佳的服务，另外一方面消耗最少的资源，形成完备的智能社会物流管理体系。

物联网在物流业的发展由来已久，许多现代物流系统已经具备了信息化、数字化、网络化、集成化、智能化、柔性化、敏捷化、可视化、自动化等先进技术特征。很多物流系统和网络采用了最新的红外、激光、无线、编码、认址、自动识别、定位、无接触供电、光纤、数据库、传感器、射频识别、卫星定位等高新技术。

例如，在物流过程的可视化智能管理网络系统方面，采用基于全球卫星定位技术、射频识别技术、传感器技术等多种技术，对物流过程实现了实时的车辆定位、运输物品监控、在线调度、配送可视化等管理任务。

另外，利用传感器技术，射频识别技术，声、光、机、电、移动计算等各项先进技术，建立全自动化的物流配送中心，建立物流作业智能控制和自动化操作的网络，可实现物流与生产联动，实现商流、物流、信息流、资金流的全面协同，实现整个物流作业与生产制造的自动化、智能化。

物联网在物流业的应用实质是与物流信息化进行整合，将信息技术的单点应用逐步整合成一个体系，整体推进物流系统的自动化、可视化、可控化、智能化、系统化、网络化的发展，最终形成智慧物流系统。

4. 智能交通

智能交通系统（Intelligent Transport System，ITS）是一种将先进的信息技术、数据通信传输技术、电子传感技术及计算机软件处理技术等进行有效的集成，运用于整个地面交通管理系统而建立在大范围内、全方位发挥作用的，高效、便捷、安全、环保、舒适、实时、准确的综合交通运输管理系统，同时也是一种提高交通系统的运行效率、减少交通事故、降低环境污染，信息化、智能化、社会化、人性化的新型交通运输系统。

智能交通已经研究多年，物联网技术的到来为智能交通的发展带来了新的动力。而最近迅速发展的车联网就是物联网结合智能交通发展的新范例，突出表现智能交通的发展将向以热点区域为主、以车为管理对象的管理模式转变。作为智能交通的重要组成部分，车联网一般由车载终端、控制平台、服务平台和计算分析 4 个部分组成。在车联网中，车载终端是非常重要的组成部分，它和汽车电子结合，具有双向通信和定位功能。车联网将以智能技术和云计算技术作为支撑建立智能交通监控中心的数据管理、服务平台，以智能车路协同技术和区域交通协同联动控制技术实现智能控制。以车载移动计算平台和全路网动态信息服务为双向通信的移动传感车载终端，加上强大的数据存储、数据处理、决策支持的软件和数据库技术以及在传感网、互联网、泛在网的网络环境下，对路况环境和车辆实施实时智能监控和智能管理。

另外，车联网可以根据网上交通流量、车辆速度、事故、天气、市政施工等情况进行精细统计分析，通过移动计算和中央计算实施制定管制预案和疏解方案，通过汽车电子信息网络，将指令或通告发送给汽车终端或现场指挥人员，对驶入热点区域的汽车进行差别计价收费，从而对交通流量进行控制调节和调度，达到畅通安全的目的。

5. 智能电网

智能电网（Smart Grid）是电网的智能化，它建立在集成的、高速双向通信网络的基础上，通过先进的传感和测量技术、先进的设备技术、先进的控制方法以及先进的决策支持系统技术的应用，实现电网的可靠、安全、经济、高效、环境友好和使用安全的目标，在新能源接入、电网防灾减灾、提高输电能力、激励用户参与电网调峰、提高资产管理效益等方面产生重要影响。

具体地讲，物联网技术可以应用在智能电网的发电环节、输电环节、变电环节、配电环节和用电环节等方面。

（1）发电环节。利用物联网技术，在发电和储能环节，可以在抽水蓄能电站的机组运行状态检测、电气参数监测、坝体监测、站区污染物及气体监测、脱硫监测、储能监控等方面实现应用。在风电场及光伏发电站等新能源接入方面，物联网应用体现在对分布式场站区域内风力、风能、风速、风向的监测，光照强度、光源等可利用时间参数的监测，微气象地理区域环境中温度、湿度、气压、降雨、辐射、覆冰等要素的实时采集，实现对新能源发电厂的自动监测、功率预测和智能控制，提升协调水平和资源优化配置，保障能源基地安全、稳定、经济地运行。

（2）输电环节。在输电环节，物联网应用于输电线路覆冰、微风振动、舞动、风偏、弧垂及杆塔应力监测；利用光纤传感技术实现对导线温度等参数的在线监测及载流量动态增容、预警；利用无源光波导传感器实现对绝缘子串风偏、污秽、盐密等的监测；利用图像/视频传感技术实现对线路防盗、杆塔倾斜、基础滑移、接地腐蚀的实时监控，为输电线路故障定位和自动诊断提供技术支撑，为线路生产管理及运行维护提供信息化、数字化的共享数据，最终实现输电线路的安全、高效、智能化巡视，提高输电可靠性和安全性。

（3）变电环节。智能变电站是智能电网的重要组成部分，自动协同控制是变电站智能化的关键，设备信息数字化、检修状态化是发展方向，而运维高效化是最终目标。物联网技术可用于变电站设备的电气、机械、运行信息的实时监测、诊断和辅助决策，尤其可利用传感设备对变压器进行油气检测，判断其健康状态和运行情况；利用无线传感、遥测及三维虚拟技术实现对变电站的防护入侵检测；还可将电子标识技术与工作票制度结合，实现变电站智能巡检、作业安全管理和调度指挥互动化，促进无人值守数字化变电站的发展。

（4）配电环节。配电网是电力系统中的重要组成部分，具有设备量多、分布广泛、系统复杂等特点，物联网技术可应用于配电网自动化、配电网线路及设备状态监测、预警与检修、配电网现场作业管理、配电网智能巡检、应急通信、关口计量与负荷监控管理、分布式能源与充电站等设施监控等方面，以加强对配电网的集中监测，优化运行控制与管理，达到高可靠性、高质量供电，降低损耗的目的。

（5）用电环节。利用物联网技术以智能用电与互动化技术为导向，以双向、高速、安全的数据通信网络为支撑，应用于智能用电服务、用电信息采集、智能大客户服务、电动汽车充换电、智能营业厅、需求管理与能效评估、绿色机房环境管理及动力环境监控等方面，以实现电网的灵活接入、即插即用及其与客户的双向互动，提高供电可靠性与用电效率，提升供电企业服务水平，为国家节能减排战略提供技术保障。

6. 智能环保

智能环保是物联网技术在环保领域的智能化应用，通过综合应用传感器、全球卫星定位系统、视频监控、卫星遥感、红外探测、射频识别等装置与技术，实时采集污染源、环境质量、生态等信息，构建全方位、多层次、全覆盖的生态环境监测网络，推动环境信息资源高效、精准地传递，通过构建海量数据资源中心和统一的服务支撑平台，支持污染源监控、环境质量监测、监督执法及管理决策等环保业务的全程智能，从而达到促进污染减排与环境风险防范、培育环保战略性新型产业、促进生态文明建设和环保事业科学发展的目的。

目前，环境监控系统一般包括宏观、中观和微观三个层面和尺度的监测手段，以现污染源自动监控、环境质量自动监测。其中宏观的监测一般由环境监测卫星实现，中观的监测由观察站网等实现区域流域等层面的区域观测，微观的监测实现污染源的自动监控。这三个尺度的监测手段构成天地一体的、全方位的环境监控系统。

将物联网应用于环保领域，可以增加中观和微观的监测密度，不仅扩大了监测对象和范围，如监测对象将从废水、废气排放扩展到危废、重金属、辐射源、环境风险等，从城市监控、工业监控向城镇、农村污染监控扩展。在监控深度上，既可以监控污染源末端，如污染物的排放浓度、排放量，还可以监控企业污染排放和治理设施的工况运行情况。

另外一方面，利用物联网技术还可以密切监控产生废气、废水等废弃物的生产过程，把有害环境的污染物、废弃物减少到最低限度；对废气、废水、污染物等进行深入分析，有利于实现废弃物的资源化和无害化处理，使部分污染物或废弃物可以进行循环再利用，如对排污进行余热回收、物质提取等。

物联网应用在环保领域，可以促进环境监控由点及面，全方位满足环境监测、控制、治理的需要。充分利用部署环保物联网获取的实时监测信息，通过大量的原始数据积累和先进的数据挖掘技术，环保部门可以从复杂多变的现实世界中抽取一套完整的信息模型，从而增强监控的准确性和实时性，逐步实现由事后监管转变为事前预防的监控模式，掌握环保的主动性、针对性。如果将智能环保系统与气象、交通物联网等进行连接，可以将环保纳入一个更大范围、更全面的监控体系，可以促进环保领域信息的共享，支撑整个城市环境和经济协调发展，支撑跨区域协同应用与统筹管理，促进城市经济发展和环境保护相协调，扩大环保领域的物联网覆盖范围和效果，使智能环保成为智慧环境的重要支撑。

7. 智能安防

智能安防是将物联网技术应用到安防领域，包括社会治安监控、危化品运输监控、食品安全监控等，另外还包括重要桥梁、建筑、轨道交通、水利设施、市政管网等基础设施安全监测、预警和应急联动等。

利用物联网技术可以提升社会治安监控水平，其本身包括视频监控、防盗报警、门禁管理、消防预警、安保服务、指挥控制等几大类，社会治安监控本身具有与物联网结合的特征。物联网技术使传统的视频监控等上升到更为智能化的层面，无论视频的采集、管理还是应用，都将通过智能技术更有效地进行处理，比如实现视频的智能识别、智能分析和智能检索等。利用物联网的智能化信息处理技术，如云计算技术、数据挖掘技术等可以实现对数据的整合分析和呈现，并能够对危险做到早预警、早发现、早处理。

对重要桥梁、建筑、轨道交通、水利设施、市政管网等基础设施的安全监测，是确保生活安全、提高生活质量的重要保障。使用物联网技术，可以实时监测这些设施的使用状态，及时对可能发生的危险做出预警，提高设施的使用安全性，减少坍塌、倒塌，降低险情，将灾害造成的损失降到最低，保障市政设施的健康运行。

8. 智能医疗

智能医疗将物联网技术应用到医疗领域，实现医疗过程的信息化和智能化。智能医疗主要围绕医院运转管理、医疗过程管理和健康保健管理等展开，可以在社区医疗、健康管理、慢性病管理、医疗救助、移动医护服务、医用资源管理、远程手术、电子健康档案、区域健康检查等方面发挥作用。

在医院的应用方面，可以利用先进的物联网技术，实现患者与医务人员、医疗机构、医疗设备之间的互动，逐步实现医疗的信息化和移动化，这为医院管理、医生诊断、护士护理、病人就诊等工作提供了极大的便利。物联网还可实现病历信息、病人信息、病情信息等的实时记录、传输与处理利用，使医院内部和医院之间通过物联网实时地、有效地共享相关信息，这对实现远程医疗、专家会诊、医院转诊等过程的流程信息化起到很好的支撑作用。

利用物联网无时不在的实时监测以及各种医学数据的交换和无缝连接，对医疗卫生保健服务状况进行实时动态监控、连续跟踪管理，还能帮助医护人员进行精准的医疗健康决策，通过物联网实现医院对患者或者亚健康病人的实时诊断与健康提醒，从而可以有效地减少、控制病患的发生与发展，从以治病为主逐步变为以保健、预防为主的健康管理方式。

9. 智能家居

智能家居（Smart House）利用先进的计算机技术、网络通信技术、综合布线技术，依照人体工程学原理，融合个性需求，将与家居生活有关的各个子系统如安防、灯光控制、窗帘控制、煤气阀控制、信息家电、场景联动、地板采暖等有机地结合在一起，通过网络化综合智能控制和管理，实现“以人为本”的全新家居生活体验。

智能家居是物联网应用比较活跃的领域，很多家电生产厂家很早介入了智能家居的试验和开拓。而一个真正实用的智能家居需要解决的问题较多，主要涉及家庭安防保护、环境调节、智能照明管理、健康监测、家电智能控制、能源智能计量、应急服务、家庭网络等多个方面。

安全保护涉及无线智能锁、无线窗磁门磁、无线智能抽屉锁、无线红外探测器、防燃气泄漏的无线可燃气探测器、防火灾损失的无线烟雾火警探测器、防围墙翻越的太阳能全无线电子栅栏、防漏水的无线漏水探测器等。环境调节涉及空气质量探测器、环境光传感器、温湿度传感器、温度控制器、调光器、新风系统、加湿器、无线插座等。智能照明管理涉及环境光传感器、无线调光器、无线开关等。健康监测涉及无线智能体重计、无线智能血压监控等。家电智能控制涉及无线智能插座、无线红外转发器（可控制空调、电视、地暖、热水器）、无线窗帘控制器、无线百叶窗控制器、无线卷帘门控制器、无线车库门控制器等。应急服务涉及无线紧急求助按钮、无线断电报警器、无线断电自照明系统、无线自供电智能电源等。

智能家居正逐步打破以单一物联网智能产品为中心的趋势，智能家居系统逐步朝着网络化、信息化、智能化、一体化的方向发展。智能终端设备的产品也逐步走向成熟，尤其以 ZigBee 为代表的终端产品的增多，在一定程度上降低了产品的成本，更容易推广并为用户所接受。此外，手机和平板电脑等逐步成为智能家居的控制终端。日益成熟的云计算技术与智能家居结合，将为智能家居安上一颗更加“智慧的大脑”，利用云计算强大的计算能力、接近无限的存储空间、可支撑各种各样软件和信息服务的优点，智能家居不仅能获取更多、质量更高的服务体验，还能汇入智能小区甚至智慧城市，为智慧城市的最终实现奠定坚实的基础。

8.5 物联网的发展前景

从上述物联网的应用可以看出，物联网具有很强的行业渗透性，可以渗透到人们生活、生产的各个领域和各个方面。

2021 年，工业和信息化部联合多部委印发《物联网新型基础设施建设三年行动计划(2021—2023 年)》，指出物联网为传统行业数字化转型升级提供了从物理世界到数字世界映射的基础支撑，物联网新型基础设施的规模化部署需要与千行百业紧密结合。该行动计划综合考虑各领域对物联网需求的紧迫性、发展基础和经济效益等重要因素，按照“分业施策、有序推进”的原则，在社会治理、行业应用、民生消费三大领域重点推进 12 个行业的物联网部署。一是以社会治理现代化需求为导向，积极拓展市政、乡村、交通、能源、公共卫生等应用场景，提升社会治理与公共服务水平；二是以产业转型需求为导向，推进物联网与农业、制造业、建造业、生态环保、文旅等产业深度融合，促进产业提质增效；三是以消费升级需求为导向，推动家居、健康等领域智能产品的研发与应用，丰富数字生活体验。

物联网集成了计算机、通信、网络、智能计算、传感器、嵌入式系统、微电子等多个技术领域。物联网具有很长的产业链，涉及多个产业群，其应用范围几乎覆盖了各行各业。因此，虽然物联网目前还处于起步阶段，但具有很大的发展潜力和巨大的市场空间，将催生一个巨大的新兴产业。

【课后习题】

1. 什么是物联网？它与互联网、泛在网的关系是什么？
2. 物联网的体系架构是什么？一般可以分为几部分？
3. 物联网的关键技术主要有哪些？
4. 简述物联网在各个应用领域的应用情况。

项目九

大数据基础及应用

9.1 了解大数据

一、大数据

1. 大数据的概念

大数据（或称巨量资源）指的是所涉及的资料规模巨大到无法通过目前主流软件工具在合理的时间内完成撷取、管理、处理并整理成为可帮助企业经营决策的资讯的数据。

对于大数据，研究机构 Cartner 给出了这样的定义：大数据是需要新处理模式才能具有更强的决策力、洞察发现力和流程优化能力来适应海量、高增长率和多样化的信息资产。

麦肯锡全球研究所给出的定义是：大数据是一种规模大到在获取、存储、管理、分析方面大大超出了传统数据库软件工具能力范围的数据集合，具有海量的数据规模、快速的数据流转、多样的数据类型和低价值密度等特征。

2. 大数据的重要性

在未来的发展中，各种新鲜的、强大的数据链会以爆炸式的速度增长，它们将对社会的进步产生巨大影响。在每一个行业中，都将出现或者已经出现了至少一种崭新的数据源，并且其中一些数据源会被广泛应用于各个行业，而另外一些数据源则只会对一部分小型行业和市场具有重要意义。这些数据源都涉及一个新术语，该术语受到大众的议论，这个术语便是——大数据。

如今大数据如雨后春笋般出现在各行各业，如果能够正确使用大数据，将会提升企业的整体竞争优势。如果企业忽视大数据，这会为企业带来风险，并导致企业在竞争中渐渐落后。为了能够保持自身的竞争力，企业必须积极地收集和分析这些新的数据源，并深入地了解和研究这些数据源所带来的信息。

二、大数据的由来和特点

随着信息化社会的发展，人们的生活无处不被信息技术所环绕，各种系统形成的海量数据使传统的数据处理方式无法有效应对，主要问题如下。

（1）传统的采用小型机＋磁阵＋商用数据库的数据处理方式成本过高，每 TB 数据成本超过 1 万元，PB 级数据的处理成本更高。

（2）离线少量数据分析能力不能满足海量数据实时分析要求。目前，许多应用系统（如淘宝）需要对（35 万～100 万）条/s 的流式数据进行汇总、分析，传统的分析方式已不能满足要求。

（3）关系型结构化数据处理不满足非结构化数据处理要求。用户上网行为数据中包含大量非结构化数据，这些信息具有巨大价值，传统的关系型数据库技术只能处理结构化数据，无法挖掘非结构化数据的价值。

大数据技术正是为了解决以上问题而提出的。目前，大数据一般指处理 10 TB（1 TB = 1 024 GB）规模以上的数据量。其主要特点如下。

1. 海量数据规模

大数据的规模一般在 10 TB 以上，但在实际应用中，很多企业用户把多个数据集放在一起，已经形成了 PB 级的数据量。

2. 实时处理速度

在数据量非常庞大的情况下，大数据能够得到实时处理。

3. 数据类型多样

大数据来自多种数据源，种类和格式非常丰富，已冲破了以前所限定的结构化数据范畴，囊括了半结构化和非结构化数据。例如，网络日志、社交媒体、互联网搜索、手机通话记录及传感网等数据类型，其中部分传感器安装在火车、汽车和飞机上，每个传感器都增加了数据的多样性。

4. 数据价值密度低

数据价值密度的高低与数据总量的大小成反比。比如，在一个 1 h 的监控视频中，有用数据可能仅有 1 ~ 2 s。如何通过强大的机器算法更迅速地完成数据的价值“提纯”成为目前大数据背景下需要解决的首要问题。

5. 真实性、可靠性要求高

大数据对真实性和可靠性的要求高。随着社交数据、企业内容、交易与应用数据等新数据源的兴起，传统数据源的局限性被打破，这需要有效的方式确保数据的真实性及可靠性。

三、大数据分析

对大数据进行分析，才可以获得智能的、深入的、有价值的信息。因此，大数据的分析方法在大数据领域显得尤为重要，分析是决定最终信息是否有价值的决定性因素。目前，大数据分析主要有以下 5 个方面。

1. 可视化分析

大数据分析的使用者有大数据分析专家，还有普通用户，二者对于大数据分析最基本的要求就是可视化分析，因为可视化分析能够直观地呈现大数据的特点，同时非常容易被人们接受，就如同看图说话一样简单明了。

2. 数据挖掘算法

大数据分析的理论核心就是数据挖掘算法，各种数据挖掘算法基于不同的数据类型和格式才能更加科学地呈现数据本身具备的特点。这些被全世界统计学家所公认的各种统计方法能深入数据内部，挖掘出公认的价值。另外，只有数据挖掘算法才能更快速地处理大数据，如果一个算法需要花费几年时间才能得出结论，那大数据的价值也就无从说起了。

3. 预测性分析能力

大数据分析最重要的应用领域之一就是预测性分析。从大数据中挖掘出特点，通过科学的建立模型，便可以通过模型带入新的数据，从而预测未来的数据。

4. 语义引擎

语义引擎是机器学习的成果之一。过去，计算机对用户输入内容的理解仅停留在字符阶段，不能很好地理解输入内容的意思，因此常常不能准确地了解用户的需求。通过对大量复杂的数据进行分析，让计算机从中自我学习，可以使计算机能够尽量精确地了解用户输入内容的意思，从而把握用户的需求，提供更好的用户体验。大数据分析广泛应用于网络数据挖掘，可从用户的搜索关键词、标签关键词或其他输入语义，分析、判断用户的需求，从而实现更好的用户体验和广告匹配。

5. 数据质量与数据管理

大数据分析离不开数据质量和数据管理，高质量的数据和有效的数据管理，无论在学术研究还是在商业应用领域，都能够保证分析结果的真实性和价值。

四、大数据处理步骤

大数据的整个处理流程可以分为 4 个步骤：采集、导入和预处理、统计和分析、数据挖掘。

1. 采集

大数据的采集是指利用多个数据库接收发自客户端（Web、App 或者传感器等）的数据，并且用户可以通过这些数据库进行简单的查询和处理工作。大数据采集的主要特点是并发量大，因为有可能同时有成千上万的用户进行访问和操作。比如 12306 网站和淘宝网，它们并发的访问量在峰值时可以达到上百万，所以需要在采集端部署大量数据库才能支撑，如何在这些数据库之间进行负载均衡和分片是大数据采集需要深入思考的问题。

2. 导入和预处理

为了对采集到的海量数据进行有效的分析，需要将这些数据导入一个集中的大型分布式数据库或者分布式存储集群，这称为导入。此外，导入数据后还需要进行一些简单的清洗和预处理工作，将有错误或无用的数据去掉。

导入和预处理过程的特点是导入的数据量大，每秒的数据导入量经常达到百兆甚至千兆级别。

3. 统计和分析

统计和分析主要指对存储分布式数据库、分布式计算集群内的海量数据进行普通的分析和分类汇总等，以满足一般的分析需求。

4. 数据挖掘

数据挖掘主要是在现有数据的基础上进行基于各种算法的计算，从而起到预测的作用，进而满足一些高级别数据分析的需求。比较典型的算法有用于聚类的 K - means、用于统计学习的 SVM、用于分类的 NaiveBayes，主要使用的工具有 Hadoop、Mahout 等。

数据挖掘的特点主要是算法很复杂，并且计算涉及的数据量和计算量都很大。整个大数据处理的普遍流程至少应该满足以上 4 个步骤，才能算得上是比较完整的大数据处理。

五、大数据的计算模式

1. 批处理计算

批处理计算是指针对大数据进行批量处理操作，常用的技术有 mapreduce、spack 等。mapreduce 可以将大数据处理任务分解成很多单个的、可以在服务器集群中并行执行的任务，而这些任务的计算结果可以合并在一起以计算最终的结果。

2. 流计算

流数据（或数据流）是指在时间分布和数量上无限的一系列动态数据集合体。数据的价值随着时间的流逝而降低。流计算是针对流数据的实时计算，可以应用在多种场景中。如百度、淘宝等大型网站每天都会产生大量流数据，包括用户的搜索内容、用户的浏览记录等数据。采用流计算进行实时数据分析，可以了解每个时刻的流量变化情况，甚至可以分析用户的实时浏览轨迹，从而进行实时个性化内容推荐。

9.2 大数据的应用

近年来，大数据席卷全球，根据国际数据公司的监测数据显示，2015 年大数据存储量为 8.6 ZB，2016 年、2017 年和 2018 年全球大数据存储量分别为 16.1 ZB、21.6 ZB 和 33.0 ZB，2019 年甚至达到了 41.0 ZB，直到今日这种增长还在加速。

大数据的一个明显特征是数据的社会化。从博客论坛到游戏社区再到微博，从互联网到移动互联网再到物联网，人类以及各类物理实体的实时连网已经产生，而且还将继续产生难以估量的数据。

为了更好地体现大数据的价值，下面通过制造业、零售业、社会公共健康领域为大家展现一幅浩瀚的大数据景观。以上领域对大数据的使用在其复杂性和成熟程度方面有所不同，由此提供了不尽相同的实践经验。它们也代表了经济发展中多种多样的关键环节。

一、制造业

制造业是大数据早期的重度使用者，人们在计算机诞生之日就开始使用信息技术和自动化技术来设计、制造和配送产品，目的是提高产品质量和性能。在 20 世纪 90 年代，制造业公司获得了惊人的年度生产能力增长，因为公司运行方式的改进提升了制造过程的效率，也提高了制造产品的质量。制造业公司还优化了其管理方式，将产品外包给成本更加低廉的地区。相对于绝大多数行业，制造业已非常高效，但是大数据仍然能够带来另一波重大的制造业升级。

1. 产品设计的研究和开发

大数据的使用将会加速产品的开发，帮助设计人员重新关注最重要和最有价值的产品特性，其基础是具体的消费者投入和减少生产费用的设计，即利用消费者的远见，通过公开创新的方式降低研发成本。

2. 生产

大数据工具将虚拟技术应用到在生产过程中生成的海量数据。物联网的普及也帮助制造业公司使用实时的传感器数据来追踪部件，检测机械装置，指导实际操作。

制造业公司可以从产品研发和历史上的生产数据（比如订单数据、机器性能数据）获取有用的信息，使用更为先进的计算机方法为整个制造过程建立数字模型。这样的虚拟“数字工厂”包括了所有机器、人工、固定装置，能够用来设计和模拟效率最高的生产系统，包括从工厂布局到特定产品的生产步骤排序。主要的汽车生产商已经开始使用这项技术优化新厂房的生产配置布局，特别在空间和配机设备存在许多限制的时候。炼钢厂可以使用模拟程序为整个资产组合建模，迅速检测出改进方法，这可以将交付的可靠性提升20%～30%。汽车制造业、航空航天和国防制造业的案例研究显示，这些先进的模拟程序能够将生产图的变动以及工具设计和建设费用降到最低。

3. 营销和销售/售后服务

制造业公司使用来自客户反馈的数据，不仅为了提高销售额，也为了做出更加明智的产品研发决策。将传感器植入产品的技术在经济上越来越成熟，将产生大量关于产品实际应用和效能的数据。由此，制造业公司可以获得关于产品缺陷的实时数据，迅速对生产过程做出调整。进行产品研发时可以应用这些数据进行重新设计和新产品开发。许多建设设备制造商已经将传感器嵌入其产品，以获取实时数据来了解实际使用情况和使用模式，从而改善需求预测以及未来的产品开发。

还有使用大数据提高营销、销售和售后服务的机遇。比如，分析来自复杂产品内置传感器的数据，可以让飞机、电梯、数据中心处理器的制造商开发出智能预防性维护服务套餐。这样维修技工甚至可以在用户发现一个部件失灵之前就被派遣去处理问题。

4. 管理

大数据扩大了算法和以机器为媒介分析的运筹领域。例如，在部分制造企业，算法对生产线的传感器信息进行分析，形成了自我调节的流程，从而减少了浪费，避免了代价高昂（有时十分危险）的人为干预，最终提升产量。在先进的“数码化”油田，仪表不时读取有关井口状况、管道和机械系统的各类数据。这些信息由一组计算机进行分析，并将结果输入实时运营中心。后者则调整油量以优化生产和最大限度地缩短停机时间。一家大型石油公司因此降低了10%～25%的运营成本和员工成本，产量提高了5%。

在大数据时代还可以形成新的管理原则。在专业化管理的早期，企业领导人发现最小有效规模是成功的关键决定因素。它不仅能够使企业捕捉更多、更好的数据，还能够使企业高效化、规模化，竞争优势将不期而至。

二、零售业

零售业公司对大数据的处理变得日臻娴熟，数据来自多种销售渠道、商品目录、商店、网站。消费者数据日益颗粒状，而这些数据的广泛应用让零售业公司能够提高市场营销的有效率。将大数据工具应用到运行和供应链，可持续降低费用，不断创造新的竞争优势和策略，获得更大的效益。

1. 交叉销售

交叉销售的最新发展是使用消费者可知的所有数据，包括人口学信息、购买历史、偏好、实时位置以及增加平均销售规模的其他因素。

2. 定位营销

基于位置的营销依赖越来越多的人采用智能手机和其他带有个人位置信息的设备。它以接近商店或已在店内的消费者为目标。比如，当一个消费者接近一家服装店时，这家服装店会发送一则特价外套信息到他/她的智能手机上。

3. 消费者微细分

另一项大数据技术是消费者微细分。虽然这个概念已经存在，但是大数据带来了巨大的创新。细分使数据量急剧增长，分析工具日益成熟，促进进一步细分，直到零售业公司可以开展个性化服务，而不是简单的市场细分。除了使用传统的市场调查数据和历史购买数据，零售业公司现在还可以追踪和使用个体消费者的行为，包括网站的点击流。零售业公司可以将日益精细的数据继续升级到实时数据，以根据消费者的变化做出调整。

三、社会公共健康领域

大数据的应用能够改善公共健康监视和反馈。通过使用全国范围的患者和治疗数据库，负责公共健康的机构能够保证快速、协调地发现传染性疾病，全面监视疾病暴发情况，制订完整的疾病监测和反应计划。这项应用将会带来数不胜数的益处，包括减少医疗支出、减少感染事故、提高实验室能力、更好地应对新发疾病。例如：2019 年年底—2020 年年初，我国新冠肺炎疫情在湖北武汉暴发，随后迅速向全国蔓延。疫情来势汹汹，在这个艰难的过程中，大数据成为科技“战疫”的先锋。

大数据本身具有体量大、类型丰富、处理速度快和价值密度低等一系列鲜明特点，在疫情追踪、溯源与预警、辅助医疗救治、助力资源合理配置及辅助决策中得到广泛应用，全面配合“智慧战疫”，尤其在控制疫情扩散方面发挥着重要作用。它能确定高危人群、潜在高危人群、潜在风险人群并进行精准排查、预防、监测等。专业技术人员迅速整合数据资源，建立疫情电信大数据分析模型，统计全国特别是武汉市和湖北省等地区的人员向不同城市流动的情况，从而帮助预判疫情传播趋势，提升各地疫情防控的工作效率。

四、大数据挖掘

1. 路径和思路

数据的含义多种多样，这里数据指的是可以被计算机、互联网服务器及各种终端记录、传输和分析的信息。

常见的数据挖掘研究路径有两种形式。

第一种是比较传统的方式，可以称之为“假设检验”的方法。这也是统计学中常用的方法。它指的是在真正利用数据之前，数据挖掘人员脑海之中已经有了一个前因后果的理论假设，他们需要利用手中已经有的数据来证明这个假设是否属实。比如说，信用卡公司管理层认为，教育程度越高的持卡人每月平均消费额越大（这就是一个假设），于是该公司的数据挖掘人员会从公司的信用卡持卡人数据库中抽出教育程度及其对应的消费记录数据，通过

计算机辅助运算看看教育程度和消费额度之间有没有正向相关的关系，当然其中还会涉及很多数学和统计学运算模型，这里忽略掉细节。利用数据对已经存在的假设进行检验，是数据挖掘一开始常用的方法。上述简化的例子代表的是“假设—数据—验证”的过程。

第二种数据挖掘的路径是数据库知识发现，也是目前计算机科学中正在积极探索的路径。这种方式中不存在预想好的假设或者论断，而是在掌握大量数据的基础上，通过“观察”数据本身而获得结论。“观察”似乎是计算机不具备的能力，而海量数据的计算又是人工难以完成的，因此需要设计一些具体的程序让计算机学会“观察”，这常常需要借助数据可视化工具或者计算机分析数据中各个因子相互之间的相关程度方程式。这个“数据—结论”的路径是一种更直接的方式。由于技术的限制，过去前一种数据挖掘路径是主导，而近年来呈爆炸式增长的数据迫使人们消除技术壁垒，在第二种路径中寻求突破。

2. 数据挖掘的标准流程

在近年的研究者中，戴维·奥尔森和石勇介绍了被广泛应用的跨行业数据挖掘的标准流程。这个标准流程包括 6 个步骤。

（1）业务理解：数据挖掘人员确定工作对象，了解现状，制定工作目标和工作计划。

（2）数据理解：一旦对象和工作计划确定了，就要考虑所需要的数据。这一步骤包括原始数据搜集、数据描述、数据探索和质量核查。这一步骤和第（1）步骤常常需要反复进行。

（3）数据准备：就像做菜需要筛选、洗净食材，再将食材切成一定形状一样，原始数据中有大量错误、重复的信息，需要删除、整理和转化。数据准备可以视为一次数据探索，为之后的模型建立做准备。

（4）建立模型：这一步骤需要描绘数据并建立关联，然后用一定的分析方法借助数据挖掘工具进行数据的基础分析。

（5）模型评估：模型要对第（1）步骤建立的工作目标进行评估，这将导致频繁地返回到前面的步骤。这是一个缓慢推进的过程，各种可视化分析结果、统计和人工智能工具将向数据挖掘人员展现更深层次的数据运行的关系。

（6）模型发布：模型可以用于预测或识别关键特征，需要在实际情况下检测其变化。如果发生重大变化，模型就需要被重新制定。模型发布就是使在实验数据库中建立起来的模型在实践中受到检验。

9.3　数据挖掘的具体方法

一、数据准备

数据挖掘方法实际上可以视为在大量前人工作的基础上形成的计算机“思维模式”。数据挖掘方法分为类别、估计、聚类和概要 4 个类型。类别和估计都是属于事前预测性质的，而聚类和概要则是事后描述性质的。这里介绍一些最常用的数据挖掘方法，而不罗列所有数据挖掘方法。

1. 聚类分析

聚类分析常常是最初的分析工具，它能够对数据进行合适的分类。聚类分析是以数据为基础的，它不具有预测性，它的功能是发现数据之间的相似性，并进行分组。聚类分析就是用来帮助分类，分类的不同往往导致结论的不同。一个容易理解的例子就是，目前人类观察到的恒星数量达 10^{12} 数量级，恒星分类的依据可以是其与地球的距离、体积、质量、亮度等。在各种各样的分类之中，科学家利用温度和亮度为坐标将这些恒星有效地分类，以方便天文学家进行研究，得出恒星演化的理论。据此画出的恒星分布图叫作赫罗图（图 9－1），从左上到右下的斜线上分布的恒星是主序星，主序星右上方和左下方分别是红巨星和白矮星。这两个坐标很好地划分了恒星的类别。

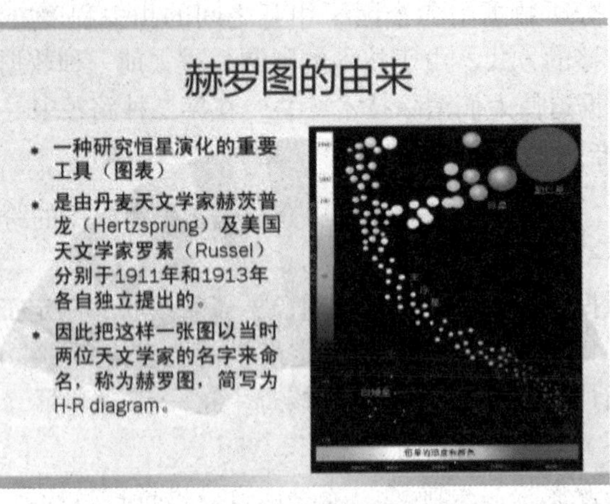

图 9－1　赫罗图

2. 回归分析

回归分析是一个基本的统计学工具。在数据挖掘中它也是一个基础的分析工具，它可以描述一个或几个自变量与一个因变量之间的关系。这种关系可以是线性的，也可以是非线性的。通过概率和统计的数学方法，利用手头的自变量和因变量的数据可以找到两者之间对应的数学关系，即得到一个模型，在这个模型中可以利用自变量对因变量数据进行预测。传统的软件都可以进行回归分析，如 SAS、SPSS 或者 Excel。

3. 神经网络

神经网络是受到人类大脑各个神经细胞工作方式的启发构成的一个网状结构系统。这种网络由多个微小的处理器（类似神经元）和各处理器之间的弧线（类似神经线）构成输入层、隐藏层和输出层。神经网络的特点是中间有隐藏层，人们从输入层录入数据，各微小的处理器可以模拟类似人类的识别、记忆、思考的过程，从而得出结果。用神经网络处理数据的优点是有高度平行处理的能力，而且可以有识别、学习能力；此外，出现部分的计算差错或者数据错误不会影响整体计算过程，就像人类大脑部分受损之后并不影响其整体工作一样。但它也有明显的缺陷，即人们无法解释隐藏层的运算过程，隐藏层就像一个黑箱一样，而且多组平行的、部分隐藏的数据通路让人无法判断哪一个通路是最优的。

4. 决策树算法

决策树模型是一个被广泛使用的思考工具，它也是数据挖掘的基本方法。据相关人员介绍，决策树算法的分类学习过程包括两个阶段：树构造（Tree Building）和树剪枝（Tree Pruning）

1）树构造阶段

决策树采用自顶向下的递归方式：从根节点开始在每个节点上按照给定标准选择测试属性，然后按照相应属性的所有可能取值向下建立分枝，划分训练样本，直到一个节点上的所有样本都被划分到同一个类，或者某节点中的样本数量小于给定值时为止。这一阶段最关键的操作是在树的节点上选择最佳测试属性，该属性可以对训练样本进行最好的划分。选择测试属性的标准有信息增益、信息增益比、基尼指数（Gini Index）以及基于距离的划分等。此外，测试属性的取值可以是连续的（Continuous），也可以是离散的（Discrete），而样本的类属性必须是离散的。

2）树剪枝阶段

树构造过程得到的并不是最简单、紧凑的决策树，因为许多分数反映的可能是训练数据中的噪声或孤立点。树剪枝过程试图检测和去掉这种分数，以提高对未知数据集进行分类时的准确度。树剪枝主要有先剪枝、后剪枝或两者相结合的方法。树剪枝的标准有最小描述长度原则（MDL）和期望错误率最小原则等。前者对决策树进行二进位编码，最佳剪枝树就是编码所需二进位最少的数；后者计算某节点上的子树被剪枝后出现的期望错误率，由此判断是否剪枝。假设在固定存款和购买股票之间选择，如果股票的预期收益有优、中、差 3 种，可能性分别是 30%、40% 和 50%，则通过决策树算法得到固定收益最佳的结果：股票预期收益以 3 种不同情况加权之后算得的预期收益是 5%，比固定存款利率低，于是得出投资结论。

二、数据获取

数据获取包括数据发现、特征描述和数据集成 3 个阶段。

例如，淘宝网的一个卖家想知道自己店铺的首页究竟应该放多少件商品最好，于是该卖家向淘宝网内部工作人员提出这个问题，并愿意为此支付报酬。淘宝网的工作人员得到了这个任务，他们会首先研究提出该要求的卖家所属类型和业务发展所处的阶段。例如，该卖家以经营什么商品为主，该商品种类是否繁多而需要单独陈列等。在弄清楚卖家的实际需要之后，数据挖掘人员开始描述需要的数据所具有的特征，然后设定限制条件，这样才能在整个网站数据库中抓取该卖家处于同一商品类别中的其他卖家的页面陈列数据，并且根据一定的关系分为不同的数据集合。数据抓取实际上建立在对问题的理解面上，只有真正理解问题，所需要的数据类型和特点才能明晰，这样就避免了数据库中掺杂与最终建立起来的商品陈列及购买率无关的数据，从而避免得出错误的结论。

另外，数据获取的工具也会影响数据库中数据的形式，从而影响分析过程。例如，遍布在商场各处的摄像头搜集到的是连续的图像信息，有些人称之为数据流，而收银台收到的是消费时间、内容、金额等数字化信息，为了在后续的数据分析中使数据形式尽量简单，就需要在搜集数据的终端上改进。

三、数据存储

数据存储的含义并不难理解，简单来讲，它是把产品加工过程中的产品数据流所产生的临时文件数据以某种格式录在计算机内部或外部存储介质上。数据存储要命名，这种命名要反映信息特征的组成含义。数据流反映了系统中流动的数据，表现出动态数据的特征；数据存储反映系统中静止的数据，表现出静态数据的特征。

四、数据清洗

数据清洗的概念很容易理解，从字面上看就是把已经存储好的数据中“脏的”数据洗去。更科学的概念是把存储数据中可以识别的错误去除。在数据仓库中和数据挖掘过程中，数据清洗的含义是使数据在一致性（Consistency）、正确性（Correctness）、完整性（Completeness）和最小性（Minimally）4 个指标达到最优，目前数据质量（Data quality）也是在这 4 个层面定义的。

数据清洗是正式使用数据前的最后一道关卡，在数据挖掘领域它也被称为数据的预处理。

在大数据背景下，大量来源不一的冗余、复杂、错误数据被存储，之后的“去粗存精”“去伪存真”工作需要数据清理技术加快发展速度，在极短时间内提高数据质量，满足行业和个人的数据挖掘要求。在大数据时代，人们不缺乏数据，而是缺乏找到有价值数据的能力和工具，这使数据清洗的价值凸显。不过目前数据清洗的技术还远远不能满足清洗大数据的要求，它或许成为数据挖掘技术的一个热点。

五、挖掘过程

根据数据存储技术的不同，人们常把数据划分为结构化数据和非结构化数据。简单来说，结构化数据就是能够用统一长度的字段（Field）表示的数据，如数字和符号。对应的，非结构化数据需要不同长度的字段来表示，这需要数据库的存储和分析能根据需要具有可伸缩性。形象地说，非结构化数据挖掘技术能同时找出全世界人口的特征分布和对某篇博文的概念与主张的深度分析。结构化数据是过去数据挖掘的主要方向，但是，这些内容只占总体数据量的冰山一角。目前所有数据中 90% 是非结构化数据。这些非结构化数据来源于网站上个人发布的文字，社交网络中大量的聊天记录，各种被复制、转发或者重新编辑的 Flash 动画，各种格式的视频和音频等。结构化数据挖掘的一般过程在其他大量商业或者是计算机科学的书籍中能找到，这里重点介绍网络文本挖掘并扼要介绍 Web 挖掘的过程。

1. 网络文本挖掘

个人和机构每天使用互联网产生大量电子文档，比如一篇有感而发的博文、与好友的聊天记录、转发的微博等。这些文字信息无法使用传统的数据挖掘方法进行分析，网络文本挖掘是对网络文本进行的数据挖掘。它最初的应用包括对大量飞机事故报告、警察局档案的挖掘。例如，通过挖掘警察局的案件卷宗，一些地理上分散、时间上相隔甚久的案件之间的联系可以被发挖掘出来，通过挖掘这些卷宗文本，可以找到零散案件发生的类似之处，或者导致事故发生的共同原因，或者在某个城市的哪些区域和时间段案件高发，从而优化警察局巡逻安排、城市管理等。

除此之外，网络文本挖掘在商业领域也有很大应用。网络文本挖掘在商业情报（Business Intelligence）应用中得到了很大发展。例如，公司 A 会以自己公司的名字或者某产品的名字为中心搜索所有网络上相关的文本，可能是用户购买之后的评价反馈、博客中体现个人情感的只言片语，还有很多新闻稿件。网络文本挖掘包括提炼中心思想、搜索关键词、归纳文章要点、串联各篇文章的主题等；还可以通过文本中的语义关键词或者句子搜索信息。其

中，语义网络（Semantic Network）是很重要的工具，它通过一系列文本中概念与概念的关系网络来发现最重要的概念。网络文本挖掘过程实际上是将大量人类语言材料按照计算机语言能够理解的方式分解，再重新组合成具有特定意义的计算机语言然后被人理解，从中发现新的知识或模式。

通常来说，网络文本挖掘的第一步是找出具有独立意义的信息单元，比如一篇文章中的同义字词。现在已经形成了一个庞大的同义字词库，在此基础上分析文章时产生关联意义，可以帮助人们快速浏览十篇、百篇文章的主要内容。此后建立的文本运算法则将分解的信息重新组合，得出一个总体的模式或者各个关键概念之间的相互关系。目前网络文本挖掘技术包括自动分类、文本相似性检索（自动排重）、自动摘要 + 主题词标引（自由词 + 行业主题词）、常识校对、相关短语检索、自然语言检索等。

网络文本挖掘技术在现代信息系统中的应用越来越广泛，其重要性也越来越突出，在信息资源处理的多个阶段，包括信息采集前后的预处理，信息编辑或加工时的辅助标引、信息服务时的摘要等信息调用参考、信息检索时智能辅助的功能，都需要依赖网络文本挖掘技术来实现。

2. Web 挖掘

比网络文本挖掘更复杂和应用更广泛的是 Web 挖掘。互联网的“信息很密，价值发稀”，人们被大量的信息流所淹没而仍然渴望从中获取知识和价值。Web 挖掘能够在网络上帮助文件和服务定位。搜索引擎就是这种作用最基本的体现，同时也是引导更复杂的 Web 挖掘形式必要的最初行为，它还包括信息的提取功能，这里的信息是指在搜索行为中的数字或文本数据。被搜集到的数据包括数字、文字、图片以及其他数字形式的媒介。Web 挖掘在网站上的另外一个关键行为是查看用户行为，研究网络用户的模式不仅有利于预测用户行为，还可以通过一些研究得到的结果改善网站的设计，以达到提高浏览量或者销售业绩的目的。Web 挖掘的研究包含以下 3 类：Web 内容挖掘（Web content mining）、Web 结构挖掘（Web structure mining）和 Web 使用模式挖掘（Web usage mining）。

Web 内容挖掘是从网上搜集有用的信息（包括网民访问信息），挖掘网页本身所含的内容和网页后台服务器搜集到的网民浏览网页时所留下的痕迹。比如购物网站亚马逊（Amazon. cn）首页上会出现“与您浏览过的商品相关的推荐”或者“根据浏览记录为您推荐”的商品。实现这个功能的过程其实是在拥有庞大的用户浏览数据库的基础上，了解顾客的购买目标并展开聚类分析，从而预测顾客还可能想要什么商品。Web 内容挖掘的好处是数据的真实性和样本量提高了其结果的有效性。

Web 结构挖掘是探寻网页与网页之间的关系，或者超链接之间的结构关系。一旦明确了这些结构，数据挖掘人员可以在不同的网站之间方便地查找同类或者近似的内容，或者找到一些更优化的网站设计方式。

Web 使用模式挖掘是通过分析来自网络服务器的二手数据（元数据）得到关于网民使用网络的路径或者习惯，这些网络使用模式可以是广义的、普通的，也可以根据客户的要求集中地挖掘某一类用户或者某一类网站的使用模式。网络服务日志是取得此类信息的最主要的方法，这些信息经常存储在网络数据仓库中，等待进一步的数据挖掘。

9.4 未来的挑战

人类因为数字才感觉世界更加可靠，并且依赖数字工具探索宇宙的奥秘。现代金融、电信等行业的业务本身就是对数据的存储、挖掘、传输，或者说靠挖掘数据做出决策。在大数据背景下，传统的数据挖掘已经不能满足分析和挖掘海量信息的需要了。目前的大多数思路是，以“解码”的方式将大量非结构化数据转为结构化数据，将多维度的信息以计算机的二维形式呈现，然后归于结构化的数据处理方式。其中的危险是，“解码”工具决定了“解码”的结果，从而导致一些不能被结构化的信息流失。因此，在未来几年中，数据挖掘的需求可能导致数据搜集、存储方式的改变，这或许会成为信息行业的一个巨大变革。

传统数据统计的危险在于把所有数据在量上进行比较并得出结论，而它的假设是所有数据都是同质的。这是一个可疑的命题。一些技术人员已经意识到了这个问题，正在开发更加类似人类自然语言的数据挖掘方式。“异质”数据的挖掘技术才刚刚进入开发阶段。

这只是数据挖掘的一个潜在的危险。而另外一个更迫切、更显而易见的危险是“错进，错出”（Garbage In，Garbage Out，GIGO）。这种危险在于人类现在不缺少信息，或者说是手中的信息太多而无所适从。人类目前抓取和存储信息的能力大增，但是如何辨别数据的价值从而防止大量的错误信息进入待挖掘的数据，还需要技术的进一步发展。

目前已经有一些公司试图在数据挖掘中找到更多价值，它们开发的数据挖掘工具开始嵌入各个需要数据分析的企业的核心，例如 Hadoop 平台、SOL Server 等都开始深入海量数据的挖掘。国内的购物网站之一淘宝网也利用其掌握的一手用户数据推出“淘宝魔方”服务，通过后台数据挖掘用户评论、浏览量、收藏量等来预测某个商家或某件商品的销售趋势。越来越多的个体商家开始求助于销售数据挖掘来提高未来的业绩。

大数据时代的数据挖掘方式必将更加人性化、社会化，以人为中心来改进计算机和互联网技术。这需要改变过去已经建立起来的一些数据存储和传输的方式，如社交网站用户之间的交往模式、上亿张图片被浏览的记录等。大的变革预示着行业未来相关的人才将会紧缺，资金和项目都会大量涌入大数据挖掘业务。这种业务不是依靠单个公司或者单个行业就足够的，正如人际关系网的交叠，在大数据时代，信息产业和互联网通过大数据挖掘出来的商业价值将制造业、服务业、农业等产业更加紧密地整合在一起。大数据时代的技术飞跃需要一个新的“曼哈顿计划”整合公司间、行业间的资源和人才优势。对于中国来说，庞大的用户基数和持续稳定的经济、行业发展状况为大数据挖掘行业提供了优良的发展基础，就像 20 年前，很多人还不知网络为何物、有何用途，而现在没有一天不靠互联网工作、生活一样。在下一个 10 年，大数据挖掘、云计算等或将改变商业的运作模式和人们的日常行为，这一趋势已经初现端倪。

【课后习题】

1. 什么是大数据？
2. 数据挖掘有哪几种方法？
3. 大数据的特点有哪些？
4. 请列举几个日常生活中大数据技术的应用实例。

项目十

人工智能基础及应用

10.1 人工智能的概念

党的二十大报告指出，构建新一代信息技术、人工智能等一批新的增长引擎。随着数字经济的发展，人类对各个行业的智能化应用具有非常迫切的需求，而人工智能（AI）正肩负着推动数字经济纵深发展的重任。人工智能技术将成为推动社会经济发展的重要基础支撑，它将与互联网一样，通过与实体经济的融合，通过各种技术、产品和工具，融入各行各业，不断改造各个行业的发展水平，创造新的服务体系、价值体系和产业体系。

人工智能是研究、开发用于模拟、延伸和扩展人的智能的一种理论、方法、技术及应用系统的一门新的技术科学。但是不同科学背景的人工智能学者对人工智能定义有不同的理解，具体定义如下。

定义一：人工智能就是机器可以完成人们不认为机器能胜任的事。它揭示的是大众看待人工智能的视角，直观易懂，但这个定义非常主观，也非常有趣——一个计算机程序是不是人工智能，完全由这个程序的所作所为是不是能让人目瞪口呆来界定。

定义二：人工智能就是与人类思考方式相似的计算机程序。这是人工智能发展早期非常流行的一种定义方式，从根本上讲，这是一种类似仿生学的直观思路。

定义三：人工智能就是与人类行为相似的计算机程序。这是实用主义的一种体现，是计算机科学界的主流观点，也是一种从实用主义出发，简洁、明了的定义。和仿生学派强调对人脑的研究与模仿不同，实用主义者从不觉得人工智能的实现必须遵循特有的规则和理论框架。

定义四：人工智能就是会学习的计算机程序。这一定义几乎将人工智能与机器学习等同。但从总体上说，计算机的学习水平还远远达不到人类的境界。如果人工智能是一种会学习的机器，那未来着重需要提高的就是让机器学习的抽象或归纳能力向人类看齐。

定义五：人工智能就是根据对环境的感知，做出合理的行动，并获得最大收益的计算机程序。这一定义既强调人工智能可以根据环境感知做出主动反应，又强调人工智能所做出的反应必须达到目标，同时，不在强调人工智能对人类思维方式或人类总结的思维法则的模仿。

10.2 人工智能的发展历程

一、孕育期（1943—1955 年）

人工智能最早是 Warren McCulloch 和 Walter Pitts 于 1943 年提出的一种人工神经元模型。1950 年，阿兰·图灵在《计算机器与智能》文章中提出了图灵测试。

二、诞生期（1955—1956 年）

普林斯顿大学研究人工智能的影响人物约翰·麦卡锡联合斯坦福大学的几个著名学者在达特茅斯组织会议，发表提案。

三、形成时期（1956—1970 年）

1958 年，人工智能程序“逻辑理论家出现”，同年人工智能编程语言 Lisp 提出。1960 年，又出现了机器翻译语义网络。

1965 年，首个智能专家系统——Dendral 出现，它用于有机化合物分子推理。

四、发展和成熟时期（1970—1988 年）

1970—1974 年，人工智能经历了研究费用裁减的阶段。

1974 年，人们提出了规则医学诊断方法。

1980 年，美国人工智能大会在斯坦福大学召开。

20 世纪 80 年代，机器学习出现，人们提出决策树，突破感知层面。

五、爆发时期（1988 年至今）

1988 年，美国取消人工智能的研究费用，人工智能走向了第二个寒冬。

1997 年，人们发展了语音识别系统；机器学习通过计算机能够完整地模拟人的动作和行为习惯；神经网络快速发展；大数据的广泛应用加快了人工智能的发展进程。

2005 年，斯坦福大学的 Stanley 赢得无人驾驶冠军。

2006 年，Science 发表有关深度学习的文章。

2012 年，苹果公司推出智能导航软件，广泛使用语音识别系统。

2015 年，谷歌公司发表了 Deep Q - network，通过识别记忆使计算机达到人类操控水平。同年，阿尔法狗打败了欧洲围棋冠军。

10.3 人工智能分类

人工智能可能是人类迄今为止最复杂、最令人震惊的创造。但不要忽略一个事实，那就是这个领域基本上还没有被开发，这意味着我们今天看到的每一个令人惊叹的人工智能应用程序可以说只是人工智能的冰山一角。

由于人工智能研究的目的是让机器模仿人类的功能，因此人工智能系统能够复制人类能力的程序被用作判断人工智能的标准。基于这一标准，人工智能通常有两种分类方式。一种是基于它们与人类思维的相似性分为反应机器人工智能、有限的记忆人工智能、心智理论人工智能和有自我意识的人工智能；第二种分类方法根据技术发展将人工智能分为人工窄智能（ANI）、人工一般智能（AGI）、人工超智（ASI）。

一、反应机器人工智能

反应机器是最古老的人工智能系统，它的能力极其有限。它模仿人类大脑对各种刺激做出的反应。反应机器没有基于内存的功能。这意味着反应机器不能使用以前获得的经验来进行当前的操作。

二、有限的记忆人工智能

有限的记忆人工智能具有有限内存，虽然反应慢，但能够从历史数据中学习决策。目前所有的人工智能深度学习系统都是通过存储在内存中的大量训练数据来训练的，以形成一个参考模型，用于解决实际问题。

三、心理理论人工智能

心理理论人工智能是识别需求、情感、信念和思维的过程，是人工智能系统的下一个层次、创新阶段。要实现人工智能的心理理论水平，还需要人工智能其他分支的发展。这是因为，要真正理解人类的需求，人工智能机器必须将人类视为个体，其思维可以由多种因素塑造，本质上是"理解"人类。

四、有自我意识的人工智能

有自我意识的人工智能是一种已经进化到与人类大脑十分相似的人工智能，以至于它已经发展出了自我意识。这种类型的人工智能不仅能够理解和唤起与之互动的人的情感，还拥有自己的情感、需求、信仰和潜在的欲望。

五、人工窄智能

人工窄智能又称作弱人工智能（Artificial Narrow Intelligence），是通过程序将人类所知的知识、逻辑、思维等告知机器，从而借助机器的高速计算和存储来实现类人功能自主执行特定任务的人工智能系统。这种类型的人工智能代表了现在所有的人工智能，甚至包括迄今为止最复杂和最有能力的人工智能。这些机器只能做它们被编程要做的事情，因此它们的能力非常有限。

六、人工一般智能

人工一般智能又称为强人工智能（Artifical General Intelligence）。人工一般智能是指人工智能体完全像人类一样学习、感知、理解和工作。它能够独立地构建多种能力，并形成跨领域的联系和概括，大大减少培训所需的时间。

这是一种类似于人类级别的人工智能。创造强人工智能比创造弱人工智能难得多，现在还做不到。强人工智能就是一种宽泛的心理能力，能够进行思考、计划，解决问题，进行抽象思维，理解复杂理念，进行快速学习和从经验中学习等。强人工智能在进行这些操作时应该和人类一样得心应手。

七、人工超智能

人工超智又称为超级人工智能（Artifical Super Intelligence）。人工超智能的发展可能标志着人工智能研究的顶峰，因为人工超智能将成为迄今为止地球上最有能力的智能形式。人工超智能除了复制人类的多种智能，还将在它所做的每一件事上达到完美，因为它拥有压倒性的更大内存、更快的数据处理和分析以及决策能力。人工超智能的发展将导致一个称为奇点的场景。尽管如此强大的机器似乎很吸引人，但这些机器也可能威胁人类的生存，或者至少威胁到人类的生活方式。

在这一点上，很难想象当更先进的人工智能出现时，世界会是什么样子。然而，很明显，要达到这一目标还有很长的路要走，因为目前人工智能的发展状况与它的发展方向相比仍处于初级阶段。对于那些对人工智能的未来持负面看法的人来说，这意味着现在担心奇点还为时过早，而且还有时间来确保人工智能的安全性。对于那些对人工智能的未来持乐观态度的人来说，人们仅触及了人工智能发展的表面，这一事实让未来更加令人兴奋。

10.4 人工智能的特点

新一代人工智能不但以更高水平接近人的智能形态，而且以提高人的智力能力为主要目标来融入人们的日常生活，比如跨媒体智能、大数据智能、自主智能系统等。在一些专门领域，人工智能的博弈、识别、控制、预测甚至超过人脑的能力，比如人脸识别技术。新一代人工智能技术正在引发链式突破，推动经济社会从数字化、网络化向智能化加速跃进。人工智能的特点大体包括 3 个方面。

一、通过计算和数据，为人类提供服务

从根本上说，人工智能必须以人为本，人工智能系统是人类设计出的机器，按照人类设定的程序逻辑或软件算法通过人类发明的芯片等硬件载体来运行或工作，其本质体现为计算，通过对数据的采集、加工、处理、分析和挖掘，形成有价值的信息流和知识模型，来为人类提供延伸人类能力的服务，来实现对人类期望的一些“智能行为”的模拟，在理想情况下必须体现服务人类的特点，而不应该伤害人类，特别是不应该有目的性地做出伤害人类的行为。

二、对外界环境进行感知，与人类交互互补

人工智能系统应能借助传感器等器件产生对外界环境（包括人类）进行感知的能力，可以像人一样通过听觉、视觉、嗅觉、触觉等接收来自环境的各种信息，对外界输入产生文字、语音、表情、动作（控制执行机构）等必要的反应，甚至影响环境或人类。借助按钮、键盘、鼠标、屏幕、手势、体态、表情、力反馈、虚拟现实/增强现实等方式，人与机器间可以交互与互动，使机器设备越来越“理解”人类乃至与人类共同协作、优势互补。这样，人工智能系统能够帮助人类做人类不擅长、不喜欢，但机器能够完成的工作，而人类则去做更需要创造性、洞察力、想象力、灵活性、多变性乃至用心领悟或需要感情的工作。

三、拥有自适应特性和学习能力，可以迭代演化

人工智能系统在理想情况下应具有一定的自适应特性和学习能力，即具有一定的随环境、数据或任务变化而自适应调节参数或更新优化模型的能力，并且能够在此基础上通过与云、端、人、物越来越广泛深入的数字化连接扩展，实现机器客体乃至人类主体的演化迭代，从而具有适应性、灵活性、扩展性，来应对不断变化的现实环境。

10.5 人工智能知识体系

人工智能包含基础知识体系和核心知识体系。人工智能基础知识体系涉及数学、经济学、神经科学等多门科学，是研究、开发用于模拟、延伸和扩展人的智能的理论、方法、技

术及应用系统的基础性学科；人工智能核心知识体系包括机器学习（Machine Learning）、知识图谱、自然语言处理、人机交互、生物特征识别、增强现实（AR）/虚拟现实（VR）等，目标是使机器能完成一些通常需要借助人类高端智能才能完成的复杂性工作。

一、机器学习

机器学习（图10-1）是一门涉及统计学、系统辨识、逼近理论、神经网络、线性优化、计算机科学与技术等诸多领域的交叉学科。人工智能技术的核心是研究计算机如何模拟或者实现人类的学习行为，来获取新的知识和技能，并重新组织完善已有的知识结构使之不断改善自身的性能。基于大数据的机器学习是现代智能技术中的重要方法之一，即从大量样本出发寻找规律进行预测。根据学习模式可将机器学习分为监督式学习、非监督式学习和强化学习等。

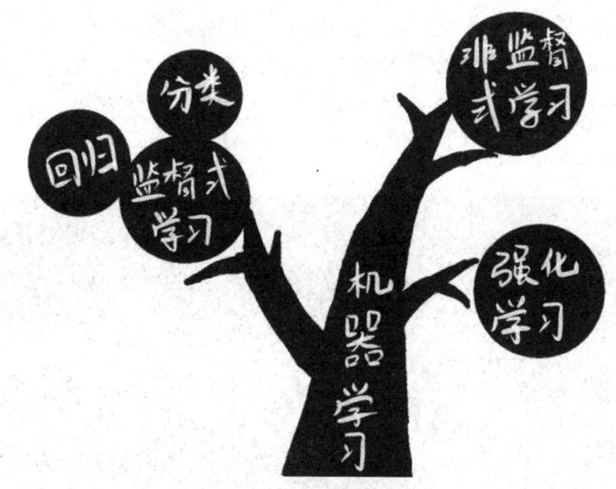

图10-1　机器学习

二、知识图谱

知识图谱（图10-2）本质上是结构化的语义知识库，是一种由节点和边组成的图文数据结构，以符号形式描述物理世界中的概念及其相互关系。其基本组成单位是“实体—关系—实体”三元组，以及实体及其相关“属性值”对。不同实体之间通过关系相互连接，构成网状的知识结构。在知识图谱中，每个节点表示现实世界中的实体，每条边为实体与实体之间的“关系”。通俗地讲，知识图谱就是把所有不同种类的信息连接在一起而得到的一个关系网络，提供了从“关系”的角度去分析问题的能力。

图10-2　知识图谱

三、自然语言处理

自然语言处理是计算机科学与人工智能领域中的一个重要方向，是实现人与计算机之间用自然语言进行有效通信的一种理论和方法，主要包括机器翻译、机器阅读理解和问答系统等。

四、人机交互

人机交互（图 10 - 3）主要研究人和计算机之间的信息交换，主要包括人到计算机和计算机到人的两部分信息交换，是人工智能领域的重要的外围技术。人机交互是与认知心理学、人机工程学、多媒体技术、VR 技术等密切相关的综合学科。传统的人与计算机之间的信息交换主要依靠交互设备进行，主要包括键盘、鼠标、操纵杆、数据服装、眼动跟踪器、位置跟踪器、数据手套、压力笔等输入设备，以及打印机、绘图仪、显示器、头盔式显示器、音箱等输出设备。人机交互除了传统的基本交互和图形交互外，还包括语音交互、情感交互、体感交互以及脑机交互等。

图 10 - 3　人机交互

五、计算机视觉

计算机视觉是使用计算机模仿人类视觉系统的科学，即让计算机拥有类似人类提取、处理、理解和分析图像以及图像序列的能力。自动驾驶、机器人、智能医疗等领域均需要通过计算机视觉技术从视觉信号中提取并处理信息。近年来随着深度学习的发展，预处理、特征提取与算法处理渐渐融合，形成端到端的人工智能算法技术。根据解决的问题，计算机视觉可分为计算成像学、图像理解、三维视觉、动态视觉和视频编解码五大类。

六、生物特征识别

生物特征识别（图 10 - 4）是指通过个体生理特征或行为特征对身份进行识别认证。从应用流程看，生物特征识别通常分为注册和识别两个阶段。在注册阶段通过传感器对人体的生物表征信息进行采集，如利用图像传感器对指纹和人脸等光学信息进行采集、麦克风对说话声等声学信息进行采集，利用数据预处理以及特征提取技术对采集的数据进行处理，得到相应的特征进行存储。

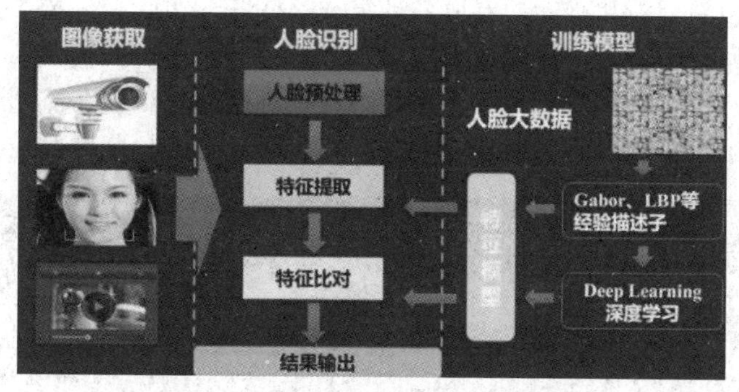

图 10－4　生物特征识别

生物特征识别技术涉及的内容十分广泛，包括指纹、掌纹、人脸、虹膜、指静脉、声纹、步态等多种生物特征，其识别过程涉及图像处理、计算机视觉、语音识别、机器学习等多项技术。目前生物特征识别技术作为重要的智能化身份认证技术，在金融、公共安全、教育、交通等领域得到广泛的应用。

七、AR/VR

AR/VR 是以计算机为核心的新型视听技术。其结合相关科学技术，在一定范围内生成与真实环境在视觉、听觉、触感等方面高度近似的数字化环境。用户借助必要的装备与数字化环境中的对象进行交互，相互影响，获得近似真实环境的感受和体验，通过显示设备、跟踪定位设备、触感交互设备、数据获取设备、专用芯片等实现。

AR/VR 重点研究符合人类习惯的数字内容的各种显示技术和交互方法，来提高人类对复杂信息的认知能力，其难点在于建立自然和谐的人机交互环境。

10.6　人工智能的应用领域

人工智能具有广阔的应用前景，下面介绍几个目前人工智能应用的典型场景。

一、智能家居

智能家居主要是基于物联网技术，通过智能硬件、软件系统、云计算平台构成一套完整的家居生态圈。用户可以远程控制设备，设备间可以互连互通，并进行自我学习等，从而整体优化家居环境的安全性、节能性、便捷性等。值得一提的是，近两年随着智能语音技术的发展，智能音箱成为一个爆发点。小米、天猫等企业纷纷推出自身的智能音箱，不仅成功打开了家居市场，也为未来更多的智能家居用品培养了用户习惯。但目前家居市场智能产品种类繁杂，如何打通这些产品之间的沟通壁垒，以及建立安全可靠的智能家居服务环境，是该行业下一步的发力点。

二、智能零售

人工智能在零售领域的应用已经十分广泛，无人便利店、智慧供应链、客流统计、无人仓、无人车等都是其热门方向（图 10－5）。京东自主研发的无人仓采用大量智能物流机器人进行协同与配合，通过人工智能、深度学习、图像智能识别、大数据应用等技术，让工业

机器人可以进行自主的判断和行动，完成各种复杂的任务，在商品分拣、运输、出库等环节实现自动化。图普科技则将人工智能技术应用于客流统计，通过人脸识别客流统计功能，门店可以从性别、年龄、表情、新老顾客、滞留时长等维度建立到店客流用户画像，为调整运营策略提供数据基础，帮助门店运营从匹配真实到店客流量的角度提升准确率。

图 10－5　智能零售

三、智能交通

智能交通（图 10－6）系统是通信、信息和控制技术在交通系统中集成应用的产物。基于物联网技术，通过智能硬件、软件系统、云平台等构成一套完整的智能交通体系，对道路交通中的路基情况、交通情况、车辆流量、行车速度等信息进行采集和分析，通过后台分析模型和算法处理，可帮助实现交通的智能监控和调度、违法事件的取证分析、道路的监控和智能维护，便于提升通行能力，简化交通管理。智能交通应用最广泛的地区是日本，其次是美国、欧洲等。目前，我国在这方面的应用主要是通过对交通中的车流量、行车速度进行采集和分析，对交通实施监控和调度，从而有效提高通行能力、简化交通管理、减少环境污染等。

图 10－6　智能交通

四、智能医疗

目前，在垂直领域的图像算法和自然语言处理技术已基本满足医疗行业的需求，市场上出现了众多技术服务商，例如提供智能医学影像技术的德尚韵兴、研发人工智能细胞识别医学诊断系统的智微信科、提供智能辅助诊断服务平台的若水医疗、统计及处理医疗数据的易通天下等。尽管智能医疗在辅助诊疗、疾病预测、医疗影像辅助诊断、药物开发等方面发挥着重要作用，但由于各医院之间医学影像数据、电子病历等不流通，导致企业与医院之间合作不透明等问题，使技术发展与数据供给之间存在矛盾。

五、智能教育

科大讯飞、文学教育等企业早已开始探索人工智能在教育领域的应用。通过图像识别，可以进行机器批改试卷、审题答题等；通过语音识别可以纠正、改进发音；而人机交互可以进行在线答疑解惑等。人工智能和教育的结合在一定程度上可以改善教育行业师资分布不均衡、费用高昂等问题，从工具层面给师生提供更有效率的学习方式，但还不能对教育内容产生较多实质性的影响。

六、智能物流

物流行业通过利用智能搜索、推理规划、计算机视觉以及智能机器人等技术在运输、仓储、配送、装卸等流程上已经进行了自动化改造，能够基本实现无人操作。比如利用大数据对商品进行智能配送规划，优化配置物流供给、需求匹配、物流资源等。目前物流行业大部分人力分布在“最后一公里”的配送环节，京东、苏宁、菜鸟争先研发无人车、无人机，力求抢占市场。

七、智能安防

近些年来，中国安防监控行业发展迅速，视频监控数量不断增长，在公共场所监控摄像头安装总数已经超过了1.75亿。而且，在部分一线城市，视频监控已经实现了全覆盖。不过，相对于国外而言，我国安防监控领域仍然有很大成长空间。

截至当前，安防监控行业的发展经历了4个阶段，分别为模拟监控、数字监控、网络高清和智能监控。每一次行业变革都得益于算法、芯片和组件的技术创新，以及由此带动的成本下降。因此，产业链上游的技术创新与成本控制成为安防监控系统功能升级、产业规模增长的关键，也成为产业可持续发展的重要基础。

10.7　人工智能的未来

经过60多年的发展，人工智能在算法、计算能力和数据三方面取得了重要突破，正处于从“不能用”到“可以用”的技术拐点，但是距离“很好用”还有诸多瓶颈。从发展趋势上看，人工智能有可能在以下几个方面快速发展。

一、从专用人工智能到通用人工智能

实现从专用人工智能向通用人工智能的跨越式发展，既是下一代人工智能发展的必然趋

势，也是研究与应用领域的重大挑战。通用人工智能是各国争相竞争的技术核心要点，我们不仅要实现民用技术上的突破，更要在科技、军事上实现通用智能化。

二、从人工智能向人机混合智能发展

借鉴脑科学和认知科学的研究成果是人工智能的一个重要研究方向。人机混合智能旨在将人的作用或认知模型引入人工智能系统，提升人工智能系统的性能，使人工智能成为人类智能的自然延伸和拓展，通过人机协同更加高效地解决复杂问题。在我国新一代人工智能规划和美国脑计划中，人机混合智能都是重要的研发方向。

三、从“人工+智能”向自主智能系统发展

当前人工智能领域的大量研究集中在深度学习，但是深度学习的局限是需要大量人工干预，比如人工设计深度神经网络模型、人工设定应用场景、人工采集和标注大量训练数据、用户需要人工适配智能系统等，非常费时费力。因此，科研人员开始关注减少人工干预的自主智能方法，提高机器智能对环境的自主学习能力。例如阿尔法狗系统的后续版本阿尔法元从零开始，通过自我对弈强化学习实现围棋、国际象棋、日本将棋的“通用棋类人工智能”。在人工智能系统的自动化设计方面，谷歌公司提出的自动化学习系统（AutoML）试图通过自动创建机器学习系统降低人员成本。

四、人工智能将加速与其他学科领域的交叉渗透

人工智能本身是一门综合性的前沿学科和高度交叉的复合型学科，研究范畴广泛而又异常复杂，其发展需要与计算机科学、数学、认知科学、神经科学和社会科学等学科深度融合。随着超分辨率光学成像、光遗传学调控、透明脑、体细胞克隆等技术的突破，脑科学与认知科学的发展开启了新时代，能够更大规模、更精细地解析智力的神经环路基础和机制，人工智能将进入生物启发的智能阶段，依赖于生物学、脑科学、生命科学和心理学等学科的发现，将机理变为可计算的模型，同时人工智能也会促进脑科学、认知科学、生命科学甚至化学、物理学、天文学等传统科学的发展。

五、人工智能将推动人类进入普惠型智能社会

“人工智能+X”的创新模式将随着技术和产业的发展日趋成熟，并对生产力和产业结构产生革命性影响，推动人类进入普惠型智能社会。我国经济社会转型升级对人工智能有重大需求，在消费场景和行业应用需求的牵引下，需要打破人工智能的感知瓶颈、交互瓶颈和决策瓶颈，促进人工智能技术与社会各行各业的融合，建设若干标杆性的应用场景创新，实现低成本、高效益、广范围的普惠型智能社会。

【课后习题】

1. 什么是人工智能？
2. 人工智能具有什么特点？
3. 人工智能如何分类？
4. 你对人工智能的应用及发展前景有着怎样的想象？

项目十一

信息技术在社会生产生活中的应用

11.1 信息技术在化工行业的应用

化工作为我国国民经济的支柱产业，在国家的建设和发展中发挥着极其重要的作用。根据国家统计局数据显示，截至2017年年末，石油和化工行业累计主营业务收入为13.78万亿元，占全国规模工业主营收入的11.8%。尤其在近几年，国内炼油化工产业蓬勃发展，先后有15个大型石化基地投入规划与建设，一系列按照国际标准和规格设计的现代化装置拔地而起。与此同时，随着VR、云计算、大数据、人工智能等技术的快速发展，越来越多的新技术正在应用于传统工业领域，在帮助企业实现产业转型与技术、效益提升方面起到了关键的作用。

一、VR技术在石油化工领域的应用

VR技术在能源行业的信息交流和管理决策中发挥着越来越重要的作用（图11－1）。企业的一些项目培训，同样离不开VR。以石油化工领域为例，众所周知，大型石油罐区集中了大量危险化学品，一旦操作不当，便可能引发火灾、爆炸事故，并造成环境污染等次生灾害。因此，政府和企业对大型石油罐区的安全性和操作人员的专业性提高了很高要求。

然而由于石油、天然气等的开采是一项高技术、高难度的工艺工程，开发过程中的不同环节都有不同的操作和潜在风险，传统的石油化工培训耗时耗力，效率较低，成本较大，培训效果一般。

图11－1　VR在石油化工领域的应用

将VR技术应用到石油化工培训中，以虚拟现实的方式重现石油天然气开发、净化的实际场景，从而协助一线工人快速理解开发过程，熟悉各项工艺流程，避免操作不当引起的事故，同时为石油化工行业的工作效率提升和可持续发展奠定了基础。技术可以构建储罐区应急救援及安全培训系统，它不但能向员工呈现操作流程的各种场景，引导他们学习、掌握安全操作技能，还能模拟事故发生时火光熊熊的场面，让员工在沉浸式虚拟影响中开展救援行动（图11－2）。

图11－2　VR应急演练

石油安全VR仿真培训系统将所有可能出现的突发情况进行还原，提高了石油化工企业对未知突发情况的应对措施，极大地便利了石油安全的防护工作。构建的能源安全作业虚拟仿真训练系统，提供多人在线交互式训练功能，能有效地解决了能源安全作业培训的成本、安全和效果问题，并且通过虚拟仿真设备拆装培训系统可以更详细地剖析机械零部件的内部构造及拆卸原理，让工人对机械零部件的构造及工作原理更加熟悉（图11－3）。

图11－3　虚拟仿真设备拆装

另外，天然气净化VR培训系统通过逼真的效果、专业的内容，让受训人员从实践中了解设备及工具的功能和作用；同时，学员可重复练习以规范操作，熟悉事故规避和应急处理

手段，减少设备损耗和使用不当导致的事故。

利用 VR 技术进行培训可进一步提高员工对工作场所危害因素的识别能力和自我防护意识，增长在个人防护用品选择、使用和维护方面的知识，纠正以往在个人防护用品使用过程中的一些不足和误解，有助于员工防范直接作业环节中的各种职业健康危害。

VR 技术的引入改变了石油化工领域现有的培训及工作模式，打破了传统工作模式耗时耗力的弊端，降低了特殊行业的高危性和不安全性，同时也提升了员工的安全意识、安全保障。让越来越多的人看到了中国能源事业的新发展，也让越来越多的行业龙头企业提高了对 VR 等高端技术的重视。VR 技术与传统领域的深度结合，将大大提高培训效率，提高传统行业的生产效率，确保安全生产。

将 VR 技术应用于员工技能培训，不仅可以避免重复培训，节省人力、物力和资金，而且能够及时反馈考核和培训成果，为石油化工行业的工作效率提升和可持续发展奠定了基础。

二、大数据在石油化工领域的应用

1. 石油化工行业大数据的特点

石油化工行业相较于矿山、冶金等行业，具有易燃易爆、流程工艺复杂、控制要求精细、信息高度集成等鲜明特点，在炼油化工的加工过程中，从原料到中间馏分与产品，物性分析数据纷繁多样；在生产控制中，各装置单元的流量、温度、压力、液位数据每秒都在发生变化，按平均每套装置采集 1 000 个数据点，每 10 s 存储一个数据计算，即使经过数据压缩之后，一个大规模石油化工集团每年也将产生几十 TB 的海量数据。石油化工产业链示意如图 11－4 所示。

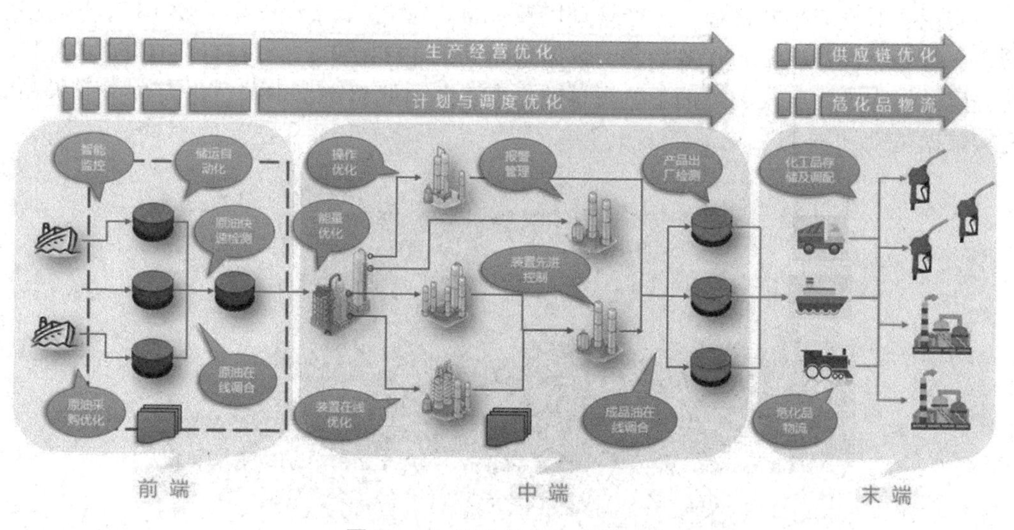

图 11－4　石油化工产业链示意

石油化工行业产生的大数据，除了数量庞大外，还带有明显的行业特点，具体表现如下。

（1）数据来源复杂。石油化工行业的大数据，一方面来自原料、中间产品、成品的物性分析，另一方面来自中间控制过程和生产管理过程。单就原料中的原油而言，每种原油的详细评价数据就多达两三百个。对于生产过程而言则更为复杂，各种不同类型的数据来自分布于炼化装置现场的各类检测仪器。因此，对于这种多源的数据如何进行分析、处理和存储，成为石油化工行业大数据应用的首要问题。

（2）数据种类多样。站在数据治理的角度，石油化工行业的大数据格式种类繁多，既有由 DCS 系统、RTDB 系统产生的数据，也有由工业电视或监控系统产生的视频、音频、图像数据，还有由各个专业单元产生的大量文档资料数据，这些异构数据往往在某一个应用场景中同时被解析和利用，因此需要按照数据治理要求对各类异构数据进行标准化处理。

（3）数据质量参差不齐。由于石油化工生产现场的环境相对比较苛刻，由此导致产生的各类现场数据质量参差不齐。在石油化工行业大数据应用当中，这类数据的甄别和分析往往占用了分析人员大量的时间和精力，成为影响大数据分析结果和效率的关键因素。

（4）与业务的紧密结合。不同于金融及消费类大数据，石油化工行业有着特殊的行业技术门槛，大数据从业人员需要对所分析的装置或业务目标有充分的认知，由此才能在数据分析过程中规避各种干扰因素，发现潜在的优化路径，同时作为石油化工从业人员，还需要充分接受大数据分析这一新型的优化工具，在确定优化方案之后不折不扣地执行，确保优化的目标能够达成。

2. 石油化工行业大数据的应用

在国内，石油化工行业大数据应用探索，最早始于中国石化早期的信息化建设。2007年年底，为了更好地对中国石化全系统内的炼油生产装置和工艺技术进行集中管理，同时使抚研院、石科院、SEI、LPEC 等系统内部的科研设计单位更便利地服务于石油化工企业，中国石化炼油事业部及信息部组织系统内部的科研设计及 IT 开发单位，开始了基于炼油装置数据采集与分析的信息化系统建设工作。

该系统最早从加氢装置开始进行试点，后历经 10 年时间覆盖了整个中国石化五大类四小类全部炼油装置。该系统的建设动员了中国石化组织下属 34 家企业以及各专业公司等数百人，实现了对企业生产过程，生产管理以及 LIMS、MES 等系统产生的共 16 万点数据的综合管理，每年沉淀数据量 300 多亿条，数据增量达到 17TB/年，经过超过 10 年的数据积累，最终构建了国内最为庞大的炼油工艺海量数据库，并由此奠定了中国石化大数据分析和应用的坚实数据基础（图 11－5）。

图 11－5　炼油技术分析及远程诊断系统

在炼油技术分析及远程诊断系统开发建设中，技术团队对近 400 套炼油主生产装置开发了 60 余类 2 700 多个工艺数理模型，该系统实时对催化剂剩余寿命进行预估，对产品收率进行在线预测，评估装置的腐蚀风险等；整合了中国石化专家资源，通过搭建生产营运诊断平台，进行网上巡检及远程事故诊断；同时建成了炼油知识管理平台，积累专家诊断案例，沉淀专家知识和经验，以此指导企业工艺生产操作，提升企业工艺技术管理水平。炼油技术分

析及远程诊断系统的成功实施，为后续石油化工领域开展大数据建设的方法论、模型构建和应用场景的设计方面起到了较好的借鉴作用。

石油化工行业大数据应用，在实践中往往是从企业的“痛点”入手。炼化过程中不同的装置和单元，有着不同的物理和化学反应特征。虽然当下已有不少过程模拟软件或者机理模型来描述生产的重要过程，但由于炼化的复杂性，现实中仍然有大量的现象是机理模型或模拟软件所不能解释的。因此，在面临此类问题时，借助大数据技术独辟蹊径，在较短的时间内从众多的因果变化关系中找出满足优化目标的操作参数，成为解决许多生产问题的有效手段。

面向炼化领域的大数据应用，除了需要专业的平台以及分析工具（算法）之外，专业的技术团队以及企业业务部门的深度参与也十分必要。海量数据经过抽取、转换与加载（ETL）后，需要企业精通生产、设备或相关方向的业务专家对提炼出来的关联关系进行深度分析与确认，帮助大数据技术人员对模型进行不断迭代，以确保模型的稳定性和优化结果的准确性。

石油化工行业大数据应用与实践，要求业务人员在生产管理的过程中敢于突破传统思维，用全局视角来思考和设计应用场景，帮助企业解决生产瓶颈、优化生产过程、提升经济效益。例如催化裂化装置的操作如何调整；在确保目标产品结构最优化、高附加值产品收率最大化的同时，如何将装置能耗和剂耗维持在较低的水平；加氢裂化装置中如何通过分析原料性质、各床层温度与温升、冷氢量的关系来预测催化剂的使用寿命等；在设备管理层面，如何通过图像、视频和音频识别技术来提前对设备的异常情况进行预警；在整个石油化工企业层面，同类型装置在不同原料和操作状态下，装置的效益和产出区别有多大。

3. 展望

从长远的角度看，石油化工行业正步入前所未有的“洗牌”时代。在此前提之下，未来的竞争将是人才和技术的全面竞争。企业除了在石油化工主业方面进行结构优化与调整之外，抓紧对工业数据基础进行改造和建设，提升资源协调与整合能力，为下一个10年的数字化竞争做好准备也是非常重要的。

可以预见，随着云计算、物联网、人工智能、大数据等技术与石油化工行业的深度结合，这些新技术将不断推动传统石油化工行业完成新旧动能的转换，实现更加全面的感知、更加快捷的反应、更加智慧的决策，塑造传统石油化工行业的新未来！

三、人工智能在石油化工领域的应用

人工智能近几年来发展较为迅速，部分发达国家已经把发展人工智能作为提升国家竞争力的手段之一。人工智能正在向工业、教育、医疗、交通等行业迅速渗透，在石油化工领域也有一些初步的应用和探索。由于石油化工行业的生产流程长、生产所涉及物料的危险性大、生产工艺条件苛刻、关键设备能力和操作人员的技能直接影响产出情况，所以石油化工企业的技术应用及管理目标是有效地监测和控制生产，使生产过程处于最佳状态，节省原材料，降低能耗，提高产品收率，提高产品质量和设备的使用寿命，安全、稳定生产。

发展人工智能恰好可以有效地解决这些难题，人工智能技术可以有效控制生产过程，提高效率，进一步助力石油化工企业从科学生产管理、经营决策管理、安全辅助管理多方面大幅度提升。

1. 人工智能巡检系统

传统人工巡检采用在线或离线巡更棒方式巡检，在规定的时间、规定的点位完成常规巡检，但是这样的方式和实际巡检需求大相径庭。目前石油化工企业应用较为广泛的人工智能巡检系统能够根据管理需求制定巡检路线，结合人员定位系统，巡检人员按照巡检顺序巡检，偏离正常的路线时系统会报警。同时佩戴智能巡检仪将装置的情况采用拍照、录像等方式，通过网络传送至控制中心，并与控制中心人员实时对话，及时解决隐患和故障。人工智能巡检系统会自动生成台账及日志，进一步规范管理和考核需要。

2. 数字化工厂

随着两化融合的推进，数字化工厂已成为当前国内外石油化工企业优化制造资源的主流趋势。数字化工厂可实现生产运营的数字化、可视化、集成化，从而提高企业生产效率和安全运行能力。

数字化工厂是建立与实际装置成一定比例的工程级的数字模型，并配套智能 P&ID、工程图表等数字化的可维护数据管理系统，建立全厂统一的数据管理平台，把企业基础数据信息和运营数据信息以数字的形式保存起来形成企业的数字化资产，把看不见、摸不着的工厂管理者思想、管理流程及经验成果变成可看、可复制、可分析、可利用的数字化资产。数字化工厂从建立到技改、检修，都能对设备、仪表、管道等的变更数据进行一致性输入和管理，实现一次变更，使多方受益。例如在检修编制中，选择需要检修的部位，系统可自动编制检修计划，提高检修的预算精度，可在三维场景中模拟动土作业，一目了然地掌握地下设施的材质、介质、埋深等。数字化工厂从设备管理、生产管理到安全管理等多方面进行全面管控，并在这些数据的基础上建立应用扩展，包括安环一张图、视频监控一张图，为企业信息化应用提供“多维交互、多元可视”的数据管理服务。

3. 无人机的应用

目前石油化工企业的许多凉水塔高达 100 多米、反应塔高达 30 多米，无法靠人力实现巡检以及时发现隐患，因此无人机的应用应运而生。无人机一般用于高远处的设备巡检，自身搭载专业航拍设备（高清摄像机、红外热像仪等），拍摄真实的影像资料，并回传到地面站或监控中心，使巡检人员实时观察设备的真实情况（图 11－6）。一般无人机体积较小，依靠飞行控件就可以对其进行操控，无人机可从不同角度和距离全面地对现场进行拍摄，还可根据巡检任务的不同，有针对性地选择搭载设备，例如同时搭配高清摄像设备及小型监测设备，可对重点部位监控泄漏情况。随着无人机技术的不断发展，各种有毒有害气体检测设备、热成像设备等搭载设备不断完善，无人机在石油化工领域的应用会越来越广泛。

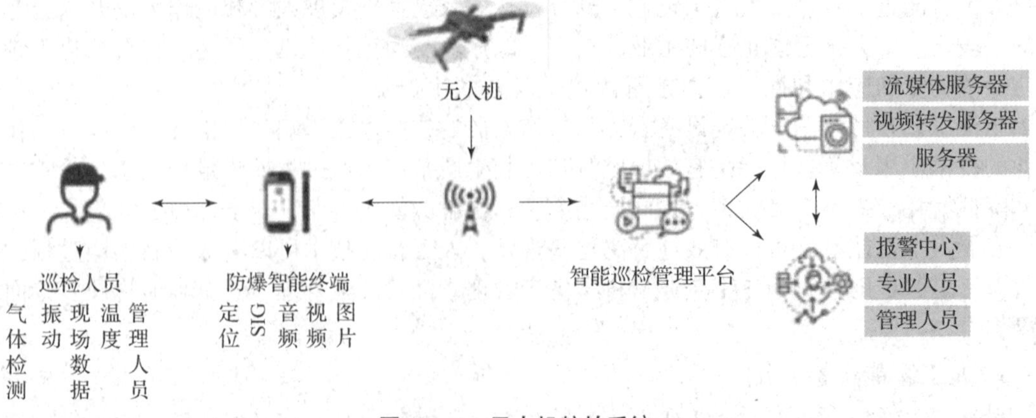

图 11－6　无人机航拍系统

4. 智能专家系统

石油化工企业的核心设备、大型机组及关键生产过程目前都建立了远程专家监控管理系统，实现厂级关键机组、生产过程的运行状态监控。远程监控技术可以提高企业的劳动生产率，对各对象进行全天候、全方位监控，及时发现甚至提前预测设备问题，这对于需要获得第一时间报警信息的石油化工生产来说是极为重要的。目前大部分专家系统采用静态管理方式，即专业人员分析状态图谱，可方便地掌握设备、工艺运行的状态，分析运行过程中存在的问题。新一代智能专家系统将互联网与大数据技术结合，用智能监控管理系统通过建模实现自学习能力，将实际运行趋势与拟合趋势图做比较分析，对偏离正常范围的数据将自动发出报警，这样动态的海量数据分析是人类专家所无法比拟的。智能专家系统将从静态人工分析走向大数据的智能专家分析阶段。

5. 人工智能在石油化工行业的展望

从生产方面看，石油化工行业是高危行业，可用人工智能如果能够代替危险岗位人员，在人力所不能涉及的区域全部采用智能机器、智能仪表、智能传输等方式和手段实现全自动化的生产，用智能自动化代替工人进行繁重的体力劳动，提高工作效率，更精准地提高生产水平。从经营方面看，实施进、销、存智能化的运算和结算，分析并科学地计算利润最大化时的产量和原油的存储量，这能够使员工真正从基础、重复、简单的工作人员转型为生产和经营方面的技能、技术专家，这是石油化工企业发展的另一个可期待的新阶段。

四、物联网技术在石油化工行业的应用

物联网技术在石油化工行业的应用前景十分广阔。不管是油井监测、异常情况警报，还是石化产品生产过程监控、储运状况动态跟踪，物联网技术所起到作用都值得重视。在多个应用场景中，物联网技术在生产过程监控方面所扮演的角色越来越重要。

1. 在石油化工物流领域中的良好应用

在当前我国石油化工领域中，物联网技术在很大程度上促进了电子提单的良好发展，产生了一定的社会效益。中国石化公司选用射频卡电子提单代替其成品油中的纸质提单，另外一些石油化工企业在付油系统中大力推广物联网技术。一些石油化工企业在其化工产品等物流管理中对射频电子提单进行运用。电子提单和 ERP 系统结合，能够增强销售分销以及物料管理功能，进而实现信息流以及资金流和物流的有机融合，同时还能有效利用系统以及实现资源的良好配置。电子提单具有操作简单、交易安全的特点，能够降低物流成本，还能获得良好的评价。在石油化工领域积极应用电子提单是重大的进步。

2. 在资产跟踪以及石油产品中的良好应用

传感网可探测地理位置，同时能够对数据进行连续监测，因此，在资产跟踪管理以及石油产品管理中有良好的应用。RFID 系统能够对生产以及运送等相关环节进行具有针对性的监控，能够对产品进行有效识别，还能进行大量的数据采集。

3. 在海上以及抽油井采油监控中的良好应用

采油厂的实际采油设施主要包括计量站、油井和转油站等。采油厂的具体设施的运行情况与油田实际生产有紧密的联系。当前利用人工对设备的实际工作情况进行检查，同时对采油数据进行相关的统计以及测量。油井分布较广，数量较多，这加大了工作人员的实际工作量。另外，这对采油数据以及相应设备监控的准确性也造成重要影响，可能出现采油数据作

假的情况，进而导致上层不能对采油现场有充分的了解，同时不能按照具体数据制定出较为灵活的处理方案。因此，采油厂可以通过物联网技术解决上述问题。

4. 在石油管道输送监测中的良好应用

输油工程实际投产较大，因此，不可能在短时间内进行更新换代，在局部可能存在管道老化以及腐蚀等情况，还可能出现漏油的情况，最终对生态系统造成一定的破坏，同时对人们的生命财产安全也造成一定的影响。要想在真正意义上杜绝这样的情况发生以及将原油外泄危害减少，就应加强人力定时巡查。这样的方法不仅耗费较多的时间，同时也耗费人力，在解决实际问题时存在一定的不及时性以及不准确性。应用物联网技术能够解决这样的难题。可以利用无线传感器针对石油管道进行实时监测。控制中心能够对采集的数据进行全面的分析，最终实现对管道泄漏以及停井情况等的全方位监测。这样不仅保证了人们的生命财产安全，也为石油化工行业创造出巨大的效益。

5. 在加油卡中的良好应用

物联网技术在我国石油化工行业的应用起始于加油卡。加油卡主要运用了卡机联动技术，能够满足用户的实际需求，还带来一定的经济效益，在市场中占有一席之地。人们比较熟悉的是 IC 卡，其实际工作模式主要是离线式的交易以及借记。

6. 在石油化工领域物联网技术的展望

对石油化工领域的物联网技术进行全面的研究主要是为了能够更好地在石油化工行业建立全面的应用平台。这个平台主要涉及经营以及生产和环保等领域。在物联网系统中将多种产业进行综合性的整合，能够实现石油化工行业的价值，还能创造一定的经济效益。

在石油化工行业有一些新型的产物，例如输油管以及油罐车监控系统，它主要将 GPRS 通信技术以及地理信息系统等结合，是一种综合性的平台，能够实现对输油管道以及油罐运输的综合性监控，还能对监控仪表中的具体参数进行采集。它能够实现对石油化工行业中的资源进行全面的管理。物联网技术在石油化工行业中有较多应用，其中针对石油设备进行的智能监控以及售卖管理等都是其主要应用。另外，针对石油排污进行监控以及对石油安全生产等进行全方位的管理也是其应用。在石油运输以及开采中应用物联网技术建立全面的远程职能测控系统，进而实现智能化管理，这对石油科学管理具有重要作用。对于石油污染，应建立较为完善的智能排污系统，对水质参数以及水质数据等进行监控。

总而言之，将物联网技术应用于石油化工行业，能够以低成本获取重要的监测参数，还能实现优化控制，在真正意义上提高石油产品质量。

11.2 信息技术在建筑工程方面的应用

信息技术已经为人们带来种新的经济与社会格局，信息在生产和生活中已经成为一种重要的资源。在建筑工程中，信息技术同样重要。人们用计算机通信自动控制等信息汇集处理高新技术对传统工程技术及施工方式进行改造与提升，促进建筑工程技术及施工手段不断完善，使其更加科学合理，有效地提高效率、降低成本，因此，在工程建设中引入信息技术是促进建筑工程管理现代化、信息化、科学化的重要保证。

一、BIM 技术在建筑领域的应用

BIM 作为一种创新的工具与生产方式，已在欧美等发达国家引发了建筑业的巨大变革。

BIM是信息化技术在建筑业的直接应用，BIM技术通过建立数字化的参数模型，通过与项目相关的大量信息服务于建设项目的设计、建造安装、运营、维护等整个生命周期，为项目参与各方提供了协同合作、交流的平台，在提高生产效率、保证生产质量、节约成本、缩短工期等方面发挥出巨大的优势作用。

1. BIM技术的特点

BIM技术具有以下5个方面的特点。

1）可视化

BIM技术将以往的线条式构件以三维立体实物图的形式展示在人们面前。虽然建筑业中也有设计公司制出效果图，但是这种效果图主要还是专业的效果图制作团队根据图纸的线条式信息制作出来的。而BIM技术使构件之间形成互动性和反馈性。在BIM中，所有的过程都是可视的，它不仅用来进行效果展示及生产报告，更重要的是在项目设计、建造、运营过程中进行沟通、讨论、决策，这些是建立在可视化的基础上的。

2）协调性

在设计过程中，各专业设计师往往存在沟通不到位的情况，从而导致各专业之间出现碰撞问题，特别在管线设计中，常常出现暖通、给排水、强弱电、消防等的碰撞问题。这种碰撞问题很难在平面图纸中进行识别，那么只能等到问题出现之后再解决问题。但是，BIM技术可在建筑物建造前期对各专业的碰撞问题进行协调，并生成报告，帮助设计师进行修改，可以很好地在施工前解决碰撞问题。BIM技术还能做到防火分区、电梯井布置等的协调。

3）模拟性

BIM技术不仅可以模拟设计出来的建筑，还可以模拟不能在真实场景中进行操作的事物。在设计阶段可以进行节能模拟、紧急疏散模拟、日照模拟、热能传导模拟等；在招标和施工阶段可以进行4D模拟（加上时间进度）、5D模拟（加入造价控制）；在运营阶段可以进行日常紧急情况和处理方式模拟，如地震逃生及消防疏散模拟等。

4）优化性

整个设计、施工、运营过程都会涉及优化。在BIM技术的基础上进行优化更高效、更便捷。优化过程受到信息、复杂程度和时间的影响，BIM技术能将复杂问题简单化，同时能节省时间。

5）可出图性

BIM技术不仅能绘制常规的建筑设计图纸及构件加工的图纸，还能对建筑物进行可视化展示、协调、模拟、优化，并出具各专业图纸及深化图纸，使工程表达更加详细。

BIM技术大大改变了传统建筑业的生产模式。BIM技术使建筑项目的信息在其全生命周期中无障碍共享，无损耗传递，为建筑项目全生命周期中的所有决策及生产活动提供可靠的信息基础。

2. BIM技术应用

BIM技术目前已在建筑工程项目的多个方面得到广泛的应用。

1）BIM技术在城市规划建设中的应用

在城市规划中，特别是在城市规划方案的性能分析中，BIM技术可以量化舒适性指标，风量，噪声轮廓等。

城市规划微观仿真环境是建立在城市规划三维信息模型的基础上的，通过微观环境仿真平台，可以评估规划建设用地指标的结果，校正场地规划的空间布局（图11－7）。

图 11－7　城市规划——控高分析

2）BIM 技术在设计阶段的应用

在设计阶段，由于设计工作本身的创意性、不确定性，在设计过程中会出现很多不确定因素，专业内部以及各专业之间需要进行大量的协调工作。在运用 CAD 及其他专业软件的设计过程中，由于各类软件本身的封闭性，在各专业内部以及专业之间，信息难以及时交流。BIM 作为信息的集合体，通过数据之间的关系来传递信息，通过在模型中建立各种图元之间的关系，表达各种模型或者构件的全面、详尽的信息。同时，借助于 BIM 软件本身的智能化特点，建筑设计行业正在从软件辅助建模向智能设计的方向发展（图 11－8）。BIM 技术的引入成为建筑设计行业跨越式发展的里程碑。

BIM 技术在设计阶段的应用非常广泛，在设计方案论证、设计创作、协同设计、建筑性能分析、结构分析、绿色建筑评估、规范验证、工程量统计等许多方面都有应用。

图 11－8　方案设计

3）BIM 技术在招投标阶段的应用

BIM 技术的推广与应用，极大地促进了招投标管理的精细化程度和管理水平。在招投标过程中，招标方根据 BIM 模型可以编制准确的工程量清单，达到清单完整、快速算量、精确算量，有效地避免漏项和错算等情况，最大限度地减少施工阶段工程量问题所引起的纠纷。

投标方根据BIM模型快速获取正确的工程量信息，与招标文件的工程量清单比较，可以制定更好的投标策略。

4）BIM技术在施工阶段的应用

工程建设的施工阶段，是将建设项目规划设计变成现实的关键环节，施工企业建立以BIM应用为载体的项目管理信息化体系，能够提升施工建设水平，保证施工质量，得到更大的经济效益。BIM技术在施工阶段具体应用体现在以下几个方面。

（1）虚拟仿真施工。

运用BIM技术，建立用于进行虚拟施工和施工过程控制、成本控制的模型。该模型能够将工艺参数与影响施工的属性联系起来，反映施工模型与设计模型间的交互作用。通过BIM技术，实现3D+2D（三维+时间+费用）条件下的施工模型，保持了模型的一致性及模型的可持续性，实现虚拟施工过程各阶段和各方面的有效集成（图11-9）。

图11-9　施工方案模拟

（2）实现项目成本的精细化管理和动态管理。

通过算量软件运用BIM技术建立的施工阶段的5D模型，能够实现项目成本的精细分析，准确计算出每个工序、每个工区、每个时间节点的工程量。按照企业定额进行分析，可以及时计算出各个阶段每个构件的中标单价和施工成本的对应关系，实现了项目成本的精细化管理。同时根据施工进度进行及时统计分析，实现了成本的动态管理，避免了以前施工企业在项目完成后，无法知道项目盈利和亏损的原因和部位的问题。

设计变更完成后，对模型进行调整，及时分析设计变更前后造价变化额，实现成本动态管理。

（3）实现大型构件的虚拟拼装，节约施工成本。

现代化的建筑具有高、大、重、奇的特征，建筑结构往往以钢结构+钢筋混凝土结构为主，如上海中心的外筒就有极大的水平钢结构桁架。按照传统的施工方式，钢结构在加工厂焊接好后，应当进行预拼装，检查各个构件间的配合误差。在上海中心建造阶段，施工方通过三维激光测量技术，建立了制作好的每一个钢桁架的三维尺寸数据模型，在计算机上建立钢桁架模型，模拟构件的预拼装，取消了桁架的工厂预拼装过程，节约了大量的人力和费用。

（4）进行各专业的碰撞检查，及时优化施工图。

通过建立建筑、结构、设备、水电等各专业BIM模型，在施工前进行碰撞检查，可及时优化设备、管线位置，加快施工进度，避免施工中大量的返工。通过引入BIM技术，建立施工阶段的设备、机电BIM模型。通过软件对综合管线进行碰撞检测，快速查找模型中的所有

碰撞点，并出具碰撞检测报告。同时配合设计单位对施工图进行深化设计，在深化设计过程中进行管线碰撞检测（图 11－10），从而较好地解决传统二维设计中无法避免的错、漏、碰、撞等现象。

图 11－10　管线碰撞检测

（5）实现项目管理的优化。

通过 BIM 技术建立施工阶段三维建筑模型，能够实现施工组织设计的优化。例如在三维建筑模型上布置塔吊、施工电梯、提升脚手架，检查各种施工机械间的空间位置，优化机械运转的配合关系，实现施工管理的优化。

在施工中，还可以根据三维建筑模型对异型模板进行建模，准确获得异型模板的几何尺寸，用于预加工，减少施工损耗。同样可以对设备管线进行建模，获取管线的各段下料尺寸和管件规格、数量，使管线能够在加工厂预先预加工，实现建筑生产的工厂化。

（6）建设业主及造价咨询单位的投资控制。

项目业主或者造价咨询单位采用 BIM 技术可以有效地实现施工期间的成本控制。在施工期间造价咨询单位通过 BIM 技术，可以快速准确地建立三维施工模型，再加上时间、费用则形成了施工过程中的建筑项目的 5D 模型，实现了施工期间成本的动态管理，并且能够及时准确地划分施工完成工程量及产值，为进度款支付提供了及时准确的依据。

（7）能够实现可视化条件下的装饰方案优化。

装饰工程设计通常在施工期间根据业主的需要进一步作深化设计。对于二维状态下的建筑装饰设计，设计单位主要是出具效果图，即简单的内部透视图形，无法进行动态的模拟，更没有办法进行各种光线照射下的效果观测，设计人员和业主不能体会使用各种装饰材料产生的质感变化。在装饰施工中，为了让业主体会装饰效果，需要建立几个样板间，在样板间建立过程中对装饰材料反复更换和比较，浪费时间和成本。通过 BIM 三维装饰深化设计技术，可以建立一个完全模拟真实建筑空间的模型。

同时，通过建筑材料的选择，业主可以在模拟空间内感受建筑内部或者外部采用不同材料、装饰图案给人带来的视觉感受，如同预先进入装饰好的建筑一样。业主可以变换各种位置或者角度观察装饰效果，从而在计算机上实现装饰方案的选择和优化，既使业主满意，又节约了建造样板间的时间和费用。

5）BIM 技术在运维阶段的应用

在建筑设施的生命周期中，运维阶段所占的时间最长，花费也最高，虽然运维阶段如此重要，但是所能应用的数据与资源却相对较少。在传统的工作流程中，设计、施工建造阶段的数据资料往往无法完整地保留到运维阶段，例如建设过程中的多次变更设计通常不会在完工后妥善整理，造成运维的困难。BIM 技术出现，让运维阶段有了新的技术支持，大大提高了管理效率。

6）BIM 技术在造价管理中的应用

相比传统工程造价管理，BIM 技术的应用可谓对工程造价的一次颠覆性革命，具有其不可比拟的优势，全面提升了工程造价行业的效率与信息化管理水平，优化了管理流程，具有显著的应用优势。

（1）有利于项目全过程造价管理。

项目全过程造价管理贯穿决策、设计、招投标、施工、结算五大阶段，每个阶段的造价管理都为最终项目投资效益服务，利用 BIM 技术可在工程各个阶段的造价管理中提供更好的服务。

（2）提升工程量计算的客观性与效率。

工程量计算是造价管理预算编制的基础，比起传统手工计算、二维软件计算，BIM 技术的自动算量功能可提升计算的客观性与效率，还可利用三维模型对规则或不规则建筑等进行准确计算，也可实时完成三维模型的实体减扣计算，无论是效率、准确率还是客观性都有保障。BIM 技术的应用节约了人力、物力与时间资源等，让造价工程师可更好地投入高价值工作，做好风险评估与询价工程，编制精度更高的预算。BIM 技术在造价管理方面的最大优势体现在工程量统计与核查上，三维模型建立后可自动生成具体工程数据，对比二维设计工程量报表与统计情况，可发现数据偏差大量减少（图 11－11）。造成该差异的原因在于，二维图纸计算中跨越多张图纸的工程项目存在多次重复计算的可能，面积计算中立面面积有被忽略的可能，线性长度计算中只顾及投影长度等，以上这些都会影响准确性，而 BIM 技术的应用可有效消除偏差。

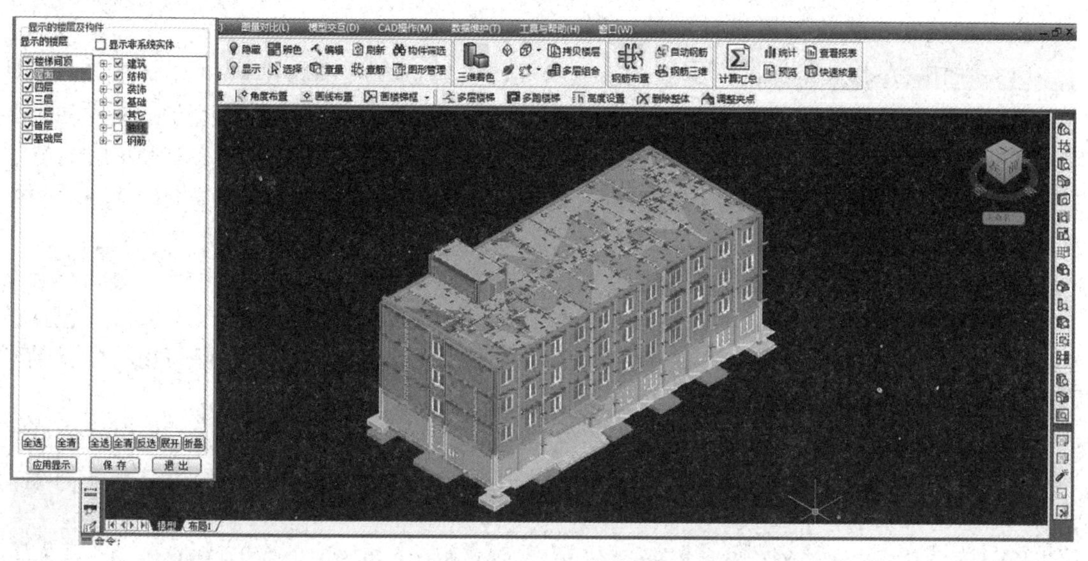

图 11－11　工程算量

（3）全过程成本控制。

应用BIM技术建立三维模型，可提供更好、更精确、更完善的数据基础，服务于资金计划、人力计划、材料计划与设备设施计划等的编制与使用。BIM模型可赋予工程量时间信息，显示不同时间段的工程量与工程造价，有利于各类计划的编制，达到合理安排资源的目的，从而有利于工程管控过程中成本控制计划的编制与实施，有利于合理安排各项工作，有利高效利用人力、物力资源与经济成本等。

（4）控制设计变更。

建筑工程管理中经常会遇到设计变更的情况，设计变更可谓管控过程中应对压力大、难度大的一项工作。应用BIM技术首先可以有效减少设计变更情况的发生，利用三维建模碰撞检查工具可降低变更发生率；在设计变更发生时，可将变更内容输入相关模型，通过模型的调整获得工程量自动变化情况，避免重复计算造成误差等问题。将设计变更后工程量变化引起的造价变化情况直接反馈给设计师，有利于更好地了解工程设计方案的变化和工程造价的变化，全面控制设计变更引起的多方面影响，提升建筑项目造价管理水平与成本控制能力，有利于避免浪费与返工。

（5）方便历史数据积累和共享。

建筑工程项目完成后，众多历史数据的存储与再应用是一大难点。利用BIM技术可做好这些历史数据的积累与共享，在碰到类似工程项目时，可及时调用这些参考数据，对工程造价指标、含量指标等此类借鉴价值较高的信息的应用有利于今后工程项目的审核与估算，有利于提升企业工程造价全过程管控能力和企业核心竞争力。

二、VR技术在建筑领域的应用

VR的概念最早由美国VPL Research公司的创始人之一Jaron Lanier在1989年提出，近几年得到了快速发展，已经在很多行业中得到了实际应用。建筑领域的VR技术涉及包括项目管理在内的多个建筑工程相关的学科，并显示出强大的实用性，其表现形式是其他技术无法替代的。

1. VR技术在建筑工程设计中的应用

（1）运用VR技术可以将建筑概念、形状、特点等以真实的角度展现给投资方、设计方、施工方以及后期的物业管理方和更高层次的政府，这是对二维平面表达方式或者动画表现方式的升级，使用者可以全方位地感受建筑的空间、尺度和材质，居住或者使用的舒适度，这对于非设计人员参与设计很有帮助，这使未来的建筑综合更多环境因素、区域因素、人文因素，使建筑更加合理化、人性化。

（2）VR技术是很好的一种大数据的表达方式。借助VR技术，将线上项目的展示与线下实际的地理信息、空间信息、结构信息、材质信息、内部装饰信息甚至未来项目所包括的商品信息结合，可以实时地将未来的建筑运营情况展现在人们的面前，并且为相关项目的建造和设计起到很好的参考作用。

（3）对于建筑设计，VR技术的魅力不仅在于真实体现建筑的美感、进行人机交互式的三维表现，还在于在此基础上提供了其他传统表现方式无法比拟的、崭新的信息交流与编辑界面。

VR技术可以为建筑师提供自由的多角度、多维度的人机交互体验方案的机会。人们可以选择以静止状态细致地观察建筑，或者以多种运动方式动态地体验建筑空间，同时可以实

时比较不同方案，做出判断和选择。同时，VR 技术还可以模拟太阳光照、相关设备设施等，使建筑的整体表达更全面、更真实、更科学、更有说服力。

2. VR 技术在建筑工程施工过程中的应用

区域标志性建筑或者大型建筑工程在建造过程中或者建成后往往会对周围的景观、环境产生较大影响。此类建筑往往建设成本高，对社会造成的影响大，对结构安全性、经济性以及功能合理性的要求高。目前，这种重大建设项目的初期经济评价一般建立在高度抽象模型的基础上。项目建设前的功能评价通常建立在想象和经验的基础上，经常出现偏差，而这种偏差造成的功能上的缺陷几乎是无法弥补的。部分功能评价建立在实验室建造的物理模型和计算机仿真模型分析的基础上。但实验室建造的物理模型是缩小比例的模型，在进行试验和评价时难免出现误差，缩小比例越大，误差越大，而且试验周期长，费用较高。如何利用新技术，在建筑的设计阶段就对方案进行全面、客观的评价，是人们所关心的问题。

VR 技术在建筑工程施工过程中的应用如下。

1）VR 技术对施工方案设计的改进

在三维可视化虚拟环境中，设计人员可利用 CAD 设计软件建立对象结构实体模型，并将模型的几何信息输入有限元分析软件，建立三维可视化的有限元模型，然后对有限元模型进行计算分析。将有限元模型数据和分析结果数据分别存入相应的数据库，并转化成图形数据文件，表达为图形或图像的形式，使设计人员能沉浸在三维可视化的虚拟环境中观察模型的模拟和计算，并实时地对模拟过程进行修改，直到获得满意的方案。最后将最优施工方案的结果存入数据库，为绘制施工图提供可靠依据。优化施工方案过程主要由计算机完成，并能充分利用设计人员的经验，而不是像传统的施工方案设计只能依靠施工技术人员多年积累的实践经验或习惯做法。

在实际的工程施工过程中常会遇到的棘手的难题：复杂结构施工方案设计和复杂施工结构承载力计算。前者的难点在于施工现场结构空间的布置与施工工序时间的排列发生冲突；后者的难点在于施工结构在永久荷载和可变荷载的作用下的承载力极限值需要验算。VR 复杂结构施工方案设计是指利用 VR 技术，在虚拟的环境中建立周围场景、结构构件及机械设备等的三维立体模型（虚拟模型），形成基于计算机的具有一定功能的仿真系统，让系统中的模型具有动态性能，并对系统中的模型进行虚拟装配，根据虚拟装配的结果，在人机交互的可视化环境中对施工方案进行修改。

2）VR 技术在施工安全中的应用

建筑工程的安全是基础，包括建筑本身的结构和建材的安全，也包括施工人员的安全。以往的安全性能检测大多数采取以小见大的建筑模型来模拟工程结构的荷载能力，但随着建筑项目的扩大化和复杂化，模型很难精准地反映工程结构的实际情况。另外，大量事实证明，防患意识不强、自救互救知识缺乏是安全事故造成大量人员伤亡的主要原因之一。VR 技术能排除客观物质所带来的不便，对其进行精准的模拟。由于人类是视觉动物，相比于平面二维图像，对空间三维图像的反映更好，能更直观地了解事物之间的关系和趋势。通过 VR 技术对施工人员提供安全知识培训工作，使施工人员身临其境，在 VR 系统中体验火灾、高空坠物、物体打击等安全事故，通过模拟逃生、模拟紧急救助体验施工中安全工作的重要性。VR 技术可以为培训者提供一个交互式、积极的学习过程，比事实上被动接受信息的视频及讲座更具效果（图 11 - 12）。

图 11－12　VR 技术在施工安全中的应用

3）VR 技术在建筑工程装饰装修中的应用

建筑装修设计的综合过程十分繁杂，室内装修一般位于施工后期，时间仓促，导致不少施工图中材料的尺寸与比例稍有偏差。在以往的设计过程中，装修设计人员依照建筑图纸组织出虚拟的室内模型，然后将设计理念运用到室内模型中，最后通过多种视图方式展现设计效果。不过这种分散的平面展现方式不能使施工方和业主全方位地明白装修效果，不仅不利于室内建筑的美观而且容易造成返工现象，延误工期。此外，琐碎的工作量与费用估算过程不能使业主快速无误地对装修方案进行评选。VR 技术将实际房间的模型输入计算机，设计人员在需要装修的空间内，根据其构思进行装饰并改进，可以随时转换自己在空间中的位置，对所设计的结果进行多方位的观察，并进行动态装饰，直到最终确定结果，非常轻松简单。在未来的装饰工程中，VR 技术能够代替目前的实际模型，彰显强大的生命力。VR 技术有效地提升了装修设计的效率，方便了设计人员与业主之间的沟通，提高了业主的满意度。

4）VR 技术在室内设计中的应用

传统的室内设计遵循“平面—立面—节点大样—沙盘模型”的表现模式。设计师在纸上的设计表达形式主要是手绘草案或效果图，虽然这种模式可以培养设计师的思维秩序，但它无法完全展开设计师的空间思维以及空间的立体效果。传统的表现形式限制了设计师的创意发挥。VR 技术的发展和应用，在很大程度上解决了这个问题。通过“虚拟实验室”，创建一个虚拟的室内空间，让设计师更直观地了解室内空间，快速进行设计分析，不仅大大地提高了设计师的创新能力，同时，通过“虚拟实验室”全面展示的设计特点，还能更完整地表达设计意图，使设计师与业主进行更好地沟通。因此，在室内设计中使用 VR 技术是必然的发展趋势（图 11－13）。

图 11－13　VR 室内设计全景展示

随着经济与城市建设的发展，我国的建设工程量在不断增加，工程体量也在不断增大。传统的表现方法和设计程序已经不能适应科技化、高效率、简约型的市场需求。VR 技术的优越性在实际的应用中得到了充分的体现，在建筑领域扮演着越来越重要的角色。

11.3　信息技术在智能交通方面的应用

人工智能、大数据、云计算及物联网等新技术的诞生，促进了相关产业的飞速发展。智能交通是将传统交通运输业和互联网进行有效渗透与融合，具有“线上资源合理分配，线下高效优质运行”特点的新业态和新模式。

一、智能交通的设计初衷

随着经济、社会的快速发展，城市化进程不断加快，利用各种信息技术或创新概念，将城市系统和服务打通、集成，实现信息化、工业化、城镇化的智慧城市，必将是世界各国城市规划的方向。在智慧城市的一体化建设中，出行的便捷、快速、通畅是其脉络，智慧交通作为智慧城市的重要构成部分，解决了城市发展的重要难题，使智慧城市建设更加优化（图 11 – 14）。

图 11 – 14　智慧交通

智慧交通的目的是利用人工智能技术，使人、车、路密切配合，发挥协同效应，从而提高乘客安全，减少交通拥堵和事故，减少碳排放，并最大限度地降低总体运输成本，改善交通运输环境。

二、智能交通的案例展示

1. 自动驾驶汽车

人工智能技术最具有突破性的创新应用之一是自动驾驶汽车。自动驾驶汽车又称为无人驾驶汽车、电脑驾驶汽车或轮式移动机器人，是一种通过计算机系统实现无人驾驶的智能汽车。

2014 年，谷歌公司首次展示自动驾驶原型汽车，该车可以全功能运行。和传统汽车不同，谷歌自动驾驶汽车行驶时不需要人操控，这意味着转向盘、油门、刹车等传统汽车必不可少的配件在谷歌自动驾驶汽车上通通看不到，软件和传感器取代了它们。乘客只要说出目的地，就可以享受谷歌自动驾驶汽车的周到服务（图 11 – 15）。

图 11－15　谷歌自动驾驶汽车

目前，很多公司仍在进行试点项目，努力使自动驾驶汽车完美无缺，为乘客提供安全保障。随着这一技术的发展，自动驾驶汽车将获得大众的信任，并成为消费领域的主流。

2. 智能交通管理

最令人头疼的交通问题就是交通拥堵，人工智能将逐步解决这个问题。

公路上无处不在的传感器和摄像头收集了大量的交通细节数据。这些数据随后被发送到云端，在云端，通过大数据分析和人工智能驱动的系统完成交通模式分析并确定可行方案，对异常情况自动识别甚至预判，运用大数据预判拥堵趋势，提前采取预防性措施，指导警务调度，以提高警务调配效率。从数据处理中可以收集到有价值的方案。此外，还可以通知人们到达目的地的最短路线，帮助人们在没有任何交通障碍的情况下出行。这样，人工智能不仅可以减少不需要的交通量，还可以提高道路安全性，减少等待时间。

三、智能交通的未来发展

未来的智能交通包括智能的车、智能的路和智能的云平台。这三者及其他交通参与者全方位协同运行。智能云平台可从全局角度计算出道路上每一辆车的最优行驶路线，路上的行人及非机动车会被实时检测，并通知周围车辆，自动驾驶汽车将自动避让。

智能交通已是大势所趋。我们有理由相信，智慧交通必将在未来城市建设中大放异彩。

11.4　信息技术在智能家居方面的应用

智能家居作为国家重点关注的新兴产业，一直都在政策的推动下茁壮成长，十三五规划中就提到智能家居行业发展的政策。2016 年，由工信部和国家标准化管理委员会共同印发的《智能家居综合标准化体系建设指南》提出，到 2020 年初步建立符合我国智慧家庭产业发展需要的标准体系，明确了升级智能化、高端化、融合化信息产品，发展智慧家庭产品等前沿消费产品。

一、智能家居介绍

21 世纪以来，科学技术与生产力快速发展，居住环境成为人们关注的领域，将“智能化”这一概念引入住宅、建筑。今天，计算机控制系统、传感器等设备迅猛发展，加上网络

通信技术作为支撑，利用智能设备控制家电产品成为可能。

智能家居起源于20世纪80年代初期的美国，是建筑史上一个重要的里程碑（图11－16）。

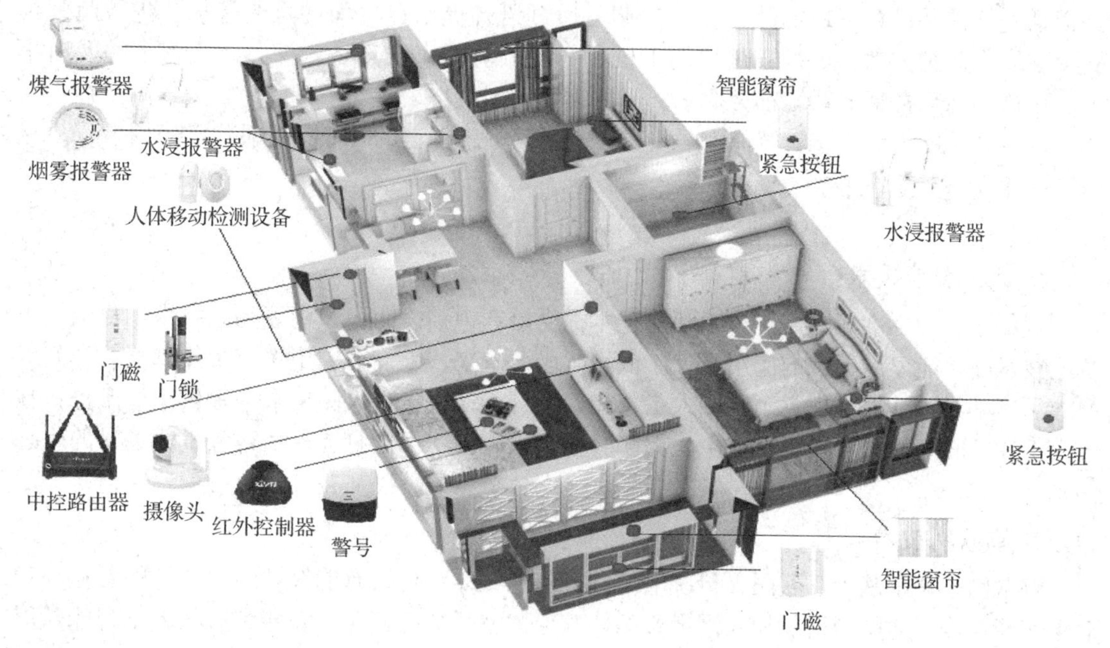

图11－16 智能家居概念图

1984年1月，美国联合科技公司对位于美国哈特福特市的旧大楼进行改造，对大楼内的空调、电梯、供水、防盗、防火及供配电系统等通过计算机系统进行有效的控制，并且配置了语言通信、文字处理、电子邮件收发、市场行情显示、科学计算和情报资料检索等服务，实现自动化综合管理。

随后的几年，美国、欧洲等地区的较发达国家相继提出了“智能家居”的概念，并将家庭中的电器、安防监控设备、通信设备连接到家庭智能化终端，通过互联网与外界相连，达到在异地监控和管理家庭内设备的目的，保持家庭与环境协调发展。

智能家居是以住宅为平台，利用综合布线技术、网络通信技术、安全防范技术、自动控制技术、音视频技术将家居生活有关的设施集成，构建高效的住宅设施与家庭日程事务的管理系统，提升家居的安全性、便利性、舒适性、艺术性，并实现环保节能的居住环境。

二、智能家居的发展现状

说起智能家居，不得不说的是比尔·盖茨在1990年建立的“未来之屋”，能参观它是很多人的梦想。“未来之屋”的智能化和自动化超出人们的想象，被视为人类未来生活的典范。在主人回家途中，空调自动打开，浴缸自动放水调温，厕所安装有一套检查身体的系统，如发现主人身体异常，计算机会发出警告。到访的客人会得到一枚胸针，别小看这枚胸针，访客的相关信息早已输入其中，只要将它别在衣服上，就会自动向房屋的计算机控制中心传达客人最喜欢的温度、电视节目和对电影的喜好等信息，一切环境的变化都是全自动的，不需要拿着遥控器一一设定，这些空间仿佛为客人量身打造，随时依其喜好而转变。

在过去，受科技发展的客观因素影响，“未来之屋”可能只有比尔·盖茨独享。而今科技发展，很多难题被攻克。“未来之屋”内超长的通信电缆被一个WiFi模块所替代。现在，智能手机大量普及，物联网的各项技术取得重大突破，智能家居向普遍化迈进。在以前的家居生活中，人们需要通过遥控器打开电视，打开空调，睡前要下床关灯。而在智能家居中，可以通过智能手机在下班的路上打开空调，通过语音提示让房间的灯光熄灭，进入睡眠模式。在安全防护方面，可以通过智能手机实时视频监控家居环境，探测燃气泄漏并及时报警，出现任何异常情况系统都会提示，将危害降低到最小。

随着科技的不断进步，智能家居走进了普通家庭，真正的智能家居时代已经到来。

三、智能家居的关键技术

1. 人工智能技术

智能家居的标准配置需要人工智能技术提供语音识别、图像识别等基础技术。目前人工智能技术在智能家居领域的应用还处于低级阶段。未来，人们会利用人工智能算法、神经网络、深度学习、计算机视觉等定制人工智能管家，主动搜索主人的需求来提供辅助服务，在主人不在家时守护家居安全，在主人无聊时陪主人聊天，由此打造一个智慧生活场景的生态体系。

2. 物联网技术

物联网是一个基于互联网、传统电信网等信息载体，让所有能够被独立寻址的普通物理对象实现互连互通的网络。物联网最好的体验形式就是智能家居，智能家居在人工智能赋能的物联网的推动下，把所需的服务更好地整合到智能化设备中，如智能门锁利用生物科技、虹膜识别、指纹识别、图案解锁等方式开启；5G 技术让智能设备收到指令后快速反应。这些都提高了用户体验满意度。基于物联网技术的智能家居，采用以远程无线技术为主要载体的解决方案，将改变人们的生活方式。

3. 云计算技术

云计算技术的出现为实现智能计算提供了便利，云计算中心强大的计算力和存储力为实现终端智能提供了保证。智能家居中的家电系统可以依赖云计算系统实现智能水平的飞跃，家电的工作状态都在云家电中心的监控和管理之中，所有家电终端通过网络与云计算中心进行信息沟通，家电系统实现智能化的集成与管理，使原本呆板的家庭设备具备灵性，使物与物、物与人之间有效互动，也使各种设备为主人的生活提供更加贴心的服务。

4. 大数据技术

智能家居是多领域融合的切入点，是社会家庭管理的支撑点，是民生服务的新亮点。物联网生产大数据，大数据支持智能家居，从智能家居到数据再到智能化，构成了从感知到认知的全过程。大数据也是很多商家拓展客户的途径，它让商家更了解用户的需求，从而优化产品，制定策略。可利用大数据挖掘更多的价值。大数据需要和物联网、云计算结合。

5. 传感器技术

传感器是一种检测装置，能感受到被测量的信息，并能将感受到的信息按一定规律变换为电信号或其他所需形式的信息输出，以满足信息的传输、处理、存储、显示、记录和控制等要求。传感器是智能家居控制系统实现控制的基础。随着技术的发展，越来越多的传感器被用到智能家居系统中，如洗衣机中的压力传感器、控制电气设备开关的红外传感器、感知空气成分的气体传感器等。

6. AR 技术

AR 技术是一种将虚拟信息与真实世界巧妙融合的技术，广泛运用了多媒体、三维建模、实时跟踪及注册、智能交互、传感等多种技术手段，它将计算机生成的文字、图像、三维模型、音乐、视频等虚拟信息模拟仿真后，应用到真实世界中，两种信息互为补充，从而实现对真实世界的“增强”。AR 技术是新一代智能终端控制技术，其智能水平高于智能手机控制，与智能语音系统控制持平。AR 产品可以隔空控制智能家居设备，如开关灯、调整光亮度、开关空调、开关电视等，其完全采用隔空操作方式，用户不用触碰任何硬件。

7. 5G 技术

第五代移动通信技术，简称 5G 技术，它是最新一代蜂窝移动通信技术，将为移动网络用户提供更快的数据传输速度和更短的延时。目前，智能家居设备多采用 WiFi、蓝牙、Zigbee 等网络协议分散运作，5G 技术则可以绕过这些协议将设备直连到互联网，能提供更多空间来连接更多设备，获得更可靠的性能。

四、智能家居发展趋势

科技的发展使人们坚定不移地追求更高品质的生活，建筑、家居智能化作为高品质信息生活的代表受到越来越多的瞩目。智能化、个性化、网络化、信息化成为未来智能家居的主要选择。智能平台和产品通过视频监控、大数据分析、人体感应和识别技术，提供更具个性化的服务。

在未来的智能家居中，云服务必不可少，云服务免去了用户自己架设服务器的烦琐工作，按需提供实际服务，结合大数据的分析功能，把智能家居功能扩展到数据存储、数据分析、智能自动化及个性化人工智能服务。

智能家居的另一趋势是语音控制。目前的解决方案是依靠智能手机或移动终端的应用程序进行访问和控制，单一的模式操控可能产生诸多不便。而声音作为人类交互的最自然方式，利用人工智能的自然语言学习功能，智能设备的操控最容易得到实现。

未来，人工智能管家了解家庭成员的偏好，在家庭成员回家之前就会做好场景设置。

11.5　信息技术在智能机器人方面的应用

智能机器人拥有相当发达的“大脑”。智能机器人的“大脑”是由高性能计算硬件支撑的人工智能系统。人工智能技术可以定义为一种为机器提供人类智能的技术，具有人工智能系统的机器人能够理解人类语言，用人类语言同操作者对话，借助形形色色的内部信息传感器和外部信息传感器，感知和理解周边环境中的重要信息，并随着时间的推移而不断自我学习。

智能机器人至少要具备 3 个要素：感觉要素、反应要素和思考要素。感觉要素能够获知环境中的信息，思考要素能够分析出现的情况，反应要素能调整动作以达到操作者所提出的全部要求。

简单来说，智能机器人可以模仿人类，自动完成任务，像人类一样学习。人工智能系统展示了人类的智慧，这表明智能机器人最终能够完成批判性的思考并自己做出决定。

一、智能机器人的分类

智能机器人种类众多，可以从不同角度对智能机器人进行分类。

1. 按智能机器人的用途分类

1）工业智能机器人

广泛用于工业领域中的机械手臂就是工业智能机器人的一种，它具有一定的自动性，可依靠自身动力和控制能力实现各种工业加工制造，在电子、物流、化工等各个工业领域得到应用（图 11-17）。

图 11-17　机械手臂

2）智能农业机器人

智能农业机器人可以大大降低人们的生产劳动强度，解决劳动力不足的问题，而且能提高生产率，改善农业生产环境，防止农药、化肥对人体的伤害，从而提高作业质量。智能农业机器人的研发主要集中在耕种、施肥、喷药、嫁接、收获、灌溉等辅助操作方面。

3）家庭陪护机器人

随着老龄化社会的到来，家庭陪护机器人受到了好评。家庭陪护机器人应用于养老院或社区服务站等环境，具有生理信号检测、语音交互、远程医疗、智能聊天、自主避障漫游等功能，特别是具有的血压、心跳、血氧等生理信号检测与监控功能，能够随时将检测的结果传给社区医疗中心的医生，在紧急情况下可及时报警或通知亲人。家庭陪护机器人还可以辅助老人心理康复。家庭陪护机器人为人口老龄化带来的重大社会问题提供解决方案。

4）服务型智能机器人

服务型智能机器人的应用领域逐步扩大，逐渐渗透到人类的日常生活中，正逐步应用到能代替人类劳动的场合，如在商场里随处可见的导购机器人、餐厅里的送餐机器人。服务型智能机器人在娱乐、执勤、清洁、救援等方面表现突出，而且应用前景十分广阔。

2. 按智能机器人的智能程度分类

智能机器人按其智能程度可分为传感型智能机器人、交互型智能机器人、自主型智能机器人。

二、智能机器人的关键技术

1. 多传感器信息融合技术

智能机器人需要使用很多种传感器来采集环境数据，传感器根据不同用途分为内部测量传感器和外部测量传感器两大类。

1）内部测量传感器

内部测量传感器用来检测智能机器人组成部件的内部状态，包括特定位置角度传感器、任意位置角度传感器、速度角度传感器、加速度传感器、倾斜角传感器、方位角传感器等。

2）外部测量传感器

外部测量传感器包括测量、认识传感器，接触、压觉、滑动传感器，力、力矩传感器，接近觉、距离传感器以及倾斜、方向、姿式传感器。

智能机器人需要将各种传感器采集的数据进行多层次、多空间的信息互补和优化组合处理，最终产生对观测环境的一致性解释。仅是日常生活中最常见的扫地机器人，就需要配备LDS激光雷达、红外光电传感器、防过热传感器、碰撞保护传感器、尘盒检测传感器、电子罗盘、PSD沿墙传感器、防跌落传感器、位置和速度传感器、轮速计、回冲传感器等。

多传感器信息融合就是指利用计算机技术将来自多传感器的多源信息和数据，在一定的准则下加以自动分析和综合，以产生更可靠、更准确或更全面的信息。经过融合的多传感器信息能够更加完善、精确地反映检测对象的特性，消除信息的不确定性，提高信息的可靠性，使智能机器人以更高效率完成系统所需要的决策和评估过程。

目前，以人工神经网络进行数据融合是主要的发展方向，这种方法利用经过充分训练的人工神经网络对数据进行识别和分析。该方法对于消除多传感器协同工作中各方面因素的相互交叉影响效果明显，而且编程简便，输出稳定。

2. 导航与定位技术

在智能机器人系统中，自主导航与定位是一项核心技术。智能机器人需要通过对环境中景物的理解识别完成定位，为路径规划提供可靠信息。智能机器人在运行过程中要实时对障碍物或特定目标进行检测和识别，以提高控制系统的稳定性，对工作环境中出现的障碍物和移动物体作出分析以避免损伤。

智能机器人有多种导航方式，根据环境信息的完整程度、导航指示信号类型等的不同，可以分为基于地图的导航、基于创建地图的导航和无地图的导航3类。根据导航采用的硬件的不同，可将导航方式分为视觉导航和非视觉传感器组合导航。

在自主移动智能机器人导航中，无论是局部实时避障还是全局规划，都需要精确知道智能机器人障碍物的当前状态及位置，以完成导航、避障及路径规划等任务，这就是智能机器人的定位问题。

目前，比较成熟且得到广泛应用的导航与定位系统可分为被动式传感器系统和主动式传感器系统两种。被动式传感器系统通过码盘、加速度传感器、陀螺仪、多普勒速度传感器等感知智能机器人的运动状态，经过累积计算位移变量，与已有的地图信息进行比较，从而得到定位信息。主动式传感器系统则通过超声传感器、红外传感器、激光测距仪以及视频摄像机等主动式传感器，感知智能机器人外部环境或人为设置的路标，经过视觉信息的压缩和滤波、路面检测和障碍物检测、环境特定标志的识别、三维信息感知与处理等信息处理过程，与预先设定的模型进行匹配，从而得到当前智能机器人与环境或路标的相对位置，获得定位信息。

3. 机器视觉技术

机器视觉系统的工作包括图像的获取、处理和分析、输出和显示，其核心任务是特征提取、图像分割和图像辨识。如何精确高效地处理视觉信息是机器视觉系统的关键问题。

机器视觉系统是智能机器人的重要组成部分，对智能机器人具有非常重要的意义。视觉信息的处理逐步细化为多个具体的领域，包括视觉信息的压缩和滤波、环境和障碍物检测、特定环境标志的识别、三维信息感知与处理等。其中环境和障碍物检测是视觉信息处理中最重要，也是最困难的过程。

4. 智能控制技术

对于无法精确解析建模的物理对象，以及信息不足的模糊过程，传统控制理论暴露出无法有效适应的缺点。智能机器人的控制方法有模糊控制、神经网络控制、智能控制技术的融合（模糊控制和变结构控制的融合、神经网络控制和变结构控制的融合、模糊控制和神经网络控制的融合、基于遗传算法的模糊控制）等。

智能机器人控制在理论和应用方面都有较大的进展。模糊系统在智能机器人的建模、对柔性臂的控制、模糊补偿控制以及路径规划等各个领域都得到了广泛的应用。

智能控制方法提高了智能机器人的速度及精度，但是也有其自身的局限性，例如智能机器人模糊控制中的规则库如果很庞大，推理过程的时间就会过长，如果规则库很简单，控制的精确性又会受到限制；无论是模糊控制还是变结构控制，抖振现象都会存在，这给控制带来严重的影响；神经网络的隐层数量和隐层内神经元数的合理确定仍是神经网络在控制方面所遇到的问题，另外神经网络易陷于局部极小值等问题，这也是智能控制设计要解决的问题。

5. 人机接口技术

智能机器人的研究目标并不是完全取代人，而是部分替代人的工作，即使可以取代人的工作，仅依靠计算机来控制复杂的智能机器人也是极为困难的。因此，智能机器人还不能完全排斥人的作用，而是需要借助人机协调来实现系统控制，于是，设计良好的人机接口就成为智能机器人研究的重点问题之一。

人机接口技术是研究如何使人方便自然地与计算机交流。为了实现这一目标，智能机器人需要有一个友好的、灵活方便的人机界面，更重要的是要求智能机器人能够看懂文字、听懂语言、说话表达，甚至能够进行不同语言之间的翻译。人机接口技术已经取得了显著成果，文字识别、语音合成与识别、图像识别与处理、机器翻译等技术已经开始实用。

【课后习题】

如何理解“新一代信息技术将深度赋能产业发展，成为推动我国经济高质量发展的新动能”？

参 考 文 献

[1] 党的二十大报告辅导读本［M］. 北京：人民出版社，2022.

[2] 孟宗洁，杨国宾，蔡洁. 计算机应用基础教程［M］. 哈尔滨：哈尔滨工程大学出版社，2018.

[3] 刘瑞新，等. 计算机组装与维护［M］. 7 版. 北京：机械工业出版社，2018.

[4] 谢希仁. 计算机网络［M］. 7 版. 北京：电子工业出版社，2017.

[5] 冯博琴，贾应智，张伟. 大学计算机基础［M］. 3 版. 北京：清华大学出版社，2009.

[6] 桂小林. 物联网技术导论［M］. 北京：清华大学出版社，2019.

[7] 王鹏，黄焱，安俊秀，等. 云计算与大数据技术［M］. 北京：人民邮电出版社，2019.

[8] 丁世飞. 人工智能［M］. 2 版. 北京：清华大学出版社，2019.